国家卫生和计划生育委员会"十二五"规划教材

全国高等医药教材建设研究会"十二五"规划教材

全国高等学校制药工程、药物制剂专业规划教材

供制药工程专业用

药物合成反应

主　编　郭　春

副主编　李子成　李念光

编　者（以姓氏笔画为序）

刘仁华（华东理工大学药学院）

李子成（四川大学化工学院）

李念光（南京中医药大学）

余宇燕（福建中医药大学）

陈毅平（广西中医药大学）

周　凯（东北制药集团）

孟艳秋（沈阳化工大学）

赵英福（牡丹江医学院）

郭　春（沈阳药科大学）

翟　鑫（沈阳药科大学）

U0208164

人民卫生出版社

PEOPLE'S MEDICAL PUBLISHING HOUSE

图书在版编目（CIP）数据

药物合成反应 / 郭春主编 . —北京：人民卫生出版社，2014

ISBN 978-7-117-18439-7

Ⅰ. ①药… Ⅱ. ①郭… Ⅲ. ①药物化学 – 有机合成 – 化学反应 – 高等学校 – 教材 Ⅳ. ①TQ460.31

中国版本图书馆 CIP 数据核字（2013）第 290317 号

人卫社官网　www.pmph.com		出版物查询，在线购书
人卫医学网　www.ipmph.com		医学考试辅导，医学数据库服务，医学教育资源，大众健康资讯

药物合成反应

主　　编：郭　春
出版发行：人民卫生出版社（中继线 010-59780011）
地　　址：北京市朝阳区潘家园南里 19 号
邮　　编：100021
E - mail：pmph @ pmph.com
购书热线：010-59787592　010-59787584　010-65264830
印　　刷：北京虎彩文化传播有限公司
经　　销：新华书店
开　　本：787×1092　1/16　印张：25
字　　数：624 千字
版　　次：2014 年 3 月第 1 版　2022 年 12 月第 1 版第 7 次印刷
标准书号：ISBN 978-7-117-18439-7/R・18440
定　　价：40.00 元

打击盗版举报电话：**010-59787491　E-mail：WQ @ pmph.com**
（凡属印装质量问题请与本社市场营销中心联系退换）

国家卫生和计划生育委员会"十二五"规划教材
全国高等学校制药工程、药物制剂专业规划教材

出 版 说 明

《国家中长期教育改革和发展规划纲要(2010-2020 年)》和《国家中长期人才发展规划纲要(2010-2020 年)》中强调要培养造就一大批创新能力强、适应经济社会发展需要的高质量各类型工程技术人才,为国家走新型工业化发展道路、建设创新型国家和人才强国战略服务。制药工程、药物制剂专业正是以培养高级工程化和复合型人才为目标,分别于 1998 年、1987 年列入《普通高等学校本科专业目录》,但一直以来都没有专门针对这两个专业本科层次的全国规划性教材。为顺应我国高等教育教学改革与发展的趋势,紧紧围绕专业教学和人才培养目标的要求,做好教材建设工作,更好地满足教学的需要,我社于 2011 年即开始对这两个专业本科层次的办学情况进行了全面系统的调研工作。在广泛调研和充分论证的基础上,全国高等医药教材建设研究会、人民卫生出版社于 2013 年 1 月正式启动了全国高等学校制药工程、药物制剂专业国家卫生和计划生育委员会"十二五"规划教材的组织编写与出版工作。

本套教材主要涵盖了制药工程、药物制剂专业所需的基础课程和专业课程,特别是与药学专业教学要求差别较大的核心课程,共计 17 种(详见附录)。

作为全国首套制药工程、药物制剂专业本科层次的全国规划性教材,具有如下特点:

一、立足培养目标,体现鲜明专业特色

本套教材定位于普通高等学校制药工程专业、药物制剂专业,既确保学生掌握基本理论、基本知识和基本技能,满足本科教学的基本要求,同时又突出专业特色,区别于本科药学专业教材,紧紧围绕专业培养目标,以制药技术和工程应用为背景,通过理论与实践相结合,创建具有鲜明专业特色的本科教材,满足高级科学技术人才和高级工程技术人才培养的需求。

二、对接课程体系,构建合理教材体系

本套教材秉承"精化基础理论、优化专业知识、强化实践能力、深化素质教育、突出专业特色"的原则,构建合理的教材体系。对于制药工程专业,注重体现具有药物特色的工程技术性要求,将药物和工程两方面有机结合、相互渗透、交叉融合;对于药物制剂专业,则强调不单纯以学科型为主,兼顾能力的培养和社会的需要。

三、顺应岗位需求,精心设计教材内容

本套教材的主体框架的制定以技术应用为主线,以"应用"为主旨甄选教材内容,注重学生实践技能的培养,不过分追求知识的"新"与"深"。同时,对于适用于不同专业的同一

3

课程的教材,既突出专业共性,又根据具体专业的教学目标确定内容深浅度和侧重点;对于适用于同一专业的相关教材,既避免重要知识点的遗漏,又去掉了不必要的交叉重复。

四、注重案例引入,理论密切联系实践

本套教材特别强调对于实际案例的运用,通过从药品科研、生产、流通、应用等各环节引入的实际案例,活化基础理论,使教材编写更贴近现实,将理论知识与岗位实践有机结合。既有用实际案例引出相关知识点的介绍,把解决实际问题的过程凝练至理性的维度,使学生对于理论知识的掌握从感性到理性;也有在介绍理论知识后用典型案例进行实证,使学生对于理论内容的理解不再停留在凭空想象,而源于实践。

五、优化编写团队,确保内容贴近岗位

为避免当前教材编写存在学术化倾向严重、实践环节相对薄弱、与岗位需求存在一定程度脱节的弊端,本套教材的编写团队不但有来自全国各高等学校具有丰富教学和科研经验的一线优秀教师作为编写的骨干力量,同时还吸纳了一批来自医药行业企业的具有丰富实践经验的专家参与教材的编写和审定,保障了一线工作岗位上先进技术、技能和实际案例作为教材的内容,确保教材内容贴近岗位实际。

本套教材的编写,得到了全国高等学校制药工程、药物制剂专业教材评审委员会的专家和全国各有关院校和企事业单位的骨干教师和一线专家的支持和参与,在此对有关单位和个人表示衷心的感谢!更期待通过各校的教学使用获得更多的宝贵意见,以便及时更正和修订完善。

全国高等医药教材建设研究会

人民卫生出版社

2014 年 2 月

序号	教材名称	主编	适用专业
1	药物化学 *	孙铁民	制药工程、药物制剂
2	药剂学	杨 丽	制药工程
3	药物分析	孙立新	制药工程、药物制剂
4	制药工程导论	宋 航	制药工程
5	化工制图	韩 静	制药工程、药物制剂
5-1	化工制图习题集	韩 静	制药工程、药物制剂
6	化工原理	王志祥	制药工程、药物制剂
7	制药工艺学	赵临襄　赵广荣	制药工程、药物制剂
8	制药设备与车间设计	王 沛	制药工程、药物制剂
9	制药分离工程	郭立玮	制药工程、药物制剂
10	药品生产质量管理	谢 明　杨 悦	制药工程、药物制剂
11	药物合成反应	郭 春	制药工程
12	药物制剂工程	柯 学	制药工程、药物制剂
13	药物剂型与递药系统	方 亮　龙晓英	药物制剂
14	制药辅料与药品包装	程 怡　傅超美	制药工程、药物制剂、药学
15	工业药剂学	周建平　唐 星	药物制剂
16	中药炮制工程学 *	蔡宝昌　张振凌	制药工程、药物制剂
17	中药提取工艺学	李小芳	制药工程、药物制剂

注:* 教材有配套光盘。

全国高等学校制药工程、药物制剂专业教材评审委员会名单

主任委员

　　尤启冬　　中国药科大学

副主任委员

　　赵临襄　　沈阳药科大学
　　蔡宝昌　　南京中医药大学

委　　员（以姓氏笔画为序）

　　于奕峰　　河北科技大学化学与制药工程学院
　　元英进　　天津大学化工学院
　　方　浩　　山东大学药学院
　　张　珩　　武汉工程大学化工与制药学院
　　李永吉　　黑龙江中医药大学
　　杨　帆　　广东药学院
　　林桂涛　　山东中医药大学
　　章亚东　　郑州大学化工与能源学院
　　程　怡　　广州中医药大学
　　虞心红　　华东理工大学药学院

前　言

药物合成反应是制药工程及相关专业的专业基础课,其任务是研究化学药物合成中反应物内在结构因素与反应条件之间的辩证关系,探讨药物合成反应的一般规律和特殊性质并用以指导合成方法。本课程以化学合成药物作为研究对象,主要内容包括研究药物合成反应的机制、反应物结构、反应条件与反应方向、反应产物之间的关系、反应的主要影响因素、试剂特点、应用范围与限制等。通过对该门课程的学习,培养学生在药物合成中,综合运用所学知识分析问题和解决问题的能力,为药物化学和制药工艺学等后续课程的学习奠定基础。

该门课程教学内容庞杂、涵盖知识面宽、涉及反应类型繁杂,反应间缺乏逻辑性,极易混淆、系统性差、枯燥乏味,学生普遍反映该课程难学、难记、难掌握。如何将药物合成反应课程的教学内容更加条理化、系统化、与时俱进,是提高课程教学质量的关键。目前国内公开出版的《药物合成反应》有多种版本,参编院校的类型和所适用的专业、层次不尽相同。

2013 年 1 月,人民卫生出版社组织来自 8 所院校的 9 名在教学一线讲授药物合成反应课程的教师和 1 名制药企业的行业专家共同编写了这本《药物合成反应》教材。作为制药工程专业国家卫生和计划生育委员会“十二五”规划教材之一,本教材的编写过程中充分整合了现有的《药物合成反应》教材资料,在博采众长的基础上,力争做到“化繁为简、去伪存真”,“有所为,有所不为”,力争做到面向药物生产实际,突出药物合成反应的基本概念、基本理论、基本方法和重要应用,使之成为具有时效性、实用性和可读性的经典教材,更好地为提高教学质量服务。本教材在编写过程中,力争解决好下述几个问题:

(1) 妥善解决和处理好与上游课程“有机化学”、“有机合成”及下游课程“化学制药工艺学”、“药物化学”的衔接关系,力争做到“承上启下”。

(2) 针对教学内容中最大的难点是涉及的反应种类繁杂、知识点系统性差、不便于记忆,学生普遍反映难学、难记的情况,采用化零为整、由点及面、最终构成知识网的思路编写各章内容,书中绝大部分章节采用以反应试剂为内容主线展开。

(3) 适当简化各类单元反应的反应机制,力争做到对反应机制的阐述简单、明了,而重点讨论各类反应的影响因素与应用,做到语言精练、层次清晰。

(4) 搜集文献,引入最新成果,内容动态更新,与时俱进。增加应用实例的篇幅,特别是在药物生产的应用实例,在每类反应中列举了大量的药物及中间体合成应用实例,使教学内容动态更新,激发学生学习兴趣。

(5) 在每章后面增加了本章要点和本章练习题,以便学生在第一时间对该部分内容得到温习巩固,从而提高课堂教学效果。

本书作为四年制的制药工程专业本科教材,建议理论课教学时数为48~64学时,各校可根据各自教学实际情况对内容进行取舍。同时本书也可作为高等院校的药物化学、精细化工、有机合成、应用化学等相近专业的参考教材。

本书由郭春担任主编,李子成、李念光担任副主编,周凯是来自企业界的行业专家。

本书编写的具体分工是:郭春编写第一章和第五章,孟艳秋、宋艳玲编写第二章,李念光编写第三章,陈毅平编写第四章,赵英福编写第六章,刘仁华、王心亮编写第七章,翟鑫编写第八章并兼任编委会秘书,李子成编写第九章,余宇燕编写第十章。

本书的编写工作得到了人民卫生出版社和各编写单位的大力支持,也有众多编者之外的人士为本书做了大量资料收集、整理和文稿校对等工作,对此表示衷心感谢。文中所列举的反应实例参考和引用了大量的科研成果和相关文献,由于篇幅关系没有在本书中一一列出,在此对文献作者深表歉意和诚挚感谢。

药物合成反应内容丰富,发展迅速,相关文献众多,尽管各位编者在写作过程中付出了极大的努力和艰辛,但源于编者的学识和实践经验所限,书中的缺点和不妥之处在所难免,恳请读者提出宝贵意见。

编　者
2014年2月

目 录

第一章 绪 论

一、药物合成反应的研究内容、任务与重要性

药物合成反应是制药工程、药物化学及其他药学相关专业的专业基础课,作为整个药物化学学科教学体系中的重要组成部分和分支学科,对于学生学习和掌握药物化学、化学制药工艺学等专业课的基本原理、基本规律以及对其实验技能、科研能力的培养至关重要。

药物合成反应的主要任务是研究化学药物合成中反应物内在结构因素与反应条件之间的辩证关系,探讨药物合成反应的一般规律和特殊性质并用以指导合成方法。它通常以化学合成药物作为研究对象,主要研究内容包括药物合成反应的机制、反应物结构、反应条件与反应方向、反应产物之间的关系、反应的主要影响因素、试剂特点、应用范围与限制等。

药物是人类用来与疾病作斗争、改善健康状况和提高生活质量的重要物质。药品生产历来受到世界各国的高度重视,制药行业是公认的朝阳产业,其增长速度始终位于各行业的前列。药物通常包括化学合成药、天然药物和生物制品。化学合成药是我国乃至全世界药品的主体,占药品生产和消费的 50% 以上,世界排名前 50 位的畅销药物中,80% 为化学合成药,目前全球生产的化学原料药多达 2000 多种,市场规模以年平均 8% 左右的速度递增。2012 年仅我国化学制药工业总产值即达 8393 亿元。因此化学合成药的创新、新产品开发以及药物生产技术的提高,一直是药物研究领域的重大课题,也与整个医药行业的发展息息相关。

化学原料药品种众多,其生产方法各不相同,化学合成药的生产虽属于精细有机合成范畴,但与其他精细化工产品的生产过程有着许多不同:

1. 生产流程长、工艺复杂、所涉及的化学反应和单元操作多。多数化学药物的结构较为复杂,一般从基本化工原料出发需经多步化学反应方能制得。例如,氯霉素的生产,以乙苯为起始原料须经十几步反应才能制得。而维生素 B_1 的生产则需经 16 步化学反应及 60 多种单元操作。药物合成不仅反应步骤多,而且反应过程的物料净收率很低,往往几吨甚至上百吨的原料才生产 1 吨产品,例如,生产 1 吨维生素 B_1 需要上百吨的化工原料,同时也面临着副产品回收利用、三废处理等诸多问题。

2. 药品生产所用原料种类庞杂,每一产品所需的原辅材料种类众多,如氯霉素的生产需要 30 多种原料,许多原料和中间体是易燃、易爆、有毒或腐蚀性很强的物质,对防火、防爆、劳动保护以及工艺和设备等方面有严格的要求。

3. 产品质量标准高,由于药品质量直接关系到人的健康与生命,因此对原料和中间体要严格控制其质量,对生产设备的精密与洁净、生产环境的洁净度等都有严格的规范要求。

4. 药物品种多、更新快,新药开发工作的要求高、难度大、成本高、周期长。随着人们生活水平的提高,新的用药需求、资源的合理利用、环境友好和可持续发展等内容给药物合成提出了更高的要求,如何用化学原理和工程技术来减少或消除药品生产造成的环境污染是药物合成研究的重要方向。

从上述特点中不难看出,化学药物的生产过程涉及各种复杂的合成反应,例如,上面提到的氯霉素的制备过程就涉及硝化、氧化、溴化、氨解、乙酰化、缩合、还原、水解、拆分、二氯乙酰化等多步反应,因此,只有对这些反应的内在规律有深入、科学的了解,才能寻求最佳的生产工艺。对药物生产中如此庞杂的反应过程逐一研究和了解是十分困难的,但可以对这一过程中所涉及的化学反应类型归纳、总结,找出不同种化合物进行相同类型反应的共性和内在规律,发现、总结反应物的内在结构因素和外部反应条件间的辩证关系,用以指导药物合成中的各类化学反应,而药物合成反应课程就是要解决这一问题。

二、药物合成反应的类型及特点

按照有机分子的结构变换方式分类,可将药物合成反应的类型分为:

1. 新基团的导入反应　即在有机分子结构中导入新的取代基以取代原来的氢原子,使分子结构中产生新的功能基团,如卤化、硝化等反应。

2. 取代基的转换反应　即通过化学反应使原来的官能团发生转变,如各种官能团的氧化、还原,羟基、氨基的烃化、酰化反应等。

3. 有机分子的骨架变化　这类反应是有机物的 C—C 骨架发生变化,如缩合反应、迁移重排反应等(C-酰化、C-烃化也可看作是 C—C 骨架的变化)。

按照有机反应机制分类,可将药物合成反应的类型分为极性反应(亲电取代反应、亲核取代反应、亲电加成反应、亲核加成反应)、自由基反应、协同反应等。

(1) 极性反应(polar reaction):即离子型反应,是亲核试剂与亲电试剂的反应,反应中成键电子(电子对)由亲核试剂向亲电试剂转移。

1) 亲核试剂(nucleophilic reagent):电子对的给予体,在化学反应过程中以给出电子或共用电子的方式与其他分子或离子生成共价键,用于形成新键。亲核试剂通常是具有未共用电子对的中性分子(如含有羟基、氨基、巯基的化合物)和负离子,烯烃、炔烃、苯环等含有 π 键的分子通常也被看作亲核试剂,因为它们较容易与正离子或缺电子的分子反应。下例中的醇分子就是含有未共用电子对的亲核试剂。

2) 亲电试剂(亲电体)(electrophilic reagent):在极性反应中提供能量较低的空轨道,用于形成新键。亲电试剂可以是电中性的,也可带正电荷,常见的亲电子试剂有阳离子(如 $H^\oplus$ 和 $NO_2^\oplus$)、极性分子(如氯化氢、卤代烃、酰卤和羰基化合物)、可极化中电性分子(如 Cl_2 和 Br_2)、氧化剂(如有机过氧酸)、不具备八隅体电子的试剂(如卡宾和自由基),以及某些 Lewis 酸(如 BF_3)。下例 BF_3 对羰基的催化反应中,BF_3 就是 Lewis 酸型亲电试剂,酮在此反应中是亲核试剂。

下例中的酮羰基的 C 原子显现出亲电性,所以酮在此反应中就是 π 键型亲电试剂。

(2) 自由基反应(radical reaction):自由基(游离基)是指化合物的分子在光、热、过氧化物等外界条件下,共价键发生均裂而形成的具有不成对电子的原子或基团,自由基作为反应中间体参与的反应就是游离基反应。自由基反应的共同特征是:反应机制包括链的引发、增长和终止;反应需在光、热或自由基引发剂的作用下发生;反应的溶剂、酸或碱等对反应无影响。常见的自由基反应类型包括取代、加成、聚合和重排等。如光照条件下的苄位的卤代反应就是典型的自由基取代反应。

(3) 协同反应(concerted reaction):是一类旧键断裂和新键形成同时发生的化学反应,这类反应不受溶剂、催化剂等影响,反应机制既非离子型又非自由基型,而往往是通过一个环状过渡态进行的(有环状过渡态的协同反应又称周环反应)。因而反应具有较高的立体选择性,反应中没有中间体生成,反应遵守分子轨道对称守恒原理,即反应物和产物的分子轨道对称性在反应过程中是守恒的,如下例的 Cope 重排反应就是典型的协同反应,反应的选择性、专属性强,收率高是其共同的特点。

按照有机官能团的演变分类,可将药物合成反应分为多个单元反应,如本书的反应分类为硝化、卤化、烃化、酰化、缩合、氧化、还原和重排等单元。

三、现代药物合成反应的发展趋势

随着人类对药物品种、质量和数量等要求的不断提高,以及药物生产中对资源合理利用、环境保护和可持续发展等问题的逐步重视,对药物合成反应提出了更高的要求,同时,一些新理论、新技术、新方法和新装备在药物合成领域得到了广泛运用,也促进了药物合成反应的创新和发展。

一个优良的药物合成反应应该具备如下特点:

1. 反应条件温和、操作简便、反应收率高。温和的反应条件是指反应在常温、常压和常规溶剂(介质)就可顺利完成反应;操作简便是指采用常规的仪器设备、常规的操作程序即可方便地进行投料、反应过程检测和质量控制、反应后处理和产品纯化等步骤;收率高的合成反应才能有效降低原料单耗,提高经济效益。

2. 反应具有较高的选择性。选择性包括化学选择性和立体选择性。化学选择性即同一试剂对不同的基团表现出活性的差异,不需要基团的保护就能显示出选择性,使反应易于控制;立体选择性系指在特定反应条件下,能够得到单一或某种立体异构体占优势的产物。

3. 反应原料廉价易得,反应"三废"排放少,对环境破坏小。

近年来随着一系列有机合成新理论、新试剂、新技术、新方法和新装备的不断涌现,节能环保、清洁生产等现代生产理念的进一步贯彻,作为药物制备手段的药物合成反应也被赋予了更高的要求,显现了一些崭新的研究方向和发展趋势。

(1) 原子经济性反应:"原子经济性"(atom economy)是指在化学品合成过程中,合成方法和工艺应被设计成能把反应过程中所用的所有原材料尽可能多地转化到最终产物中。美国 Stanford 大学的 B. M. Trost 教授 1991 年首次提出反应的"原子经济性"概念,他提出以原子利用率衡量反应的原子经济性。原子经济性考虑的是在化学反应中究竟有多少原料的原子进入到了产品之中,这一标准既要求尽可能地节约不可再生资源,又要求最大限度地减少废弃物排放。理想的原子经济性的合成反应应该是原料分子中的原子百分之百地转变成产物,不产生副产物或废物,不需要附加或仅仅需要无损耗的促进剂(催化剂),从而实现废物的"零排放"(zero emission)。

原子利用率的定义是目标产物占反应物总量的百分比,即原子利用率 =(预期产物的分子量／全部生成物的分子量总和)× 100%。根据这一定义,最理想的原子经济性反应类型应该是:A+B=C,因此,重排、加成反应的原子经济性明显高于消除、取代等反应。

例如,苯基烯丙基醚的 Claisen 重排反应,其原子利用率为 100%。

再例如,缩合反应中的 Michael 加成反应,其原子利用率也为 100%。

设计、开发能够用于工业化生产的原子经济性反应路线是药物合成反应研究的重要内容,有着很强的实用性和发展前景。一个非常成功的例子就是美国 Hoechst-Celanese 公司与 Boots 公司联合开发一种合成布洛芬(Ibuprofen)的新工艺,传统生产工艺是以异丁基苯为起始原料,经 6 步化学计量反应制得,原子的有效利用率低于 40%,耗能大,有大量无机盐产生,成品的精制也很繁杂,生产成本高,污染较严重。新工艺通过 1-(4-异丁基苯基)乙醇关键中间体,采用 3 步催化反应,原子的有效利用率达 80%,如果再考虑副产物醋酸的回收利用,则原子利用率达到 99%。

布洛芬的传统生产工艺路线:

布洛芬的新工艺路线:

(2) 采用"绿色"的催化剂或溶剂:大量的化学反应都是在溶剂化状态下进行的,使用安全、无毒的溶剂,实现溶剂的循环使用是发展方向。

例如,水 / 有机两相体系中的烯烃的氢甲酰化反应,20 世纪 80 年代前的生产工艺是以金属钴或铑络合物为催化剂,在有机溶剂中均相反应,产物分离困难、收率低、产生大量废物,而由一家德国公司开发的水溶的铑 - 膦络合物[HRh(CO)(TPPTS)$_3$](TPPTS:三苯基膦三间磺酸钠)用于该反应,不仅收率和选择性提高,而且反应完成后产物保留在有机相、催化剂在水相,通过分离两相就可以方便地将产物分离。

$$R-CH_2 + H_2 \xrightarrow{HR(CO)(TPPTS)_3} R-CH_2CHO + \underset{CH_3}{R-CHCHO}$$

再例如,用超临界状态下的二氧化碳或水做溶剂替代在有机合成中经常使用的对环境有害的有机溶剂,二氧化碳化学性质稳定,不会形成光化学烟雾,也不会破坏臭氧层,而且来源丰富、价格便宜。因此,以它做溶剂取代挥发性有机溶剂具有显著的优势。

(3) 采用"绿色"生产原料:用无毒、无害的化工原料或生物原料替代剧毒、严重污染环境的原料,生产特定的医药产品和中间体是清洁技术的重要组成部分。如碳酸二甲酯已被国际化学品机构认定是毒性极低的绿色化学品,作为羧基化试剂、甲基化试剂和甲氧羰基化试剂参加化学反应。

(4) 生物催化:生物催化(biocatalysis)是指利用酶或者微生物为催化剂进行化学转化的过程,这种反应过程又称为生物转化(biotransformation)。与化学催化剂相比,生物催化具有选择性强、催化效率高、反应条件温和的特点,基本上在常温、中性、水等环境中完成,特别适合手性化合物的制备。其催化的反应类型包括氧化、还原、水解、缩合、脱羧等。例如利用丙酮酸脱羧酶催化苯甲醛与丙酮酸的偶姻反应制备 L- 麻黄碱的手性前体。

(5) 采用微波、超声波等辅助催化的合成反应:在有机药物合成反应中采用物理催化(超声波、微波、光波、电场和磁场)等催化技术,有可能缩短反应时间,提高反应的选择性和收率,反应后处理变得简单,使合成反应面貌大为改观,使得在常规条件很难进行或反应较慢的反应得以顺利完成。

(郭　春)

第二章 硝化反应和重氮化反应

硝化反应(nitration reaction)是指向有机物分子结构中引入硝基(—NO₂)的反应过程,广义的硝化反应包括生成 C-NO₂、N-NO₂ 和 O-NO₂ 反应。在药物合成过程中,应用较多的是芳烃的硝化反应。常用的硝化剂主要包括各种浓度的硝酸、硝酸和硫酸的混合物(即混酸)、硝酸和醋酐的混合物等。

硝化反应是一类重要的化学反应,其在医药、农药、燃料、染料、炸药等领域应用广泛。硝化反应产物即硝基化合物具有非常广泛的用途:

(1) 硝基化合物作为重要的中间体,可以转化为其他取代基,例如胺、羟胺、亚硝基及偶氮类化合物等,其中硝基还原成氨基化合物尤为重要。

(2) 利用硝基的强吸电性,使芳环上的其他取代基活化,易于发生化学反应。

(3) 利用硝基的发色基团特性,使化合物具备加深染料颜色的作用。

(4) 硝基也是某些药物活性的必需基团,能够影响药物的生理效应,例如抗心绞痛药物硝酸异山梨酯(Isosorbide dinitrate)、氯硝柳胺(Niclosamide)和尼索地平(Nisoldipine)等。

(Isosorbide dinitrate)　　　(Nisoldipine)　　　　　　　(Niclosamide)

有机物的分子结构中引入亚硝基(—NO)的反应称为亚硝化反应(nitrosation reaction),通常芳环上的亚硝化反应较为重要。

重氮化反应(diazotization reaction)是指伯胺与亚硝酸在低温下作用生成重氮盐的反应。脂肪族、芳香族和杂环的伯胺都可进行重氮化反应。重氮化试剂一般情况下是由亚硝酸钠与盐酸作用产生,除盐酸外,也可使用硫酸、过氯酸和氟硼酸等无机酸。重氮化合物是 Griss 在 1859 年发现的,脂肪族重氮盐和芳香族重氮盐的稳定性有较大区别,脂肪族重氮盐很不稳定,能迅速自发分解,而芳香族重氮盐较为稳定。重氮盐本身并无实用价值,但由于其活性很大,重氮基可以发生多种反应,例如取代、还原、偶合、水解反应等,从而转化成多种类型的官能团。所以重氮化反应在药物及其中间体的合成上具有非常重要的意义。

第一节　硝　化　反　应

硝化反应是发现最早的有机反应之一,早在 1834 年人们就发现了利用硝化反应生成硝基苯的方法,到了 19 世纪中期,由于燃料、功能材料等化学工业的发展,硝化反应开始在有机化学工业上得到广泛的应用。反应所用到的试剂称作硝化剂,硝化剂种类很多,可以是单一硝酸,也可以是硝酸和各种质子酸、有机酸、酸酐及各种 Lewis 酸的混合物,但总体而言是以硝酸和氮的氧化物(N_2O_5、N_2O_4)为主体,其硝化能力与解离生成 $NO_2^{\oplus}$ 的难易程度有关。可用通式 $Y-NO_2$ 表示硝化剂,其解离的过程如下:

$$Y-NO_2 \rightleftharpoons Y^{\ominus} + NO_2^{\oplus}$$

Y 的吸电子能力越强,则形成 $NO_2^{\oplus}$ 的倾向越大,硝化能力也就越强。不同的硝化底物往往需要采用不同的硝化方法。相同的硝化底物,如果采用不同的硝化方法,也常常得到不同的产物组成,因此在硝化反应过程中必须考虑硝化剂的选用。

一、硝化剂的种类与性质

(一) 硝酸与无机质子酸的混合酸

硝酸具有酸性、强氧化性,其分子是平面形的,中心氮原子以 sp^2 杂化轨道与 3 个氧原子生成 3 个 δ 键,π 轨道中的一对电子则和两个氧原子上的成单 π 电子形成一个三中心四电子的离域大 π 键,分子结构如下:

$$HO:N\begin{matrix}O\\O\end{matrix}$$

纯硝酸、发烟硝酸及浓硝酸很少离解,主要以分子状态存在,仅有少部分硝酸经分子间质子的转移而离解成 $NO_2^{\oplus}$,所以很少采用单一的硝酸作为硝化剂。在硝酸中加入强质子酸可大大提高其硝化能力。硫酸是最常用的一种强质子酸,它和硝酸的混合物称为硝硫混酸或混酸,是强硝化剂,发生如下反应:

$$HNO_3 + H_2SO_4 \rightleftharpoons H_2ONO_2^{\oplus} + HSO_4^{\ominus}$$
$$H_2ONO_2^{\oplus} \rightleftharpoons H_2O + NO_2^{\oplus}$$
$$H_2O + H_2SO_4 \rightleftharpoons H_3O^{\oplus} + HSO_4^{\ominus}$$

总反应　　$HNO_3 + 2H_2SO_4 \rightleftharpoons NO_2^{\oplus} + H_3O^{\oplus} + 2HSO_4^{\ominus}$

混酸产生的硝酰正离子 $NO_2^{\oplus}$ 是硝化反应的硝化试剂。用混酸作为硝化剂有如下优点:

1. 硝化能力强　硫酸的供质子能力大于硝酸,混酸有利于硝酸解离出 $NO_2^{\oplus}$,混酸中硝酸的浓度不同其 $NO_2^{\oplus}$ 的含量也不同。例如 10% 的硝酸-硫酸溶液,硝酸几乎 100% 解离成 $NO_2^{\oplus}$;40% 的硝酸-硫酸溶液,$NO_2^{\oplus}$ 的含量为 30%;80% 的硝酸-硫酸溶液,$NO_2^{\oplus}$ 的含量只有 10%。

2. 氧化性较纯硝酸小　混酸中的硝酸氧化能力下降,同时硫酸的热容很大,可有效地避免局部过热,因而减少了氧化等副反应的发生。

3. 对设备的腐蚀性小　混酸对材质的腐蚀性很小,因此可在铸铁、普通碳钢、不锈钢等设备中进行反应。

（二）硝酸与醋酸酐的混合酸

硝酸与醋酸酐的混合硝化剂也是一种常用的硝化剂，其反应过程如下：

$$2HNO_3 \rightleftharpoons H_2ONO_2^{\oplus} + NO_3^{\ominus}$$

$$(CH_3CO)O_2 + HNO_3 \rightleftharpoons CH_3COONO_2 + CH_3COOH$$

$$H_2ONO_2^{\oplus} + CH_3COONO_2 \rightleftharpoons CH_3COONO_2^{\oplus}H + HNO_3$$

$$CH_3COONO_2H^{\oplus} + NO_3^{\ominus} \rightleftharpoons CH_3COOH + N_2O_5$$

以硝酸与醋酸酐作为混合硝化剂的硝化反应中，除了硝酰正离子 $NO_2^{\oplus}$ 以外，还有 N_2O_5、$CH_3COONO_2H^{\oplus}$ 等，这种硝化剂具有如下特点：

1. 反应条件温和，适用于易被氧化或易被混酸分解的化合物的硝化反应。例如 5- 硝基呋喃甲醛的合成：

2. 醋酸酐对大部分化合物具有较好的溶解能力，可使反应易于在均相条件下进行，促进反应进行。

3. 在芳香环的硝化反应中，主要发生单硝化，而且主要发生在邻、对位定位基的邻位，属于邻位硝化剂。

4. 硝化能力强。例如吡啶类化合物在强酸反应条件下由于可发生质子化，使得硝化反应难以进行，用硝酸醋酐硝化可得到较好的收率。例如维生素 B_6 的中间体合成：

5. 硝酸在醋酸酐中可以以任意比例溶解，常用的浓度为含硝酸 10%~30%。

硝酸醋酸酐混合硝化剂的缺点是不能久置，久置容易生成四硝基甲烷引起爆炸，所以必须使用前临时制备。

二、C- 硝化反应

（一）脂肪烃的 C- 硝化反应

烷烃可与硝酸进行气相或液相硝化，生成硝基烷烃。20 世纪 30 年代美国商品溶剂公司开发了气相硝化方法制备硝基甲烷、硝基乙烷、1,2- 硝基丙烷和 2- 硝基丙烷 4 种硝基烷烃，迄今气相硝化法仍是制取硝基烷烃的主要工业方法。

$$CH_3CH_2CH_3 + HONO_2 \xrightarrow{425℃} CH_3CH_2CH_2NO_2 + CH_3CHCH_3 + CH_3CH_2NO_2 + CH_3NO_2$$
$$\underset{NO_2}{|}$$

脂肪族碳原子如直接进行硝化反应，容易发生氧化 - 断键副反应，使硝化产物复杂，所以不同于芳香化合物的直接硝化法，脂肪族碳原子一般采用间接硝化法，即利用有机分子中的原子或基团（如—Cl、—SO_3H、—COOH、—N=N—等）被硝基置换的方法。常见的方法包括卤素置换法和氧化法。

1. 卤素置换法

(1) 反应通式及机制

$$RX + AgNO_2 \longrightarrow RNO_2 + RONO + AgX$$

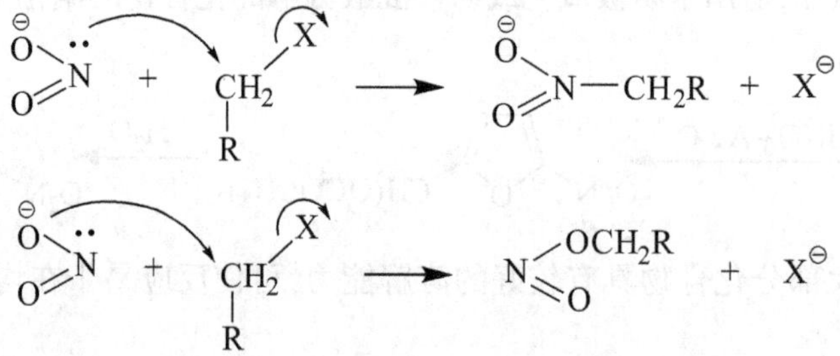

(2) 影响反应的因素及应用实例：脂肪族伯卤代物与亚硝酸盐（如 $NaNO_2$、$AgNO_2$）作用，卤原子被硝基取代，生成硝基化合物和亚硝酸酯。仲、叔卤代物的反应活性很低。硝基化合物和亚硝酸酯两者的比例与卤代烃的结构有关，生成硝基烷烃的难易顺序为伯卤代烃 > 仲卤代烃 > 叔卤代烃；卤代烃中卤素被取代的难易顺序为 I>Br>Cl>F。

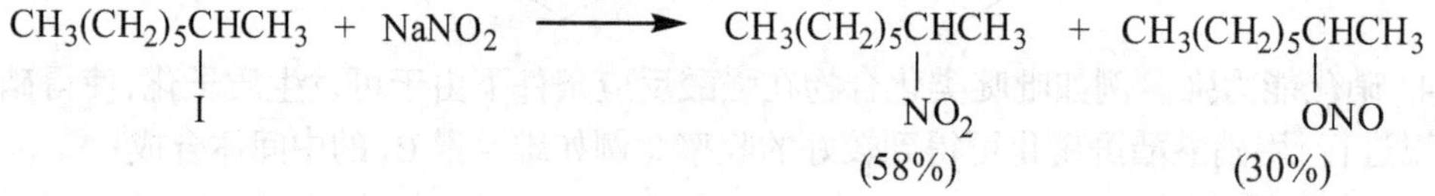

$$CH_3(CH_2)_7I + AgNO_2 \xrightarrow[0℃]{(C_2H_5)_2O} \underset{(75\%\sim80\%)}{CH_3(CH_2)_7NO_2} + \underset{(14\%)}{CH_3(CH_2)_7ONO}$$

在极性非质子溶剂（DMF 或 DMSO）中或在相转移催化剂条件下，卤代烃与亚硝酸盐反应能够得到较高产率的硝基化合物。

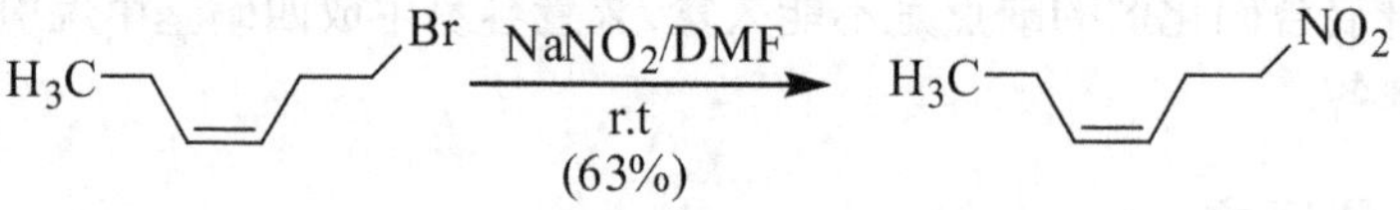

$$n\text{-}C_8H_{17}Br + NaNO_2 \xrightarrow[25\sim40℃]{18\text{-Crown-6}/CH_3CN} n\text{-}C_8H_{17}NO_2 \quad (70\%)$$

氯代烃一般活性均较差，但有时使用活泼的（如苄氧基氯甲烷）氯代烃与亚硝酸盐可以顺利反应，生成相应的硝基化合物。

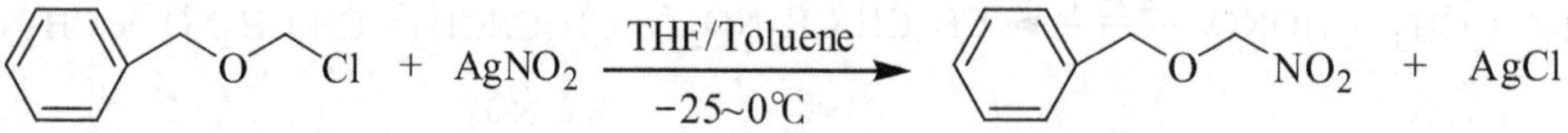

2. 氧化法 氨基、亚硝基和肟基可以通过氧化反应生成相应的硝基化合物。

(1) 反应通式及机制

$$R—NH_2 \longrightarrow R—NHOH \longrightarrow \underset{\underset{H}{|}}{R—C}=N—OH \rightleftharpoons R—N=O \longrightarrow R—NO_2$$

(2) 影响反应的因素及应用实例：应用氧化法制备硝基化合物，主要影响因素就是氧化剂的氧化能力。氧化能力较强的过氧酸（如 CF_3CO_3H）氧化碱性较弱的苯胺，可直接将其氧化成硝基化合物，而氧化能力弱的氧化剂则只能将它们氧化成亚硝基化合物。

$$RNH_2 \xrightarrow[H_2SO_4]{H_2O_2} RNO_2$$

$$\underset{\underset{NO}{|}}{\overset{\overset{NO_2}{|}}{HOCH_2CCH_2OH}} \xrightarrow{Ag_2O} \underset{\underset{NO_2}{|}}{\overset{\overset{NO_2}{|}}{HOCH_2CCH_2OH}} + 2Ag$$

$$\text{（苯）}—CH=N—OH \xrightarrow{F_3CCO_3H} \text{（苯）}—CH_2NO_2$$

（二）芳烃的 C- 硝化反应

1. 反应通式及机制 芳香环上的硝化反应是芳香环上的亲电取代反应，硝化剂产生的硝酰正离子 $NO_2^\oplus$（又称硝鎓离子，nitroniumion）首先向芳环上电子云密度较大的碳原子进攻，形成 π- 络合物，再经过分子内重排生成 σ- 络合物，σ- 络合物极不稳定，失去质子恢复稳定的芳环结构，生成硝基化合物。反应历程如下：

$$\text{（苯）}+NO_2^\oplus \rightleftharpoons \left[\text{（苯）}—NO_2^\oplus \rightleftharpoons \text{（络合物）}\right] \rightleftharpoons \text{（苯-NO}_2\text{）} + H^\oplus$$

2. 影响反应的因素及应用实例 芳香化合物硝化反应过程中，由于硝化底物的性质不同以及反应条件不同，除了芳环上引入硝基的主要反应外，有时还会发生多硝化、氧化、去烃基、置换、脱羧、开环和聚合等副反应，其中最常见的副反应为多硝化和氧化反应。

减少多硝化副反应的方法是控制混酸的硝化能力、硝化剂配比、适宜的反应温度等。氧化副反应常常表现为在芳环上引入羟基，生成一定量的硝基酚类化合物。某些邻位、对位的多元酚或氨基酚在硝化时易氧化成醌类，多环芳烃也易形成相应的醌，所以硝基酚类化合物的制备一般不能利用直接硝化法制备，通常采用以相应的硝基氯苯进行水解的方法来制备。

当芳环上有邻位、对位定位基时，由于对位电子云密度大、空间位阻小，故对位产物的比例一般大于邻位产物。但芳香醚、芳香胺、芳香酰胺等用硝酸 - 酸酐硝化时，邻位产物明显增加，称为"邻位效应"。反应中乙酰硝酸酯或硝酰正离子（$NO_2^\oplus$）首先与具有未共用电子对氧等结合生成中间体，此时硝基就处于相应取代基的邻位，容易发生邻位取代，生成邻位硝化产物。

反应物分子苯环上的电子效应和立体效应对硝化反应速率以及硝基的定位有明显的影响。芳环上有活化基团时,芳环的电子云密度增大,生成的 σ- 络合物难以形成,硝化反应速率快;反之,芳环上有某些钝化基团时,σ- 络合物比较稳定易于形成,硝化反应减慢。硝化反应是芳环上的亲电取代反应,苯的衍生物硝化难易程度由苯环上取代基的性质而定。取代基给电子能力提高,硝化速率加快,产物以邻、对位为主;取代基吸电子能力提高,硝化速率降低,产物以间位为主(卤素除外)。常见的苯的各种取代衍生物在混酸中硝化的相对速率见表 2-1。由于 —NO_2 有非常强的吸电子效应,所以芳环上一旦引入 —NO_2 其活性便大大降低,硝化速率常数降到只有苯的 $10^{-7} \sim 10^{-5}$,所以苯硝化时要控制好反应条件,以实现全部硝化。

表 2-1　苯的各种取代衍生物在混酸中硝化的相对速率

取代基	相对速率	取代基	相对速率
—$N(CH_3)_2$	2×10^{11}	—I	0.18
—OCH_3	2×10^5	—F	0.15
—CH_3	24.5	—Cl	0.033
—$CH(CH_3)_2$	15.5	—Br	0.030
—$CH_2COOC_2H_5$	3.8	—NO_2	6×10^{-8}
—H	1.0	—$N^{\oplus}(CH_3)_3$	1.2×10^{-8}

如前所述,芳烃的硝化反应属于亲电取代反应,反应物分子苯环上的电子效应和立体效应对硝基的定位有明显的影响。具有体积较大的邻位、对位定位基的芳环,硝化时主要发生在对位。例如,甲苯硝化时邻位、对位产物的比例是 57∶40;而叔丁基苯硝化时,邻位、对位产物的比例是 12∶79。抗癌药沙可来新(Sarcolysin)的中间体是由 β- 苯丙氨酸经混酸硝化得到,对位产物的收率达 90%。

具有邻、对位定位基的萘,单硝化时发生在取代基的同一苯环上。萘环的 α- 位电子云密度大于 β- 位,因而单硝化时主要发生在 α- 位。双硝化时发生在另一环的 α- 位,生成 1,8- 二硝基萘和 1,5- 二硝基萘。

吡咯、呋喃、噻吩等五元芳香杂环化合物在硝酸 - 硫酸的混酸中非常容易被破坏,而用硝酸 - 醋酸酐硝化时,硝基进入电子云密度较高的 α- 位。含两个杂原子的五元芳香杂环化合物如咪唑、噻唑等,用硝酸 - 硫酸的混酸硝化时,硝基进入 4- 位或 5- 位;若该位置已有取代基,则不发生反应。

吡啶环由于氮原子的吸电子作用,难以进行硝化反应,温度较高时,硝化反应发生在 β- 位。但吡啶的 N- 氧化物硝化时,硝基主要进入 γ- 位。

喹啉用硝酸在较高温度下硝化时,喹啉的吡啶环会被硝酸氧化生成 N- 氧化物;用硝酸 - 硫酸的混酸硝化时,硝基进入苯环的 5- 位或 8- 位。

三、 O- 硝化反应

在有机化合物的氧原子上引入硝基的反应称为 O- 硝化反应,得到的硝基与氧相连的化合物即硝酸酯。这里我们简单介绍以下几种方法。

(一) 直接硝化法

硝酸酯是一种重要的有机化合物,在现代科学领域内有着非常广泛的用途。一些硝酸酯类化合物则可被用作强心剂与血管扩张剂。

1. 反应通式及机制　O- 硝化反应的本质是酯化反应,反应中脱除 1 分子水。

$$R{-}OH \; + \; HNO_3 \longrightarrow R{-}O{-}NO_2 \; + \; H_2O$$

2. 影响反应的因素及应用实例　醇与硝酸或硝硫混酸发生酯化反应是制备硝酸酯的常用方法。用硝硫混酸硝化时,为了避免亚硝酸酯的形成,常加入少量尿素或硝基脲以破坏反应中存在的亚硝酸,因为亚硝酸酯使得反应产物很不稳定。反应一般采用向醇或醇的硫酸溶液中滴加混酸的方式,并将迅速产生的酯蒸出或向反应混合物中注入冷水而得到酯。用这种方法可以得到较高收率的伯醇或仲醇硝酸酯,混酸也可用硝酸 - 醋酐或硝酸 - 醋酐 - 醋酸来代替。

多元醇的多元硝酸酯也可用这种方法来制备,但为了减少反应过程及反应产物的危险性,Marken 等用二氯甲烷做溶剂,并用 Ingold Type 488 氧化 - 还原电势探测器监测控制 NO 的形成,以维持稳定的反应条件,并避免不稳定产物亚硝酸酯的生成。

$$HO{-}(CH_2)_3{-}OH \xrightarrow[CH_2Cl_2]{HNO_3/H_2SO_4} NO_2O{-}(CH_2)_3{-}ONO_2$$

用该法制备多元醇硝酸酯,产品收率高,纯度好,并且快捷、方便、危险性低。

(二)卤代烃与硝酸盐反应

卤代烃与硝酸银、硝酸汞等金属盐发生亲核取代反应也是制备硝酸酯的常见方法之一,碘化物与溴化物常用于合成一级或二级硝酸酯,叔氯代烃、烯丙基氯或苄氯较活泼也可与硝酸银反应。反应可以多相进行,如将卤代烃溶解在苯、醚、硝基甲烷或硝基苯等惰性溶剂中,加入固体硝酸银并搅拌反应。由于硝酸银在乙腈中有相对较高的溶解度,因此反应也可以在乙腈中均相进行。氯代甲酸酯与硝酸银在吡啶中形成中间产物硝酸烷氧基甲酸酐,后者在室温下分解则得到硝酸酯。

$$ROCOCl + AgNO_3 \longrightarrow [ROCOONO_2] \longrightarrow RONO_2 + CO_2$$

卤代烃与硝酸银反应是合成硝酸酯的有效方法,其缺陷在于银盐较贵。

卤代烃与硝酸汞的反应最早是由 Oae 与 Hammet 研究的,他们通过研究卤代烃与 $Hg(NO_3)_2$ 在二噁烷水溶液中的反应动力学,发现反应的主要产物为醇与硝酸酯。后来 Mckillop 等改进了这一方法,采用溴代烷与 $HgNO_3$ 在乙二醇二甲醚中进行反应,反应如下:

$$RBr + Hg(NO_3)_n \longrightarrow RONO_2 \qquad n=1,2$$

在这种条件下醇的形成被遏制,而采用溴代烷的原因则是因为它更稳定,并比碘代烷更易得,硝酸酯产率一般在 90% 以上。α- 溴代酮与 α- 溴代酸酯也可平稳地进行类似的反应,得到相应高产率的硝酸酯。卤代烃也可与硝酸发生取代反应生成硝酸酯,如 EtI 或 EtBr 与硝酸或与硝酸 - 酸酐反应可以得到 $EtONO_2$,类似地,由 Me_2CHI 可得到 Me_2CHONO_2,反应如下:

$$C_2H_5Br \xrightarrow[\text{or } HNO_3\text{-}Ac_2O]{HNO_3} C_2H_5ONO_2$$

$$C_2H_5I \xrightarrow[\text{or } HNO_3\text{-}Ac_2O]{HNO_3} C_2H_5ONO_2$$

四、N-硝化反应

在有机化合物的氮原子上引入硝基的反应称为 N-硝化反应,得到的硝基与氮相连的化合物称为硝胺。胺的氮原子具有未共用电子对,显示出给电子性,容易与阳离子结合,因而胺类的反应活性大,容易硝化,也容易氧化和水解,并且 N-硝化一般为可逆反应,因而对不同类型的胺需要不同的硝化剂和不同的硝化条件。

由于氮原子上的硝化反应并不多见,这里只做如下简单介绍。

(一)直接硝化法

1. 脂肪(脂环)族伯胺的硝化 脂肪族伯胺在浓酸中很不稳定,所以先将氨基保护后进行硝化再把保护基去掉,得到所需要的伯硝胺。例如,先采用酰胺化保护氨基,硝化之后再水解除去酰基保护基即得到所需的产物。

$$R-NH_2 \longrightarrow R-\underset{\underset{H}{|}}{N}-\overset{\overset{O}{\parallel}}{C}-R' \longrightarrow R-NH-NO_2$$

2. 仲胺的硝化 脂肪族仲胺的硝化相对比较容易,同时也容易氧化,在强酸中稳定性较差,一般采用在低温下或先成盐再硝化,硝化剂多用硝酸或硝酸-醋酸酐硝化。例如,1,4-二氮杂环己烷的硝化需先将其转化成盐酸盐,然后才能硝化成 1,4-二硝基 -1,4-二氮杂环己烷。

(二)间接硝化法

脂环族叔胺的硝解也是制备硝胺化合物的一种方法。N 上带有—CHO、CH₃CO—、—Cl、—C(CH₃)₃、—NO 等取代基均能通过硝解反应,用 NO₂ 取代生成硝胺。但取代基不同则需选用不同的硝解剂,例如 TAT 用 HNO₃-SO₃ 可以硝解成奥克托今(HMX)。

第二节 亚硝化反应

一、C-亚硝化反应

(一)反应通式及机制

有机物分子的碳或氮原子上引入亚硝基(—NO)的反应称为亚硝化反应(nitrosation)。在芳香环上导入亚硝基(—NO)的反应即芳环的亚硝化反应,是一类重要的反应。

$$ArH + NaNO_2 + HCl \longrightarrow ArNO + NaCl + H_2O$$

亚硝化反应属于双分子亲电取代反应,亚硝酸在反应过程中解离生成亚硝酰正离子,它能够与芳环或其他具有较大电子云密度的碳原子发生反应,反应过程如下:

$$HNO_2 \rightleftharpoons NO^{\oplus} + OH^{\ominus}$$

亚硝化反应常用的试剂是亚硝酸(亚硝酸钠的酸性溶液)和亚硝酸酯,真正起作用的是亚硝酰正离子 $NO^{\oplus}$。

$$NaNO_2 + HCl \rightleftharpoons HO\!-\!NO + NaCl$$

$$H^{\oplus} + HO\!-\!NO \rightleftharpoons H_2O + \overset{\oplus}{N}\!=\!O$$

$$R\!-\!O\!-\!NO + H^{\oplus} \rightleftharpoons R\overset{\oplus}{\underset{H}{O}}\!-\!NO \longrightarrow ROH + \overset{\oplus}{N}\!=\!O$$

亚硝基与硝基化合物相比,显示不饱和键的性质,因此可进行还原、氧化、缩合和加成等反应,用以制备各类中间体。

(二)影响反应的因素及应用实例

亚硝化通常以水为介质,在 0℃左右发生反应。亚硝酸在亚硝化反应中的活性成分是亚硝酰正离子 $NO^{\oplus}$。由于 $NO^{\oplus}$ 的亲电能力不如 $NO_2^{\oplus}$,所以它只能向芳环或其他电子密度大的碳原子进攻,即主要与酚类、芳香叔胺和某些 π 电子多的杂环以及具有活泼氢的脂肪族化合物发生反应,生成亚硝基化合物。某些化合物的亚硝基反应类型及条件见表 2-2。

表 2-2　某些化合物的亚硝化反应

亚硝化底物	产物	亚硝化剂	反应温度 /℃
		$NaNO_2—H_2SO_4$	<2
		$NaNO_2—H_2SO_4$	40~50
		$NaNO_2—HCl$	30
		$NaNO_2—HCl$	<10

续表

亚硝化底物	产物	亚硝化剂	反应温度/℃
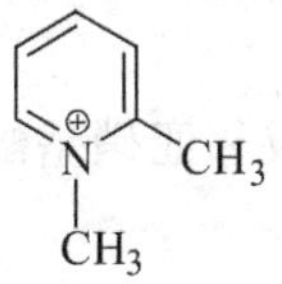	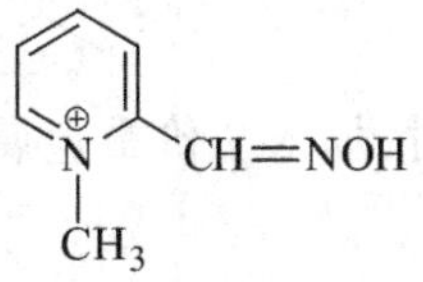	C_2H_5ONO—NaOH	−2~15
$\begin{array}{c}COOC_2H_5\\ |\\ CH_2\\ |\\ COOC_2H_5\end{array}$	$\begin{array}{c}COOC_2H_5\\ |\\ NO\!=\!C\!-\!H\\ |\\ COOC_2H_5\end{array}$	$NaNO_2$—HOAc	15~20

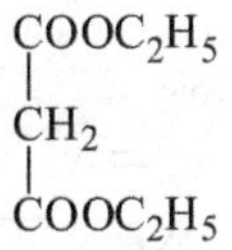

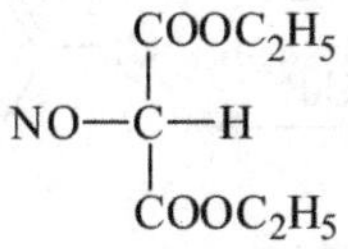

表 2-2 中的被亚硝化物均为电子密度大的碳原子或碳负离子,如其中的两个化合物可离解成下式的碳负子:

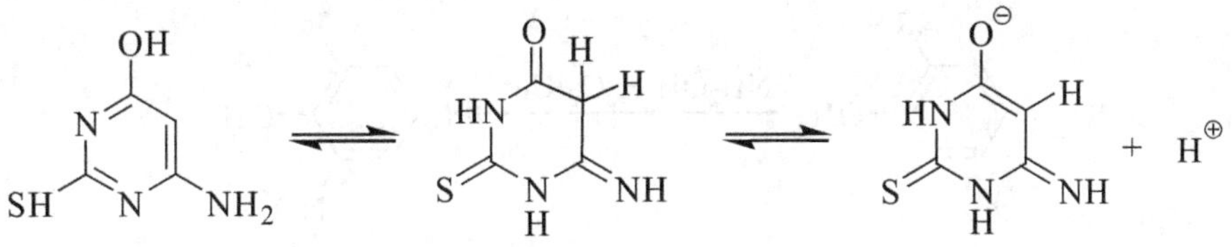

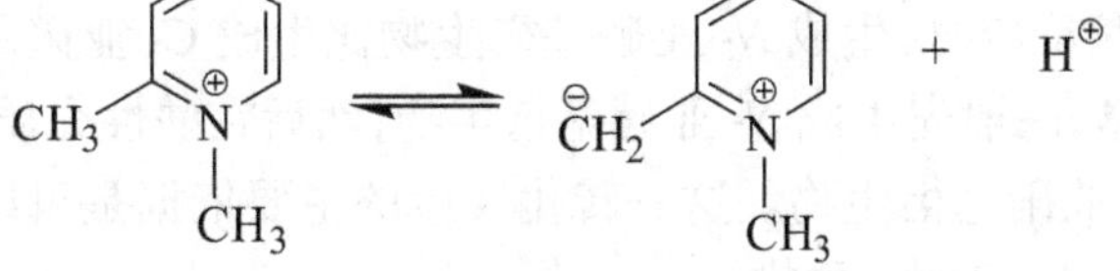

亚硝化操作与重氮化反应基本类似,一般均用亚硝酸钠在不同酸中反应。因为亚硝酸很不稳定,受热或在空气中易分解,故常常先将硝酸盐与被亚硝化物混合,或溶于碱性水溶液中,然后滴入强酸,使亚硝酸一旦生成即与被亚硝化物发生反应。也可用亚硝酸盐与冰醋酸或亚硝酸酯在有机溶剂中进行亚硝化反应。

反应通常在低温下进行,温度超过规定限度时不仅产率下降,而且影响产品质量。酚类碳原子引入亚硝基,主要得到对位取代产物;若对位已有取代基时,则可在邻位取代。对亚硝基苯酚是制备橡胶硫化物、药物和硫化蓝染料的重要中间体,是一种互变异构体,既可以以亚硝基的形式、也可以以醌肟的形式参加反应。

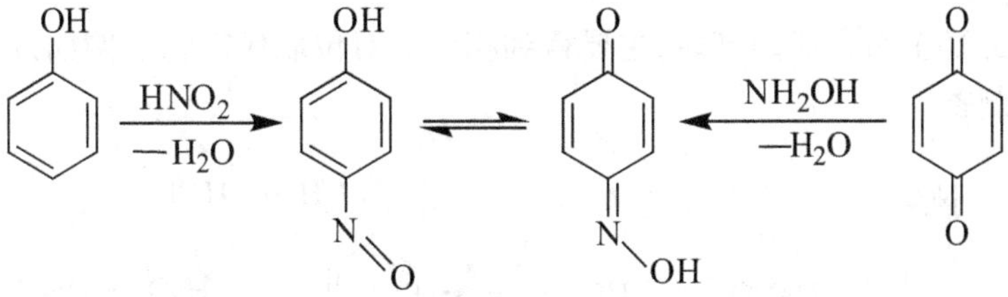

1- 亚硝基 -2- 萘酚是制备 1- 氨基 -2- 萘酚 -4- 磺酸的中间产物,后者是制取含金属偶氮染料的重要中间体。

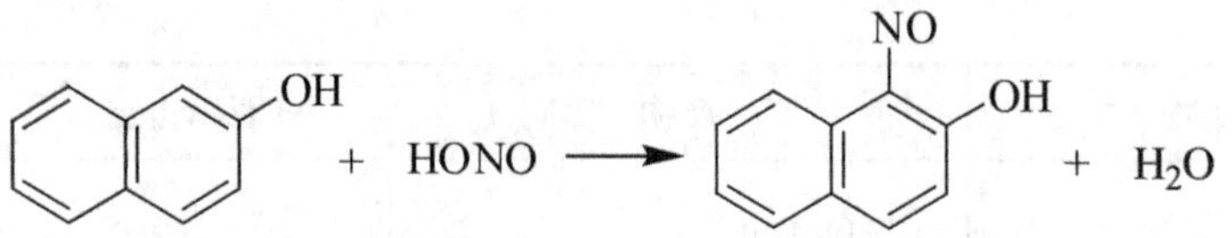

某些对位有取代基的酚类亚硝化时,加入 2 价重金属盐,使其形成邻亚硝基酚的配合物,可更有效地进行邻位亚硝化反应:

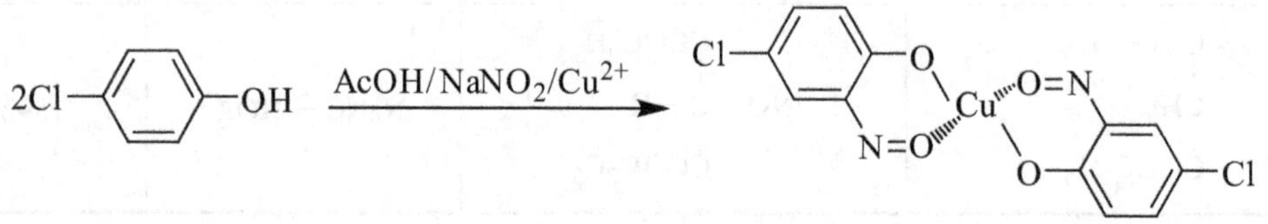

即使对位无取代基的芳环,为了制取邻位亚硝基物,也可采用羟胺和过氧化氢硝化剂进行亚硝化,这时加入 Cu^{2+} 催化,可得到收率较高的邻亚硝基衍生物:

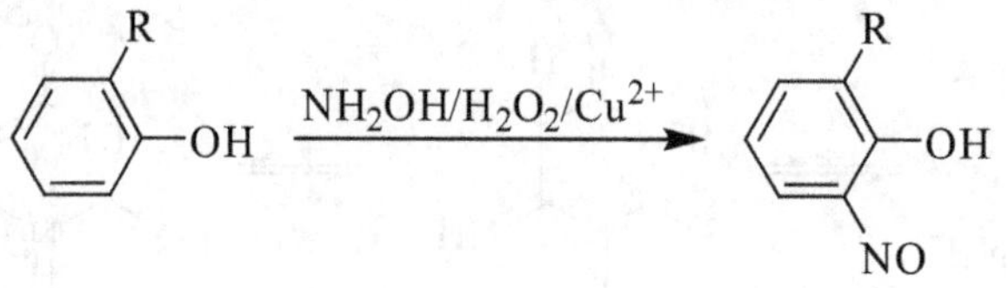

R=—H、—F、—Cl、—Br、—COOH、—OH。

亚硝酸与仲芳胺反应时,生成 *N*- 亚硝基衍生物比生成 *C*- 亚硝基衍生物更容易。仲芳胺的环上引入亚硝基,一般先生成 *N*- 亚硝基衍生物,然后在酸性介质中异构化,发生内分子重排反应而制得 *C*- 亚硝基衍生物。这一转化反应的主要依据是可以在大大过量的尿素存在下进行,被称为 Fischer-Hepp 重排。

游离的仲芳胺 *C*- 亚硝基衍生物是呈双极性离子存在的,因此可以与酸或碱作用生成相应的盐:

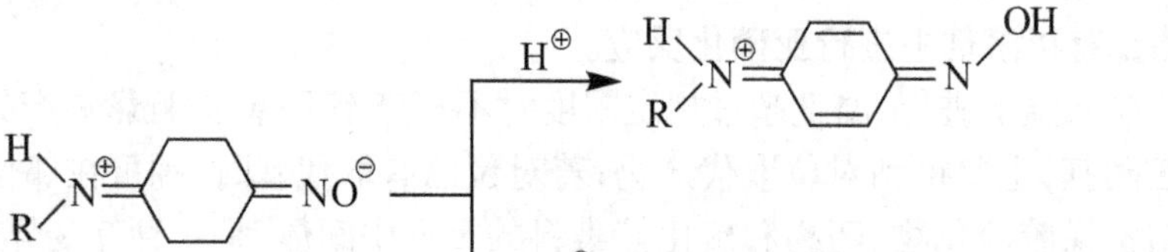

向叔芳胺的环上引入亚硝基时,主要得到相应的对位取代产物。例如,对亚硝基 -*N*,*N*- 二甲基苯胺的制备。

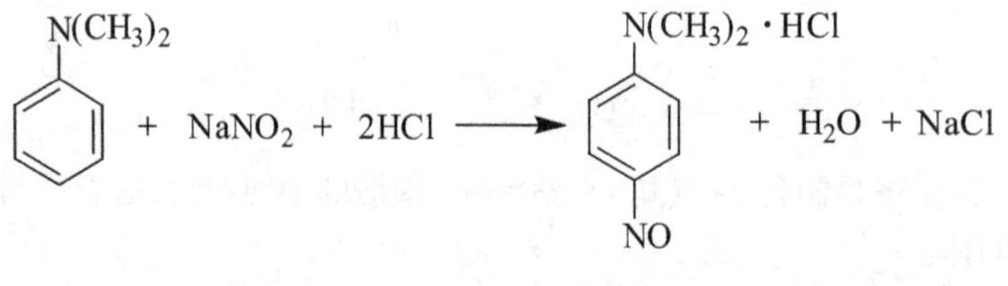

N,*N*- 二甲基苯胺盐酸盐稀水溶液约在 0℃与微过量的 $NaNO_2$ 水溶液搅拌几小时,即可

制得对亚硝基 -*N*,*N*- 二甲基苯胺盐酸盐。同法可以制得对亚硝基 -*N*,*N*- 二乙基苯胺等 *C*-亚硝基叔芳胺。

二、*N*- 亚硝化反应

N- 亚硝化反应在药物合成中应用较多,也较容易发生,但氮原子上取代基不同,可以得到不同的产物。伯胺的 *N*- 亚硝化反应很容易发生,但通常会进一步发生反应得到重氮盐,我们将在下一节重氮化反应中详细介绍。这里我们将重点介绍仲胺的 *N*- 亚硝化反应。

(一)反应通式及机制

$$R_2NH + HONO \longrightarrow R_2N—NO + H_2O$$

N- 亚硝化反应常用的试剂是亚硝酸(亚硝酸盐 + 酸)和亚硝酸酯。亚硝酰正离子 $NO^{\oplus}$首先进攻氮原子,发生亲电取代反应得到 *N*- 亚硝基化合物(称为亚硝胺)。

$$HNO_2 \rightleftharpoons NO^{\oplus} + OH^{\ominus}$$

$$R_2NH + NO^{\oplus} \rightleftharpoons \overset{H}{\underset{\oplus}{R_2N}}—NO \longrightarrow R_2N—NO + H^{\oplus}$$

(二)影响反应的因素及应用实例

抗肿瘤药环己亚硝基脲的合成中,亚硝基的引入就是用亚硝酸钠 - 冰醋酸 - 浓硫酸作为亚硝化剂进行反应的。

亚硝酸与仲芳胺反应时,生成 *N*- 亚硝基衍生物。*N*- 亚硝基二苯胺是一种重要的橡胶硫化防焦剂和高效阻聚剂,*N*- 亚硝基二苯胺在酸性条件下发生重排反应得到对亚硝基二苯胺。

第三节　重氮化反应

含有伯氨基的有机化合物在无机酸的存在下与亚硝酸钠作用生成重氮盐的反应称作重氮化反应(diazotization reaction)。

脂肪族伯胺生成的重氮盐极不稳定,很易分解放出氮气而转变成正碳离子 $R^{\oplus}$,正碳离子的稳定性也很差,它容易发生取代、重排、异构化和消除反应,得到成分复杂的产物,因此没有实用价值。苄基伯胺经重氮化 - 分解生成的正碳离子不能发生重排、消除等副反应,可以进行正常的取代反应而制得某些有用的产品,但应用实例很少。脂环伯胺经重氮化-分解生成的正碳离子可以发生重排反应得到一些有用的扩环产品、缩环产品和环合产品,但应用实例也不多。

芳环伯胺和芳杂环伯胺的重氮正离子和强酸负离子生成的盐一般可溶于水,呈中性,因全部离解成离子,不溶于有机溶剂。但含有1个磺酸基的重氮化合物则生成在水中溶解度很低的内盐。某些芳胺重氮盐可以制得稳定的形式,例如氯化芳重氮盐与氯化锌的复盐、芳重氮-1,5-萘二磺酸盐。重氮化合物对光不稳定,在光照下易分解。某些稳定重氮盐可以用于印染行业或用作感光材料,特别是感光复印纸。芳环伯胺和芳杂环伯胺的重氮盐在水溶液中,在低温下一般比较稳定。重氮盐本身并无实用价值,但是由于其具有很高的反应活性,可发生许多反应,如取代、还原、偶联、水解等,在药物及中间体合成中具有非常重要的意义。

一、重氮盐的制备和性质

重氮盐具有盐的性质,绝大多数的重氮盐易溶于水,而不溶于有机溶剂,其水溶液能导电。重氮盐一般不稳定,制备后应保持在低温的水溶液中,并尽快使用。由于芳胺化学结构的不同和所生成的重氮盐性质的不同,重氮盐的制备方法也有所不同。

(一) 反应通式及机制

$$R-NH_2 + NaNO_2 + 2HCl \longrightarrow R-\overset{\oplus}{N_2}\overset{\ominus}{Cl} + NaCl + H_2O$$

$$H\overset{..}{O}-N=O \Longrightarrow \overset{\oplus}{H_2O}-N=O \Longrightarrow \left[\overset{\oplus}{N}=\overset{..}{O} \longleftrightarrow N\equiv\overset{\oplus}{O} \right]$$

$$Ar-\overset{..}{N}H_2 + \overset{\oplus}{N}=O \Longrightarrow Ar-\overset{\oplus}{N}H_2-N=O \xrightarrow{-H^{\oplus}} Ar-NH-N=O$$

$$Ar-N=N-\overset{..}{O}H \Longrightarrow Ar-N=N-\overset{\oplus}{O}H_2 \xrightarrow{-H_2O} \left[Ar-\overset{..}{N}=\overset{\oplus}{N}: \longleftrightarrow Ar-\overset{\oplus}{N}\equiv N: \right]$$

(二) 影响反应的因素及应用实例

1. 碱性较强的芳伯胺   包括不含其他取代基的芳伯胺,芳环上含有甲基、甲氧基等供电基的芳伯胺,芳环上只含有1个卤基的芳伯胺以及2-氨基噻唑、2-氨基吡啶等芳杂环伯胺。

这类芳伯胺在稀盐酸或稀硫酸中生成的铵盐易溶于水,铵盐主要以铵合氢正离子的形式存在,游离胺的浓度很低,因此重氮化反应的速率慢。另外,生成的重氮盐不易与尚未重氮化的游离胺相作用。其重氮化方法通常是先在室温将芳伯胺溶解于稍过量的稀盐酸或稀硫酸中,加冰冷却至一定温度,然后先快后慢地加入亚硝酸钠水溶液,直到亚硝酸钠微过量为止,此法通常称作正重氮化法。

$$\text{苯胺}-NH_2 \xrightarrow[NaNO_2]{HCl} \text{苯}-\overset{\oplus}{N_2}\overset{\ominus}{Cl}$$

2. 碱性较弱的芳伯胺   包括芳环上连有1个强吸电基(例如硝基、氰基)的芳伯胺和芳环上含有两个以上卤素取代基的芳伯胺等。

这类芳伯胺的特点是在稀盐酸或稀硫酸中生成的胺盐溶解度小,已溶解的胺盐有相当一部分以游离胺的形式存在,因此重氮化反应速率快。但是生成的重氮盐容易与尚未重氮化的游离芳伯胺相作用。其重氮化方法通常是先将这类芳伯胺溶解于大过量、浓度较高的热盐酸中，然后加冰块稀释并降温至一定温度，使大部分胺盐以很细的沉淀析出，然后迅速加入稍过量的亚硝酸钠水溶液，以避免生成重氮氨基化合物。当芳伯胺完全重氮化后，再加入适量尿素或氨基磺酸，将过量的亚硝酸除去。必要时应将制得的重氮盐溶液过滤以除去副产的重氮氨基化合物。

$$O_2N{-}\!\!\!\bigcirc\!\!\!{-}NH_2 \xrightarrow[NaNO_2]{HCl} O_2N{-}\!\!\!\bigcirc\!\!\!{-}N_2^{\oplus}Cl^{\ominus}$$

3. **碱性很弱的芳伯胺**　包括芳环上连有两个(以上)强吸电基的芳胺，如 2,4- 二硝基苯胺、2- 氰基 -4- 硝基苯胺、1- 氨基蒽醌、2- 氨基苯并噻唑等。

这类芳伯胺的特点是碱性很弱，不溶于稀无机酸，但能溶于浓硫酸，它们的浓硫酸溶液不能用水稀释，因为它们的酸性硫酸盐在稀硫酸中会转变成游离胺析出。这类芳伯胺在浓硫酸中很容易重氮化，而且生成的重氮盐也不会与尚未重氮化的芳伯胺相作用而生成重氮氨基化合物。其重氮化方法通常是先将芳伯胺溶解于 4~5 倍质量的浓硫酸中，然后在一定温度下加入微过量的亚硝酰硫酸溶液。

$$O_2N{-}\!\!\!\bigcirc\!\!\!\substack{NO_2\\NH_2} \xrightarrow[H_2SO_4]{NOHSO_4} O_2N{-}\!\!\!\bigcirc\!\!\!\substack{NO_2\\N_2^{\oplus}HSO_4^{\ominus}}$$

4. **芳环上连有羧基的芳胺**　包括苯系和萘系的单氨基单磺酸、联苯胺 -2,2′- 二磺酸、4,4′- 二氨基二苯乙烯 -2,2′- 二磺酸和 1- 氨基萘 -8- 甲酸等。

这类芳伯胺的特点是它们在稀无机酸中形成内盐，在水中溶解度很小，但它们的钠盐或铵盐则易溶于水。其重氮化方法通常是先将胺类悬浮在水中，加入微过量的氢氧化钠或氨水，使氨基芳磺酸转变成其钠盐或铵盐而溶解，然后加入稀盐酸或稀硫酸使氨基芳磺酸以很细的颗粒沉淀析出，接着立即加入微过量的亚硝酸钠水溶液，必要时可加入少量胶体保护剂(如二丁基萘磺酸)。另一种重氮化方法是先将氨基芳磺酸的钠盐在弱碱性条件下与微过量的亚硝酸钠配成混合水溶液，然后放到冷的稀无机酸中，这种重氮化方法称作反重氮化法。

$$NaO_3S{-}\!\!\!\bigcirc\!\!\!{-}NH_2 \xrightarrow[0\sim5℃]{NaNO_2/HCl} {}^{\ominus}O_3S{-}\!\!\!\bigcirc\!\!\!{-}N_2^{\oplus}Cl^{\ominus}$$

5. 苯系和萘系的邻位或对位氨基酚在稀盐酸和稀硫酸中容易被亚硝酸氧化成醌亚胺型化合物。这类芳伯胺的重氮化要在中性到弱酸性介质中进行。在 1- 氨基 -2- 羟基萘 -4- 磺酸的重氮化时(中性介质)还要加入少量硫酸铜。这类芳伯胺生成的重氮化合物并不含有无机酸负离子，而具有二氮醌或重氮氧化物的结构。

$$\begin{array}{c}NH_2\\OH\\SO_3H\end{array} + NaNO_2 \xrightarrow{CuSO_4} \begin{array}{c}N{\equiv}\overset{\oplus}{N}\\O^{\ominus}\\SO_3H\end{array} + 2H_2O$$

6. **二元芳香族伯胺**　其重氮化反应主要取决于两个氨基的相互位置，如苯二胺类化合物在重氮化反应时有如下几种情况:邻苯二胺在一般重氮化反应条件下先发生1个氨基重氮化,接着这个重氮基与尚未重氮化的邻位氨基发生偶合反应,生成苯并三唑化合物。

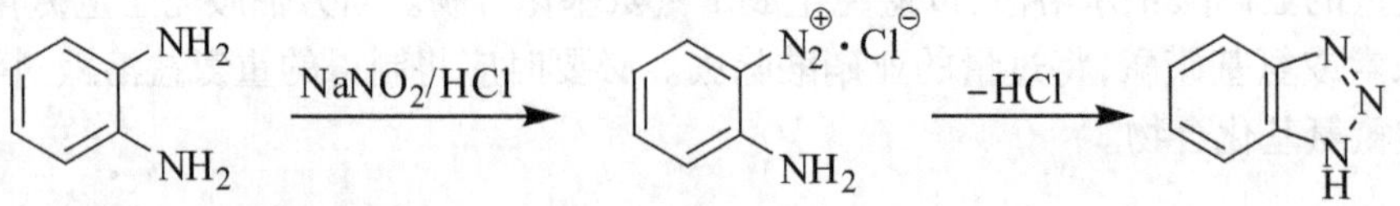

但是邻苯二胺在醋酸中用亚硝酰硫酸处理时,可以顺利双重氮化。

间苯二胺在一般重氮化反应条件下也容易发生分子间偶合反应,其主要原因是体系内间苯二胺浓度过大,生成的单重氮盐优先与间苯二胺发生偶合反应,而不是发生第二个氨基的重氮化反应。

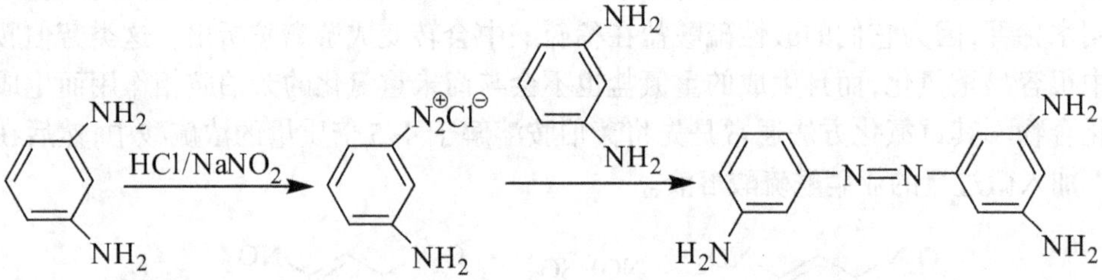

但并不是说间苯二胺就不能发生双重氮化反应,只要有效地控制反应条件,降低偶合副反应的发生,例如先将间苯二胺在弱碱性到中性条件下与稍过量的亚硝酸钠配成混合水溶液,然后将混合溶液快速地放入到过量较多的稀盐酸中,即可发生间苯二胺的双重氮化。

对位苯二胺在一般重氮化反应条件下得到单重氮化和双重氮化的混合物,在磷酸和硫酸混合物中用硝酰硫酸处理可生成双重氮化合物。

重氮盐化合物兼有酸和碱的特性,它既可以与酸生成盐,又可以与碱生成盐,结构转变如下所示:

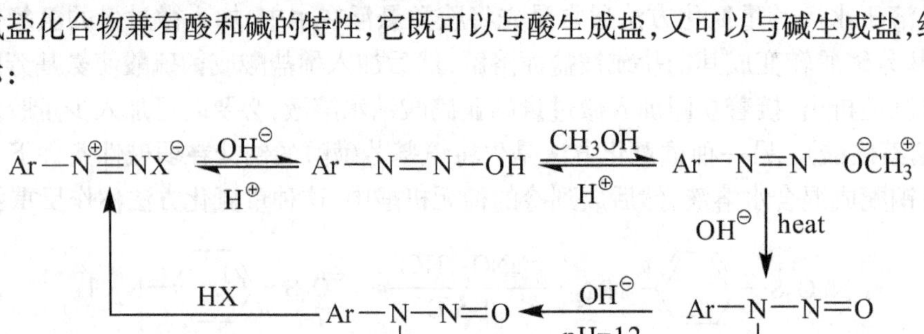

其中亚硝胺和亚硝胺盐比较稳定,而重氮盐、重氮酸比较活泼,所以重氮盐的反应一般是在强酸性到弱碱性介质中进行的。

二、重氮盐的应用

重氮盐具有很高的反应活性,可发生许多反应,如取代、还原、偶联、水解等。其中最重要的反应有两大类:一类是重氮基转化为偶氮基或肼基;另一类是重氮基被其他取代基所置换,同时放出氮气。

(一)重氮盐的置换反应

1. Sandmeyer反应　在氯化亚铜或溴化铜的存在下,重氮基被氯或溴置换的反应称作

Sandmeyer 反应。这个反应要求芳伯胺重氮化时所用的氢卤酸和卤化亚铜分子中的卤原子都与要引入芳环上的卤原子相同。

(1) 反应通式及机制：Sandmeyer 反应的历程比较复杂，一般认为首先是重氮盐正离子与亚铜盐负离子生成了配合物，然后配合物经电子转移生成芳游离基 Ar·，最后芳游离基 Ar· 与 $CuCl_2$ 反应生成氯代产物并重新生成催化剂 CuCl。

$$CuCl + Cl^{\ominus} \underset{}{\overset{快}{\rightleftharpoons}} [CuCl_2]^{\ominus}$$

$$Ar\!-\!\overset{\oplus}{N}\!\equiv\!N + [CuCl_2]^{\ominus} \underset{}{\overset{慢}{\rightleftharpoons}} Ar\!-\!\overset{\oplus}{N}\!\equiv\!N\!\cdot CuCl_2^{\ominus}$$

$$Ar\!-\!\overset{\oplus}{N}\!\equiv\!N\!\cdot CuCl_2^{\ominus} \overset{慢}{\longrightarrow} Ar\!-\!N\!=\!N\!\cdot + CuCl_2$$

$$Ar\!-\!N\!=\!N\!\cdot \longrightarrow Ar\!\cdot + N_2\uparrow$$

$$Ar\!\cdot + CuCl_2 \longrightarrow Ar\!-\!Cl + CuCl$$

(2) 影响反应的因素及应用实例：形成配合物的反应速率与重氮盐的结构有关。芳环上有吸电基时，有利于重氮盐端基正氮离子与 $[CuCl_2]^-$ 结合，而加快反应速率。芳环上已有取代基对反应速率的影响按以下顺序：

$$p\text{-}NO_2 > p\text{-}Cl > H > p\text{-}CH_3 > p\text{-}OCH_3$$

$$Ar\!-\!NH_2 \xrightarrow{NaNO_2/HCl} Ar\!-\!\overset{\oplus}{N}\!\equiv\!NCl^{\ominus} \xrightarrow{CuCl/HCl} Ar\!-\!Cl + N_2\uparrow$$

除了采用氯化亚铜或溴化亚铜以外，也可以将铜粉加入到冷的重氮盐的氢卤酸水溶液中进行重氮基被氯（或溴）置换的反应，这个反应称作 Gattermann 反应。

重氮基被碘置换可以采用 Sandmeyer 反应。但氢碘酸容易被氧化成碘，所以重氮化时不能在氢碘酸中进行，而要在醋酸中进行，然后再加入碘化亚铜-氢碘酸水溶液进行碘置换反应。更简单的方法是将芳伯胺在稀硫酸或稀盐酸中重氮化，然后向重氮液中加入碘化钾或碘化钠，或者将重氮液倒入碘化钠水溶液中，即可完成碘置换反应。反应中一部分碘化钾被氧化成元素碘，后者与 $I^{\ominus}$ 形成了 $I_3^{\ominus}$，$I_3^{\ominus}$ 亲核能力强，所以不需要亚铜盐催化。其反应历程可能是兼有离子型和游离基型的亲核置换反应。

$$\underset{}{\bigcirc}\!-\!NH_2 \xrightarrow[8\sim12℃]{NaNO_2/HCl} \underset{}{\bigcirc}\!-\!\overset{\oplus}{N_2}Cl^{\ominus} \xrightarrow[reflux,2h]{KI} \underset{}{\bigcirc}\!-\!I$$

重氮基被氟置换的反应主要应用希曼（Schiemann）反应，即芳伯胺在稀盐酸中重氮化，然后加入氟硼酸（或氟氢酸和硼酸）水溶液，滤出水溶性很小的重氮氟硼酸盐，水洗、乙醇洗，低温干燥，然后将干燥的重氮氟硼酸盐加热至适当温度，使其发生分解反应，逸出氮气和三氟化硼气体，即得到相应的氟置换产物。

$$\underset{NH_2}{\overset{NH_2}{\bigcirc}} \xrightarrow{HCl/HBF_4/NaNO_2} \underset{\overset{\oplus}{N_2}BF_4^{\ominus}}{\overset{\overset{\oplus}{N_2}BF_4^{\ominus}}{\bigcirc}} \xrightarrow[heat]{200℃} \underset{F}{\overset{F}{\bigcirc}}$$

2. **重氮基被氢置换** 将重氮盐用适当的还原剂进行还原时,可使重氮基被氢置换(脱氨基反应),并放出氮气。最常用的还原剂是乙醇和丙醇,其反应历程是游离基反应。

(1) 反应通式及机制

$$Ar-N_2^{\oplus}X^{\ominus} \longrightarrow \overset{.}{Ar} + \overset{.}{X} + N_2\uparrow$$

$$Ar\cdot + CH_3CH_2OH \longrightarrow Ar-H + CH_2\overset{.}{C}HOH$$

$$CH_3\overset{.}{C}H_2OH_3 + \overset{.}{X} \longrightarrow \underset{\underset{X}{|}}{CH_3CHOH} \longrightarrow CH_3CHO + HX$$

总反应式 $\quad Ar-N_2^{\oplus}X^{\ominus} + CH_3CH_3OH \longrightarrow ArH + CH_3CHO + HX + N_2\uparrow$

(2) 影响反应的因素及应用实例:Cu^{2+} 和 Cu^+ 对脱氨基反应有催化活性,在乙醇中还原时,还会发生重氮基被乙氧基置换生成芳醚的离子型副反应。

$$ArN_2^{\oplus}X^{\ominus} + CH_3CH_3OH \longrightarrow Ar-OCH_2CH_3 + HX + N_2\uparrow$$

上述两个反应与芳环上的取代基和醇的种类有关,当芳环上有吸电基(例如硝基、卤基、羧基等)时,脱氨基反应收率良好;而未取代的重氮苯及其同系物则主要生成芳醚。用甲醇代替乙醇有利于生成芳醚的反应,而用丙醇则主要生成脱氨基产物。

用次磷酸还原时,不论芳环上有吸电基或供电基,脱氨基反应都可得到良好的收率。其反应历程也是游离型。

$$\overset{.}{Ar} + H_3PO_2 \longrightarrow Ar-H + H_2\overset{.}{P}O_2$$

$$Ar-\overset{\oplus}{N}_2 + H_2\overset{.}{P}O_2 \longrightarrow \overset{.}{Ar} + H_2\overset{\oplus}{P}O_2 + N_2\uparrow$$

$$H_2\overset{\oplus}{P}O_2 + H_2O \longrightarrow H_3PO_3 + H^{\oplus}$$

总反应式 $\quad Ar-\overset{\oplus}{N}_2\overset{\ominus}{X} + H_3PO_2 + H_2O \longrightarrow Ar-H + H_3PO_3 + HX + N_2\uparrow$

用次磷酸进行还原一般在室温或较低温度下将反应液长时间放置,加入少量的 $KMnO_4$、$CuSO_4$、$FeSO_4$ 或 Cu 可加速反应。如果在酸性介质中进行,也可以用氧化亚铜或甲酸做还原剂;如果在碱性介质中进行,可以用甲醛、亚锡酸钠做还原剂,但此法不宜用于制备含硝基的化合物。

3. **重氮基被羟基置换** 当将重氮盐在酸性水溶液中加热时,重氮盐首先分解成芳正离子,然后受到亲核试剂 H_2O 的进攻,快速生成中间体正离子,再脱质子生成酚类。

(1) 反应通式及机制

$$Ar-N_2^{\oplus}X^{\ominus} \xrightarrow{\text{慢}} Ar^{\oplus} + X^{\ominus} + N_2\uparrow$$

$$Ar^{\oplus} + O{\overset{H}{\underset{H}{<}}} \xrightarrow{\text{快}} \left[Ar{-}\overset{\oplus}{O}{\overset{H}{\underset{H}{<}}} \right] \longrightarrow Ar{-}OH + H^{\oplus}$$

（2）反应影响因素及应用实例：由于芳正离子非常活泼，可以与反应体系中的亲核试剂反应。因此，为了避免芳正离子与氯负离子相反应生成氯化副产物，芳伯胺的重氮化一般在稀硫酸介质中进行。

為了避免芳正离子与生成的酚反应生成二芳基醚等副产物，一般将生成的有挥发性酚立即用水蒸气蒸出，或者向反应液中加入氯苯等惰性有机溶剂，使生成的酚立即转入到有机相中。

为了避免重氮盐与水解生成的酚发生偶合反应生成羟基偶氮化合物，水解反应要在适当浓度的硫酸中进行。通常是将冷的重氮盐水溶液滴加到沸腾的稀硫酸中。

水解的难易还与重氮盐的结构有关。水解温度一般在 102~145℃，可根据水解的难易确定水解温度，并根据水解温度来确定所用硫酸的浓度，或加入硫酸钠来提高沸腾温度。加入硫酸铜对于重氮盐的水解有良好的催化作用，可降低水解温度，提高收率。

当用其他方法不易在芳环上的指定位置形成羟基时，可采用重氮盐的水解法。例如，1- 萘酚 -8- 磺酸的制备可采用重氮盐的水解法。

4. 重氮基被氰基置换　将重氮盐与氰化亚铜的配合物在水介质中作用，可以使重氮基被氰基置换，这个反应也称作 Sandmeyer 反应。氰化亚铜的配位盐水溶液是由氯化亚铜或氰化亚铜溶于氰化钠水溶液而配得的。

（1）反应通式及机制

$$CuCl + 2NaCN \longrightarrow Na[Cu(CN)_2] + NaCl$$

$$CuCN + NaCN \longrightarrow Na[Cu(CN)_2]$$

上述氰化反应的历程还不太清楚，一般简单表示如下：

$$Ar - \overset{\oplus}{N_2} \cdot \overset{\ominus}{Cl} + Na[Cu(CN)_2] \longrightarrow Ar - CN + CuCN + NaCl + N_2 \uparrow$$

（2）反应影响因素及应用实例：重氮基被氰基置换的反应必须在弱碱性介质中进行，因为在强酸性介质中不仅副反应多，而且还会逸出剧毒的氰化氢气体。在弱碱性介质中不存在 $CuCl_2^{\ominus}$，不易发生重氮基被氯置换的副反应，因此芳伯胺的重氮化可以在稀盐酸或稀硫酸中进行。除了氰化亚铜配位盐以外，也可以用四氰氨铜配位盐 $NaCu(CN)_4NH_3$ 或氰化镍配位盐 $NaCNNiSO_4$。含有铜氰配位盐的废液最好能循环使用，不能使用时应进行无毒化处理。早期用单质硫或多硫化钠溶液处理，使 -CN 氧化成 -CNO-，并使铜离子转变成氢氧化铜沉淀。

5. 其他置换反应　重氮盐与一些低价含硫化合物相作用可以使重氮基被巯基置换。将冷的重氮盐酸盐水溶液倒入冷的 Na_2S_2-NaOH 水溶液中，然后将生成的二硫化物 Ar—S—S—Ar 进行还原，可制得相应的硫酚。

将冷的重氮盐酸盐水溶液倒入 40~45℃的乙基磺原酸钠水溶液中，分离出乙基磺原酸芳基酯，将后者在氢氧化钠水溶液中或稀硫酸中水解即得到相应的硫酚。

用此法不可以制备邻甲基苯硫酚和间溴苯硫酚等。

将苯胺重氮盐酸水溶液慢慢倒入 30℃以下的甲硫醇钠水溶液中，即得到苯基甲硫醚。

将邻氯苯胺重氮盐酸盐水溶液放入 5℃以下的含亚硫酸氢钠和氯化铜的浓盐酸中,即析出邻氯苯磺酰氯油状物,收率为 75%。

$$NaHSO_3 + HCl \longrightarrow NaCl + H_2O + SO_2$$

$$2CuCl_2 + NaSO_3 + H_2O \longrightarrow 2CuCl + 2HCl + NaHSO_4$$

另外,也可以将邻氯苯胺在含冰醋酸的浓盐酸中加入亚硝酸钠水溶液进行重氮化,然后向其中加入含 SO₂ 和 CuCl 的冰醋酸溶液来完成反应,也可方便地制得邻氯苯磺酰氯。

2,3-二氯苯胺在盐酸中用亚硝酸钠水溶液进行重氮化,然后加入 40% 醋酸钠水溶液将 pH 调至对刚果红试纸呈中性(pH≈3),然后将此重氮液加入到冷的含有硫酸铜、亚硫酸钠和醋酸钠的甲醛肟水溶液中,即生成 2,3-二氯苯甲醛肟,然后加入浓盐酸回流水解,即得到 2,3-二氯苯甲醛。

重氮盐弱碱性溶液中用铜粉或 1 价铜还原时,将其发生脱氮-偶联反应,生成对称的联芳基衍生物。例如,将萘-8-甲酸钠和亚硝酸钠的混合溶液在 0~5℃加入到稀盐酸中进行重氮化,加入 15% 氢氧化钠水溶液中和,调 pH 在 3~4。然后将上述制得的重氮盐溶液加入到由氯化亚铜、碳酸氢钠和氨水配成的亚铜氨配合物水溶液中进行脱氮-偶联,即得到(1,1'-联萘-8,8'-二甲酸)基萘酸铵盐(还原染料中间体)。

此法用于制造不对称联芳基衍生物。例如,将对溴苯胺在浓盐酸中用较浓的亚硝酸钠水解溶液重氮化,在 5℃向其中加入大量的苯,然后滴加质量分数为 10% 的氢氧化钠水溶液中和,并在室温搅拌一定时间,可得到 4-溴联苯。用同样的方法可制得 4-甲基联苯和联苯。但此法的应用范围有限,因为联苯可由苯热解脱氢而得,4-溴联苯可由联苯的溴代而得。

（二）重氮盐的还原反应

1. 反应通式及机制　重氮盐在盐酸介质中用强还原剂（氯化亚锡或锌粉）进行还原时可以得到芳肼。

$$Ar-N{\equiv}^{\oplus}NCl^{\ominus} \xrightarrow[\text{or Zn}]{SnCl_2} Ar-\overset{H}{N}-NH \cdot HCl$$

2. 反应影响因素及应用实例　工业上最常用的还原剂是亚硫酸钠和亚硫酸氢钠。反应历程是先发生 N- 加成磺化反应，再发生水解 - 脱磺基反应而得到芳肼盐酸盐；当芳环上有磺基时，则生成芳肼磺酸内盐。

$$Ar-N{\equiv}^{\oplus}NCl^{\ominus} \xrightarrow{Na_2SO_3} Ar-N{=}N-SO_3Na \xrightarrow{NaHSO_3}$$

$$Ar-\overset{H}{\underset{SO_3Na}{N}}-N-SO_3Na \xrightarrow{H_2O} Ar-\overset{H}{N}-\overset{H}{N}-SO_3Na \xrightarrow[HCl]{H_2O} Ar-NHNH_2 \cdot HCl$$

在亚硫酸盐和亚硫酸氢盐 1：1 的混合物的作用下，重氮盐可以还原芳肼。

（三）重氮盐的偶合反应

偶合反应系指重氮盐与芳环、杂环或具有活泼亚甲基的化合物反应，生成偶氮化合物的反应。在进行偶合反应时，重氮盐作为亲电试剂对酚类或芳胺类的芳环上的氢进行亲电取代而生成偶氮化合物。

1. 反应通式及机制

$$Ar-\overset{\oplus}{N_2}X^{\ominus} + Ar'-OH \longrightarrow Ar-N{=}N-Ar'-OH + HX$$

$$Ar-\overset{\oplus}{N_2}X^{\ominus} + Ar'-NH_2 \longrightarrow Ar-N{=}N-Ar'-NH_2 + HX$$

2. 反应影响因素及应用实例　参与偶合反应的重氮盐称为重氮组分，与重氮盐相反应的酚类和胺类称作偶合组分。偶合反应的难易取决于反应物的结构和反应条件。重氮盐的芳环上有吸电基时，能使重氮基上的正电荷增加，偶合能力增强；反之芳环有供电基时，则使偶合能力减弱。一般情况下，重氮盐的亲电能力较弱，它们只能与芳环上具有较大电子云密度的酚类、酚醚或芳胺类进行偶合。偶合时偶氮基一般进入偶合组分中—OH、—NH₂、—NHR 或—NR₂ 等基团的对位；当对位被占用时，则进入邻位。

偶合组分的反应难易顺序：$ArO^{\ominus}>ArNR_2>ArNHR>ArNH_2>ArOR>ArNH_3^{\oplus}$。

偶合时，通常是将重氮盐水溶液加入到冷的含偶合组分的水溶液中。偶合介质的 pH 取决于偶合组分的结构。偶合组分为胺类时，要求介质的 pH 为 4~7(弱酸性)；偶合时组分为酚类时，要求介质的 pH 为 7~10。偶合组分中同时含有氨基和羟基时，则在酸性偶合时，偶氮基进入氨基的邻位、对位；在碱性偶合时，偶氮基进入羟基的邻位、对位。

本 章 要 点

1. 硝化剂可以是单一硝酸，也可以是硝酸和各种质子酸、有机酸、酸酐及 Lewis 酸的混合物，总体而言是以硝酸和氮的氧化物(N_2O_5、N_2O_4)为主的，其硝化能力与解离生成 $NO_2^{\oplus}$ 的难易程度有关。用通式 $Y—NO_2$ 表示硝化剂，Y 的吸电子能力越强，形成 $NO_2^{\oplus}$ 的倾向越大，硝化能力也就越强。

2. 碳 - 硝化反应包括芳香环上碳的硝化反应和脂肪族碳的硝化反应。芳环硝化反应一般采用直接硝化的方法进行；脂肪族碳原子的硝化反应容易发生氧化 - 断键副反应，而难于芳香碳原子的硝化反应，一般采用间接硝化法，即利用有机分子中的原子或基团(如—Cl、—SO_3H、—COOH、—N＝N—等)被硝基置换的方法。芳环的硝化反应是芳环上的亲电取代反应，苯的衍生物硝化难易程度由苯环上取代基的性质而定。取代基给电子能力提高，硝化速率加快，产物以邻、对位为主；取代基吸电子能力提高，硝化速率降低，产物以间位为主(卤素除外)。

3. 硝基化合物和亚硝酸酯两者的比例与卤代烃的结构有关，生成硝基烷烃的比例为伯卤代烃 > 仲卤代烃 > 叔卤代烃；卤代烃中卤素被取代的难易程度为 I>Br>Cl>F。

4. 当芳环上有吸电基(例如硝基、卤基、羧基等)时，脱氨基反应收率良好。

5. 重氮盐能够发生一系列的后继反应，主要包括脱氨基反应，重氮盐的水解，重氮基被卤原子、氰基、含硫基、含碳基置换的反应。

本章练习题

一、简要回答下列问题

1. 向有机化合物中引入硝基的目的是什么？硝化反应有哪些特点？

2. 苯胺发生硝化反应的活性不如乙酰苯胺，且得到间位为主的硝化产物，为什么？

3. 常用的重氮化方法以及重氮化的后继反应有哪些？重氮化反应的历程是怎样的？

二、完成下列合成反应

1.

2.

3.

4.

5.

6.

7.

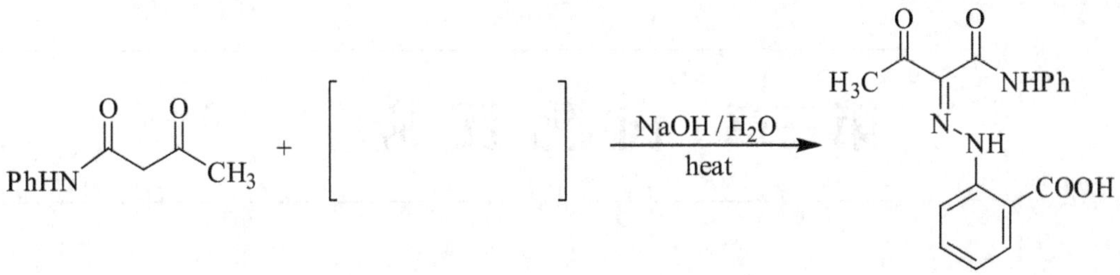

8.

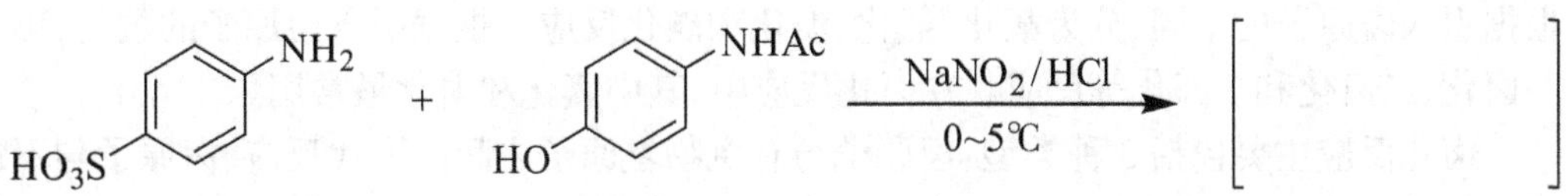

9.

10.

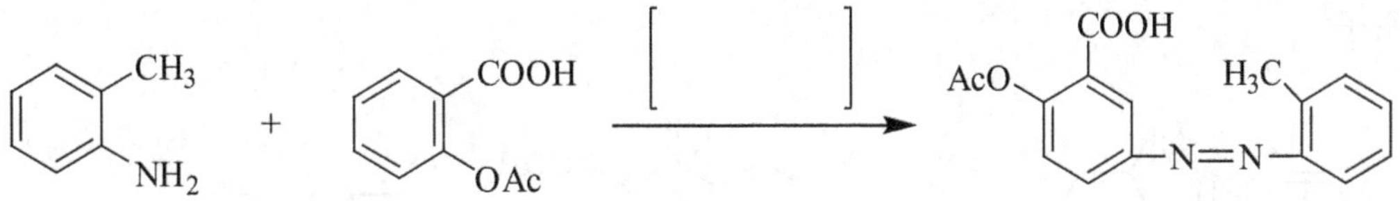

三、药物合成路线设计

根据所学知识,以苯为主要起始原料,完成具有对厌氧菌具有很强的杀灭活性的 2-羟基-2′,4,4′-三氯二苯醚(商品名:卫洁灵)的合成路线设计。

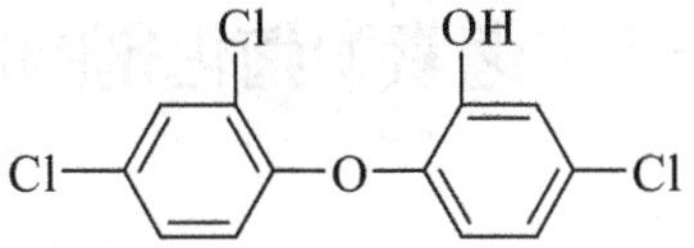

（孟艳秋　宋艳玲）

第三章 卤化反应

卤化反应(halogenation reaction)是指在有机分子中引入卤素原子(氟、氯、溴、碘)的反应。根据引入卤原子的不同,分为氟化、氯化、溴化和碘化反应。根据引入卤原子的数目,可分为一卤化、二卤化和多卤化等反应。在卤化反应中,其中氯化和溴化最常用。

卤化反应主要包括 3 种类型:卤原子与有机物氢原子之间的取代反应、卤原子与不饱和烃的加成反应和卤原子与氢以外的其他原子或基团的置换反应。卤化试剂的种类很多,常用的有卤素、卤化氢、卤化物、卤代烷、N-卤代酰胺、卤化磷、亚硫酰氯、Rydan 类试剂、次卤酸和次卤酸盐、无机卤化物等。

卤化反应在药物及其中间体的合成中应用十分广泛。有机分子中引入卤素原子,常使其极性增加,反应活性增强。很多药物分子中含有卤素原子,一些药物分子中引入氟原子可以提高药理活性,降低毒性。例如抗炎镇痛药双氯芬酸(Diclofenac)、抗菌药诺氟沙星(Norfloxacin)以及非甾体抗炎药氟比洛芬(Flurbiprofen),分子中均含有卤素原子。

(Diclofenac)　　　　(Norfloxacin)　　　　(Flurbiprofen)

第一节　卤素为卤化剂的反应

一、卤素的取代反应

(一)卤素与饱和烃的卤取代反应

在紫外光照射下或加热到 250~400℃时,烷烃分子中的氢原子可被卤素取代。

1. 反应通式及机制

$$RCH_3 + Cl_2 \xrightarrow[\text{or heat}]{hv} RCH_2Cl + HCl$$

饱和烃卤化是典型的自由基反应,其反应历程包括链引发、链增长、链终止 3 个阶段。

① $Cl—Cl \xrightarrow[\text{or heat}]{hv} 2Cl\cdot$　　　　　　　链引发

② Cl· + H—CH₃ $\longrightarrow$ CH₃· + H—Cl ⎫
　　　　　　　　甲基自由基　　　　　　　⎬ 链增长

③ CH₃· + Cl—Cl $\longrightarrow$ H₃C—Cl + Cl· ⎭
　　　　　　　　　　　　　氯甲烷

再重复②③

④ CH₃· + Cl· $\longrightarrow$ CH₃Cl ⎫

⑤ CH₃· + CH₃· $\longrightarrow$ CH₃CH₃ ⎬ 链终止

⑥ Cl· + Cl· $\longrightarrow$ Cl₂ ⎭

(1) 链引发:链引发需要一定的能量,使氯分子发生均裂产生自由基,产生自由基的方法主要有 3 种:热裂法、光解法和电子转移法。

热裂法是在一定温度条件下对分子进行热激发,使共价键发生均裂产生自由基。在 $500 \sim 650\,°C$ 时足以使 C—C、C—H、H—H 键断裂,而 Cl—Cl、Br—Br、O—O、N—N、—N=N— 等共价键的均裂需要的温度更低。

$$Cl_2 \xrightarrow{100°C} 2Cl\cdot$$

过氧化苯甲酰(BPO)、偶氮二异丁腈(AIBN)等在较低温度下容易产生自由基,称为自由基引发剂。

$$C_6H_5\overset{\overset{O}{\|}}{C}-O-O-\overset{\overset{O}{\|}}{C}C_6H_5 \xrightarrow{60 \sim 100°C} 2C_6H_5COO\cdot \longrightarrow 2C_6H_5\cdot + 2CO_2$$

$$(CH_3)_2\underset{CN}{C}-N=N-\underset{CN}{C}(CH_3)_2 \xrightarrow{60 \sim 100°C} 2(CH_3)_2\underset{CN}{C}\cdot + N_2$$

光解法是指在光照下有机物分子被活化,诱导离解产生自由基,可见光波在 $400 \sim 500\,nm$ 之间的光量子能量在 $250\,kJ/mol$ 以上,低于 $400\,nm$ 的光波能量更高,足以使 Cl_2、Br_2、I_2 等分子均裂生成自由基。

$$Cl_2 \xrightarrow{h\nu} 2Cl\cdot$$

电子转移法则是利用金属离子具有得失电子的性质。

$$M^{n+} \longrightarrow M^{n+1} + e$$

它们常用于催化某些过氧化物的分解,例如:

$$Fe^{2\oplus} + HO{-}OH \longrightarrow Fe^{3\oplus} + \cdot OH + OH^{\ominus}$$

$$Co^{\oplus} + (CH)_3COOOH \longrightarrow Co^{2\oplus} + OH^{\ominus} + (CH_3)_3COO\cdot$$

(2) 链增长:例如甲烷与生成的氯自由基按下式进行链增长过程。

$$CH_4 + Cl\cdot \longrightarrow HCl + \cdot CH_3$$

$$Cl_2 + \cdot CH_3 \longrightarrow CH_3Cl + Cl\cdot$$

(3) 链终止:活泼的、低浓度的自由基也会发生碰撞而终止。

$$Cl\cdot + CH_3\cdot \longrightarrow CH_3Cl$$
$$CH_3\cdot + CH_3\cdot \longrightarrow CH_3CH_3$$
$$Cl\cdot + Cl\cdot \longrightarrow Cl_2$$

一部分自由基会由于与容器壁作用将能量传给器壁或相互磁撞而相互结合或与杂质结合而使反应终止:

$$Cl\cdot + O_2 \longrightarrow ClO_2\cdot$$

其中 $ClO_2\cdot$ 是不活泼自由基,反应活性很弱。

2. 影响反应的因素

(1) 反应温度的影响:升高温度有利于自由基产生及反应的进行,但光解法产生的自由基与温度无关。温度高也有利于副反应的进行,同时导致氯气浓度在体系中减少,这对反应不利。

(2) 反应溶剂的影响:溶剂对反应影响较大,能与自由基发生溶剂化的溶剂会降低自由基的活性,故一般用非极性的惰性溶剂。

(3) 反应进行程度的影响:自由基反应是连串反应,要控制好反应深度,否则易导致多取代反应。

(4) 反应物结构与卤代试剂的影响:氯的活性大于溴,但氯的选择性不如溴。卤化时,就烷烃的氢原子而言,其活性次序是叔氢 > 仲氢 > 伯氢;卤素的活性次序是 F>Cl>Br>I。例如金刚烷在光照下的溴代反应主要发生在桥头碳原子上。

卤素的活性越大,反应越剧烈,但反应的选择性亦较差。用碘进行取代反应时,生成的碘化氢可将碘化烃还原,因此收率较低,应用较少。所以在烷烃的卤取代反应,以溴化反应应用最多。

(二) 卤素与烯丙位、苄位的卤取代反应

在高温或光照下,烯丙位上的氢易被卤素取代,发生自由基取代反应,如丙烯高温氯代得 3- 氯丙烯。

1. 反应通式及机制

$$CH_3CH=CH_2 + Cl_2 \xrightarrow{500\sim600℃} \underset{\underset{Cl}{|}}{CH_2CH=CH_2}$$

苄位碳原子上的氢受苯环的影响而被活化,容易被卤素取代。

$$C_6H_5CH_3 + Cl_2 \xrightarrow{hv} C_6H_5CH_2Cl + HCl$$

α- 氢卤代反应机制与烷烃卤代反应一样,是自由基取代反应,生成自由基的一步是决定反应速率的一步。

2. 影响反应的因素及应用实例

(1) 反应温度的影响:升高温度有利于卤化剂均裂产生自由基,同时也增强了自由基的活性,甲苯侧链单氯化适宜的反应温度为 158~160℃,低温时容易发生苯环上的取代,烯丙位的卤代一般在高温下进行,低温有利于烯键与卤素的加成。光解法产生自由基的过程与温度无关,在较低温度下也可发生,控制反应物浓度和光强度可以调节自由基产生的速率,便于控制反应进程。

(2) 反应溶剂的影响:溶剂对自由基卤代反应有明显的影响,能与自由基发生溶剂化的溶剂可降低自由基的活性,所以自由基型卤化反应常用非极性的惰性溶剂,同时要控制体系中的水分。

(3) 反应物结构的影响:对于苄基的卤代反应而言,自由基的产生主要采用热裂法和光解法,电子转移法要用到金属离子,而金属离子的存在可能会催化芳环上的取代反应。苄基氢取代的难易与芳环上取代基的性质有关,有吸电子基者较难,有给电子基者则较易,芳杂环化合物的侧链也可以发生与苄基类似的卤代反应。

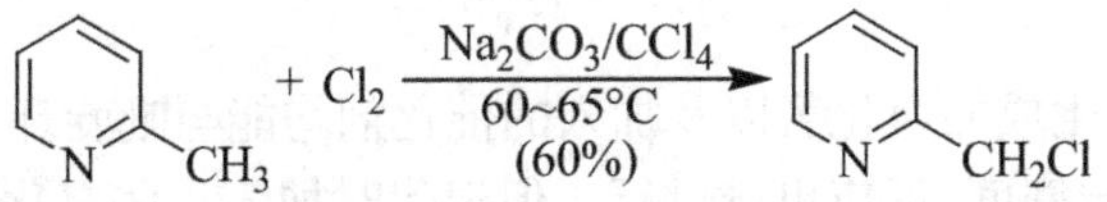

(三) 卤素与芳烃的卤取代反应

芳环的卤代反应属于一般的芳环亲电取代反应,常发生氯代和溴代,反应一般在 Lewis 酸的催化下进行。

1. 反应通式及机制

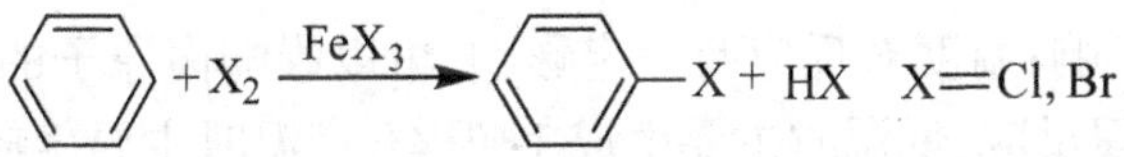

反应分两步进行。第一步是 σ- 络合物的形成。亲电试剂溴分子受苯环 π 电子的吸引,首先形成 π- 络合物,π- 络合物异构化为四电子五中心的离域碳正离子 σ- 络合物,这是决定反应速率的一步反应。第二步是 σ- 络合物失去质子,恢复苯环的芳香共轭体系,整个过程是加成 - 消除过程。

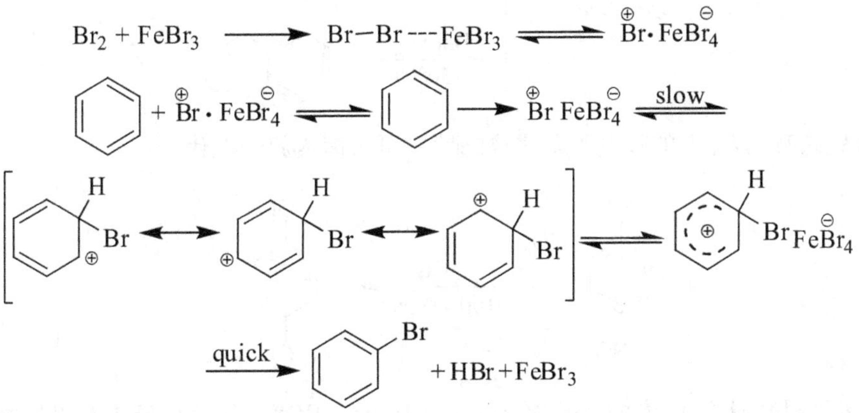

2. 反应影响因素及应用实例

(1) 催化剂的影响:芳环的卤代反应常加入 Lewis 酸作催化剂,如 AlCl$_3$、FeCl$_3$、FeBr$_3$、SnCl$_4$、TiCl$_4$、ZnCl$_2$ 等。S$_2$Cl$_2$、SO$_2$Cl$_2$、(CH$_3$)$_3$COCl 等也能提供氯正离子而具有催化作用。芳环上有强的给电子基团(如—OH、—NH$_2$ 等)或使用较强的卤化剂时,不用催化剂反应也能顺利进行。

(2) 芳环结构的影响:芳环上有给电子基团时,使芳环活化,卤代反应容易进行,甚至发生多卤化反应,产物以邻位、对位为主;芳环上有吸电子基团时,使芳环钝化,以间位产物为主。吡咯、噻吩、呋喃等芳杂环的卤化非常容易,但不同的五元杂环化合物卤代时异构体的比例差别很大。

吡啶卤代时,由于生成的卤化氢以及加入的催化剂均能与吡啶环上的氮原子成盐,进一步降低了环上的电子云密度,反应更难进行。但溴代时加入一些氧化剂(如三氧化硫),除去生成的溴化氢,则收率明显提高。

(3) 反应温度的影响:温度对反应有一定影响,可以影响卤原子的引入位置和引入卤原子的数目。例如萘与溴反应,低温时主要生成 1- 溴萘,高温时主要生成 2- 溴萘。

温度较高时,芳环上的吸电子基团(如硝基)可被卤素原子取代。

(4) 卤化剂的影响:卤素的活性次序是 F>Cl>Br>I,用氟进行氟代反应难以控制,缺少实用价值,但对某些芳杂环仍可进行。例如,嘧啶环上 C-5 的电子云密度最高,故合成抗代谢类抗肿瘤药物 5- 氟尿嘧啶合成时,用氮气将氟稀释后直接与尿嘧啶发生氟化生成氟尿嘧啶。

氯气廉价易得,而且具有较高的反应活性.故氯化反应应用广泛。利用水杨酸的氯化可制备驱虫药氯硝柳胺的中间体 5- 氯水杨酸。

碘的活性低,而且苯环上的碘代是可逆的,生成的碘化氢对有机碘化物有脱碘作用,只有不断除去碘化氢才能使反应顺利进行。除去碘化氢最常用的方法是加入氧化剂,如硝酸、过氧化氢、碘酸钾、碘酸、次氯酸钠等,也可加入碱性物质中和碘化氢,如氨、氢氧化钠、碳酸钠等,也可加入氧化镁、氧化汞等可与碘化氢形成难溶于水的碘化物。甲状腺素(Thyroxine)的合成中应用了碘代反应。

氯化碘、溴化碘也可作为亲电试剂在芳环上引入碘原子。

溴与二氧六环反应生成溴合二氧六环,用其作溴化剂,可使苯酚生成对溴苯酚、苯基脂肪混合硫醚生成对溴苯基脂肪混合硫醚。

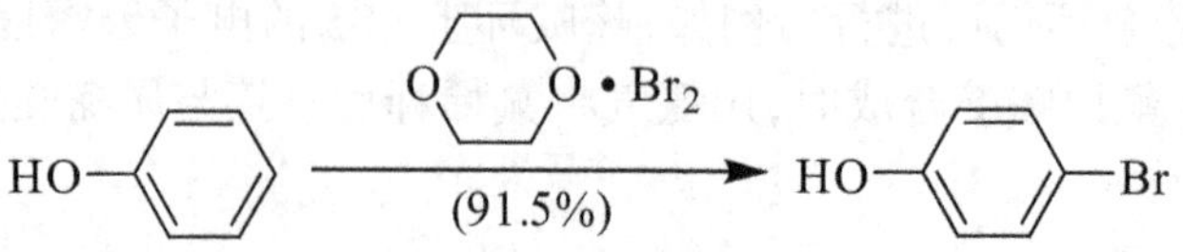

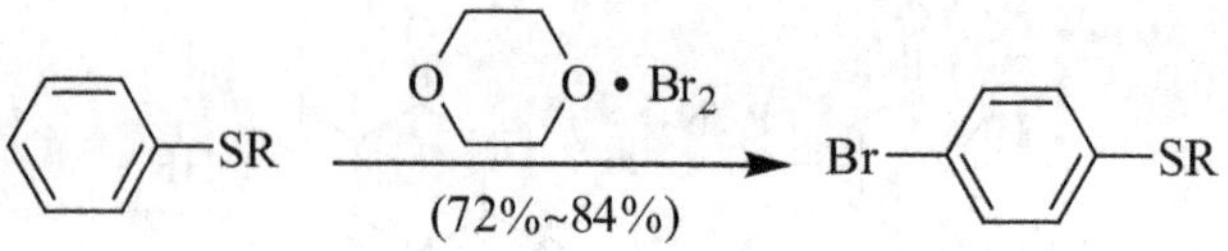

R=CH_3, C_2H_5, *i*-Pr, et al

过溴季铵盐与苯胺反应,生成对溴苯胺:

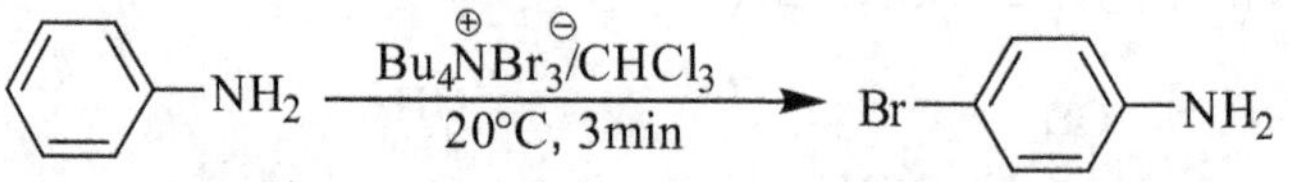

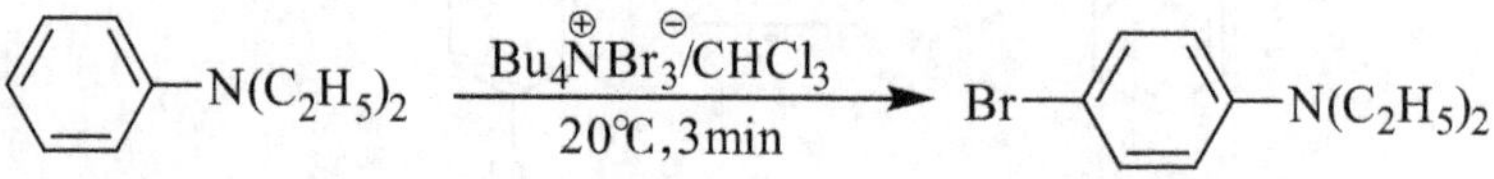

苯酚与过量的溴反应,生成四溴环酮(TBCK),其可与烯键反应,与苯胺反应时只生成对位产物,反应条件温和。

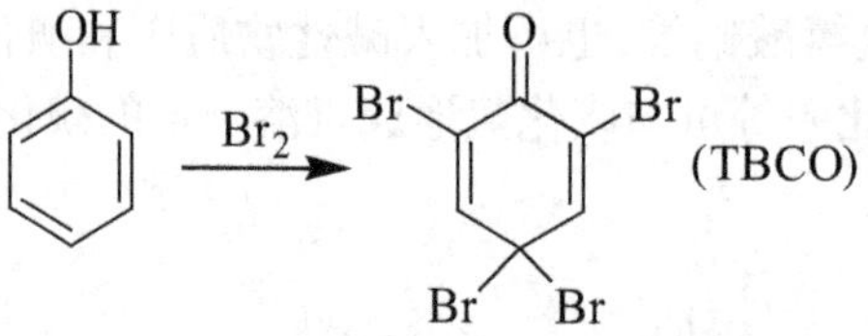

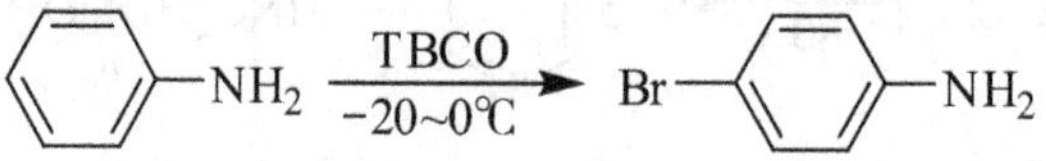

(5) 反应溶剂的影响:卤化反应常用的溶剂有二硫化碳、稀醋酸、稀盐酸、三氯甲烷或其他卤代烃。芳烃自身为液体时也可兼作溶剂。

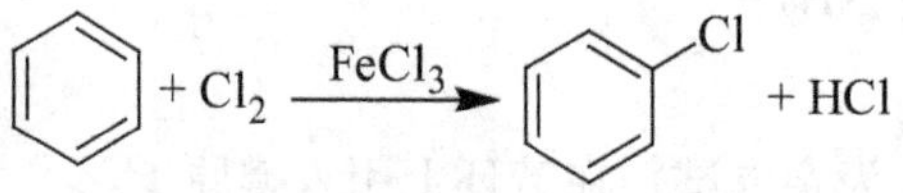

溴代反应通常在醋酸、乙醇、四氯化碳、三氯甲烷等溶剂中进行,反应中常需另一分子的溴素来极化溴分子或加入少量的碘来促进溴的极化,或用电解法以加速反应的进行。溴代反应可用来制备药物中间体或含溴药物,例如镇痛药溴乙酰苯胺(Bromoacetanilide)的制备。邻甲苯胺溴代后可以制得祛痰药溴己新(Bromhexine)的中间体 2,4- 二溴 -6- 甲基苯胺。

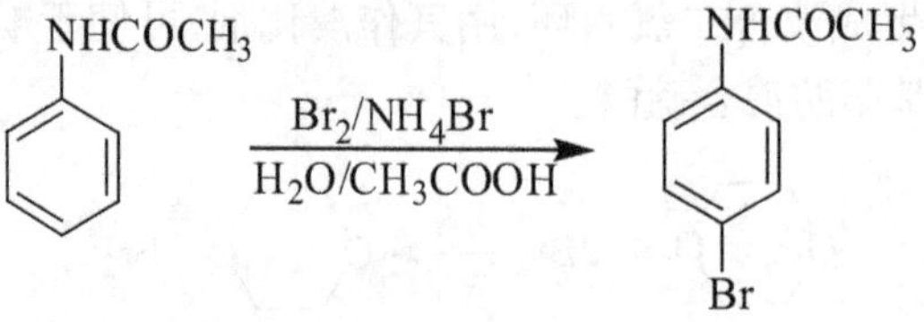

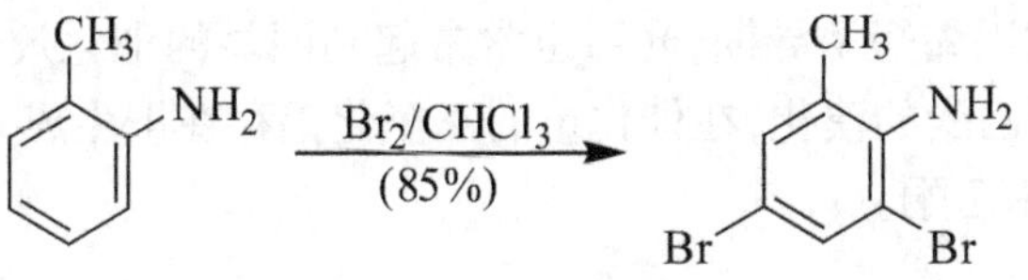

苯酚在非极性溶剂(如二氧六环)中进行溴代时,主要生成 4- 溴苯酚,而苯酚在碱性水溶液中溴代时,则不论加入溴素量的多少,都主要得到 2,4,6- 三溴苯酚,这是由于碱性环境下生成的苯氧阴离子使环上电子云密度增大而易于溴化的缘故。

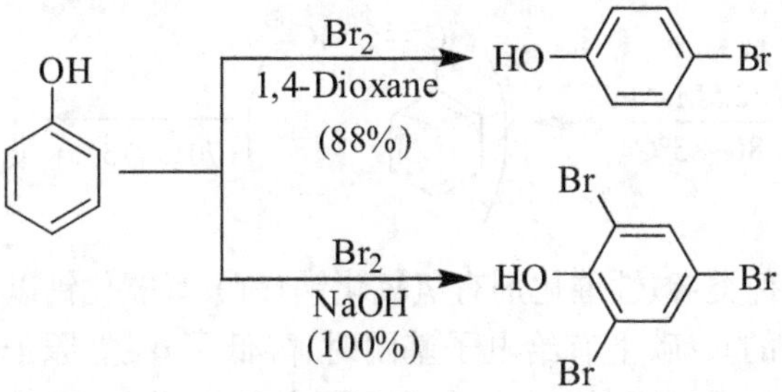

(四)卤素与醛、酮羰基 α- 位的卤取代反应

醛、酮在酸、碱催化下可以与卤素反应,其 α- 氢可被卤素取代。

1. 反应通式及机制

$$RCOCHR^1R^2 + X_2 \longrightarrow RCOCXR^1R^2 + HX$$

一般来说,羰基化合物在酸(包括 Lewis 酸)或碱(无机或有机碱)的催化下转化为烯醇形式才能与亲电性的卤化剂进行反应。

酸催化机制:

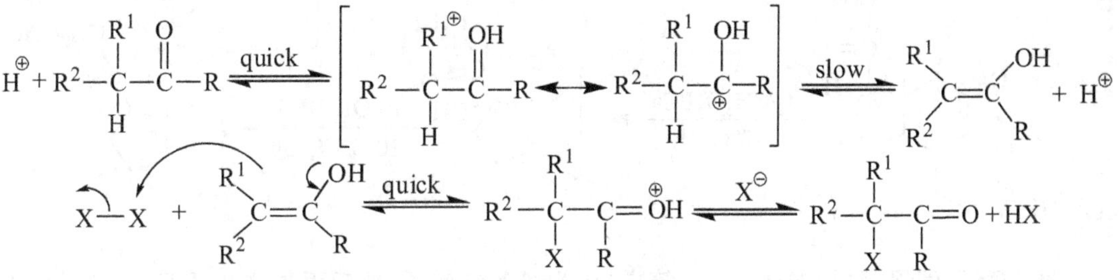

决定反应速率的步骤是生成烯醇的一步,生成烯醇后,卤素作为亲电试剂与烯醇的双键发生亲电加成,反应中生成卤化氢,所以酸催化的反应常常是自催化。

碱催化过程机制:

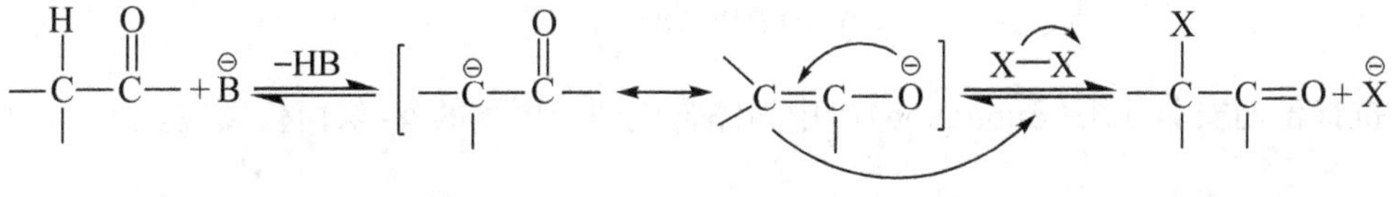

2. 反应影响因素及应用实例

(1)酸性催化剂的种类:酸催化剂可以是质子酸,也可以是 Lewis 酸。反应开始时烯醇化速率较慢,随着反应的进行,卤化氢浓度增大,烯醇化速率加快,反应也相应加快。反应初

期,可加入少量氢卤酸以缩短诱导期,光照也常常起到明显的催化效果。Lewis 酸对某些反应有催化作用,例如苯乙酮的溴化,在催化量的三氯化铝存在下生成 α-溴代苯乙酮,而三氯化铝过量时生成间溴苯乙酮。

(2) 碱性催化剂的种类:碱性催化剂有氢氧化钠(钾)、氢氧化钙以及有机碱类。

与酸催化不同,酮的 α-碳上有给电子基团时,降低了 α-氢原子的酸性,不利于碱性条件下失去质子;而有吸电子基团时,则 α-位氢原子的活性增加,质子易于脱去,从而促进 α-卤代反应。所以,在碱性条件下,同一碳上容易发生多元卤取代反应,如卤仿反应。

$$RCH_2COCH_3 \xrightarrow[H_2O]{Br_2/NaOH} RCH_2CO_2Na + CHBr_3$$

$$CH_3COCH_3 \xrightarrow[H_2O]{I_2/NaOH} CH_3CO_2Na + CHI_3$$

羰基的 α-位碘代反应常在碱性物的存在下进行。α-碘代酮的性质很不稳定。例如合成醋酸泼尼松时,在反应物的 C-21 位上碘代后,不经分离,加入醋酸盐进行交换而得产品。

脂肪醛先用强碱(如 NaH、KH 等)转化为烯醇负离子,然后再与碘在低温下反应,可得到 α-碘代醛。

抗抑郁药安非他酮(Bupropion)的中间体合成即采用酮的 α-氢卤代反应。

又如麻醉药氯胺酮(Ketamine)的中间体的合成：

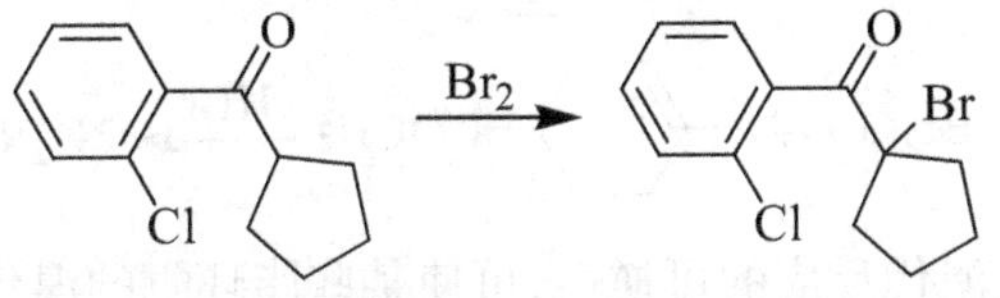

(3) 酮的结构的影响：不对称酮中，若羰基的 1 个 α- 位有给电子基团，有利于酸催化下烯醇化及提高烯醇的稳定性，卤素主要取代此 α- 碳上的氢。例如：

$$CH_3COCH_2CH_2CH_3 \xrightarrow[H_2O]{Br_2/KClO_3} \begin{cases} CH_3C(OH){=}CHCH_2CH_3\ (\mathbf{a}) \xrightarrow{(53\%)} CH_3COCHBrCH_2CH_3 \\ H_2C{=}C(OH)CH_2CH_2CH_3\ (\mathbf{b}) \xrightarrow{(30\%)} CH_2BrCOCH_2CH_2CH_3 \end{cases}$$

显然烯醇式 **a** 比烯醇式 **b** 稳定，因此生成的产物产率高。

若羰基 α- 位上具有卤素等吸电子基，在酸催化下的卤代反应受到阻滞，故在同一碳原子上欲引入第二个卤原子，相对比较困难。如果在羰基的另一个 α- 位上具有活性氢，则第二个卤素原子优先取代另一侧的 α- 位的氢原子。例如，丙酮的溴化反应主要得 1,3- 二溴丙酮，而 1,1- 二溴丙酮则甚少。

$$CH_3COCH_3 \xrightarrow[60°C,\,10h\ (30\%\sim34\%)]{Br_2/HOAc/H_2O} BrCH_2COCH_2Br$$

在酸或碱催化下，脂肪醛的 α- 位氢和醛基氢都可被卤素原子取代，生成 α- 卤代醛和酰卤，但醛 α- 位卤代的收率往往不高。若将醛转化为烯醇酯然后再卤代，可得到预期的卤代醛。

$$CH_3(CH_2)_4CH_2CHO \xrightarrow[AcOK]{Ac_2O} CH_3(CH_2)_4CH{=}CHOAc \xrightarrow[(2)\ CH_3OH]{(1)\ Br_2/CCl_4}$$

$$CH_3(CH_2)_4CHBrCH(OCH_3)_2 \xrightarrow[H_2O]{H^{\oplus}} CH_3(CH_2)_4CHBrCHO$$

脂肪醛在 *N*- 甲酰吡咯烷盐酸盐的催化下进行氯代反应，可高收率地生成 α- 氯代醛。

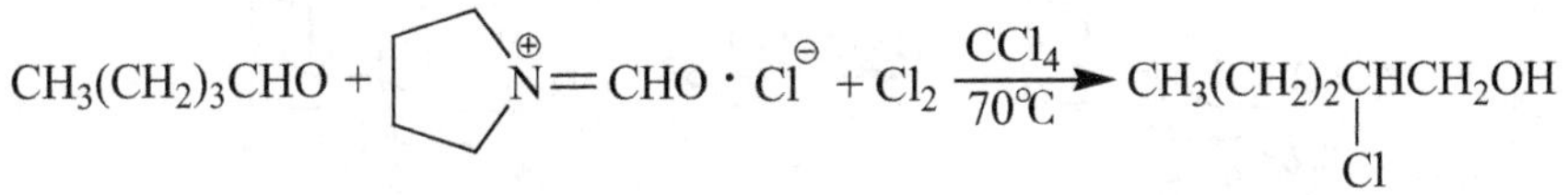

采用溴素反应时，反应中生成的溴化氢既有加快烯醇化速率的作用，又兼有还原作用，它能消除 α- 溴代酮中溴原子，反应是可逆的。

$$RCOCH_3 + Br_2 \rightleftharpoons RCOCH_2Br + HBr$$

在氯霉素中间体合成中，可利用此性质，将对硝基苯乙酮溴化后生成的少量二溴化酮用于下次溴化，以提高一溴代酮的收率。

$$O_2N-\!\!\!\!\bigcirc\!\!\!\!-COCH_3 \longrightarrow O_2N-\!\!\!\!\bigcirc\!\!\!\!-COCH_2Br + O_2N-\!\!\!\!\bigcirc\!\!\!\!-COCHBr_2$$

$$O_2N-\!\!\!\!\bigcirc\!\!\!\!-COCHBr_2 + O_2N-\!\!\!\!\bigcirc\!\!\!\!-COCH_3 \xrightarrow{HBr} 2O_2N-\!\!\!\!\bigcirc\!\!\!\!-COCH_2Br$$

由于溴化氢对 α- 位溴代反应的可逆性,可使某些脂环酮的溴化产物中的溴原子构型转化或发生位置异构,而得到比较稳定的异构体。

$$\xrightarrow[25℃]{HBr/CH_3COOH}$$

异构化作用与溶剂的极性有关,例如化合物 **a** 在非极性溶剂(四氯化碳)中溴化,因生成的溴化氢在该溶剂中溶解度较小,易从反应液中除去,因此异构化倾向较小,而得产物 **b**。相反,若在极性溶剂(醋酸)中溴化,由于溴化氢的溶解度大,异构化能力强,结果生成的溴取代产物 **b** 经异构而得较稳定的产物 **c**。

脂环酮的卤化其取代位置与立体因素有关。例如,别系的 3- 酮 - 甾体脂环(**a**)的溴化发生在 C-2,而在别系的 2- 酮基衍生物(**c**)中,则溴化发生在 C-3。其原因在于别系结构的立体化学中,C-2,3- 烯醇式中的双键比 C-3,4 和 C-1,2 双键稳定(C-3,4 和 C-1,2 双键对 B 环的扭力较大)。因此,3- 酮衍生物 **a** 的溴化先得 2-β- 溴代产物,其中 β- 溴原子因 1,3- 位位阻再异构为 α- 平伏键,得产物 **b**;在 2- 酮基衍生物 **c** 的溴化中,得到的是 3-α- 溴代产物 **d**。

（五）卤素与羧酸（衍生物）羰基 α- 位的卤取代反应

羧酸（衍生物）羰基 α- 位上的氢原子受羰基吸电的影响，具有一定的活性，可与卤素发生卤代反应。

1. 反应通式及机制

$$R_1CH_2COOR_2 \xrightarrow{X_2} R_1\overset{\overset{\displaystyle X}{|}}{C}HCOOR_2 + HX$$

$$RH_2C-\overset{\overset{\displaystyle O}{\|}}{C}-OH \xrightarrow{PX_3} RH_2C-\overset{\overset{\displaystyle O}{\|}}{C}-X \rightleftharpoons RHC=\overset{\overset{\displaystyle OH}{|}}{C}-X \xrightarrow[-HX]{X-X}$$

$$RH\overset{\overset{\displaystyle X}{|}}{C}-\overset{\overset{\displaystyle O}{\|}}{C}-X \xrightarrow{RCH_2COOH} RCHXCOOH + RCH_2COX$$

生成的酰氯可继续与卤素反应，因而少量的三卤化磷即可催化卤化反应的顺利进行。红磷之所以起催化作用，是由于其与卤素作用生成了三卤化磷。除了三氯化磷、乙酰氯之外，硫、五氯化磷、氯化亚砜等也能做催化剂。

2. 反应影响因素及应用实例　羧酸及其酯的 α- 氢原子活性较差，α- 卤代反应较为困难，而酰卤、酸酐和腈基等的 α- 位卤代则较易。因此，如欲制得 α- 卤代羧酸，可将酸先转化成其酰卤或酸酐，然后进行 α- 卤代反应。在实际操作中，制备酰卤和卤代两步反应常同时进行，即在反应中加入催化量的三卤化磷或磷，反应结束，经水解或醇解而制得相应的卤代羧酸或卤代羧酸酯，此反应称为 Hell-Volhard-Zelinsky 反应。

$$CH_3(CH_2)_3CH_2COOH \xrightarrow[\substack{65\sim70℃ \\ (83\%\sim89\%)}]{Br_2/PCl_3} CH_3(CH_2)_3\overset{\overset{\displaystyle }{|}}{C}HCOOH \\ \underset{Br}{}$$

$$(CH_3)_2CHCOOH \xrightarrow[\substack{100℃ \\ (75\%\sim83\%)}]{Br_2/P} (CH_3)_2\overset{}{C}COBr \xrightarrow{C_2H_5OH} (CH_3)_2CH\,COOEt \\ \underset{Br}{} \qquad\qquad \underset{Br}{}$$

酰氯、酸酐、腈、丙二酸及其衍生物的 α- 氢活泼，可直接用卤素等各种卤化剂进行 α- 卤代反应。例如，异丙基取代的丙二酸卤素取代后，经加热脱羧，可得 α- 卤代羧酸。

$$(CH_3)_2CHCH(COOH)_2 \xrightarrow[reflux]{Br_2/(CH_3CH_2)_2O} (CH_3)_2CH\overset{\overset{\displaystyle Br}{|}}{C}(COOH)_2 \xrightarrow[(55\%\sim66\%)]{120\sim130℃} (CH_3)_2CH\overset{\overset{\displaystyle Br}{|}}{C}HCOOH$$

饱和脂肪酸酯在强碱作用下与卤素反应，可生成 α- 卤代酸酯。

$$CH_3(CH_2)_3CH_2COOC_2H_5 \xrightarrow[\substack{(2)\ Br_2/THF,-78℃ \\ (92\%)}]{(1)\ C_6H_{13}NLi(i\sim Pr)} CH_3(CH_2)_3\overset{\overset{\displaystyle }{|}}{C}HCOOC_2H_5 \\ \underset{Br}{}$$

二、卤素的加成反应

（一）卤素与不饱和烃的亲电加成反应

烯烃与卤素在四氯化碳或三氯甲烷等溶剂中进行反应，生成邻二卤代烷。

1. 反应通式及机制

$$\diagdown C = C \diagup + X_2 \longrightarrow -\overset{|}{\underset{X}{C}} - \overset{|}{\underset{X}{C}} -$$

溴作为亲电试剂被烯烃双键的 π 电子诱导,使溴分子的 σ 键极化,进而与烯键生成 π-络合物,π- 络合物不稳定,发生 Br—Br 键异裂生成环状溴鎓离子和溴负离子,溴负离子(或反应体系中的亲核基团)从溴鎓离子的反面进攻缺电子的碳原子,从而生成反式加成产物。

2. 反应影响因素及应用实例

(1) 烯烃的结构:烯烃的反应能力与中间体碳正离子的稳定性有关,其活性次序为 $RCH=CH_2 > CH_2=CH_2 > CH_2=CHX$。卤负离子的进攻位置取决于该碳原子上取代基的性质,卤素负离子一般向进攻后能够形成较稳定的碳正离子的 C 原子进行亲核进攻,形成 1,2- 二卤化物,如反式烯烃溴加成后得赤型二溴化物。

卤素对脂环烯的加成,由于脂环烯具有刚性,不能自由扭转,产物中的邻二卤原子处于反式直立键,如果两个直立键卤素原子有 1,3- 位位阻,常可转化成稳定的反式双平伏键产物。

炔烃与卤素加成首先生成邻二卤代烯,再加成生成四卤代烷,反应机制与烯烃和卤素的加成类似。

$$R-C{\equiv}C-R' \xrightarrow{X_2} \overset{R}{\underset{X}{\diagup}}C=C\overset{X}{\underset{R'}{\diagdown}} \xrightarrow{X_2} R-\overset{X}{\underset{X}{\overset{|}{C}}}-\overset{X}{\underset{X}{\overset{|}{C}}}-R'$$

对于双键邻位具有吸电子基的烯烃,由于双键的电子云密度降低,卤素加成的活性因而下降。可加入少量 Lewis 酸或叔胺等进行催化,促使反应顺利进行。

$$H_2C=CH-CN \xrightarrow[\text{(95%)}]{Cl_2/Py} ClCH_2(Cl)CHCN$$

双键和三键非共轭的烯炔与 1mol 卤素(氯或溴)反应时,反应优先发生在双键上。

$$HC \equiv C - CH_2 - CH = CH_2 + Br_2 \xrightarrow{(90\%)} CH \equiv C - CH_2 - CHBrCH_2Br$$

炔烃的亲电加成不如烯烃活泼,其原因与它们的结构差别有关。第一,三键的键长(120pm)比双键(134pm)短,炔烃的 π 键更牢固,不易断裂;第二,sp 杂化的三键碳原子比 sp^2 杂化的双键碳原子电负性大,因此,前者对 π 电子的束缚能力大,相应的键不易极化和断裂;第三,三键不易生成卤鎓离子,生成的碳正离子稳定性差,故炔烃的亲电加成比烯烃困难。

端基炔键碳原子上的氢活泼,在碱性水溶液中与溴素反应可发生亲电取代,生成 1-溴 -1- 炔烃。

$$PhC \equiv CH \xrightarrow[H_2O, r.t]{Br_2/NaOH} PhC \equiv CBr$$

(2) 卤素的种类:卤素的反应活性次序为 $F_2 > Cl_2 > Br_2 > I_2$。氟太活泼,在卤加成时易发生取代、聚合等副反应,难以得到单纯加成产物。碘加成则由于 C—I 键不稳定,为可逆反应,且加成得到的二碘化物对光极为敏感,易在室温下发生消除反应。因此,实际应用较多的卤素加成反应主要是氯和溴。

过溴季铵盐、过溴季鏻盐也是很好的溴化剂,例如四丁基铵过溴化物(TBABr$_3$)、苄基三甲基过溴化物(BTMABr$_3$)等,可与烯烃在温和的条件下反应生成二溴代物。

$$PhCH = CH_2 \xrightarrow[\substack{20min \\ (95\%)}]{TBABr_3} PhCH - CH_2Br \\ \qquad\qquad\qquad\qquad | \\ \qquad\qquad\qquad\qquad Br$$

(3) 反应溶剂的影响:一般采用的溶剂有四氯化碳、三氯甲烷、二硫化碳、醋酸和醋酸乙酯等。若以醇或水做反应溶剂,由于它们也可作为亲核试剂向过渡态 π- 络合物做亲核进攻,参与加成反应,生成 α- 溴醇或相应的醚等副产物。

根据这种性质,将烯烃和溴(或碘)加在惰性溶剂中,并加入有机酸盐一起进行回流,即可制得相应的 α- 溴醇或 α- 碘醇的羧酸酯。例如,等摩尔的环己烯、醋酸银和碘在乙醚中回流,可得到 80% 的 α- 碘代环己醇醋酸酯。

(4) 反应温度的影响:卤素与烯烃发生加成反应的温度不宜过高,否则生成的邻二卤代物有脱去卤化氢的可能,并可能发生取代反应。双键上有叔碳取代的烯烃与卤素反应时,除了生成反式加成产物外,还可发生重排和消除反应。

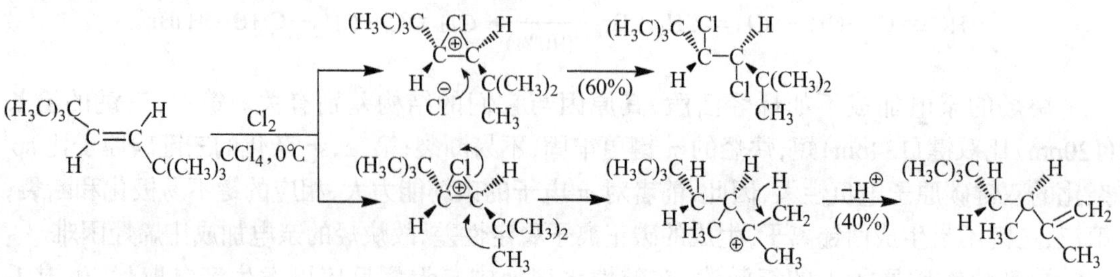

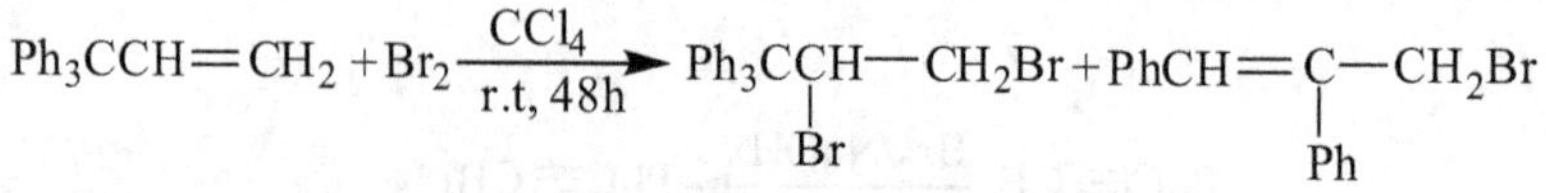

$$Ph_3CCH=CH_2 + Br_2 \xrightarrow[\text{r.t, 48h}]{CCl_4} Ph_3CCH-CH_2Br + PhCH=C-CH_2Br$$

烯烃的卤加成反应在药物合成中有比较广泛的应用,例如控制血压药物樟磺咪芬(Trimetaphan)的中间体的合成:

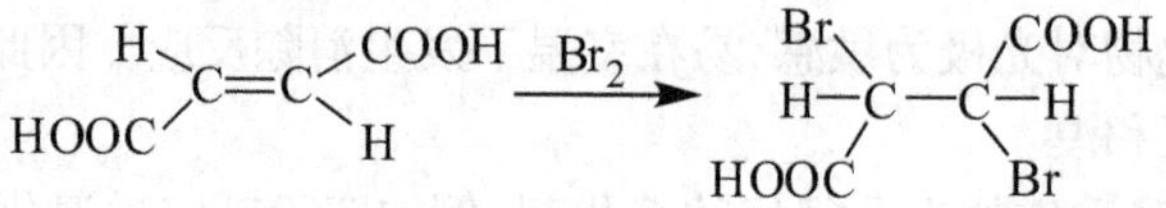

兴奋剂洛贝林(Lobeline)的中间体的合成:

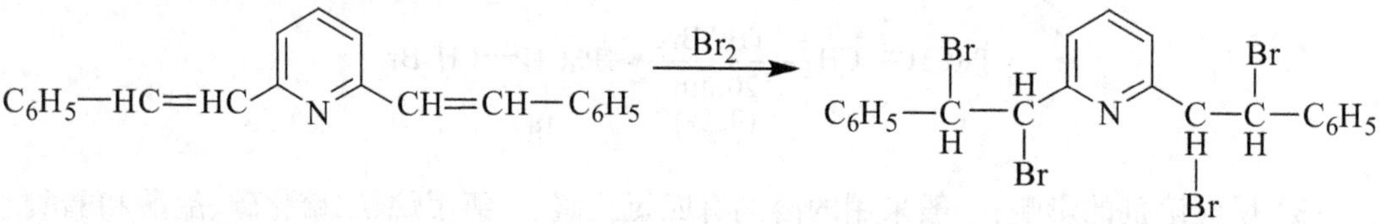

(二)卤素与不饱和烃的自由基加成反应

1. 反应通式及机制　在自由基引发剂的存在下,不饱和碳 - 碳键可以与卤素进行自由基加成。

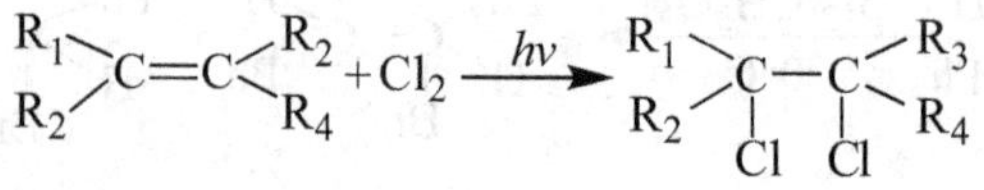

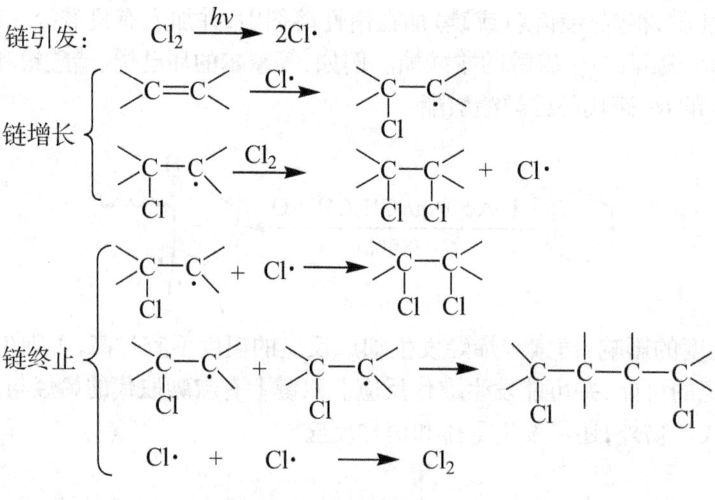

$$R_1R_2C=CR_2R_4 + Cl_2 \xrightarrow{hv} R_1R_2C-CR_3R_4$$

链引发:　　$Cl_2 \xrightarrow{hv} 2Cl\cdot$

反应的引发剂主要有过氧化苯甲酰(BPO)、偶氮二异丁腈(AIBN)等。

常用的溶剂为四氯化碳等惰性溶剂,若反应物为液体,也可不使用其他溶剂。

2. 反应影响因素及应用实例　卤素的自由基加成反应特别适用于双键上具有吸电子基的烯烃。例如三氯乙烯中有 3 个氯原子,直接与氯加成很困难,但采用光催化的游离基反应则可得五氯乙烷,五氯乙烷经消除 1 分子氯化氢后,即得驱钩虫药四氯乙烯。

$$ClHC{=}CCl_2 \xrightarrow[\substack{60\sim70℃\\(94.5\%)}]{Cl_2/h\nu} Cl_2CH{-}CCl_3 \xrightarrow{-HCl} \text{四氯乙烯}$$

苯在光照条件下与氯气反应生成六氯环己烷,其有 9 种异构体,γ-异构体具有杀虫作用(六六六)。

菲在光照条件下与溴反应,可生成 9,10 二溴化物。

炔烃与碘或氯的加成大多为光催化的自由基型反应,主要得到反式二卤代烯烃。炔烃与碘也可在催化剂的作用下发生加成反应:

$$HC{\equiv}CCH_2OH+I_2 \xrightarrow[(75\%)]{h\nu} \text{产物}$$

$$PhC{\equiv}CH+I_2 \xrightarrow[(95\%)]{Al_2O_3} \text{产物}$$

三、卤素与羧酸盐的脱羧置换反应

(一) 反应通式及机制

羧酸银与溴或碘反应脱去二氧化碳,生成比原反应物少 1 个碳原子的卤代烃,这称为 Hunsdiecker 反应。

$$RCOOAg + X_2 \longrightarrow RX+CO_2 + AgX$$

反应机制属自由基历程,包括中间体酰基次卤酸发生 X—O 键均裂生成酰氧自由基,然后脱羧成烷基自由基,再和卤素自由基结合成卤化物。

$$RCOOAg + X_2 \longrightarrow RCOOX \longrightarrow RCOO·+X·$$
$$RCOO· \longrightarrow R· + CO_2$$
$$R·+X· \longrightarrow RX$$

（二）反应影响因素及应用实例

反应过程中要严格无水,否则收率很低或得不到产品,银盐很不稳定。

可用氧化汞代替银盐,一般是由羧酸、过量氧化汞和卤素直接反应。操作简单,不需要分离出汞盐,若在光照下进行,收率很高。

$$C_{16}H_{33}COOH \xrightarrow[\;(93\%)\;]{Br_2/HgO/CCl_4} C_{16}H_{33}Br$$

$$Cl—\square—COOH \xrightarrow[CCl_4]{Br_2/HgO} Cl—\square—Br$$

在 DMF-AcOH 中加入 NCS 和四醋酸铅反应,可由羧酸衍生物顺利地脱羧而得相应的氯化物,称 Kochi 改良方法。这种方法没有重排等副反应,适用于由羧酸制备仲、叔氯化物,收率高,条件亦很温和。

$$RCOOH + Pb(OAc)_4 \xrightarrow{-HOAc} RCOOPb(OAc)_3 \xrightarrow{LiCl} RCl + LiPb(OAc)_3 + CO_2$$

羧酸用碘、四醋酸铅在四氯化碳中用光照反应,也可进行脱羧卤置换碘代烃,称为 Barton 改良方法,适于在惰性溶剂中由羧酸制备伯或仲碘化物。

$$RCOOH + I_2 \xrightarrow[hv]{Pb(OAc)_4} RI + CO_2 + HOAc + Pb(OAc)_3I$$

第二节　卤化氢为卤化剂的反应

一、卤化氢与不饱和烃的加成反应

（一）卤化氢与不饱和烃的亲电加成

1. 反应通式及机制

$$RHC=CH_2 + HX \rightleftharpoons XRHC—CH_3 + Q$$

卤化氢与烯键的加成反应是放热的可逆反应,反应温度升高,平衡移向左方,温度降低则有利于加成反应,低于 50℃时几乎不可逆。

$$\text{>C=C<} \xrightarrow{H^{\oplus}} \text{>C}^{+}\text{-C<} \xrightarrow{X^{\ominus}} \text{>C-C<}$$

反应分两步进行,首先质子对双键进行亲电加成,形成碳正离子,然后卤负离子与碳正离子结合生成卤化物。卤化氢与不饱和烃的亲电加成遵守 Markovnikov(马氏)规则,即卤素连接在取代基较多的碳原子上。

2. 反应影响因素及应用实例

(1) 烯烃结构的影响:烯烃双键的碳原子上连有给电子基团时容易发生亲电加成,烯烃的反应活性顺序如下:

$$RHC{=}CH_2 > H_2C{=}CH_2 > H_2C{=}CHCl$$

烯烃双键碳原子上有强吸电子基团如—COOH、—CN、—CF$_3$、—NCR$_3$ 时,与卤化氢的加成方向与 Markovnikov 规则相反,即卤素连接在取代基较少的碳原子上。

$$H_2C{=}CHCN + HBr \longrightarrow BrCH_2CH_2CN$$

炔烃也能与卤化氢反应,但反应活性比烯烃低,加成方向符合 Markovnikov 规则。

$$HC{\equiv}CH + HCl \xrightarrow{HgCl_2} H_2C{=}CHCl \xrightarrow[HCl]{HgCl_2} CH_3CHCl_2$$

$$C_2H_5C{\equiv}CC_2H_5 + HCl \xrightarrow{CH_3COOH} \begin{array}{c} H \\ \diagdown \\ C_2H_5 \end{array}C{=}C\begin{array}{c} C_2H_5 \\ \diagup \\ Cl \end{array}$$

生成的产物主要为反式卤代烯烃,其进一步与卤化氢反应可生成偕二卤代物。

(2) 卤化氢的影响:该反应中一般使用卤化氢气体。可将气体直接通入不饱和烃中,或在中等极性的溶剂(如醋酸)中进行反应。卤化氢的活性顺序为 HI>HBr>HCl,使用氯化氢时常加入三氯化铝、氯化锌、三氯化铁等 Lewis 酸作催化剂。碘化氢与烯烃反应时,若碘化氢过量,由于其具有还原性将会还原碘代烃成烷烃。

$$RHC{=}CH_2 + HI \longrightarrow RCHICH_3 \xrightarrow{HI} RCH_2CH_3 + I_2$$

氟化氢与双键的加成宜采用铜或镀镍的压力容器,使烯烃与无水氟化氢在低温下反应,温度高时易生成多聚物。若用氟化氢与吡啶的络合物做氟化剂,可提高氟化效果。但加入 *N*-溴代乙酰胺(NBA),而后还原除溴,反应温和得多。

$$\xrightarrow[\substack{-78℃\sim r.t,30min \\ (70\%)}]{HF}$$

$$\xrightarrow{NBA/HF} \xrightarrow{Bu_3SnH}$$

(二)卤化氢与不饱和烃的自由基加成

1. 反应通式及机制

$$RHC{=}CH_2 + HX \underset{or\ (RCO_2)_2}{\overset{h\nu}{\rightleftharpoons}} RH_2C{-}CH_2X$$

在光照或过氧化物条件下,卤化氢与不对称烯烃的自由基加成,加成方向按反 Markovnikov 规则。

$$CH_3CH\!\!=\!\!CH_2+HBr \xrightarrow{(PhCOO)_2} CH_3CH_2CH_2Br$$

$$(PhCOO)_2 \xrightarrow{\triangle} PhCOO\cdot \longrightarrow Ph\cdot+CO_2$$

$$Ph\cdot+HBr \longrightarrow PhH+Br\cdot$$

$$CH_3CH\!\!=\!\!CH_2+Br\cdot \longrightarrow CH_3\dot{C}HCH_2Br$$

$$CH_3\dot{C}HCH_2Br+HBr \longrightarrow CH_3CH_2CH_2Br+Br\cdot$$

2. 反应影响因素及应用实例　反应选择性取决于生成自由基的稳定性,值得指出的是,过氧化物效应只限于溴化氢,氯化氢和碘化氢都不能进行上述自由基加成反应。这是因为烯烃与溴化氢的自由基反应中,链增长步骤是放热的,可迅速生成产物,而氯化氢和碘化氢链增长阶段都有一步是吸热的,从而不利于链的增长,故氯化氢和碘化氢仍按亲电机制进行。

利用烯烃或炔烃与溴化氢的亲电加成和自由基加成,可得到不同的溴化物,在自由基引发剂存在下,氯丙烯与溴化氢加成得 1- 氯 -3- 溴丙烷。

$$H_2C\!\!=\!\!CHCH_2Cl \xrightarrow[<20℃]{HBr(gas)/(PhCOO)_2} BrCH_2CH_2CH_2Cl$$

1- 苯基 - 丙烯用溴化氢进行自由基加成,由于苯基和自由基共轭的稳定效果比甲基大,故得到 1- 苯基 -2- 溴 - 丙烷

二、卤化氢与醇的卤置换反应

(一) 反应通式及机制

$$R\!-\!OH+HX \xrightarrow{H^{\oplus}} R\!-\!X+H_2O$$

卤化氢与醇的反应属于酸催化下的亲核取代反应,醇羟基被卤原子取代生成卤代烃。反应可按 S_N1 或 S_N2 历程进行。

一般伯醇主要按 S_N2 机制,叔醇、烯丙醇和苄醇主要按 S_N1 机制,仲醇则介于两者之间。

(二) 反应影响因素及应用实例

由于反应属平衡反应,增加醇和卤化氢的浓度以及不断移去产物和生成的水均有利于

加速反应和提高收率。

反应的难易取决于醇和氢卤酸的活性,醇羟基的活性顺序为叔(苄基、烯丙基)醇 > 仲醇 > 伯醇,氢卤酸的活性顺序为 HI>HBr>HCl。用浓盐酸与醇反应时,常加入氯化锌作催化剂。锌原子与醇羟基形成配位键,使醇中的 C—O 键变弱,羟基容易被取代。

$$ROH + ZnCl_2 \xrightarrow{HCl} \underset{\oplus}{ROH} \cdot \overset{H}{\underset{\ominus}{Zn}} \overset{Cl}{Cl_2} \longrightarrow RCl + H_2O + ZnCl_2$$

有时不用浓盐酸,而是通入氯化氢气体至饱和,使醇生成氯化物。

$$(CH_3)_3COH \xrightarrow[\text{r.t., 35min}]{HCl\ (gas)} (CH_3)_3CCl$$
$$(74\%)$$

$$CH_3CH_2C(CH_3)_2OH \xrightarrow[\text{r.t., 15min}]{HCl\ (gas)} CH_3CH_2C(CH_3)_2Cl$$
$$(97\%)$$

用氢溴酸时,为了提高氢溴酸浓度,可除去反应中生成的水,也可加入浓硫酸,或者直接使用溴化钠 - 硫酸或溴化铵 - 硫酸。

$$C_{12}H_{25}OH \xrightarrow[\text{reflux, 5~6h}]{HBr/H_2SO_4} C_{12}H_{25}Br$$
$$(91\%)$$

$$n-C_4H_9OH \xrightarrow{NaBr/H_2O/H_2SO_4} n-C_4H_9Br$$

在碘置换反应中,常将碘代烷蒸馏移出反应系统,而避免还原成烷烃。常用的碘化剂有碘化钾 - 磷酸(95%)(或 PPA)或碘 - 红磷等。

$$HO(CH_2)_6OH \xrightarrow[(83\%~85\%)]{KI/PPA} I(CH_2)_6I$$

$$C_{16}H_{33}OH \xrightarrow[(85\%)]{I_2/P_4} C_{16}H_{33}I$$

用氢卤酸作为试剂对于某些仲、叔醇和 β- 碳原子为叔碳的伯醇进行的卤素取代反应时,反应温度非常重要,温度较高,可产生重排、异构和脱卤等副反应。2- 戊醇在氢溴酸中与硫酸共热,除得到 2- 溴戊烷外,尚得 28% 收率的 3- 溴戊烷。若在 –10℃ 左右时通入溴化氢气体,则仅得 2- 溴戊烷。

$$CH_3CH_2CH_2CH(OH)CH_3 \xrightarrow[\text{reflux, 2h}]{>48\%\ HBr/H_2SO_4} CH_3CH_2CH_2CH(Br)CH_3 + CH_3CH_2CH(Br)CH_2CH_3$$
$$(58\%~62\%) \qquad\qquad (28\%)$$

$$-10℃ \downarrow HBr\ (gas)$$

$$CH_3CH_2CH_2CH(Br)CH_3$$
$$(75\%)$$

若烯丙醇的 α- 位上有苯基、苯乙烯基、乙烯基等基团时,由于这些基团能与烯丙基形成共轭体系,几乎完全生成重排产物。

第三节　*N*- 卤代酰胺为卤化剂的反应

一、*N*- 卤代酰胺与不饱和烃的卤取代反应

(一)反应通式及机制

$$RCH_2CH{=}CH_2 + NBS \xrightarrow{hv} RCHBrCH{=}CH_2$$

本反应属于自由基型反应,可在光照的作用下引发自由基:

$$CH_3(CH_2)_4CH_2CH{=}CH_2 + NBS \xrightarrow[CCl_4]{hv} CH_3(CH_2)_4CHBrCH{=}CH_2$$

$$CH_3CH{=}CHCOOC_2H_5 + NBS \xrightarrow[CCl_4]{hv} BrCH_2CH{=}CHCOOC_2H_5$$

(二)反应影响因素及应用实例

1. **卤化剂的种类**　不饱和烃的卤代反应常用的 *N*- 卤代酰胺主要有 *N*- 溴代丁二酸亚胺(NBS)、*N*- 氯代丁二酰亚胺(NCS)、*N*- 溴代乙酰胺(NBA)和 *N*- 溴代邻苯二甲酰亚胺(NBP)。NBS、NCS 特别适用于烯丙位和苄位氢的卤化,具有选择性高、副反应少等特点。

NCS 可发生芳环上的取代反应。

NBA 和 NBP 则容易和双键发生加成反应,因而制备 α- 溴代烯烃时很少使用。

2. **反应溶剂**　常用的溶剂一般为四氯化碳,因为 NBS 溶于四氯化碳,而生成的丁二酰亚胺不溶于四氯化碳,很容易回收。有时也用苯、石油醚作溶剂,若反应物本身为液体也可不用溶剂。

3. **烯烃结构的影响**　若烯键 α- 位或 β- 位有苯基等芳环,双键可以发生移位。

1,3-二溴-5,5-二甲基海因可高选择性地溴化萘化合物。

R＝COCH₃, COCH₂CH₃, H, et al

二、N-卤代酰胺与不饱和烃的加成反应

(一) 反应通式及机制

在质子酸(醋酸、高氯酸、溴氢酸)的催化下,N-卤代酰胺与烯烃加成是制备β-卤代醇的重要方法。

(二) 反应影响因素及应用实例

用N-溴代酰胺制备β-溴醇,因无溴负离子存在,故不会有二溴化物的生成。另外选择不同的溶剂,可得相应的β-溴醇或其衍生物。

由于这些试剂能溶于有机溶剂,对于水溶性差的烯烃(如甾体化合物)可在有机溶剂中与N-溴代酰胺成为均相,较易地制得α-溴醇。下面甾体化合物的结构中有两个双键,但加成反应首先在活性较大的C-9,11双键上进行,由于C-10角甲基处于β-位,因此Br⊕从位阻较小的α-位方向做亲电进攻,结果生成C-9α-Br和C-11β-OH。

NBA(NBS)/HClO₄/H₂O/Dioxane
20~25℃,2h

NBA 或 NBS 在含水二甲亚砜中与烯烃反应,生成高收率、高选择性的反式加成产物,此反应称为 Dalton 反应。若在干燥的二甲亚砜中反应,则发生 β- 消除,生成 α- 溴代酮,这是由烯烃制备 α- 溴代酮的方便方法,其可能的反应机制如下:

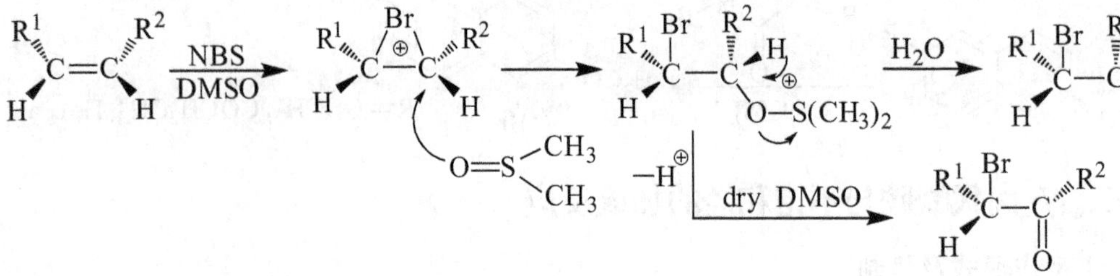

三、N- 卤代酰胺与醇羟基的置换反应

(一)反应通式及机制

$$ROH + NXS \longrightarrow RX$$
$$(X=Cl, Br)$$

反应属于 SN_2 取代反应,手性碳原子会发生构型反转。

(二)反应影响因素及应用实例

N- 卤代酰胺类卤化剂并非是新型的卤化剂,但在反应中加入其他不同的试剂可发挥良好的效果。例如,具有光学活泼的醇羟基化合物用 N- 卤代酰胺置换(如 N- 碘代丁二酰亚胺:NIS)反应时,另加入三苯化膦(Ph₃P),不但反应温和,而且原不对称碳原子的构型发生了反转。

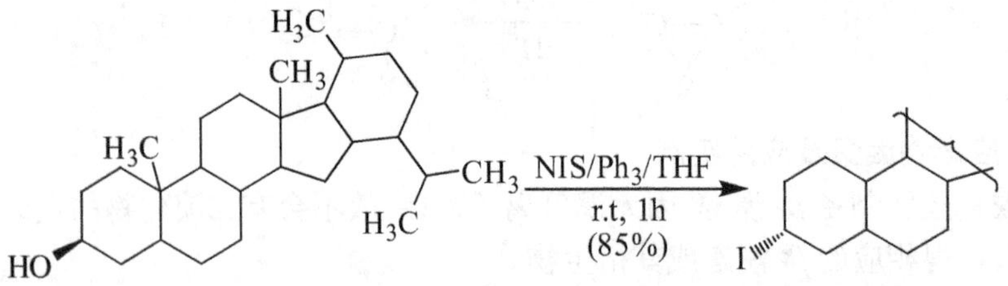

若将卤代酰胺与二甲硫化物制得卤化硫鎓盐,再用于卤置换反应,则对烯丙位和苄位羟基的置换有高度的选择性,不发生双键异构,它对脂族或脂环型的伯或仲羟基无影响。

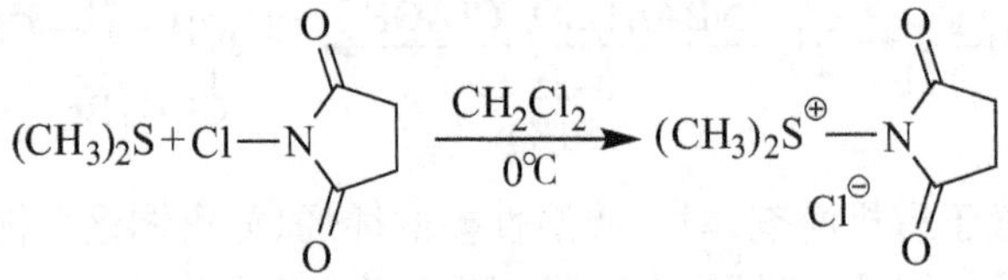

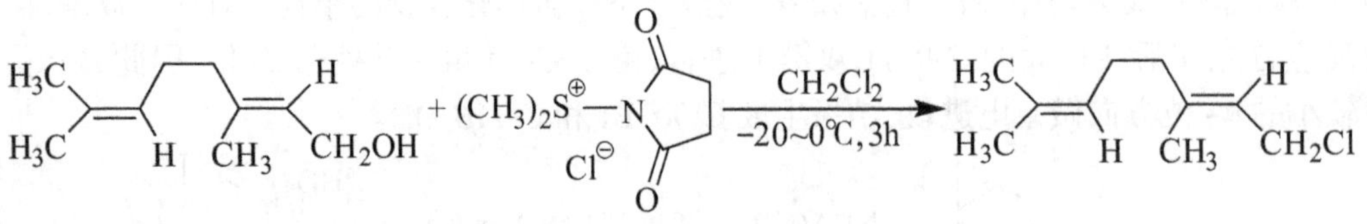

第四节 含磷卤化物为卤化剂的反应

含磷卤化剂主要指三氯化磷、三溴化磷、三碘化磷、五氯化磷、三氯氧磷等试剂，它们都是常用的卤化试剂。

一、三卤化磷为卤化剂的卤置换反应

(一) 三卤化磷与醇羟基的卤置换反应

1. 反应通式及机制　三卤化磷是活性较大的卤化试剂，它在和羟基反应的过程中，醇与三卤化磷首先生成二卤代亚磷酸酯和卤化氢，前者立即质子化，卤负离子按两种途径取代亚磷酰氧基生成卤代烃。叔醇一般按 S_N1 历程反应，伯醇和仲醇一般按 S_N2 历程进行反应。

$$ROH + PX_3 \longrightarrow ROPX_2 + HX$$

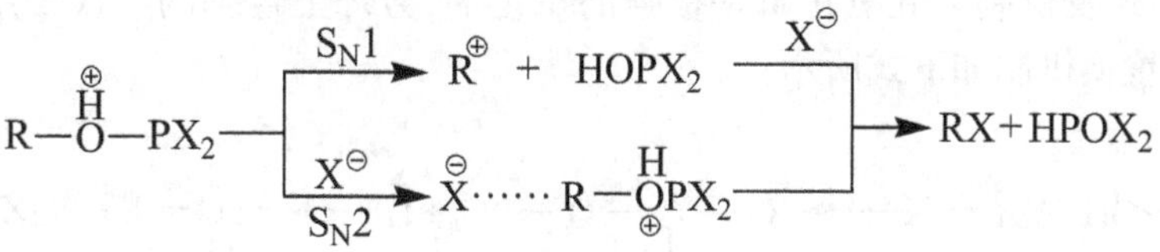

2. 反应影响因素及应用实例　由于氯负离子的亲核能力弱，不易与卤代亚磷酸酯作用，而后者又会与醇继续反应，最后生成亚磷酸三酯 $P(OR)_3$。所以三氯化磷与伯醇反应时，氯代物产率较低，而采用三溴化磷时效果较理想，反应中一般采用溴素在红磷催化下生成三溴化磷直接参与反应。

$$CH_3(CH_2)_{14}CH_2OH + Br_2 \xrightarrow{P} CH_3(CH_2)_{14}CH_2Br + H_3PO_4 + HBr$$

三卤化磷的置换因属 S_N2 历程，光学活性醇在与之反应过程中可以发生构型反转。

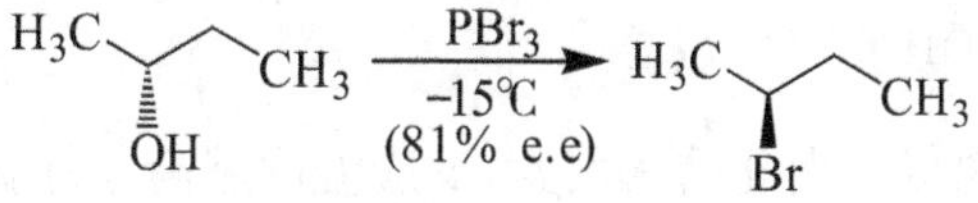

例如，巴比妥类药物美索比妥(Methohexital)的中间体的合成：

$$C_2H_5-C\equiv C-\underset{\displaystyle OH}{\underset{|}{C}}HCH_3 \xrightarrow{PBr_3} C_2H_5-C\equiv C-\underset{\displaystyle Br}{\underset{|}{C}}HCH_3$$

(二) 三卤化磷与羧羟基的卤置换反应

三卤化磷可与羧酸反应使卤素取代酸的羟基生成酰卤。

1. 反应通式及机制

$$RCOOH + PX_3 \longrightarrow RCOX + HX + POX$$

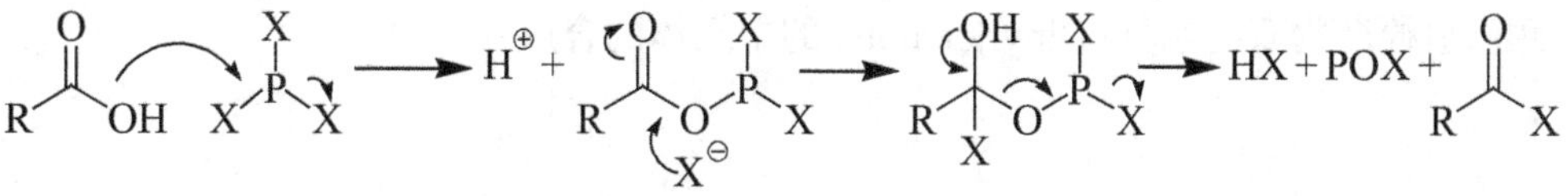

2. 反应影响因素及应用实例　酰卤化反应中,羧酸的活性顺序为脂肪酸 > 芳香酸(供电子基取代的芳酸 > 未取代的芳酸 > 吸电子基取代的芳酸),这说明羧羟基对磷的亲核进攻是控制步骤。

$$ClCH_2CH_2COOH \xrightarrow{PCl_3} ClCH_2CH_2COCl + H_3PO_3$$

二、五氯化磷为卤化剂的反应

(一)五氯化磷与醇(酚)羟基的卤置换反应

1. 反应通式及机制　五氯化磷是很强的氯化剂,芳环上羟基的氯代常用这种氯化剂。这类氯化剂的置换机制如下式所示:

2. 反应影响因素及应用实例　酚羟基活性较小,一般需采用活泼的五卤化磷,或与氧卤化磷合用,在较剧烈的条件下才能反应。对于缺 π 电子芳杂环上羟基的卤置换反应相对比较容易。

五卤化磷受热易解离成三卤化磷和卤素,反应温度越高,解离度越大,置换能力亦随之降低。同时,由于卤素的存在还可使芳核上发生取代或双键上发生加成等副反应,故采用五卤化磷进行置换反应时温度不宜过高。

五氯化磷与 DMF 作用生成氯代亚胺盐,该盐称为 Vilsmeier-Haack 试剂。在二氧六环或乙腈等溶剂中和光学活性的仲醇反应,可得到构型反转的氯代烃,且收率较高。

$$PCl_5 + HCON(CH_3)_2 \xrightarrow[15min]{120℃} [(CH_3)_2\overset{\oplus}{N}=CHCl]Cl^{\ominus}$$

预防血栓药物双嘧达莫(Dipyridamole)的中间体的合成:

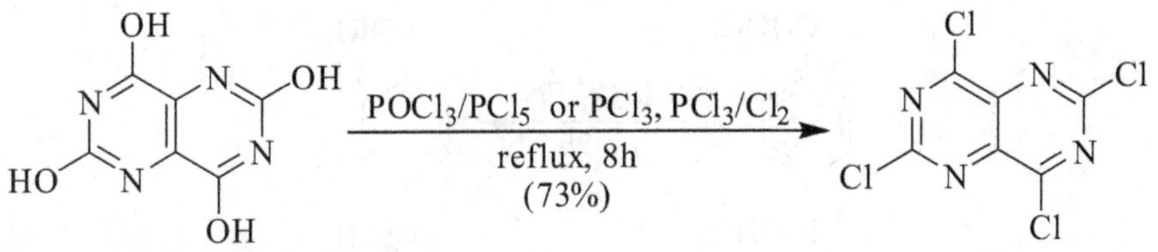

治疗眼病药物双氯非那胺（Dichlorphenamide）的中间体的合成：

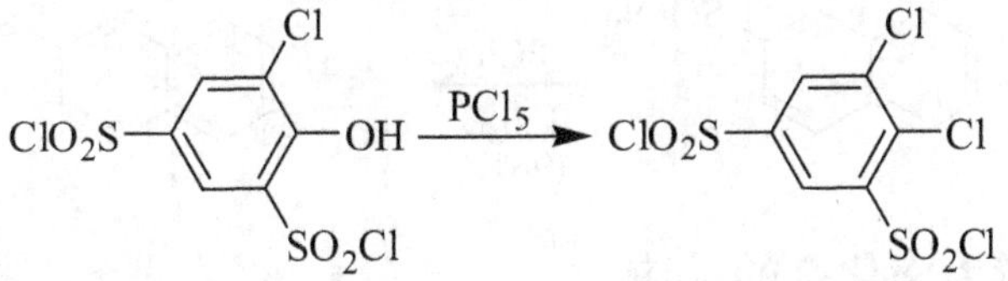

（二）五氯化磷与羧羟基的卤置换反应

1. 反应通式及机制

$$RCOOH + PCl_5 \longrightarrow RCOCl + POCl_3 + HCl$$

五氯化磷的氯置换能力最强，可将脂肪酸或芳香酸转化成酰氯，反应后生成的 $POCl_3$ 可借助分馏法除去。因此要求制得的酰氯沸点应与氧氯化磷的沸点有较大差距，以便于分离。

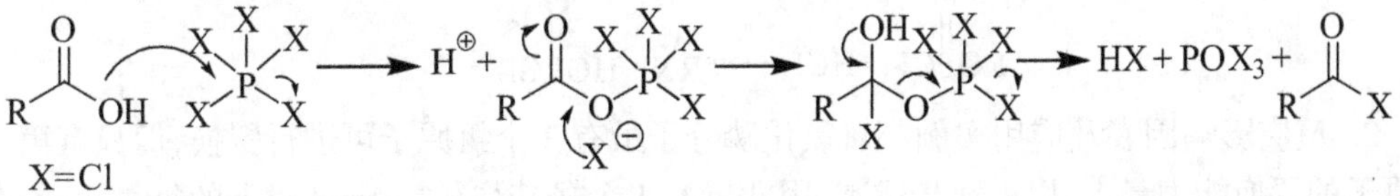

X=Cl

2. 反应影响因素及应用实例 二元羧酸用亚硫酰氯氯化时反应很慢，例如丁二酸、邻苯二甲酸，由于分子内氢键而形成螯形环结构，加入亚硫酰氯长时间回流，收率往往也较低。但改用五氯化磷，则反应能顺利进行。反应机制如下：

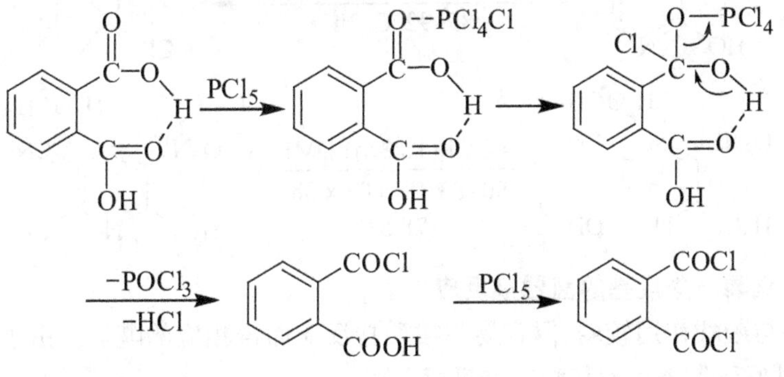

用五氯化磷制备酰氯时，反应物分子中不能含有羟基、羰基、烷氧基等基团，否则这些基团可被氯取代。

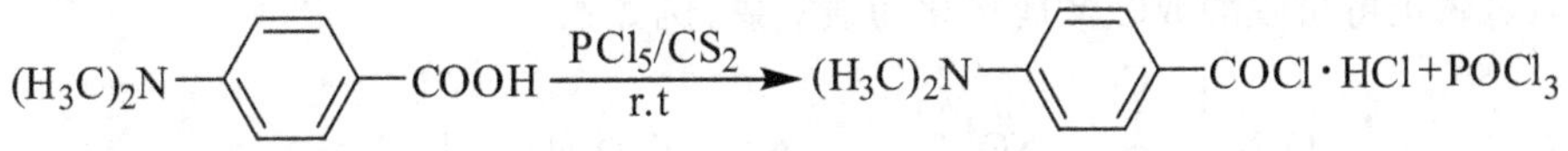

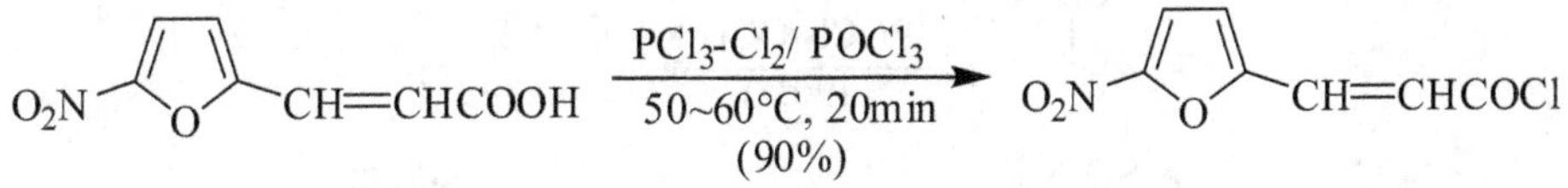

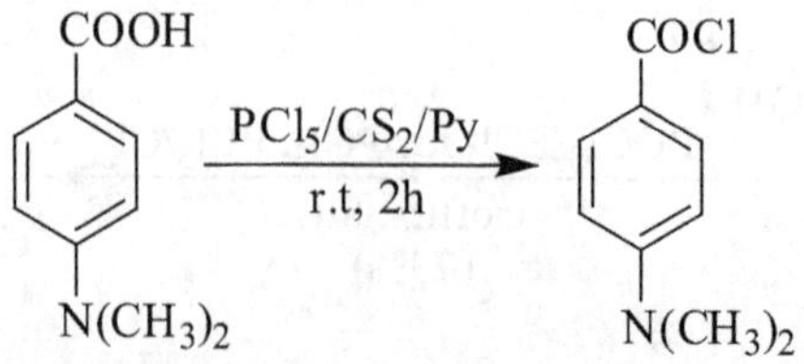

五氯化磷可将磺酸或磺酸盐转化为磺酰氯,例如:

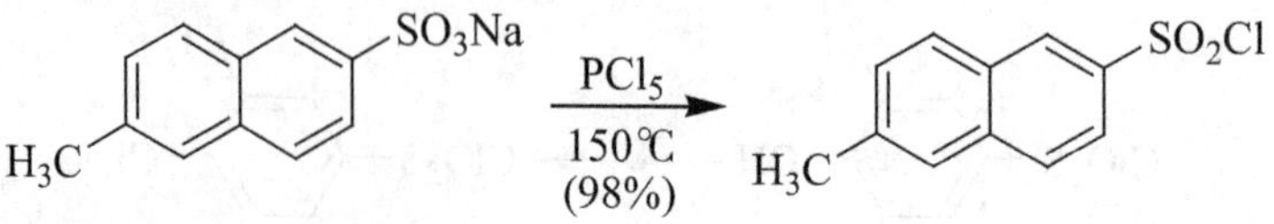

三、三氯氧磷为卤化剂的反应

(一)三氯氧磷与酚羟基的卤置换反应

三氯氧磷是很强的氯化剂,芳环上羟基的氯代可用这种氯化剂。

1. 反应通式及机制

$$ROH + POCl_3 \longrightarrow HCl + R—O—\overset{\displaystyle O}{\underset{\displaystyle }{P}}Cl_2$$

$$R O\overset{\displaystyle O}{\underset{\displaystyle }{P}}Cl_2 + HCl \longrightarrow RX + HO\overset{\displaystyle O}{\underset{\displaystyle }{P}}Cl_2$$

2. 反应影响因素及应用实例 氧氯化磷分子虽有 3 个氯原子可进行置换,但只有第一个氯原子的置换能力最大,以后逐步递减,因此置换 1 个羟基往往需 1mol 以上的氧氯化磷,有时还需要加适量的催化剂方可使置换进行完全。常用的催化剂有吡啶、DMF、*N,N*- 二甲基苯胺等。

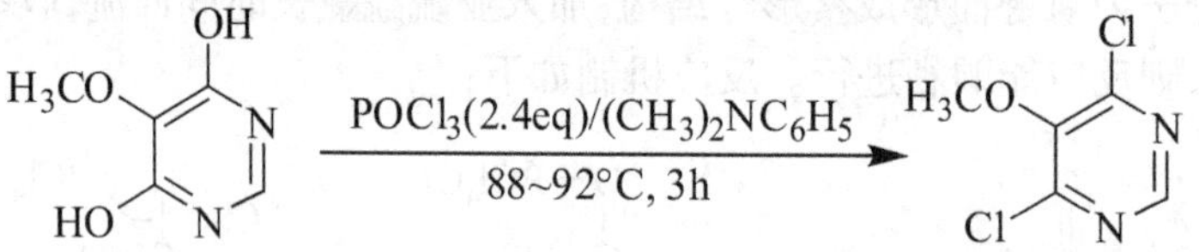

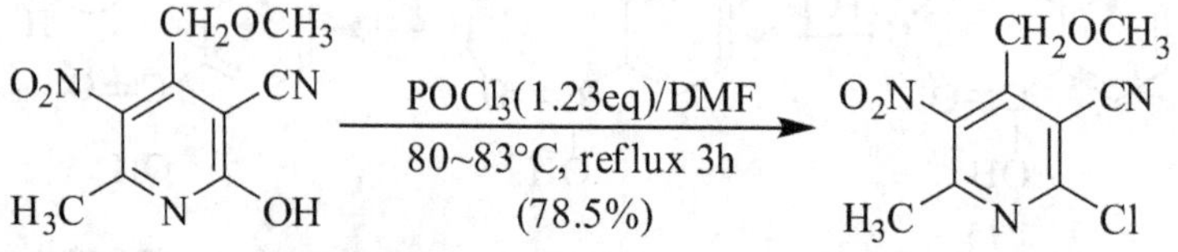

(二)三氯氧磷与羧羟基的卤置换反应

三氯氧磷与羧酸作用较弱,但容易与羧酸盐反应而得相应的酰氯。由于反应中不生成氯化氢,尤其适宜于制备不饱和酸的酰氯衍生物。

$$CH_3CH=CHCOOK \xrightarrow[CCl_4]{POCl_3} CH_3CH=CHCOCl$$

三氯氧磷也可将磺酸或磺酸盐转化为磺酰氯,例如:

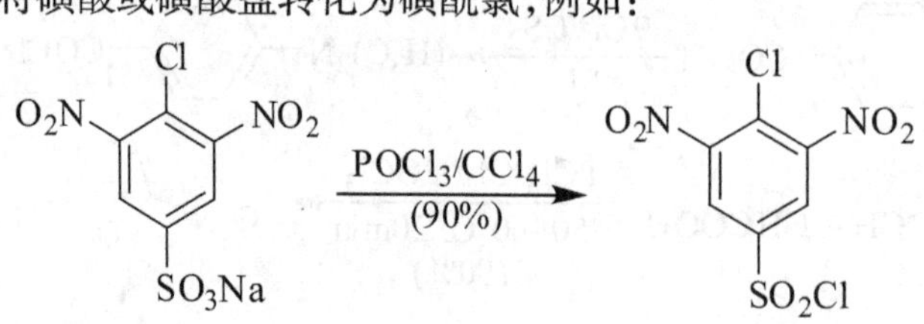

四、Rydan 试剂的反应

Rydan 试剂为新型的有机磷卤化物试剂,主要包括苯膦卤化物和亚磷酸三苯酯卤化物两类新型的卤化剂。例如 Ph_3PX_2、$Ph_3P^{\oplus}CX_3X^{\ominus}$、$(PhO)_3PX_2$ 和 $(PhO)_3P^{\oplus}RX^{\ominus}$ 等。它们均具有活性高、反应条件温和等特点。由于反应中不产生 HX,因此没有因 HX 存在而引起的副反应。对于置换困难的羟基,用这些沸点高的试剂必须在加压下才能进行卤化。

（一）反应通式及机制

亚磷酸三苯酯卤代烷及其二卤化物均可由亚磷酸三苯酯与卤代烷或卤素直接制得,不需分离随即加入待反应的醇进行置换。反应机制如下:

$$(PhO)_3\overset{\oplus}{P}\overset{\ominus}{-}R-X+R'OH \xrightarrow{-PhOH} (PhO)_2\overset{\oplus}{P}-R \xrightarrow{X^{\ominus}} (PhO)_2\overset{O}{\overset{\|}{P}}-R+R'X$$

三苯膦二卤化物和三苯膦的四卤化碳复鏻盐可由三苯膦和卤素或四氯化碳新鲜制备:

$$R-OH+Ph_3PX_2 \longrightarrow RX+Ph_3PO+HX$$

$$R-OH+Ph_3\overset{\oplus}{P}CX_3\overset{\ominus}{X} \xrightarrow{-CHX_3} Ph_3\overset{\oplus}{P}OR \xrightarrow{\overset{\ominus}{X}} RX+Ph_3PO$$

（二）反应影响因素及应用实例

用一般试剂对下列各种醇进行卤置换,均易发生重排、消除和异构等反应,收率较低。而采用上述试剂,条件既温和,收率和纯度亦好。

$$H_3C-\underset{CH_3}{\overset{CH_3}{\underset{|}{\overset{|}{C}}}}-OH \xrightarrow[\substack{r.t, 30min \\ (83\%)}]{(PhO)_3PI_2} H_3C-\underset{CH_3}{\overset{CH_3}{\underset{|}{\overset{|}{C}}}}-I$$

$$H_3C-\underset{CH_3}{\overset{CH_3}{\underset{|}{\overset{|}{C}}}}-CH_2OH \xrightarrow[\substack{r.t \\ (92\%)}]{(PhO)_3PCl_2/DMF} H_3C-\underset{CH_3}{\overset{CH_3}{\underset{|}{\overset{|}{C}}}}-CH_2Cl$$

$$\xrightarrow[\substack{75\sim130℃,24h \\ (64\%\sim75\%)}]{(PhO)_3P/CH_3I} H_3C-\underset{CH_3}{\overset{CH_3}{\underset{|}{\overset{|}{C}}}}-CH_2I$$

$$\text{（环己基）}-OH+Ph_3PBr_2 \xrightarrow[(88\%)]{DMF} \text{（环己基）}-Br$$

$$H_2C=CHCH_2OH+(PbO)_3P \cdot CH_3I \xrightarrow{(84\%)} H_2C=CHCH_2I$$

$$(CH_3)_3CCH_2OH+Ph_3PCl \xrightarrow[(92\%)]{DMF} (CH_3)_3CCH_2Cl$$

三苯膦二卤化物很少发生重排、消除以及异构化等反应,因而应用很广泛,常以 DMF、六甲基磷酰胺作溶剂进行置换反应。可在较温和的条件下将光学活性的仲醇转化成构型反转的卤代烃,可将对酸不稳定的化合物进行卤化。

这些试剂根据反应条件不同,可显示不同的特点。用 DMF 作为溶剂以及在低温条件下,三苯膦二溴化物可选择性地置换伯羟基成溴化物。

酚羟基的卤置换采用一般的卤化剂比较困难,但采用这些新型的三苯膦卤化试剂在较高温度下反应,则收率较高。

第五节　含硫卤化物为卤化剂的反应

常用的含硫类卤化试剂有亚硫酰氯和硫酰氯。亚硫酰氯又叫氯化亚砜或氯化亚硫酰,为无色液体,是一种常用的卤化剂,主要用于羟基的取代,生成含氯化合物。自身则分解为二氧化硫和氯化氢的气体逸出反应体系,得到的产物纯度高。硫酰氯又叫二氯硫酰,为无色液体,主要用作氯化剂或氯磺化剂,如芳香族化合物的氯化、羧酸的氯化及其他各种有机和无机化合物的氯化。

一、亚硫酰氯为卤化剂的卤置换反应

（一）亚硫酰氯与醇羟基的卤置换反应

1. 反应通式及机制

$$ROH + SOCl_2 \rightleftharpoons RCl + HCl + SO_2$$

亚硫酰氯首先与醇形成氯化亚硫酸酯,然后氯化亚硫酸酯分解释放出二氧化硫。氯化亚硫酸酯的分解方式与溶剂极性有关,如在乙醚或二氧六环中反应,则发生分子内亲核取代($S_N i$),所得产物保留醇的原有构型。如在吡啶中反应,则属 $S_N 2$ 历程,可发生 Walden 反转,所得产物的构型与醇相反。如无溶剂时，一般按 S_N1 历程反应而得外消旋产物。

以二氧六环为溶剂时保留产物构型的原因是二氧六环含有未共用电子对，氯化亚硫酸酯反应形成微弱的键，而位阻增加，促使氯离子以 S_Ni 取代，结果保留原有构型。如果以甲苯或异辛烷等溶剂代替二氧六环，则得消旋产物。

用吡啶做溶剂时，甚用量至少是等摩尔量的，吡啶在反应中成盐，而后解离出氯负离子，后者从氯化亚硫酸酯基的背面进攻生成构型反转的产物。

2. 反应影响因素及应用实例　亚硫酰氯与醇反应也可用苯、甲苯、二氧甲烷等作溶剂。亚硫酰氯容易水解，应在无水条件下使用。

1,2-二醇或 1,3-二醇与亚硫酰氯反应，首先生成环状亚硫酸酯，而后在吡啶存在下与过量亚硫酰氯作用，生成二氯化物。

$$HOCH_2CH_2CH_2OH + SOCl_2 \longrightarrow$$

氨基醇类与亚硫酰氯反应，不用加催化剂，胺自身成盐后就有催化作用。

$$(C_2H_5)_2NCH_2CH_2OH \xrightarrow[\substack{\text{r.t, 8h} \\ (87\%\sim90\%)}]{SOCl_2/PhH} (C_2H_5)_2NCH_2CH_2Cl \cdot HCl$$

制备某些易于消除的氯化物时,若采用吡啶为催化剂,往往引起消除副反应,但加入DMF、HMPT 作催化剂一般可得到较好效果。

应用溴化亚砜可进行溴的置换反应,溴化亚砜的制备是在氯化亚砜中通入溴化氢气体(0℃),然后分馏得到的(b.p 58~60℃/40mm),它可以将醇中的羟基置换成溴。

$$C_2H_5OCH_2CH_2OH \xrightarrow[\substack{100℃,2h \\ (70\%)}]{SOBr_2/Pyridine} C_2H_5OCH_2CH_2Br$$

抗胃溃疡药奥美拉唑(Omeprazole)的关键中间体 2- 氯甲基 -3,5- 二甲基 -4- 甲氧基吡啶盐酸盐的合成:

抗真菌药奥昔康唑(Oxiconazole)的中间体的合成中也应用了亚硫酰氯的卤化反应。

(二) 亚硫酰氯与羧羟基的卤置换反应

亚硫酰氯是制备酰氯常用而有效的试剂,不仅由于沸点低而且无残留副产品,所得产品易于分离纯化。

1. 反应通式及机制

亚硫酰氯本身的氯化活性并不大,但若加入少量催化剂(如吡啶、DMF、Lewis 酸)则活性增大,DMF 参与反应的机制如下:

2. 反应影响因素及应用实例 这类反应属于亲核取代反应,羧酸的反应活性顺序为脂肪酸 > 带有给电子取代基的芳香羧酸 > 无取代基的芳香羧酸 > 带有吸电子取代基的芳香羧酸。

例如,对硝基苯甲酸单独与氯化亚砜长时间加热也不发生反应,但加入 10% 量的 DMF 催化时,即可顺利制得相应的酰氯,三氟乙酸与氯化亚砜可以发生类似的反应。

$$O_2N \underset{}{\overset{}{\bigcirc}} COOH \xrightarrow[\substack{90\sim95℃ \\ (87.7\%)}]{0.35mol/L\ SOCl_2/0.03mol/L\ DMF/PhCl} O_2N \underset{}{\overset{}{\bigcirc}} COCl$$

$$F_3CCOOH \xrightarrow[\substack{80\sim85℃ \\ (89\%)}]{SOCl_2/DMF} F_3CCOCl$$

工业亚硫酰氯中常含有 S_2Cl_2、SCl_2、SO_2 等杂质,当使用 DMF 时,反应体系颜色变深,有时产品不易提纯。向亚硫酰氯中加入一些 *N,N*- 二甲基苯胺或植物油,加热回流,而后蒸馏提纯,效果会明显改善。除了 DMF,也可用 *N,N*- 二乙基乙酰胺、己内酰胺等作催化剂。有些化合物本身含有叔氮原子,则可以不用外加催化剂,如苯唑西林钠(Oxacillin sodium)的中间体甲异噁唑酰氯的合成,单独使用二氯亚砜就可以得到较为满意的结果。

$$\text{Ph}\underset{\text{COOH}}{\overset{\text{O—N}\diagup\text{CH}_3}{\bigcirc}} \xrightarrow[95℃,2h]{SOCl_2} \text{Ph}\underset{\text{COCl}}{\overset{\text{O—N}\diagup\text{CH}_3}{\bigcirc}}$$

亚硫酰氯也可使磺酸生成磺酰氯:

$$CH_3SO_3H + SOCl_2 \xrightarrow[(71\%\sim83\%)]{heat} CH_3SO_3Cl$$

$$\underset{}{\overset{}{\bigcirc}} SO_2OH \xrightarrow[20℃,24h]{SOCl_2/DMF} \underset{}{\overset{}{\bigcirc}} SO_2Cl$$

将醇用磺酰氯转化成相应的磺酸酯后活性增大,可在较温和的条件下被卤化试剂卤化。常用的卤化试剂是其卤化盐如卤化钠等,常用的溶剂为丙酮、醇、DMF 等极性溶剂。

$$\underset{}{\overset{}{\bigcirc}} OTs \xrightarrow[CH_3COCH_3]{KBr} \underset{}{\overset{}{\bigcirc}} Br$$

$$\begin{array}{c}\text{TsOCH}_2 \\ \\ \text{TsOCH}_2\end{array}\underset{}{\overset{}{\bigcirc}}\begin{array}{c}\text{CH}_2\text{OTs} \\ \\ \text{CH}_2\text{OTs}\end{array} \xrightarrow[\substack{heat,4h \\ (95\%)}]{NaI/Acetone} \begin{array}{c}\text{IH}_2\text{C} \\ \\ \text{IH}_2\text{C}\end{array}\underset{}{\overset{}{\bigcirc}}\begin{array}{c}\text{CH}_2\text{I} \\ \\ \text{CH}_2\text{I}\end{array}$$

氯胺酮(Ketamine)、氯苯达诺(Chlophedianol)等的中间体邻氯苯甲酰氯的合成:

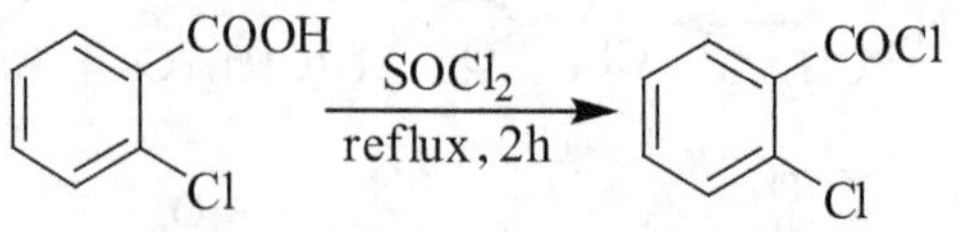

抗抑郁药反苯环丙胺(Tranylcypromine)的中间体的合成:

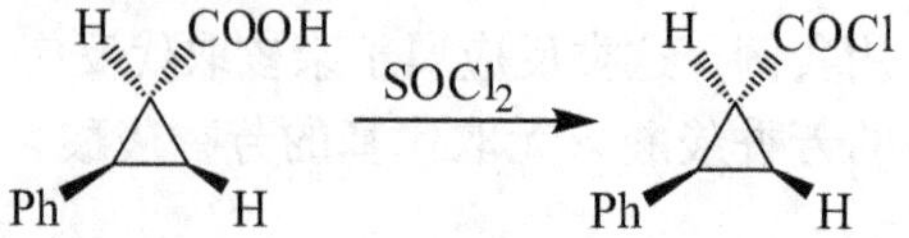

二、硫酰氯为卤化剂的反应

在光照或过氧化物存在下,硫酰氯可与烃基发生自由基取代反应。

(一)反应通式及机制

$$SO_2Cl_2 \xrightarrow[\text{or peroxidase}]{hv} ClSO_2\cdot + Cl\cdot$$

$$RH + Cl\cdot \longrightarrow R\cdot + HCl$$

$$RH + ClSO_2\cdot \longrightarrow R\cdot + HCl + SO_2$$

$$R\cdot + SO_2Cl_2 \longrightarrow RCl + ClSO_2\cdot$$

(二)反应影响因素及应用实例

反应中分解成的氧自由基和硫酰氯自由基都可作为初始自由基引发自由基型参与反应。

$$C_6H_5CH_2CH_2CH_3 + SO_2Cl_2 \xrightarrow{(PhCOO)_2} C_6H_5CHClCH_2CH_3$$

另外,硫酰氯与芳烃发生卤代反应时还可以按亲电取代方式进行:

$$SO_2Cl_2 \Longleftrightarrow ClSO_2^{\ominus} + Cl^{\oplus}$$

$$\longrightarrow Cl^{\ominus} + SO_2$$

由于其离解出氯正离子,是一种亲电试剂,还可发生芳环上的氯化反应。

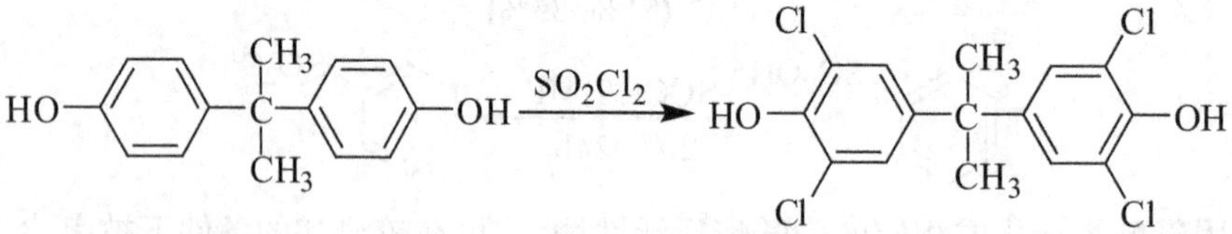

当用二苯硫醚作溶剂,三氯化铝作催化剂时,由于二苯硫醚与三氯化铝生成体积较大的络合物,使芳环上氯化的选择性大大提高。

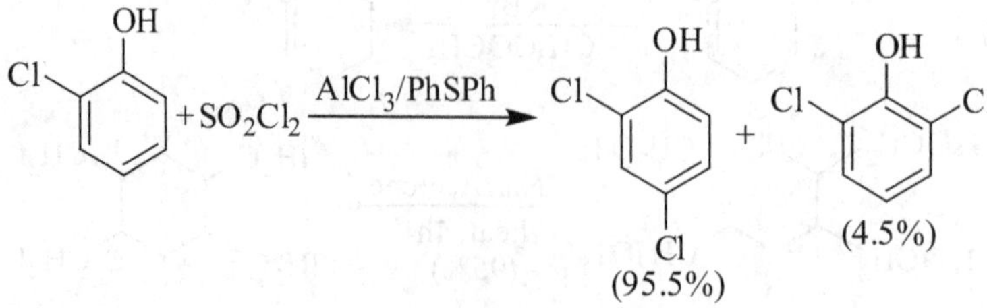

硫酰氯可使酮分子中的α-氢可发生氯化反应。

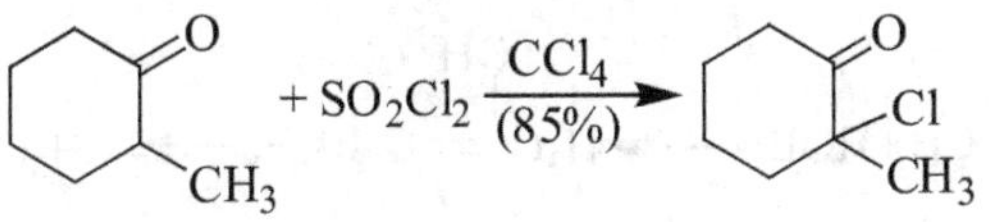

第六节 其他卤化剂的卤化反应

一、次卤酸、次卤酸盐(酯)为卤化剂的反应

(一) 反应通式及机制

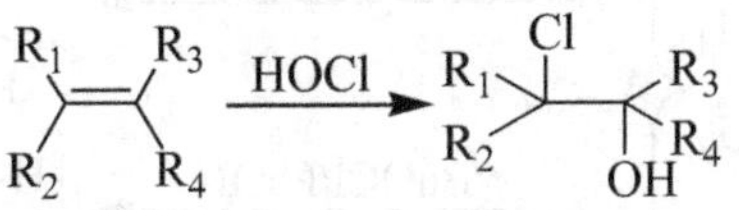

(二) 反应影响因素及应用实例

次卤酸、次卤酸盐(酯)既是氧化剂,又是卤化剂,做卤化剂时与烯烃发生亲电加成生成β-卤代醇。由于次卤酸都是弱酸,同强酸与烯烃的反应不同,它们不是氢质子进攻π键,而是由于氧的电负性较大,使次卤酸分子极化成$HO^{\ominus}X^{\oplus}$,反应时首先生成卤鎓离子,继而氢氧根负离子从卤鎓离子的背面进攻碳原子生成反式β-卤代醇。

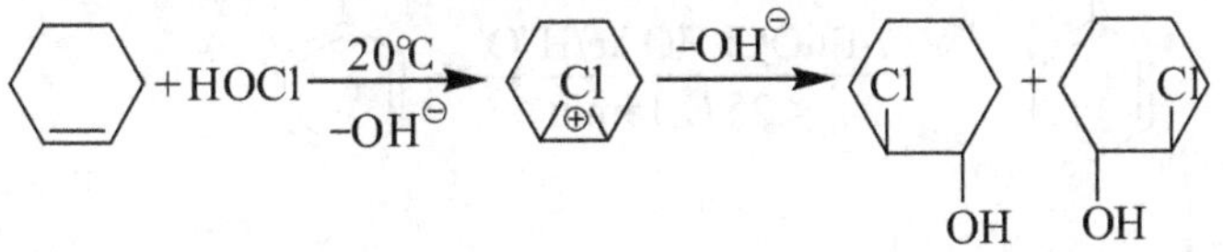

烯烃与次卤酸的加成反应遵守 Markovnikov 规则。但在其他溶剂中发生反应时,例如在醋酸中,醋酸根也可以进攻中间体碳离子,生成β-卤代醋酸酯的副产物。

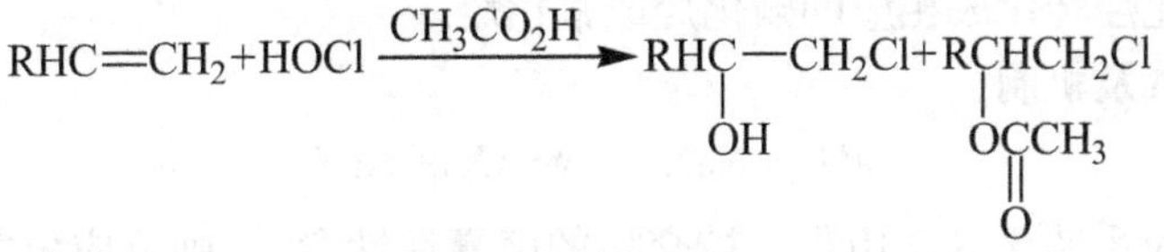

又如,β-氯乙醇的制备可由乙烯、氯气分别通入水中而制得,但反应中每生成1mol氯乙醇就生成1mol氯化氢。随着反应进行,氯离子浓度增高,因而与水的竞争机会增多,生成的副产物二氯乙烷亦增加。同时,又随着氯乙醇浓度增加,氯乙醇的羟基未共用电子对也可向环状氯正离子过渡态做亲核进攻,生成另一个副产物2,2′-二氯乙醚。因此,在生产中为了减少副反应,一般采用连续化操作以控制乙烯和水的流速,使反应液中氯乙醇含量控制在4%左右,氯乙醇方可得到较好的收率。

$$CH_2{=}CH_2 \xrightarrow[60℃]{Cl_2/H_2O} ClCH_2CH_2OH+HCl$$

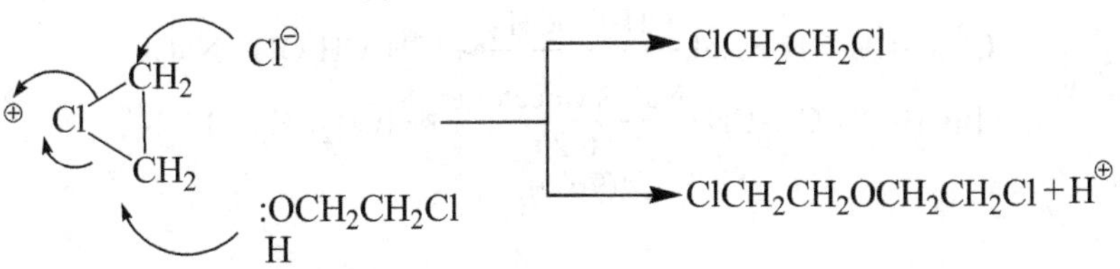

炔烃也能和次卤酸反应：

$$H_3CC\equiv CH+HOBr \longrightarrow H_3CC\overset{OH}{=}CHBr \rightleftharpoons CH_3COCH_2Br$$

除采用次氯酸制备 α-氯醇外，N-氯代酰胺和叔丁基次氯酸酯也是两个常用的试剂，尤以后者应用较多，它们在不同溶剂中与烯烃加成可得到不同的 α-氯醇衍生物。

二、无机卤化物的卤置换反应

有机卤化物与无机卤化物之间进行卤原子交换又称 Finkelstein 卤素交换反应。利用本反应常将氯(溴)化烃转化成相应的碘化烃或氟化烃。

(一)反应通式及机制

$$RX_1+NaX_2 \longrightarrow RX_2+NaX_1$$

卤素交换反应系属于 S_N2 历程。被交换的卤素活性愈大，则反应愈容易。但叔卤化物在交换时形成的碳正离子易发生消除反应，使收率降低。

(二)反应影响因素及应用实例

卤原子交换中，选用的溶剂最好是对使用的无机卤化物有较大的溶解度，而对生成的无机卤化物溶解度甚小或几乎不溶解，以有利于交换完全。常用的溶剂有 DMF、丙酮、CCl_4 或 2-丁酮等非质子极性溶剂。

例如，碘化钠在丙酮中的溶解度较大（39.9g/100ml，25℃），而生成的氯化钠溶解度则很小，从而使反应顺利进行。

$$ClCH_2CH_2OH + NaI \xrightarrow{CH_3COCH_3} ICH_2CH_2OH + NaCl$$

$$BrCH_2CH_2CH_2CN \xrightarrow[\text{r.t, 2h}]{NaI/dry\ acetone} ICH_2CH_2CH_2CN$$
$$(96\%)$$

Lewis 酸可增强卤代烷的亲电活性，加入 Lewis 酸有利于卤素交换反应。

对于某些 2- 或 4- 位卤代氮杂环衍生物，加入少量酸可增加其交换活性。例如少量氢碘酸能催化 2- 氯吡啶与碘化钾的反应，得到 2- 碘吡啶。

关于氟原子的交换，采用的试剂有氟化钾、氟化银、氟化锑、氟化氢等。氟化钠不溶于一般溶剂，故很少采用。

用无水氟化钾，氟可以取代分子中的氯、溴原子生成氟化物。例如，抗癌药氟尿嘧啶的中间体氟乙酸乙酯的合成：

$$ClCH_2COOC_2H_5 + KF \xrightarrow[50\%]{AcNH_2} FCH_2COOC_2H_5$$

三氟化锑和五氟化锑的特点是选择性作用于同一碳原子的多卤原子，而不与单卤原子交换，例如：

$$CCl_3CH_2CH_2Cl \xrightarrow[165℃,2h]{SbF_3/SbF_5} CF_3CH_2CH_2Cl + CF_2ClCH_2CH_2Cl$$

氟化锑能选择性地取代同一碳原子上的多个卤原子，常用于三氟甲基化合物的制备，在药物合成中应用较多，例如：

相转移催化剂 18- 冠 -6 用于氟交换反应，产物收率明显提高，例如：

$$CH_3(CH_2)_6CH_2Br + KF \xrightarrow[\substack{C_6H_6,25℃ \\ (92\%)}]{18\text{-Crown-6}} CH_3(CH_2)_6CH_2F$$

氟罗沙星（Fleroxacin）的中间体 1- 溴 -3- 氟乙烷的合成可以通过 1，2- 二溴乙烷在乙腈中用 KF 进行卤素交换氟化得到：

$$BrCH_2CH_2Br \xrightarrow[CH_3CN,\ 165℃]{KF} BrCH_2CH_2F$$

本 章 要 点

1. 卤化反应的反应机制主要包括亲电加成(例如不饱和烃的卤加成反应)、亲电取代(例如芳烃和羰基 α- 位的卤取代反应)、亲核取代(例如醇羟基、羧羟基的卤置换反应)以及自由基反应(例如饱和烃、苄位和烯丙位的卤取代反应)。

2. 卤化反应中,可提供卤素负离子的卤化剂有卤素、氢卤酸、含磷卤化物和含硫卤化物等,如 X_2、HX、POX_3、PX_3、PX_5、S_2Cl_2、SCl_2、$SOCl_2$ 等;可提供卤素正离子的卤化剂有卤素、N- 卤代酰胺、次卤酸等,如 X_2、NBS、HOX 等;可提供自由基的卤化剂有卤素、次卤酸。

3. 醇的卤置换反应中,醇羟基的反应活性顺序为叔羟基 > 仲羟基 > 伯羟基,苄位和烯丙位的羟基也很活泼,这是由于碳正离子稳定性差别的结果。另外,活性较大的叔醇、苄醇的卤置换反应倾向于 S_N1 历程,而其他醇的反应大多以 S_N2 历程为主。氢卤酸的反应活性按照卤负离子亲核能力大小,其顺序为 HI>HBr>HCl>HF。

4. 同羧酸的卤置换反应活性顺序为脂肪羧酸 > 芳香羧酸,芳环上具有供电子取代基的芳香羧酸 > 无取代基的芳香羧酸 > 具有吸电子取代基的芳香羧酸。

本章练习题

一、简要回答下列问题

1. 解释下列人名反应:Hunsdiecker 反应、Dalton 反应、Finkelstein 反应。
2. 归纳常用的氯化剂、溴化剂都有哪些? 它们的主要理化性质及应用范围如何?
3. 比较 X_2、HX、HOX 对双键的离子型加成反应的机制有何异同点? 怎样判断加成方向?

二、完成下列合成反应

1.

$$\xrightarrow[H_2O]{NIS}$$

2.

$$\xrightarrow{Br_2}$$

3.

$$\xrightarrow{COCl_2}$$

4.

H₃CS—[pyrimidine with OH groups] +POCl₃+PCl₃ ⟶ [　　] $\xrightarrow{KF}$ [　　]

5.

[4-bromonitrobenzene] $\xrightarrow{Br_2}$ [　　]

6.

$C_{16}H_{33}$—CH=CH—CH_2OH $\xrightarrow{NBS/PPh_3/CH_2Cl_2}$ [　　]

7.

[ethyl 4-iodobenzoate] + [cyclopropylacetylene] $\xrightarrow{PdCl_2(PPh_3)_2/CuI/NEt_3/DMF}$ [　　]

8.

Me—[pyrrole]—CHO $\xrightarrow{NBS}$ [　　]

9.

[N-phenyldiethanolamine] $\xrightarrow{Toluene/SOCl_2}$ [　　]

10.

[steroid structure] $\xrightarrow{CuBr_2/CH_3OH}$ [　　]

三、完成下列化合物的合成路线设计

1.

$CH_3CH_2CH_2Br \longrightarrow H_3CC{\equiv}CCH_2CH_2CH_3$

2.

$CH_3CH{=}CH_2 \longrightarrow$ $\underset{OH}{H_2C}-\underset{OH}{\overset{H}{C}}-\underset{OH}{CH_2}$

（李念光）

第四章 烃化反应

用烃基取代分子中的某些功能基(O、N、C)上的氢原子或进行加成得到烃化物的反应都称为烃化反应(alkylation)。

在药物合成中借助烃化反应可以引入饱和烃基、不饱和烃基、脂肪烃基以及芳香烃基等各种取代基。烃化反应都是通过烃化剂来实现的,由于烃化剂的种类繁多、作用特点各异,往往一种烃化剂可以对几种不同的基团发生相应的烃化反应;反之,一种基团也可被数种烃化剂烃化。所以,通过烃化反应可以得到种类繁多的药物中间体或药物。

烃化反应的机制除在芳环上引入烃基属于亲电取代反应外,其余基本上都属于亲核(单分子或双分子)取代反应,即具有负电荷的被烃化物向带(部分)正电荷的烃化剂的α-碳原子做亲核进攻。因此,烃化反应的难易不但取决于被烃化物的亲核性,同时也取决于烃化剂结构中离去基团的性质。因此,在药物合成上选用烃化剂绝不能把各个反应条件孤立起来,应该把各有关反应条件联系起来,根据反应的难易、制取的繁简、成本的高低、毒性的大小以及产生副反应的多少等多种因素综合考虑,选择适当的符合要求的烃化剂。

常用的烃化剂有卤代烃、磺酸酯和其他酯类、醇类、醚类、烯烃类、甲醛和甲酸等。其中以卤代烃和磺酸酯类使用比较广泛。

第一节 卤代烃为烃化剂的反应

卤代烃类烃化剂的烷基可以取代多种功能基,是主要的烃化剂之一,在药物合成上应用广泛。

一、O-烃化

卤代烃作为烃化剂在羟基氧原子上进行烃化反应,得到的产物都是醚类。根据醚的结构不同,可以将产物分为3类:二烷基醚、芳-烷基醚和二芳基醚。后一类在药物合成中应用很少。

(一) 二烷基醚的制备

卤代烃在碱性条件下与醇羟基进行烃化反应生成二烷基醚,这一反应称为Williamson合成。

1. 反应通式及机制

$$ROH + B^{\ominus} \longrightarrow RO^{\ominus} + HB$$
$$R'X + RO^{\ominus} \longrightarrow R'OR + X^{\ominus}$$

该反应机制属于亲核取代反应。根据卤代烃的结构不同,可分为双分子亲核取代反应和单分子亲核取代反应。

双分子亲核取代反应是按下式进行的：

$$RO^{\ominus} + R'\!-\!\overset{\overset{\displaystyle H}{|}}{\underset{\underset{\displaystyle H}{|}}{C}}\!-\!X \longrightarrow \left[\; RO\text{-}\text{-}\text{-}\text{-}\overset{\overset{\displaystyle R'}{|}}{\underset{\underset{\displaystyle H}{|}}{C}}\text{-}\text{-}\text{-}\text{-}X \;\right] \longrightarrow ROCH_2R' + X^{\ominus}$$

即是反应速率与反应物的摩尔浓度乘积成正比。

$$v = k\left[RO^{\ominus}\right]\left[R'CH_2X\right]$$

式中，k 表示反应速率常数，R' 表示卤代烃中的烷基，X 表示卤基。

单分子亲核取代反应是按下式进行的：

$$R\!-\!X \xrightarrow{\;\textbf{slow}\;} R^{\oplus} + X^{\ominus}$$

$$R^{\oplus} + R'OH \xrightarrow{\;\textbf{fast}\;} \left[\; R\!-\!\overset{\oplus}{\underset{\underset{\displaystyle H}{|}}{O}}\!-\!R' \;\right] \xrightarrow{\;\textbf{fast}\;} R\!-\!O\!-\!R' + H^{\oplus}$$

反应分两步进行。第一步，首先 R—X 离解为烷基正离子和卤素负离子，该反应较慢，是决定整个反应速率的步骤；第二步，生成的烷基正离子与亲核试剂 R'OH 反应形成产物，反应速率很快。反应速率仅与 R—X 的摩尔浓度有关即 $v = k(R\text{–}X)$

2. 反应影响因素及应用实例

（1）卤代烃的影响：在卤代烃中，随着与卤素相连的碳原子上的取代基数目的增加，反应按 S_N1 机制进行的趋势增加。不同的卤素对 C—X 键之间的极化度有影响，极化度越大，反应速率越快。因此，对于 R 相同的卤代烃，卤代烃的活性次序是按 RCl<RBr<RI 递增。若烷基不同，则卤代烃的活泼性随烷基碳链的增长而递减，因此为了引入长碳链烷基，需采用溴代烷作为烃化剂，碘代烷由于价格昂贵而多用于实验室制备。若卤素相同，则伯卤烷的反应活泼性最强，仲卤烷次之，而叔卤烷常会发生严重的消除反应，生成大量的烯烃。因此，不宜直接采用叔卤烷，以防止发生消除副反应。

（2）醇的结构的影响：对被烃化物醇类而言，如 R'OH 的活性较弱，则要在反应中加入强碱性物质如金属钠、氢化钠、氢氧化钠或氢氧化钾等做催化剂，以形成亲核性的 R'O$^{\ominus}$ 离子。当用活性不高的卤代烃反应时，通常加入适量的碘化钾催化，使之置换成碘代烃增加其反应活性，再进行烃化反应。碘化钾的一般用量为卤烷烃的 1/10~1/5mol。醇羟基的氢原子活性不同，进行烃化反应的条件也有所不同。

（3）溶剂的影响：质子溶剂有利于 R—CH$_2$—X 离解，但质子溶剂能与 R'O$^{\ominus}$ 发生溶剂化作用，会使 R'O$^{\ominus}$ 的亲核活性降低，因此，非质子极性溶剂对反应有利。

例如，抗组胺药苯海拉明（Diphenhydramine）可以采用的两种合成方法：①二苯溴甲烷为原料与 β- 二甲氨基乙醇反应得到。②二苯甲醇为原料与 β- 二甲氨基氯乙烷反应制得。前者由于 β- 二甲氨基乙醇中羟基的活性低，要先将其以强碱处理，使之转化成烷氧基负离子（RO$^{\ominus}$）形式进行烃化反应；由于二苯甲醇的两个苯基的吸电子效应，使羟基的氢原子活性增大。所以，在反应中加入氢氧化钠等作为去酸剂即可进行烃化反应。

$$\underset{Ph}{\overset{Ph}{}}\overset{H}{\underset{|}{C}}-Br + NaOCH_2CH_2N(CH_3)_2 \xrightarrow{\quad Xylene\quad}$$

$$\underset{Ph}{\overset{Ph}{}}\overset{H}{\underset{|}{C}}-OH + ClCH_2CH_2N(CH_2)_2 \cdot HCl \xrightarrow[\quad Xylene\quad]{NaOH}$$

$$\xrightarrow{heat} \underset{Ph}{\overset{Ph}{}}\overset{H}{\underset{|}{C}}-OCH_2CH_2N(CH_3)_2$$

(Diphenhydramine)

（二）芳 - 烷基醚的制备

卤代烃与酚羟基之间进行烃化反应可得芳 - 烷基醚。

1. 反应通式及机制

$$\text{(ArOH)} + RX \xrightarrow{\ominus OH} \text{(ArOR)} + X^{\ominus} + H_2O$$

2. 反应影响因素及应用实例　由于酚羟基具有一定的酸性,性质比较活泼,反应比醇羟基容易得多。因此,一般先将酚与氢氧化钠反应形成芳氧负离子,或用碳酸钠(钾)为缚酸剂,反应可在质子溶剂或非质子溶剂中进行,如用水、醇类、丙酮、DMF、DMSO、苯或二甲苯为溶剂。

降血脂药吉非贝齐(Gemfibrozil)是以甲苯为溶剂,碘化钾为催化剂,由 2,5- 二甲基苯酚与 5- 氯 -2,2- 二甲基戊酸 -2- 甲基丙基酯烃化反应制得的。

$$ClCH_2CH_2CH_2-\underset{CH_3}{\overset{CH_3}{\underset{|}{\overset{|}{C}}}}-COOCH_2CH(CH_3)_2 \xrightarrow[\quad (2)\quad HCl\quad(92\%)]{(1)}$$

(Gemfibrozil)

又如抗精神病药阿立哌唑(Aripiprazole)的合成以 7- 羟基 -3,4- 二氢 -2-(1H)- 喹啉酮为起始原料,羟基与 1,4- 二溴丁烷发生 O- 烃化反应生成 7-(4- 溴丁氧基)-3,4- 二氢 -2-(1H)- 喹啉酮,在 NaI 的催化下,再与 1-(2,3- 二氯苯基)哌嗪发生 N- 烃化反应制得。

(Aripiprazole)

对于多酚羟基化合物的烃化,如果要烃化全部羟基,其方法与单酚羟基化合物的烃化原理相同,不同的是需要使用过量的烃化剂和较长的反应时间。如果只需将化合物中某些羟基进行选择性烃化,则要考虑羟基所处的位置、芳核上其他取代基对羟基的影响(包括电子效应和立体效应)等多种影响因素采用不同的反应条件进行,也可将不需要烃化的羟基预先保护,待反应结束后再将保护基除去,可达到选择性烃化的目的。

例如,没食子酸甲酯含有 3 个羟基,用不同的反应条件烃化可得不同的产物。由于酯基的吸电子效应,使对位羟基的酸性较强,活性较大。因此,在较温和的反应条件下,首先是对位羟基被选择性烃化。

如果需要使其中的两个或者一个间位羟基烃化而对位羟基不参与反应,则须先用卤苄或者二苯基氯甲烷将对位羟基保护(或者保护邻二羟基),然后再进行甲基化,最后经催化氢解或水解消除保护基得到所需产物。

当酚羟基的邻位有羰基存在时,羰基和羟基之间容易形成分子内氢键使该酚羟基钝化,可以使其他的游离羟基进行烃化反应。如 2,4- 二羟基苯乙酮以碘甲烷进行甲基化反应时,得到的是 4- 位甲氧基化产物丹皮酚(Paeonol),而不是邻 - 甲氧基产物。

在一些中草药中含有黄酮类、异黄酮类以及多羟基蒽醌等有效成分,其羰基邻近的羟基在较温和的条件下,都不易发生烃化。

有些多羟基化合物中具有间 - 苯二酚的结构,存在着相应的酮式 - 烯醇式互变异构体,在两个酮羰基之间的碳原子上的氢原子非常活泼。间-苯三酚等多酚羟基化合物在碱性条件下使用碘甲烷等进行甲基化反应时,除得到所需产物外,在碳原子上还得到部分烃化的副产物。例如,间-苯三酚在强碱液中滴加碘甲烷,得到碳原子上甲基化为主的产物;如果将间-苯三酚与碘甲烷预先溶于甲醇中,在加热下滴加计算量的甲醇钠的甲醇溶液,得到的是以氧原子甲基化为主的产物,产率为 65%。

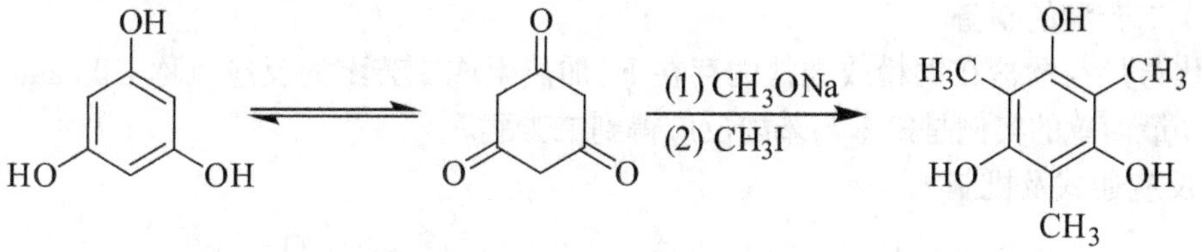

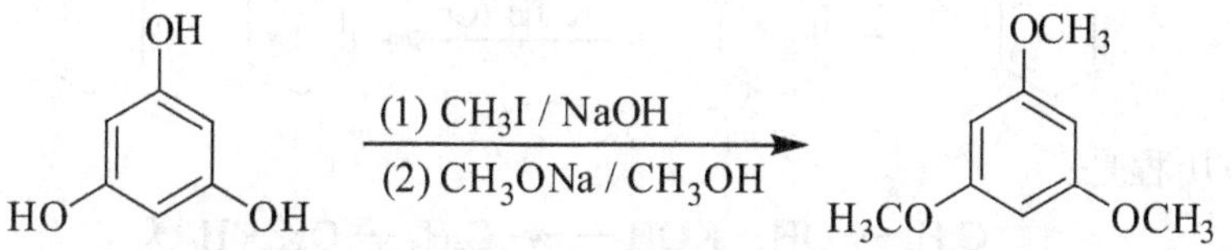

因此,当多酚羟基化合物的氧原子上进行烃化反应时,为了避免在碳原子上产生烃化副反应,须注意选择适当的反应条件。

芳卤烃与醇羟基之间进行的烃化反应亦可得到芳基-烷基混合醚。

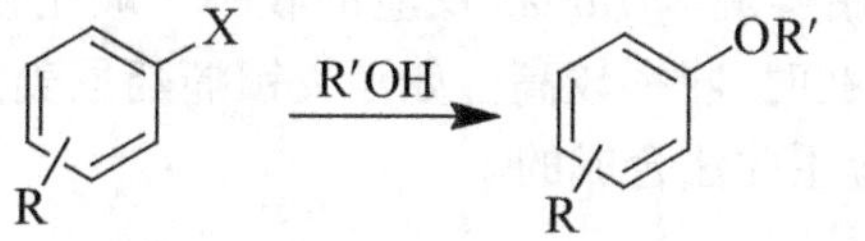

由于芳卤烃上的卤原子与芳核发生共轭效应,其活性较卤烷烃小;若芳核上的邻位或对位有强的吸电子取代基存在时,则可增强卤原子的活性,并能与醇羟基顺利地进行亲核取代反应得到烃化产物。卤原子活性增强的顺序是 F>Cl>Br>I。

若芳卤烃的芳核上无取代基存在时,则卤原子的活性顺序基本上与卤烷烃相同,即I>Br>Cl>F。非那西丁的中间体对-硝基苯乙醚的合成是芳卤烃与醇羟基之间进行烃化反应比较典型的例证。它是用对-硝基氯苯为原料,在氢氧化钠乙醇溶液中进行烃化反应制得的:

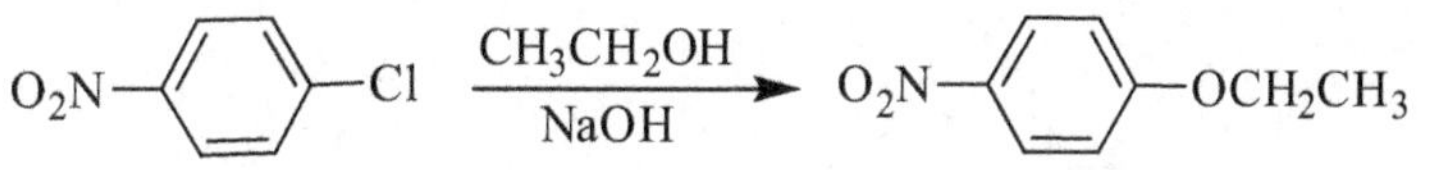

该反应是亲核取代反应,由于反应液中存在 $EtO^{\ominus}$ 和 $OH^{\ominus}$ 两种离子的竞争,可发生水解副反应而得到一定数量的对硝基苯酚。

吡啶、嘧啶、哒嗪和喹啉等含氮杂环化合物,如卤原子位于氮原子的邻位或对位,其活性也增大,可与醇类进行烃化反应而得相应的烷氧基产物。例如,磺胺甲氧吡嗪(Sulfamethoxypyrazinum)是由 3-磺胺-6-氯哒嗪在氢氧化钠的存在下与甲醇反应,再经酸化制得的。

（三）二芳醚的制备

卤代芳烃与酚盐在铜粉或铜盐的存在下，加热生成二芳醚的反应也称 Ullmann 二芳醚合成法。最简单的实例是氯苯与苯酚反应得到二芳醚。

1. 反应通式及机制

该反应历程是：

$$C_6H_5-OH + KOH \longrightarrow C_6H_5-OK + H_2O$$
$$C_6H_5-OK + CuCl \longrightarrow C_6H_5-O-Cu + KCl$$
$$C_6H_5-O-Cu + C_6H_5-OK \rightleftharpoons K^{\oplus}Cu^{\ominus}(OC_6H_5)_2$$
$$K^{\oplus}Cu^{\ominus}(OC_6H_5)_2 + C_6H_5Cl \rightleftharpoons C_6H_5-O-C_6H_5 + C_6H_5-O-Cu + KCl$$

2. 反应影响因素及应用实例　　Ullman 反应的收率一般比较低。当卤代芳烃的卤素的邻、对位上有吸电子基团存在时，收率较高。如消炎镇痛药尼美舒利（Nimesulide）的中间体苯基邻硝基苯（混合）醚是应用此法合成的。

甲状腺素（Thyroxine）的中间体和除草醚（Nithophen）等都应用了该合成方法制备。

（四）羟基的保护

醇、酚羟基能与烃化剂以及其他的亲电试剂反应，如伯醇和仲醇可以被氧化、叔醇对酸催化脱水敏感等。因此,要使分子的其他位置单独发生化学反应不影响结构中的羟基,就常遇到醇、酚羟基的保护问题。要保护某一基团不得不在原来的合成路线中增加二步反应,即引进保护基和脱去保护基。因此,带来操作步骤的增加,以及产率的损失,这些都是利用保护基带来的缺点。换言之,这是由于试剂选择性不高,采用保护基其实是一种不得已的办法。作为理想的保护基通常应具备如下特点:①引入保护基的试剂价廉易得;②引入和脱除收率定量;③反应条件温和,性质稳定,不引起其他的副反应;④不引入新的手性中心;⑤产物易于分离。

醇羟基的保护在药物合成中有着广泛的应用。最常用的类型可以归纳为 3 类:醚类、缩醛类(缩酮类)和酯类,某些情况下为了满足需要还专门设计一些基团。本节将介绍几个常用的保护基。

1. 甲醚类保护基　羟基甲基化是羟基保护的常用方法,一般采用硫酸二甲酯/氢氧化钠水溶液,或者是用碘甲烷/氧化银。但甲基作为醇类的常规保护基的缺陷是不易除去,因而应用受到一定限制。酚甲醚的水解条件很温和,容易制备,对一般试剂的稳定性高。因此,甲基醚常用来保护酚羟基,常用质子酸和 Lewis 酸水解酚甲醚,如用 48% 氢溴酸和氢碘酸,其中氢溴酸因价格便宜在工业上较常用。如镇痛药催化依他佐辛(Eptazocine)的合成用到该类保护基。

三溴化硼的脱甲基作用较强,且反应较温和,可以在温室下进行反应,副产物较少,实验室应用较多。如白藜芦醇(Resveratrol)的制备:

2. 叔丁醚类保护基　叔丁基保护基多应用于多肽,主要用来保护羟基 -L- 氨基酸的醇羟基,也用于甾体化学,其反应方式

$$ROH + (CH_3)_2C = CH_2 \underset{}{\overset{H^{\oplus}}{\rightleftarrows}} ROC(CH_3)_3$$

制备叔丁基醚可以将相应醇的二氯甲烷溶液或悬浊液在酸催化条件下,于室温用过量的异丁烯处理,产率一般较高。叔丁醚对碱和催化氢解均很稳定,遇酸则分解,脱保护试剂一般选用无水三氟醋酸(1~16 小时,0~20℃)以及 HBr/AcOH。由于除去保护基所用的酸性条件比较激烈,分子中其他的功能基在此条件下是否稳定限制了叔丁基醚保护基的适用范围。

3. 苄醚类保护基　苄醚类的稳定性与甲基醚相似,对于多数酸和碱都非常稳定。在糖化学中,苄基被广泛地用于保护羟基,也用来保护核苷、甘油和氨基酸中的羟基。保护基试剂溴苄和氯苄价廉易得,脱除条件有专一性,因而在药物合成中广泛应用。

一般烷基上的羟基在用苄醚保护时需要用强碱性条件,但酚羟基的苄醚保护一般只要用碳酸钾在乙腈或丙酮中回流即可,由于形成苄醚的反应在乙腈中的速率比丙酮中要快4倍左右,因此一般多用乙腈做溶剂。有时也可用 DMF 做溶剂,提高反应温度或加 NaI/KI 催化反应。

常用氢解的方法脱去苄基,10% Pd-C、Raney-Ni 和 Rh-Al$_2$O$_3$ 是最常用的催化剂。氢源除了氢气外,还有甲酸和甲酸铵等。

例如,选择性 β_2 受体兴奋剂班布特罗(Bambuterol)的中间体和抗病毒药更昔洛韦(Ganciclovir)的合成都应用了该保护羟基。

(Ganciclovir)

4. **丙烯基醚类保护基** 丙烯基醚的制备与苄醚类似,并且在酸性和碱性的条件下稳定。但在强碱条件下如在 t-BuOK/DMSO 条件下会转变为异构的丙烯醚,后者易被酸水解,或在中性条件下用氯化汞处理而脱去。

$$ROH + CH_2 = CH — CH_2Br \xrightarrow{NaOH} ROCH_2CH = CH_2 \xrightarrow[DMSO]{t\text{-BuOK}} ROCH = CH — CH_3$$

5. **三苯甲基醚类保护基** 三苯甲基醚广泛地用于糖、核苷和甘油酯化学中,常用来保护伯醇,尤其对于多羟基化合物,可选择性地保护其中的伯醇。

通常将醇与等计算量的三苯基氯甲烷在吡啶溶液中温室或高于室温反应来制备三苯甲醚,在 100℃加热,伯醇需要的反应时间约为 1 小时,如醇的空间立体阻碍较大,反应较慢。在吡啶中用三苯甲醚的氟硼酸盐($Ph_3C^{\oplus}BF_4^{\ominus} \cdot C_5H_5N$)在 60~70℃加热可以得到较高产率的三苯甲醚。

三苯甲醚容易形成结晶,能溶于许多有机溶剂中。三苯甲醚对碱和其他亲核试剂稳定,但在酸性介质中不稳定。下列试剂常用来除去三苯甲基保护基:80% 的醋酸、HCl/CHCl₃ 和 HBr/ArOH。

例如阿糖胞苷的中间体的制备,先将尿苷的 5′ 位羟基进行三苯甲基化,然后对 2- 位进行对甲苯磺酸化,弱碱处理转成 2′ ,2- 脱水尿苷。经过碱水解得到中间体阿拉伯糖衍生物,再在酸性条件下脱去三苯甲基得到中间体。

6. **三甲基硅醚类保护基** 硅醚是最常见的保护羟基的方法之一。在游离伯胺或仲胺基的存在下,由于硅 - 氮键结合远比硅 - 氧键弱,硅原子优先与羟基上的氧原子结合,这是与其他保护基的不同之处。许多硅醚化试剂(如 TMSCl、TMSOTf)均可用于在各种醇中引入三甲基硅基。一般来说,空间位阻较小的羟基最容易硅醚化,但同时在酸或碱中也非常不稳定,易水解。三甲基硅基醚广泛用于多官能团化合物的保护,生成的衍生物具有较高的挥发性,利于气相色谱和质谱分析。

醇类引进三甲基硅基有很多方法。比较普遍的是:①与 TMSCl 反应;②与六甲基二硅胺烷反应;③与六甲基二硅胺烷在酸性催化剂的存在下反应。三甲基硅基一般在含水的醇溶液中加热回流即可除去。

三甲基硅醚保护基的特点是可以在非常温和的条件下引进和除去,随着硅原子上取代基的不同,上保护和脱保护的反应活性均有较大的变化。当分子中有多官能团时,空间效应及电子效应是影响反应的主要因素。

$$ROH + (CH_3)_3SiCl \longrightarrow ROSi(CH_3)_3 + HCl$$

$$ROH + (CH_3)_3SiNHSi(CH_3)_3 \longrightarrow ROSi(CH_3)_3 + (CH_3)_3SiNH_2$$

如抗病毒药更昔洛韦(Ganciclovir)也可以用三甲基硅醚做保护基来制备。

7. 四氢吡喃醚保护基　在酸催化条件下,2,3-二氢-4H-吡喃与醇羟基加成生成四氢吡喃醚(THP)。THP是有机合成中一个非常有用的保护基团,它的制备成本低,易于分离,对大多数非质子酸试剂有一定的稳定性,易于被除去。因而是最常用的醇羟基的保护方法之一。但此法在酚羟基应用较少,可能是由于不如其他烷基醚、苄醚稳定。从化学角度看,THP可看作是缩醛,被广泛应用于炔醇、甾类基核苷酸的合成。

制备THP常用的溶剂有三氯甲烷、乙醚、二氧六环、乙酸乙酯以及DMF等,如果被保护的醇是液体也可以不用溶剂。常用的酸性催化剂有POCl₃、氯化氢或浓盐酸、三氟化硼/乙醚以及对甲苯磺酸等。下列给出了使用不同的催化剂得到的产物和收率。

cat	yield(%)
Py/TsOH	100
TsOH	71
BF₃·Et₂O	67

二、N-烃化

卤代烃与氨或胺之间进行的 N-烃化反应是合成胺类化合物的主要方法之一。由于氨或胺都具有碱性,亲核能力较强,因此它们比同一结构中的羟基更容易进行烃化反应。

(一) 卤代烃与氨、脂肪胺的烃化

卤代烃与氨的烃化反应又称氨基化反应。由于氨的3个氢原子都可以被烃基取代,所

以反应产物多为伯胺、仲胺和叔胺的混合物。

1. 反应通式及机制

$$CH_3CH_2Br + NH_3 \longrightarrow CH_3CH_2NH_3^{\oplus}Br^{\ominus} \xrightarrow{NaOH} CH_3CH_2NH_2$$

$$CH_3CH_2NH_3^{\oplus}Br^{\ominus} + NH_3 \rightleftharpoons CH_3CH_2NH_2 + NH_4Br$$

$$\rightleftharpoons (CH_3CH_2)_2NH + NH_4Br$$

$$\rightleftharpoons (CH_3CH_2)_3N + NH_4Br$$

$$\longrightarrow (CH_3CH_2)_4N^{\oplus}Br^{\ominus}$$

2. 反应影响因素及应用实例　在氨的烃化反应中,原料配比、反应溶剂、添加的盐类以及卤代烃的结构都可以影响反应速率或生成产物。

(1) 原料配比的影响:若氨过量,烃化产物中伯胺比例增高;若氨的用量不足,则仲胺和叔胺的比例增高。因此,使用接近理论量的卤代烃可使反应停止在仲、叔胺阶段。

反应过程有卤化氢气体放出,卤化氢会与胺形成盐而使胺难于烃化。所以在用卤代烃烃化时,要加入一定量的碱作为去酸剂以中和卤化氢,使胺类游离能充分完全反应。

(2) 反应溶剂的影响:若以水作为溶剂,反应速率一般比用乙醇做溶剂快,但用高级卤代烃进行烃化时,以乙醇做溶剂为好,可以均相反应;反应体系加入硝酸铵、醋酸铵和氯化铵等盐类可以增加铵离子浓度,使氨的浓度增高有利于反应进行。

(3) 卤代烃结构的影响:不同卤代烃结构得到不同的烃化产物。当卤代烃的活性较大,伯胺的碱性较强,两者均无立体位阻时,得到的产物多为混合胺,生成产物的比例取决于反应条件。直链的伯卤代烃与氨反应,可能有叔胺生成。仲卤代烃以及在α- 或β- 带有取代基的伯卤代烃与氨反应,由于立体位阻,产物中形成叔胺的比例相对较少,得到的产物比较单一。

若卤代烃的活性较大,伯胺的碱性较强,两者之一具有立体位阻,或卤烷烃的活性较大,伯胺的碱性较弱,两者均无立体位阻,烃化反应大都得到单一的产物。

调血脂药阿托伐他汀钙(Atorvastatin calcium)的中间体是以 3- 氨基丙醛缩乙二醇为原料与 2- 溴 -2-(4- 氟苯基)乙酸乙酯进行烃化反应得到的。

抗焦虑药盐酸丁螺环酮(Buspirone)的合成,由中间体β,β- 四次甲基戊二酰亚胺与 1,4- 二溴丁烷发生 N- 烃化反应,再与 1-(2- 嘧啶基)哌嗪发生 N- 烃化反应得到的。

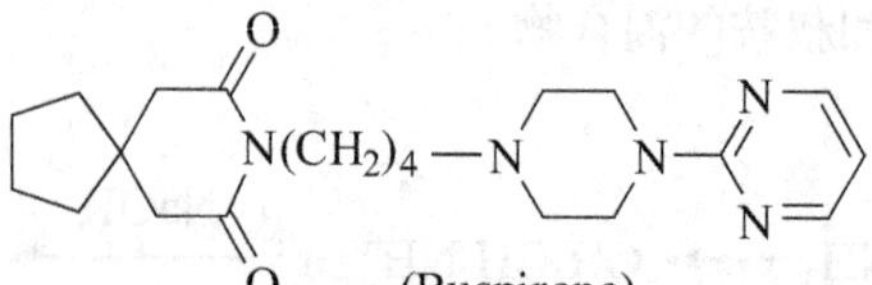

(Buspirone)

　　某些杂环卤代烃和胺类进行烃化反应时,在一般溶剂中反应较慢,胺类用量大,产品纯度也差。若使用苯酚、苄醇或乙二醇做溶剂,可以加快反应,使收率和产品纯度提高。抗疟药磷酸氯喹(Chloroquine phosphate)的中间体即是用苯酚做溶剂与烷胺反应得到的。

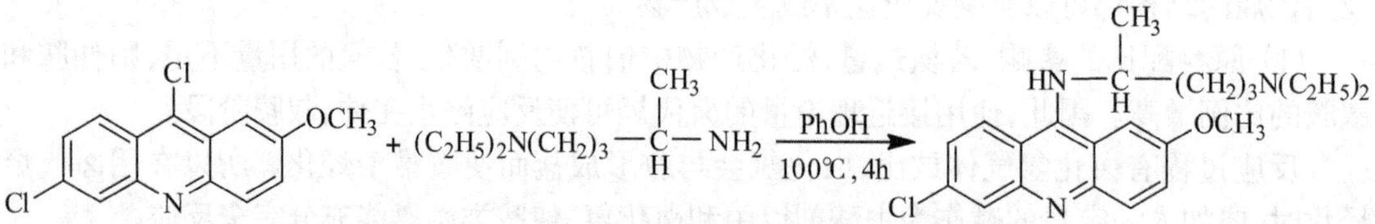

　　对于碱性弱的胺,烃化反应可在 NaNH₂ 的甲苯溶液中进行,将氨基转化成钠盐再进行烃化。例如,抗组胺药苯茚胺(Pyribenzamine)是由 2- 苄胺基吡啶在甲苯溶剂中与 NaNH₂形成钠盐,再与二甲氨基氯乙烷反应得到的。

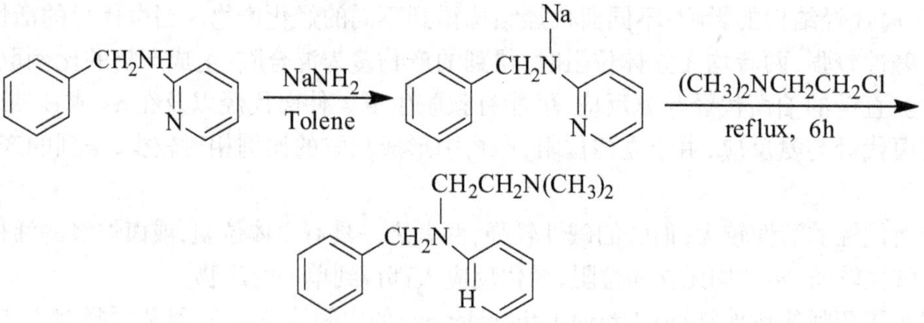

(Pyribenzamine)

（二）二芳胺的制备

　　卤代芳烃与芳胺在铜粉存在下加热至 100℃以上,与无水碳酸钾共热制得二芳胺的反应称为 Ullmann 反应。

　　1. 反应通式及机制

$$ArX + A'rNH_2 \xrightarrow[Cu]{K_2CO_3} ArNHAr' + HX$$

$$ArX + Cu \longrightarrow ArCu + CuX$$

$$A'rNH_2 \xrightarrow{ArCu} ArNHAr'$$

　　2. 反应影响因素及应用实例　　由于芳卤烃活性较弱,同时又存在立体位阻,一般要加入催化量的铜盐和无水碳酸钾。如非甾体抗炎药罗美昔布(Lumiracoxib)的合成是以对碘甲苯和 2- 氯 -6- 氟乙酰苯胺为原料,碘化亚铜作催化剂,经 Ullmann 缩合反应,不经分离纯化中间体直接水解,得到高产率的中间体 N-(2- 氯 -6- 氟苯基)对甲苯胺。

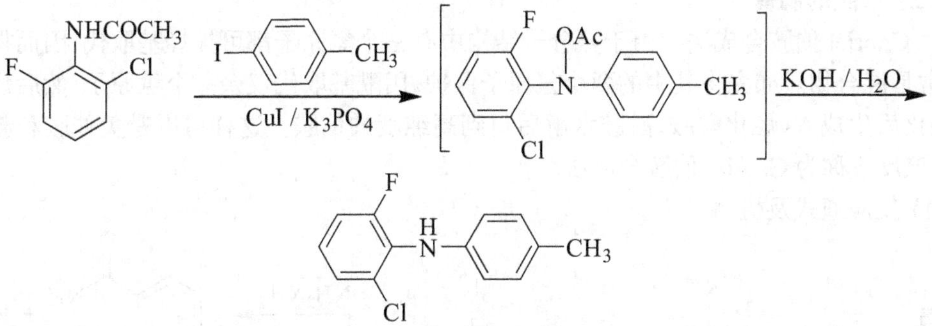

抗肿瘤药吉非替尼（Gefitinib）的合成以 6-羟基-7-甲氧基-3H-喹唑啉-4-酮为原料，先将酚羟基保护，再与 SOCl₂ 经氯取代反应得到相应的氯代产物，在铜盐的作用下与 3-氯-4-氟苯胺发生 Ullmann 反应，经碱性水解生成 4-(3-氯-4-氟苯胺基)-6-羟基-7-甲氧基喹唑啉，最后与氯丙基吗啉或溴丙基吗啉发生 O-烃化反应后即得到目标产物。

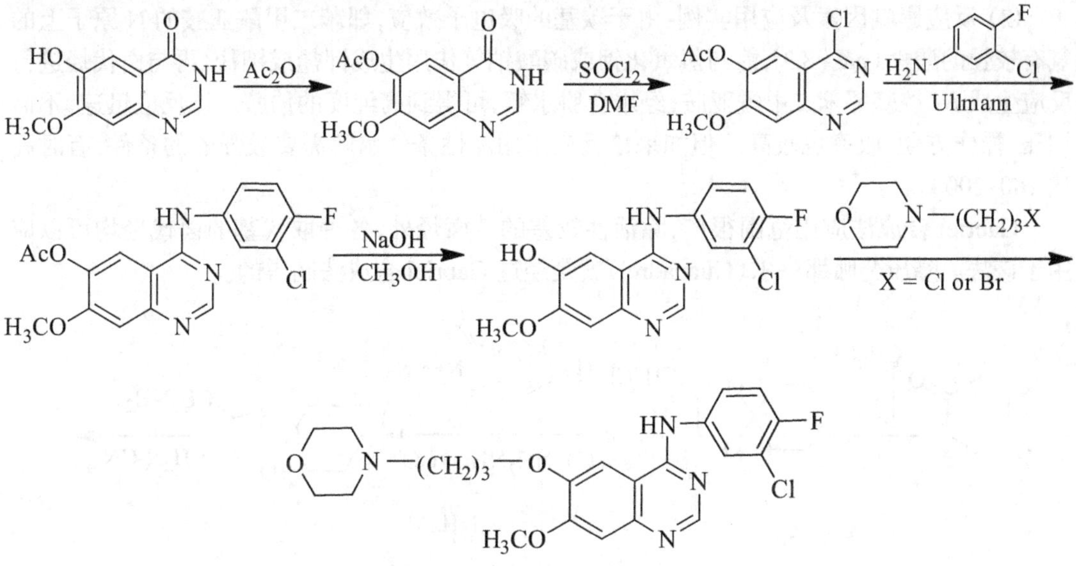

(Gefitinib)

氟芬那酸丁酯（Butyl flufenamate）的中间体是由间氨基三氟甲苯与邻氯苯甲酸在铜粉、无水碳酸钾催化下反应得到的。

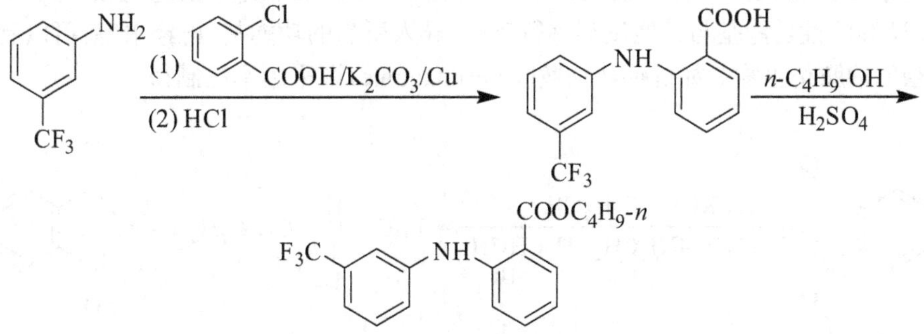

(Butyl flufenamate)

（三）伯胺的制备

1. Gabriel 伯胺合成法　由于氨分子结构中有三个氢原子都可被烃基取代,因而得到的产物常是混合物。如先将其中的两个氢原子保护,用酰基取代仅余一个氢原子,然后烃基取代,烃化后生成 N- 烃化酰胺,酰胺水解后得到高纯度的伯胺。这样可以避免仲胺和叔胺的生成,该反应称为 Gabriel 伯胺合成法。

（1）反应通式及机制

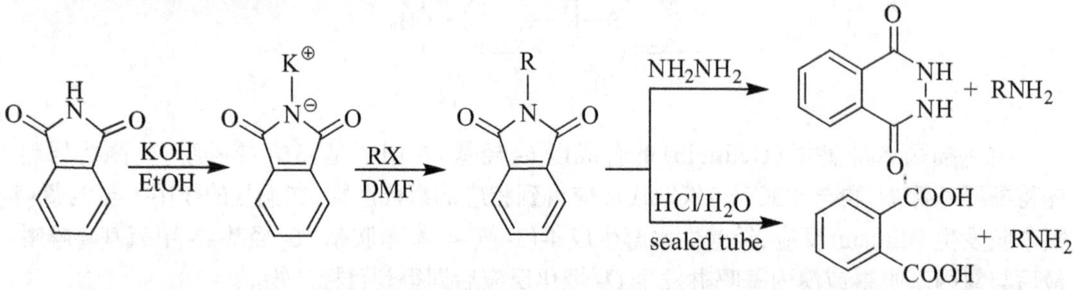

（2）反应影响因素及应用实例:由于羰基的吸电子效应,邻苯二甲酰亚胺的 N 原子上的氢有较强的酸性(pK_a=8.3),能与氢氧化钾或碳酸钠等作用生成钾盐或钠盐,再与卤代烃进行反应生成 N- 烷基邻苯二甲酰亚胺,经水合肼水解,可得到高纯度的伯胺。该反应迅速,不需加压,操作方便,收率也较高。但如果该反应采用酸性条件水解需要较强烈的条件,有时高达 180~200℃。

Gabriel 合成法应用范围很广,除活性较差的芳卤烃外,各种取代基的卤代烃均可以应用于该法。降压药胍那决尔(Guanadrel)就是经过 Gabriel 合成法制得的。

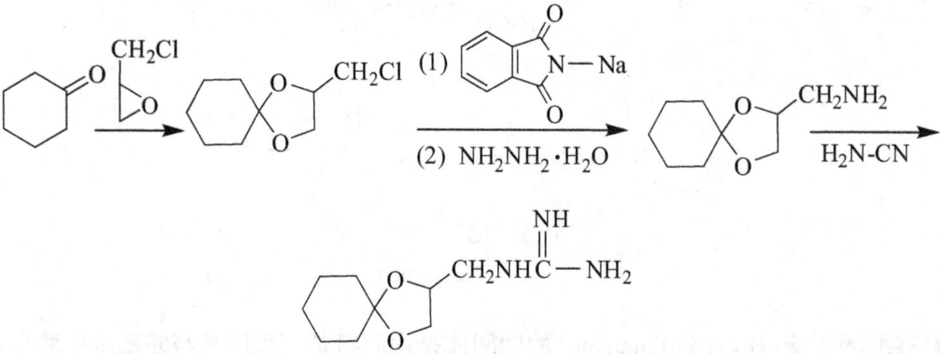

(Guanadrel)

Gabriel 合成法的另一特点就是利用 N- 烷基邻苯二甲酰亚胺的烷基上带有—X、—OH以及—CN 等活性功能基与其他试剂进行反应,导入所需的功能基,再经水解,可以制得结构较为复杂的伯胺衍生物。如抗疟药伯胺喹(Primaquine)即采用本法制得。

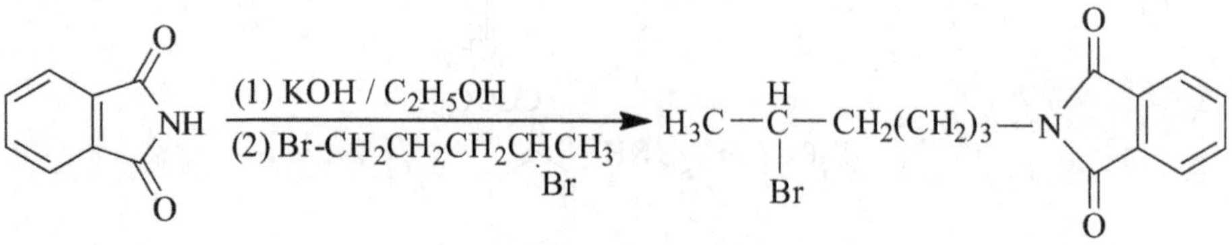

同样，如将伯胺 N 原子上的一个 H 原子用三氟甲基磺酰基取代，烃化反应后再去除该取代基，也可获得高收率的伯胺化合物，该方法是改良的 Gabriel 反应。

例如，用苄胺和三氟甲基磺酸酐[(CF$_3$SO$_2$)$_2$O]反应，苄胺的一个 H 原子被取代，生成 *N*-苄基三氟甲基磺酰胺。由于邻位有吸电子的磺酰基存在，所以氮原子上的氢具有一定的酸性，在碱性条件下形成 *N*-苄基三氟甲基磺酰胺阴离子(*N*-Benzyltrifiamideanion)，再与 *n*-溴庚烷反应，然后经氢化钠催化消除、水解得到正庚胺，收率为 80%。

2. Délépine 伯胺合成法　活性卤代烃与环六次甲基四胺(又称乌洛托品)的反应生成环六次甲基四胺复盐，然后在乙醇中用盐酸水解得到伯胺盐酸盐，该反应称 Délépine 合成法。

(1) 反应通式及机制

(2) 反应影响因素及应用实例：该反应分两步进行。第一步卤代烃与环六次甲基四胺反应生成环六次甲基四胺复盐，常采用三氯甲烷、四氯化碳或氯苯等惰性溶剂，该步反应温度要求不高，速率较快，生成的复盐不溶于这类溶剂中，反应结束可将其过滤分离；第二步是将所得的复盐溶于乙醇中，在室温下用盐酸水解，去除溶剂和生成的乙二醇缩甲醛即得伯胺盐酸盐。若生成复盐步骤使用乙醇做溶剂，由于复盐能溶于乙醇，可以不经分离直接进行第二步水解反应。

该法的优点是操作简便，原料价廉易得。不足之处是应用范围不如 Gabriel 合成法广泛。反应要求使用的卤代烃要有较高的活性，即 R—X 中，R 一般为 Ar—CH$_2$—、CH$_2$=CH$_2$—

CH_2—、$RC \equiv C$—CH_2—、$RCOCH_2$—等基团。

例如，氯霉素的中间体的合成：

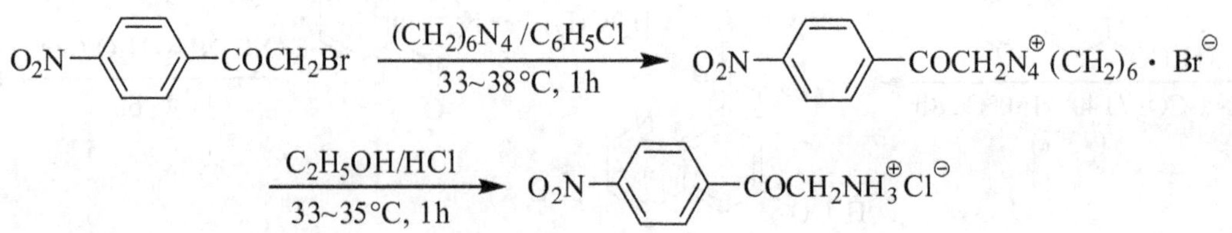

$$O_2N\text{—}C_6H_4\text{—}COCH_2Br \xrightarrow[33\sim38℃, 1h]{(CH_2)_6N_4 / C_6H_5Cl} O_2N\text{—}C_6H_4\text{—}COCH_2N_4^{\oplus}(CH_2)_6 \cdot Br^{\ominus}$$

$$\xrightarrow[33\sim35℃, 1h]{C_2H_5OH/HCl} O_2N\text{—}C_6H_4\text{—}COCH_2NH_3^{\oplus}Cl^{\ominus}$$

非巴比妥类型镇静催眠抗焦虑药硝西泮（Nitrazepam）的合成也应用了这一方法，以 2- 氨基 -5- 硝基二苯酮为原料，与氯乙酰氯（或溴乙酰溴）发生 N- 酰化生成 2- 氯乙酰基氨基（或溴乙酰基氨基)-5- 硝基二苯酮，再与乌洛托品发生 Délépine 反应，最后在乙醇和氨存在下分子环合即得。

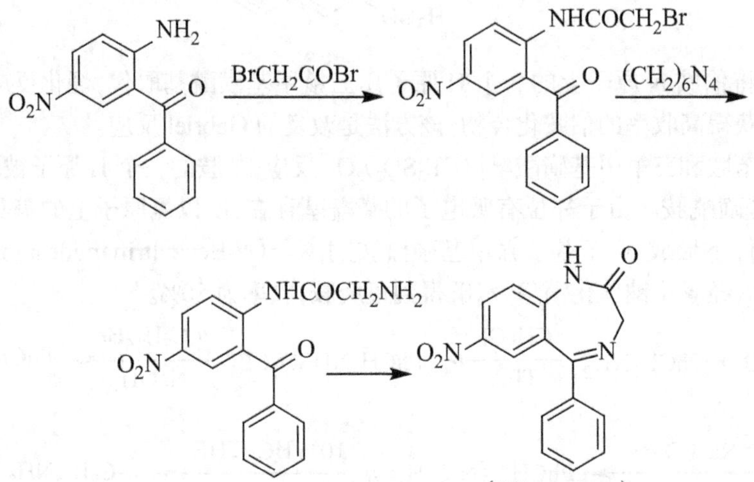

（Nitrazepam）

仲卤代烷与氨或伯胺反应，由于立体位阻，主要得到仲胺及少量的叔胺，仲胺与卤代烃反应得到叔胺。如钙拮抗剂氟桂利嗪（Flunarizine）可由 1- 苯 -3- 氯丙烯与哌嗪发生 N- 烃化反应，然后再与二苯基氯甲烷烃化得到。

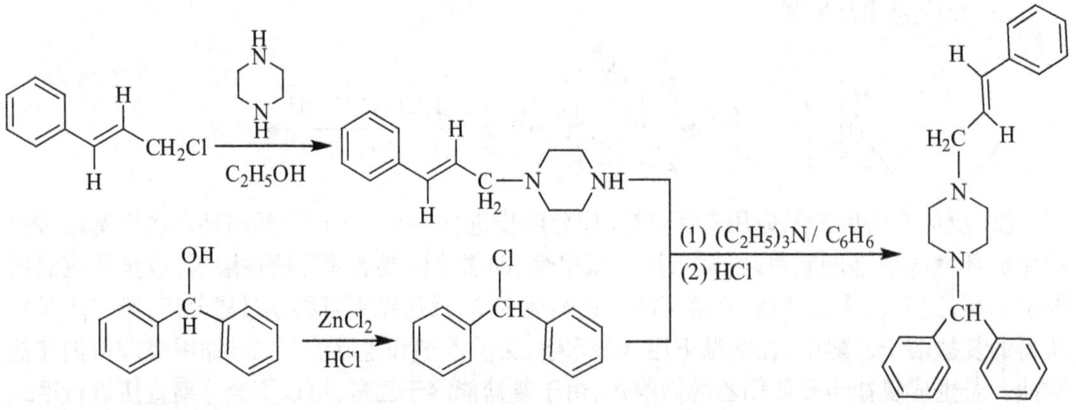

(Flunarizine)

（四）氨基的保护

很多生物活性分子都含有氨基，因此氨基的保护在药物合成中很重要。本节主要介绍与烃化反应有关的氨基保护试剂。

1. 苄基衍生物保护基　单、双苄基衍生物通常由胺和氯苄在碱的存在下进行制备,用选择性催化氢解法可以方便地将双苄基衍生物变成单苄基衍生物。

一级胺的苄叉衍生物进行部分氢化反应是制备烷基苄胺和芳基苄胺的常用方法,苄胺衍生物对其他还原剂稳定,这是与苄醇不同之处。苄芳胺和三级苄胺均能采用催化氢化,或用金属钠与液氨法除去苄基。

用苄胺进行亲核取代反应,可以引入一个氨基,然后在反应后期脱去苄基。例如,苄甲胺与 5- 溴尿嘧啶迅速反应得到三级胺,然后脱去苄基可以得到定量产率的 5- 甲基氨基尿嘧啶。

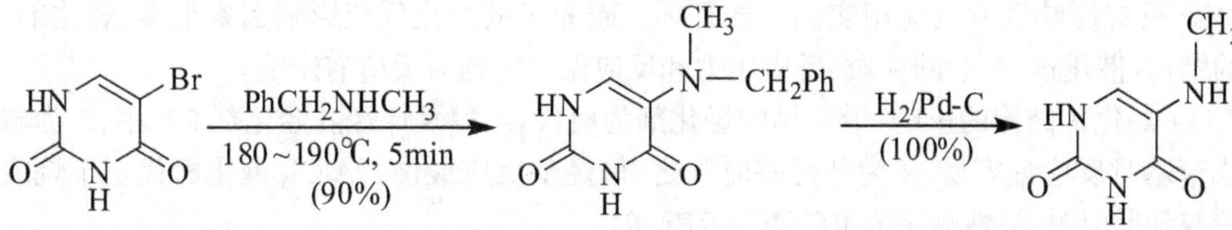

2. 三苯甲基衍生物保护基　三苯甲基具有较大的空间位阻,对氨基可以起到很好的保护作用,而且很容易除去。生成的氨基衍生物对酸敏感,但对碱稳定。引入三苯甲基的方法一般是在碱性下,以三苯基氯甲烷为烃化剂。

三苯甲基可以用催化氢化还原脱去,也可以在温和的酸性条件下除去,例如用醋酸水溶液在 30 ℃或者用三氟醋酸在 −5 ℃脱去。例如,第三代头孢菌素头孢噻肟钠(Cefotaxime sodium)的制备就应用了此法保护氨基。

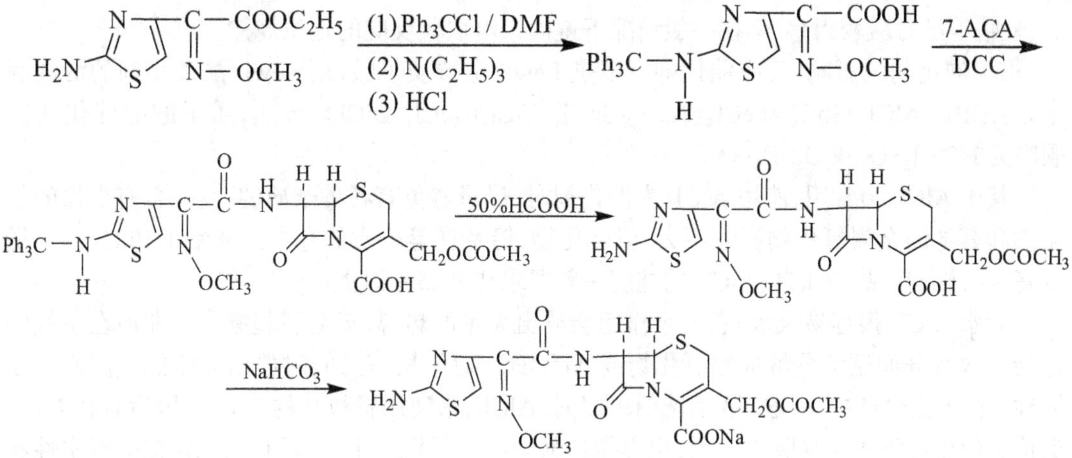

(Cefotaxime sodium)

三、C- 烃化

(一) 芳香环上的 C- 烃化

卤代烃在催化剂存在下与芳香族化合物进行芳核上碳原子烷基化反应又称 Friedel-Crafts 烃化反应,该法常用来合成烷基取代的芳香衍生物。

1. 反应通式及机制

$$R-\underset{\underset{R_2}{|}}{\overset{\overset{R_1}{|}}{C}}-X + AlCl_3 \longrightarrow R-\underset{\underset{R_2}{|}}{\overset{\overset{R_1}{|}}{C^\oplus}}\ AlCl_3X^\ominus$$

2. 反应影响因素及应用实例　芳香环上碳原子的烃化反应影响因素很多,烃化剂、芳环的结构、催化剂、溶剂的性质、反应压力和反应温度等均对反应有影响。

(1) 烃化剂结构的影响:最常用的烃化剂为卤代烃、醇及烯烃。烃化剂 RX 中,R 为叔烃基或苄基时反应最容易,R 为仲烃基时次之,伯烃基反应最慢。AlCl₃ 催化卤代正丁烷或叔丁烷与苯反应时,活性顺序为 RF>RCl>RBr>RI。

(2) 芳香化合物结构的影响:芳香环上碳原子的烃化反应为亲电取代反应,芳环上的取代基对 C- 烃化反应影响较大,当环上有给电子基团时,烃化反应容易进行;但当环上有 —NH₂、—OR 和 —OH 等给电子基团时,因它们可以与催化剂络合,降低芳环上的电子云密度,不利于烷基化进行;当芳环上有卤原子、羰基、羧基等吸电子基时,也不容易进行烷基化反应,此时,必须选用强的催化剂并且要提高反应温度才能进行烷基化反应。当芳环上有 NO₂ 时,烃化反应一般不能进行。

芳香族化合物中的杂环与稠环体系,如萘、蒽和芘等更容易进行烃化反应。杂环中的呋喃、吡咯等虽对酸较敏感,但在一般情况下遵循亲电取代反应的定位规律。

(3) 催化剂的影响:反应催化剂可以是 Lewis 酸或质子酸,用 Lewis 酸催化剂的活性顺序是:$AlBr_3>AlCl_3>SbCl_5>FeCl_3>TeCl_2>SnCl_4>TiCl_4>TeCl_4>BiCl_3>ZnCl_2$,质子酸的催化活性顺序为 $HF>H_2SO_4>P_2O_5>H_3PO_4$。

其中 AlCl₃ 最常用,使用 AlCl₃ 为催化剂时,尽量避免有各种杂质的存在,含有少量的氯化铁和其他的金属氯化物影响不大,但硫化物、铅及锑等杂质的存在是非常不利的,含铁量过高也会影响产品的质量,AlCl₃ 的纯度一般要求在 98.5% 以上。

无水 AlCl₃ 很容易吸水,它与水作用会放出大量的热,甚至会引起爆炸。即使在空气中也会吸收水分而逐渐分解成氢氧化物或 Al(OH)₂Cl(结块)等,同时放出氯化氢气体而失去活性。在工业生产中,一般不采用粉末的无水 AlCl₃,常使用颗粒状的 AlCl₃。因后者在贮存、运输和使用过程中不易吸水变质,也方便加料。在实际操作中,考虑到三氯化铝的吸水性和机械损失,其用量要比理论量过量 5%~10%,这样以保证反应能够顺利进行。

(4) 溶剂的影响:芳环 C- 烃化反应中加入溶剂的目的主要是为了改善反应混合物的流动性以利于传热和传质,当芳烃本身为液体时,可用过量的芳烃既做反应物又做溶剂;当芳烃为固体时,加入的惰性溶剂如 CS₂、CCl₄、C₂H₄Cl₂、C₆H₅NO₂ 等。有时需要根据反应来选择适宜沸点的溶剂,使反应温度略低于或等于溶剂的沸点,这样可通过溶剂蒸发和回流带出部分反应热,达到易于控制反应温度的效果。酚类的烃化,可用石油醚、硝基苯或者苯为溶剂。

(5) 温度的影响:芳环烃化反应一般要求反应温度控制在一个适宜的范围,否则容易产生不必要的副反应。当温度过高时,还会生成结构不明的焦油状物和树脂状物,使产率和纯度明显下降。对于间歇反应,这一点在开始阶段尤其要注意,而在反应接近终点时则可以适当升高反应温度。

大多数用 $AlCl_3$ 催化的芳环 C- 烃化反应都是放热反应,虽然通常是在 $50\sim100\,℃$ 下进行,但反应速度非常快。因此,保持良好的搅拌和冷却系统有利于传热和传质,在剧烈搅拌下慢慢加料,通过反应器的内部或外部冷却的方法,可以有效地控制反应温度。

(6) 反应压力的影响:大多数芳环 C- 烃化反应都是在常压下进行的。用无水氯化物作催化剂时,为了利于生成的氯化氢导出,生产上常常使反应器保持微负压操作,这对加速反应和改善劳动条件都是有利的。

(二) 活泼亚甲基化合物 C- 烃化

活泼亚甲基化合物的亚甲基上连有一个或两个吸电子基,因此亚甲基的氢具有一定的酸性,在碱性条件下可被烃基化。吸电子基的活性顺序为:Ph—<RSO—<—COOR<—C=N<—SO₃R<—COR<—NO₂。最常见的具有活泼亚基的化合物有丙二酸酯、乙酰乙酸乙酯、氰醋酸酯、丙二腈、腈、苄腈、β- 二酮、β- 羰基酸酯和脂肪硝基化合物等。

1. 反应通式及机制 活泼亚甲基碳原子的烃化反应机制属于双分子亲核取代反应。在碱催化下,活泼亚甲基首先形成负碳离子,并与邻位的吸电子基产生共轭效应,负电荷离域分散到其他部位,从而增加了负碳离子的稳定性。

烃化反应的速率与反应物的浓度有关。在形成负碳离子的过程中,存在着溶剂(如醇类、氨等)、碱和亚甲基负碳离子之间的竞争性平衡。如乙酰乙酸乙酯与溴丁烷的反应如下式所示:

2. 反应影响因素及应用实例 为使亚甲基负碳离子有足够的浓度,反应溶剂(如醇类)和碱的共轭酸(BH)的酸性必须较亚甲基化合物的酸性弱方利于进行烃化反应。

(1) 催化剂的影响:活泼亚甲基碳原子烃化反应受到催化剂的碱性影响。活泼亚甲基化合物上氢原子的活性不同,选用的碱也不同。一般常用的是醇类和碱金属所成的盐类,其中醇钠最常用。它们的碱性一般按下列次序:$CH_3ONa<C_2H_5ONa<i\text{-}PrONa<t\text{-}BuOK$。

(2) 溶剂的影响:在反应中使用不同的溶剂也能影响碱性的强弱。通常,用醇钠作催化剂时则选用醇类做溶剂,对于一些在醇中难于烃化的活泼亚甲基化合物可用甲苯、二甲苯、苯或煤油作溶剂。若采用更强的碱如氢化钠或金属钠作为催化剂,可使活泼亚甲基形成负碳离子后再进行烃化反应,也可在煤油中加入甲醇钠的甲醇液,使其与活泼亚甲基化合物反应,待形成负碳离子后,再蒸出甲醇,避免发生可逆反应,从而有效地形成活泼亚甲基负碳离子,利于烃化反应的进行。

(3) 活泼亚甲基化合物结构的影响:活泼亚甲基上如果有两个活泼氢原子,与卤代烃进行烃化反应时可发生单烃化或双烃化反应,反应类型取决于活泼亚甲基化合物与卤代烃的活性大小和反应条件。

当活性亚甲基活性很强时,可进行双烃化反应。用二卤化物做烃化剂可得环状化合物。

如喷托维林(Pentoxyverine)的中间体是由苯乙腈与 1,4- 二溴丁烷在氢氧化钠的催化下反应得到的环状化合物。

$$\text{Ph—CH}_2\text{CN} + \text{Br(CH}_2)_4\text{Br} \xrightarrow[\substack{85\sim90℃, \ 4h \\ (85\%)}]{\text{NaOH}} \text{环戊基(Ph, CN)}$$

哌替啶(Pethidine)的中间体也是采用同样的反应制得的。

$$\text{H}_3\text{C—N}\begin{smallmatrix}\text{CH}_2\text{CH}_2\text{OH}\\\text{CH}_2\text{CH}_2\text{OH}\end{smallmatrix} \xrightarrow[\text{reflex, 3h}]{\text{SOCl}_2/\text{PhH}} \text{H}_3\text{C—N}\begin{smallmatrix}\text{CH}_2\text{CH}_2\text{Cl}\\\text{CH}_2\text{CH}_2\text{Cl}\end{smallmatrix} \xrightarrow[\substack{\text{reflex, 4h}\\(88\%)}]{\text{PhCH}_2\text{CN}/\text{NaOH}/\text{PhH}} \text{H}_3\text{C—N} \bigcirc \text{(Ph, CN)}$$

丙二酸二乙酯和溴乙烷在乙醇钠的乙醇液中进行乙基化反应,主要得到单乙基化产物。

$$\text{H}_2\text{C}\begin{smallmatrix}\text{COOC}_2\text{H}_5\\\text{COOC}_2\text{H}_5\end{smallmatrix} \xrightarrow[\substack{\text{C}_2\text{H}_5\text{OH}\\(55\%)}]{\text{Br—CH}_3/\text{NaOC}_2\text{H}_5} \text{H}_3\text{C—CH}\begin{smallmatrix}\text{COOC}_2\text{H}_5\\\text{COOC}_2\text{H}_5\end{smallmatrix}$$

研究表明,该反应的单乙基化反应速率比双乙基化反应速率大 70 倍,丙二酸二乙酯的离解常数比乙基丙二酸二乙酯的离解常数大 100 倍。因此,在反应液中前者的负碳离子浓度比后者的负碳离子浓度高。另外,乙氧基负离子的活性高于乙基丙二酸二乙酯负离子的活性,同时,在反应中乙醇的浓度大于活泼亚甲基化合物的浓度。根据竞争性平衡反应结果,在反应液中乙基丙二酸二乙酯的负碳离子浓度很小,要进行第二次乙基化反应较难,因此得到双烃化产物的量较少。

抗惊厥药格鲁米特(Glutethimide)的中间体的合成采用具有活泼亚甲基的苯乙腈为原料,在碱性催化剂 KF/Al$_2$O$_3$ 的作用下与溴乙烷发生亲核取代反应,生成以 α- 乙基苯乙腈为主的产物和少量的副产物 2- 苯基 -2- 乙基丁腈。

$$\text{Ph—CH}_2\text{CN} \xrightarrow[\text{KF/Al}_2\text{O}_3]{\text{C}_2\text{H}_5\text{Br}} \underset{\text{(main product)}}{\text{Ph—CHCH}_2\text{CH}_3(\text{CN})} + \underset{\text{(by product)}}{\text{Ph—C(CH}_2\text{CH}_3)_2(\text{CN})}$$

双烷基取代的丙二酸二乙酯是合成巴比妥类催眠药的重要中间体,可由丙二酸二乙酯或氰乙酸乙酯与不同的卤代烃进行烃化反应制得,但两个烷基引入的次序直接影响产品的纯度和收率。

若引入两个相同而体积较小的烷基,可先用等摩尔的碱和卤代烃与等摩尔的丙二酸二乙酯反应,待反应液近于中性,即表示第一步烃化反应结束,蒸出生成的醇,然后再加入等摩尔的碱和卤代烃进行第二次烃化反应。

若引入两个不同的烷基都是伯烷基,应先引入较大的伯烷基,后引入较小的伯烷基;例如异戊巴比妥(Amobarbitalum)的合成采用丙二酸二乙酯合成法,在乙醇钠的催化作用下,在丙二酸二乙酯的 α- 位碳原子上先导入异戊基,再导入较小的乙基,最后再与脲缩合环合。

若引入的两个烷基一个为伯烷基另一个为仲烷基时,则应先引入伯烷基后再引入仲烷基。因为仲烷基取代的丙二酸二乙酯的酸性比伯烷基丙二酸二乙酯的酸性小,前者生成负碳离子较后者为难;同时,生成的仲烷基丙二酸二乙酯负碳离子具有立体位阻,要进行第二次烃化反应比较困难。

若引入的两个烷基都是仲烷基,使用丙二酸二乙酯进行烃化收率很低,使用活性更大的氰乙酸乙酯比丙二酸二乙酯更好。采用氰醋酸酯在乙醇钠或叔丁醇钠的催化下的反应,在进行第二次烃化时,收率可达 95%,而丙二酸二乙酯收率仅为 4%。

合成苯巴比妥(Phenobarbitalum)的中间体 2- 乙基 -2- 苯基丙二酸二乙酯时,不能采用常规的丙二酸二乙酯为原料进行乙基化和苯基化。因为卤苯的活性很低,苯基化这一步很难进行,一般以苯乙酸乙酯为起始原料进行合成。

$$PhCH_2COOC_2H_5 \xrightarrow[55\sim60^\circ C]{(COOC_2H_5)_2/NaOC_2H_5/C_2H_5OH} Ph-\underset{COOC_2H_5}{\overset{COOC_2H_5}{C=C}}-ONa \xrightarrow[(98\%)]{HCl} PhHC\underset{COCOOC_2H_5}{\overset{COOC_2H_5}{<}}$$

$$\xrightarrow{160\sim180^\circ C,8h} PhCH(COOC_2H_5)_2 \xrightarrow[60\sim72^\circ C,11h \atop (87.7\%)]{C_2H_5Br/NaOC_2H_5/C_2H_5OH} \underset{Ph}{\overset{C_2H_5}{C(COOC_2H_5)_2}}$$

(4) 烃化反应中的副反应:某些仲卤烃或叔卤烃进行烃化反应时,容易发生脱卤化氢的副反应并伴有烯烃生成。

$$\bigcirc\!\!-Br + H_2C(COOC_2H_5)_2 \longrightarrow \bigcirc\!\!-CH(CO_2C_2H_5)_2 + \bigcirc$$

当丙二酸酯或氰乙酸酯的烃化产物在乙醇钠的乙醇溶液中长时间加热,可产生脱烷氧羰基的副反应。

该反应是可逆反应,采用碳酸二乙酯为溶剂可以防止产生副反应。对于丙二酸酯或氰醋酸酯结构,随芳香取代基(或乙烯基)的增多其离解速率会加快,副反应发生的难易顺序是:二苯基丙二酸二乙酯 > 乙基苯基丙二酸二乙酯 > 二乙基丙二酸二乙酯。这是因为芳香取代基存在时,失去碳酸二乙酯后形成的负碳离子与芳环共轭,负电荷分散副芳环上使结构稳定,负碳离子愈稳定,副反应愈容易发生。

第二节 磺酸酯类为烃化剂的反应

磺酸酯类烃化剂包括硫酸酯和芳磺酸酯烃化剂。它们的活性大于卤代烃的活性,硫酸酯的活性较芳磺酸酯的大。硫酸酯和芳磺酸酯类烃化剂对羟基、氨基、活泼亚甲基和巯基的烃化反应机制与卤代烃相同。由于磺酸根的离去能力比氯原子强,因此其活性比卤代烃大,因此反应条件较卤代烃温和,在药物合成上广泛应用。

一、硫酸二酯类烃化剂

常用的硫酸二酯类烃化剂,如硫酸二甲酯或硫酸二乙酯等。硫酸二酯类常用于羟基、氨基的甲基化或乙基化反应。

(一) 反应通式及机制

$$R'YH + ROSO_2OR \longrightarrow R'\text{-}YR + ROSO_2OH$$
$$R'YH + ROSO_2ONa \longrightarrow R\text{-}YR + NaHSO_4$$
$$Y = O, NH$$

(二) 反应影响因素及应用实例

硫酸酯中最常用的是硫酸二甲酯,但其毒性极大,能通过呼吸道及接触皮肤使人体中毒,操作时应十分注意安全。用硫酸酯烃化剂时,需要加碱中和生成的酸。

该类烃化剂有如下特点:①硫酸二酯是中性化合物,在水中的溶解度小,并易于水解生成醇和硫酸氢酯失效,所以一般在碱性水溶液或在无水条件下直接加热进行烃化。②硫酸二酯虽有两个烷基,但只有一个烷基参加反应,因此应用范围没有卤代烃广。硫酸二酯类的沸点比相应的卤代烃高,能在高温下反应,不需加压,其用量亦不需过量很多。③硫酸二酯类对活性较大的醇羟基(如苄醇、丙烯醇和 α- 氰基醇等),在氢氧化钠水溶液中较低温度也能发生烃化反应;活性小的醇羟基如甲醇、乙醇等则不发生烃化反应,只能作为反应溶剂。

要使活性小的醇羟基发生烃化反应,首先必须在无水条件下先制得其钠盐,然后在较高温度下与硫酸二酯类反应,方可得到烃化产物。

如抗高血压药甲基多巴(Methyldopa)的中间体 3,4- 二甲氧基苯甲醛的合成是在碱性条件下硫酸二甲酯与香兰素反应制得的。

硫酸二甲酯对酚羟基容易烃化,若要对多酚羟基进行烃化,只要控制反应液的 pH 和选用适当的溶剂即可进行选择性烃化。

如治疗白内障药物吡诺克辛(Pirenoxine)的中间体 1,2,4- 三甲氧基苯的合成是用甲醇做溶剂,硫酸二甲酯在碱性条件下进行甲基化反应制得的。

分子结构中同时具有酚羟基和醇羟基,用硫酸二甲酯烃化时,由于酚羟基易成钠盐而先被烃化。如只需醇羟基烃化,则应先保护酚羟基,待烃化后去除保护基即得。

如果结构中同时存在氨基和酚羟基,只要控制反应液的 pH 或选用适当溶剂,可选择性地烃化氨基而不影响酚羟基。例如,对二甲胺基苯酚的制备是由对基酚与硫酸酯进行选择性甲基化得到的。

如只需酚羟基烃化,则应先保护氨基,待烃化后去除保护基即得。

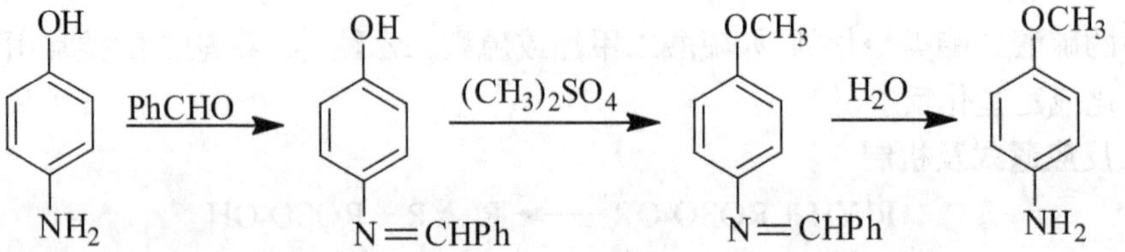

如果被烃化物结构中具有多个氮基,用硫酸二酯类进行烃化反应时,可根据氮原子的碱性不同而进行选择性烃化。例如在黄嘌呤结构中含有 3 个可被烃化的氮原子,它们的碱性不同,其中 N-7 位碱性最强,N-1 位和 N-3 位属于酰胺结构,碱性都很弱,特别是 N-1 位处于 2 个羰基之间,因此,控制反应液的 pH 可进行选择性烃化而分别得到咖啡因(Caffeine)和可可碱(Theobromine)。

(Caffeine)

(Theobromine)

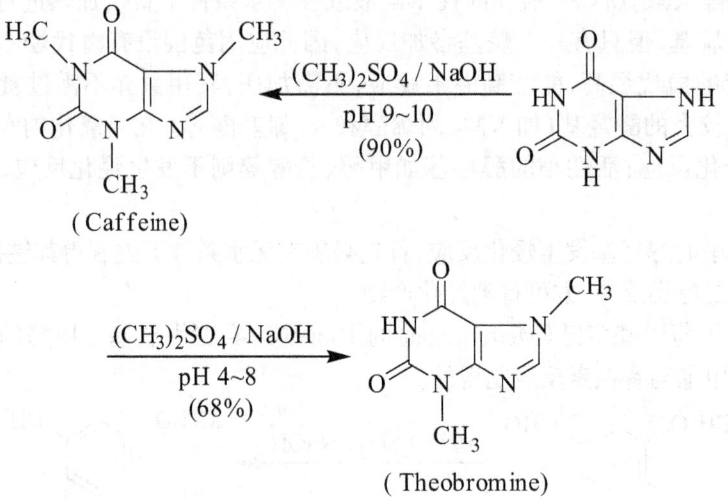

二、磺酸酯类烃化剂

磺酸酯作为烃化剂在药物合成中的应用范围比较广,芳磺酸酯的烃基可以是无取代基的烃基,也可以是带有取代基的烃基,由于对甲苯磺酰氧基(—OTs)是很好的离去基团,因此该类烃化剂活性较强,应用范围比硫酸酯烃化剂广泛,常用于引入分子量较大的烃基。

(一)反应通式及机制

$$R'YH + ROTs \longrightarrow R'-YR + HOTs$$
$$Y=O,NH$$

(二)反应影响因素及应用实例

对于某些难于烃化的羟基,用磺酸酯类烃化剂在剧烈条件下可顺利地进行反应,与采用硫酸酯烃化剂一样,得到高收率的烃化产物。例如,鲨肝醇(Batilol)的合成,以甘油为原料,异亚丙基保护两个羟基后,再用对甲苯磺酸十八烷酯对未被保护的伯醇羟基进行 O- 烃化反应,得到烃化产物再经脱去异亚丙基保护便可得到目标化合物。

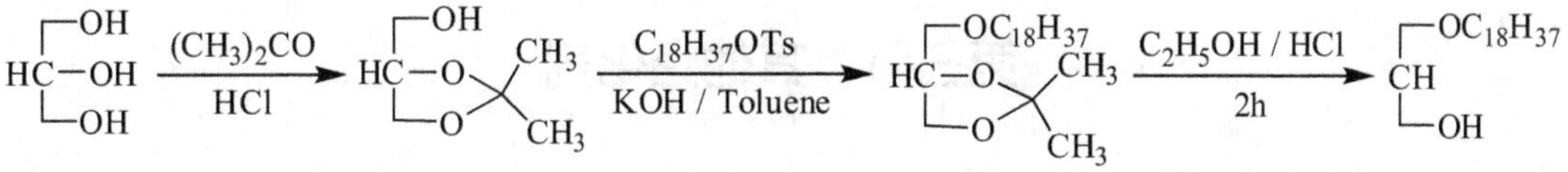

镇咳祛痰药左丙哌嗪（Levodropropizine）也采用类似的反应，以对甲苯磺酸甘油酯与 4-苯基哌嗪反应得到。

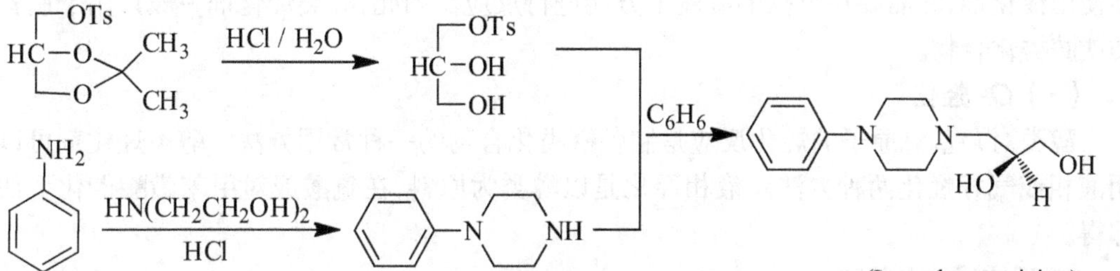

(Levodropropizine)

磺酸酯对氨基的 N- 烃化反应要用游离胺而不能使用铵盐，否则得到的是卤代烃和胺的芳磺酸盐。一般芳磺酸酯烃化脂肪胺时，反应温度较低，而烃化芳胺时，反应温度较高。

如抗过敏药阿司咪唑（Astemizole）也是利用该法制得的。

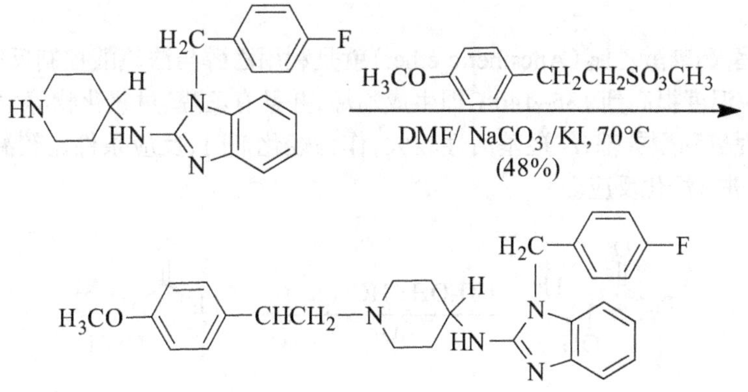

(Astemizole)

除磺酸酯外，原甲酸酯、氯甲酸酯、多聚磷酸酯和烷基醋酸酯等均可做烃化剂，特别对于某些可以进行脱水环合的胺类，它们既能做脱水环合剂又兼起烃化作用。

例如，麻醉药顺式阿曲库铵（cis-Atracurium）的中间体戊烷 -1,5- 二醇二丙烯酸酯是以 3- 溴丙酸为原料和 1,5- 戊二醇发生酯化、消除反应制得的。

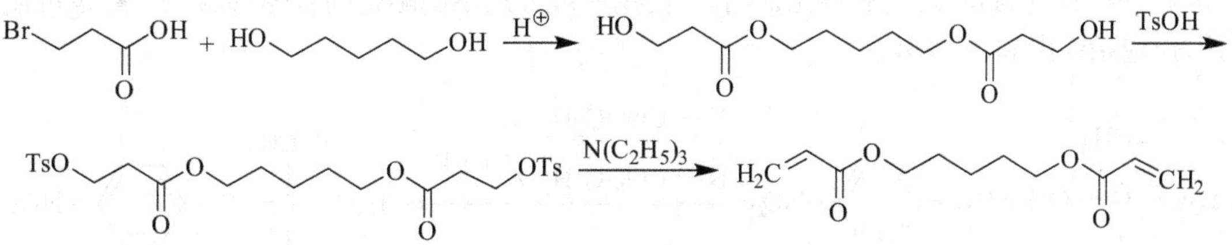

第三节　其他烃化剂

一、醇为烃化剂的反应

简单醇类活性很低，一般不用于碳原子的烃化。如果要用于氧原子或氮原子的烃化，必须使用催化剂，并需要在较高的温度下方能进行反应。因此，醇类烃化剂一般只用于制备醚类或胺类化合物。

（一）O- 烃化

醇类对羟基氧原子的烃化反应是制备醚类化合物的一种常用方法。醇类烃化剂可以采用液相或气相烃化两种方法。液相烃化是以醇类为原料，在硫酸或对甲苯磺酸催化下加热即得。

1. 反应通式及机制

$$ROH \xrightarrow{H_2SO_4} ROSO_3H \xrightarrow[\text{heat}]{R'OH} ROR' + H_2SO_4$$

2. 反应影响因素及应用实例　使用该法反应温度很重要，如果反应温度过高则易形成烯烃等副反应。催化剂硫酸的用量取决于醇的性质，对分子量相同的醇类，伯醇用量较大，仲醇用量较少。

如全身麻醉药麻醉乙醚（Anesthetic ether）就是利用乙醇与浓硫酸控制反应温度 70℃ 制得的，如果反应温度提高到 135~140℃ 即生成乙烯，并且有乙醛、过氧化物等生成。

苄醇、烯丙醇和酮羰基 α- 羟基活性较大，作为烃化剂时，反应条件比较温和，使用少量的催化剂即可进行烃化反应。

$$\underset{OH}{Ph-\overset{O}{\overset{\|}{C}}-CH-Ph} \xrightarrow[\text{r,t}]{CH_3OH / HCl\ (gas)} \underset{OCH_3}{Ph-\overset{O}{\overset{\|}{C}}-CH-PH}$$

气相烃化是合成低级醚类的工业方法。将醇类蒸气通过固体催化剂，在高温下脱水制得醚。工业制备乙醚是在 220~230℃ 高温下，明矾催化制得的，收率为 75%~80%。

$$C_2H_5OH \xrightarrow[(75\% \sim 80\%)]{220 \sim 250℃} (C_2H_5)_2O + H_2O$$

偶氮二羧酸二乙酯可作为该类反应的催化剂，此法对取代芳环、杂环和甾体等羟基衍生物与一般简单脂肪醇之间的醚化适用，对使用一般方法不能醚化的叔醇（如叔丁醇）也可使用，反应条件温和、收率较高。

$$H_3C-\underset{CH_3}{\overset{CH_3}{\underset{|}{\overset{|}{C}}}}-OH + HO-\!\!\!\!\bigcirc\!\!\!\!-NO_2 \xrightarrow{\underset{N-COOC_2H_5}{\overset{N-COOC_2H_5}{\|}} / Ph_3P} H_3C-\underset{CH_3}{\overset{CH_3}{\underset{|}{\overset{|}{C}}}}-O-\!\!\!\!\bigcirc\!\!\!\!-NO_2$$

（二）N- 烃化

醇类的烃化能力很弱，反应需要用强酸（如浓硫酸）做催化剂，采用液相加温或高温气相催化烃化反应才能进行。由于某些低级醇类（如甲醇、乙醇）价格低、供量大，是制备胺类原料的工业方法。

1. 反应通式及机制

$$RNH_2 + R'OH \underset{}{\overset{k_1}{\rightleftharpoons}} RNHR' + H_2O$$

$$RNHR + R'OH \underset{}{\overset{k_2}{\rightleftharpoons}} RNR'_2 + H_2O$$

2. 反应影响因素及应用实例　单烃基化与双烃化产物的比例与单烃化和双烃化的平衡常数 k_1 和 k_2 有关，k_1、k_2 数值的大小与醇的性质有关，可以根据热力学数据计算。

在甲基化或乙基化时，醇用量仅需稍多于理论量；若制备叔胺，则醇要过量（一般为理论量的 110%~160%）；用硫酸做催化剂时，硫酸的用量一般为芳胺摩尔数的 0.05~0.3。

在强酸存在下，芳胺与醇类的反应要求在高压中进行，反应温度不宜过高，过高的温度会导致 C- 烷基化。如当芳胺与甲醇和盐酸在高压中加热至 200~250℃时，随着时间的延长，C- 烷基化产物逐渐增多，此时甲基将从氨基转移到对位或邻位；如果加热温度更高（如 250~300℃），则甲基进入间位。

N,N- 二甲基苯胺可以用苯胺与甲醇在硫酸催化作用下制备。

例如，抗真菌药酮康唑（Ketoconazole）的中间体也是应用此法合成的。

在叔丁醇铝存在下，以 RaneyNi 做催化剂，用仲醇类和吲哚在甲苯液中进行 N- 烃化反应，可得到较好的收率。某些苄醇和烯丙醇与伯氨基或仲氨基化合物加入适量钯碳共热脱水可以制得相应的仲胺或叔胺，此法与醛、酮的还原胺化相比，收率较好而操作简单。

胺类用醇进行烃化除了上述液相方法外，对于易气化的醇和胺，反应还可以采用气相方法，一般将胺和醇的蒸气在高温 280~500℃通过催化剂［如三氧化二铝、二氧化钍（ThO_2）、二氧化锆（ZrO_2）、二氧化硅（SiO_2）和磷酸铝等］。工业上甲胺就是由氨和甲醇气相烷基化的反应制取的。

$$NH_3 + CH_3OH \xrightarrow[\substack{250 \sim 500℃ \\ 1 \sim 3MPa}]{Al_2O_3 / SiO_2} CH_3NH_2 + (CH_3)_2NH + (CH_3)_3N$$

该烷基化反应不宜停留在中间甲胺阶段,结果同时得到二甲胺、三甲胺三种胺的混合物。

此外,碳原子数为 8~18 的长碳链脂肪族伯胺也能用低级醇(如甲醇或乙醇)进行烃基化,制备仲胺或叔胺。

(三) C- 烃化

醇类对 C 原子的烃化反应主要是在芳环上导入烃基。

1. 反应通式及机制

$$\text{（苯环）} + CH_3CH_2OH \xrightarrow{AlCl_3} \text{（苯环）}-CH_2CH_3$$

$$CH_3CH_2OH + AlCl_3 \longrightarrow CH_3CH_2OH \cdot AlCl_3 \xrightarrow{-HCl} CH_3CH_2O-AlCl_2$$

$$\xrightarrow[-AlOCl]{heat} CH_3CH_2Cl \xrightarrow[-HCl]{PhH} \text{（苯环）}-CH_2CH_3$$

2. 反应影响因素及应用实例 醇类是反应能力较弱的烷基化剂,只适用于活泼芳香族衍生物的烷基化,如苯、萘、酚和芳胺类化合物。其烷基化过程是一个脱水缩合反应。常用的催化剂有硫酸、盐酸、对氨基苯磺酸、氧化铝、氯化锌和三氯化铝等。

全麻药丙泊酚(Propofol)就是用异丙醇在氧化铝的存在下合成的,首先是在较低的温度下酚羟基上发生烷基化反应,温度升到 300℃则烷基将转移到芳环上,并主要生成对、邻位烷基酚。

$$\text{（苯酚）} \xrightarrow[(51.7\%)]{(CH_3)_2CHOH / Al_2O_3} (H_3C)_2HC-\text{（苯环,OH,CH(CH_3)_2）}$$

(Propofol)

二、环氧乙烷为烃化剂的反应

环氧乙烷属于活性较大的环烃醚,应用较广,可以在氧、氮和碳原子上引入羟乙基,所以环氧二烷的烃化反应又称羟乙基化反应。

(一) O- 羟乙基化

环氧乙烷对氧原子的羟乙基化反应是制备醚类的方法之一。反应以酸或碱催化,反应条件比较温和,反应速率快。

1. 反应通式及机制 酸催化属单分子亲核取代反应,而碱催化属双分子亲核取代反应。在酸催化下,若用取代的环氧乙烷与羟基氧原子进行羟乙基化反应,根据氧环(键)的断裂方式不同,可分两种情况:

$$R-\overset{\underset{H}{|}}{C}-CH_2 \xrightarrow{H^\oplus} \begin{cases} R-\overset{\underset{H}{|}}{\overset{O}{\overset{|}{C}}}-CH_2 \xrightarrow{a} R-\overset{\underset{H}{|}}{\overset{\oplus}{C}}-CH_2-OH \xrightarrow{R'OH} R-\overset{\underset{H}{|}}{\overset{OR'}{\overset{|}{C}}}-CH_2-OH+H^\oplus \\ R-\overset{\underset{H}{|}}{\overset{O}{\overset{|}{C}}}-CH_2 \xrightarrow{b} R\overset{\oplus}{C}H-CH_2^\oplus \xrightarrow{R'OH} R\overset{\underset{}{\overset{OH}{|}}}{C}H-CH_2+H^\oplus \end{cases}$$

在碱催化下,环氧乙烷衍生物进行双分子亲核取代反应:

$$R-\overset{\underset{O}{}}{\overset{H}{\overset{|}{C}}}-CH_2 \xrightarrow{R'O^\ominus} \left[R-\overset{}{C}H-CH_2\cdots OR'\right] \rightarrow RHC-CH_2OR' \xrightarrow{R'OH} R-\overset{\underset{OH}{}}{\overset{H}{\overset{|}{C}}}-CH_2OR'+R'O^\ominus$$

2. 反应影响因素及应用实例 中间体镁盐的 C—O 键是按 a 键断裂还是按 b 键断裂,与取代基 R 的性质有关。若 R 为供电子基,有利于形成稳定的仲碳正离子,以 a 键断裂为主,反应按 a 方向进行,生成以伯醇为主的产物;若 R 为吸电子基,有利于形成稳定的伯碳正离子,以 b 键断裂为主,反应按 b 方向进行,与醇类作用则生成以仲醇为主的产物。

S_N2 双分子亲核取代,开环方向单一,主要与立体因素相关,一般羟乙基化反应发生在取代较少的碳原子上,与醇类作用则生成以仲醇为主的产物。例如,苯乙烯环氧化物在酸的催化下与甲醇反应主要得到伯醇产品,以甲醇钠催化主要得到仲醇。

$$Ph-\overset{\underset{O}{}}{\overset{H}{\overset{|}{C}}}-CH_2+CH_3OH \begin{cases} \xrightarrow[\text{reflux, 5h}]{H_2SO_4} Ph-\overset{\underset{OCH_3}{|}}{\overset{H}{\overset{|}{C}}}-CH_2OH + Ph-\overset{\underset{OH}{|}}{\overset{H}{\overset{|}{C}}}-CH_2OCH_3 \\ \qquad\qquad\qquad 90\% \qquad\qquad 10\% \\ \xrightarrow[\text{reflux, 5h}]{CH_3ONa} Ph-\overset{\underset{OCH_3}{|}}{\overset{H}{\overset{|}{C}}}-CH_2OH + Ph-\overset{\underset{OH}{|}}{\overset{H}{\overset{|}{C}}}-CH_2OCH_3 \\ \qquad\qquad\qquad 25\% \qquad\qquad 75\% \end{cases}$$

(二) N- 羟乙基化

环氧乙烷与芳胺发生反应生成 β- 羟乙基芳胺,并可进一步羟乙基化反应得到叔胺。

1. 反应通式及机制

$$R-NH_2 + H_2\overset{\underset{O}{}}{C}-CH_2 \xrightarrow{k_1} R-\overset{\underset{}{\overset{H}{|}}}{N}-CH_2CH_2OH$$

$$R-\overset{\underset{}{\overset{H}{|}}}{N}-CH_2CH_2OH + H_2\overset{\underset{O}{}}{C}-CH_2 \xrightarrow{k_2} R-\overset{\underset{CH_2CH_2OH}{|}}{N}-CH_2CH_2OH$$

2. 反应影响因素及应用实例 这两步反应的速率常数 k_1 和 k_2 相差不大,所以要在伯胺的 N 原子上只引入 1 个羟乙基时,环氧乙烷的用量要低到理论量,芳胺则要大大过量,反应温度低于 100℃。

环氧乙烷对氮原子的羟乙基化反应的难易程度,取决于氮原子的碱性强弱。碱性愈强,其亲核能力愈强,反应愈容易进行;反之则较难。环氧乙烷与氨反应是工业上制备乙醇胺的方法。羟乙基化反应进行的程度与原料的摩尔配比有关,若氨过量 20 倍以上,主要产物为乙醇胺,而且在氧原子上一般不发生羟乙基化反应。在生成乙醇胺的结构中,虽有氨基与羟基同时存在,但氮原子比氧原子易于发生亲核取代反应,环氧乙烷更容易与过量的氨反应。

$$NH_3 + H_2C \overset{O}{\diagdown} CH_2 \text{ (excess)} \longrightarrow \underset{\text{(main product)}}{NH_2CH_2CH_2OH} + NH(CH_2CH_2OH)_2 + NH(CH_2CH_2OH)_3$$

环氧乙烷与伯胺反应主要是用于制备烃基双 -(β- 羟乙基)胺的主要方法之一。在药物合成中可用来制备氮芥类抗癌药物的中间体,如苯丁酸氮芥(Chlorambucil)的制备。

环氧乙烷与二乙胺反应可以制得重要的药物中间体二乙胺基乙醇,后者用于制备局麻药普鲁卡因(Procaine)和喷托维林(Pentoxyverine)等。

抗寄生虫药甲硝唑(Metronidazole)也是通过羟乙基化反应得到的。

选择性 β 受体阻断药阿替洛尔(Atenolol)是以对羟基苯乙酰胺为原料,与环氧氯丙烷在碱性条件下发生酚羟基 O- 烃化反应生成 3-(4- 乙酰氨基)苯胺基 -1,2- 环氧丙烷,再与异丙胺发生开环缩合即生成阿替洛尔。

$$\xrightarrow{\text{NH}_2\text{CH(CH}_3)_2} \text{H}_2\text{N}-\overset{\overset{\displaystyle O}{\|}}{\text{C}}\text{CH}_2-\underset{\text{(Atenolol)}}{\bigcirc}-\text{O}-\text{CH}_2\underset{\overset{|}{\text{OH}}}{\text{CH}}\text{CH}_2\text{NHCH(CH}_3)_2$$

（三）C-羟乙基化

芳香族化合物与环氧乙烷在无水三氯化铝的存在下，可在芳环碳原子上进行羟乙基化反应，合成芳醇类化合物。

1. 反应通式及机制

$$\underset{\text{H}_2\text{C}-\text{CH}_2}{\overset{\overset{\displaystyle O}{\diagdown\diagup}}{}} \xrightarrow{\text{AlCl}_3} \Big[\text{ClCH}_2\text{CH}_2\text{OAlCl}_2\Big] \xrightarrow[-\text{HCl}]{\text{ArH}} \text{Ar}-\text{CH}_2\text{CH}_2\text{OAlCl}_2$$

$$\xrightarrow[-\text{AlCl}_2(\text{OH})]{\text{H}_2\text{O}} \text{Ar}-\text{CH}_2\text{CH}_2\text{OH}$$

2. 反应影响因素及应用实例　活泼次甲基化合物与环氧乙烷在碱的催化下，其碳原子能进行羟乙基化反应。许多具有酯基的活泼次甲基化合物能与环氧乙烷及其衍生物发生反应。

$$\underset{\text{COOC}_2\text{H}_5}{\overset{\text{COOC}_2\text{H}_5}{\text{H}_2\text{C}}} \xrightarrow{\text{C}_2\text{H}_5\text{ONa}} \underset{\text{COOC}_2\text{H}_5}{\overset{\text{COOC}_2\text{H}_5}{\text{HC}^{\ominus}}} \xrightarrow[\text{C}_2\text{H}_5\text{OH}]{\overset{\displaystyle \diagup\!\!\!\diagdown}{}} \underset{\text{CH}_2\text{CH}_2\text{OH}}{\overset{\text{COOC}_2\text{H}_5}{\text{HC}-\text{COOC}_2\text{H}_5}} \longrightarrow \underset{O}{\overset{\text{COOC}_2\text{H}_5}{\text{HC}}}$$

三、烯烃类为烃化剂的反应

烯烃类烃化剂所进行的烃化反应与前述的烃化剂不同，它是通过双键的加成反应来实现的。烯烃结构中若无活性功能基存在时，烃化反应较难进行，需要使用酸或碱作催化剂，并且要在较高的温度下才能进行反应。

这类烃化剂能与羟基、氨基和活泼次甲基进行烃化反应，主要用于醚类、胺类等衍生物的合成。若烯烃结构中的邻位取代有羰基、氰基、羧基和酯基等吸电子功能基时，即成 α,β-不饱和酮、腈、酸和酯类化合物。此时，烯键的活性增大，容易与具有活性氢原子的化合物进行加成得到相应的烃化产物。

丙烯腈的烯键活性很高，加成后在分子结构中引进氰乙基，又称氰乙基化反应。

（一）O-氰乙基化

伯醇和仲醇类在碱催化下都能与丙烯腈发生加成反应，此类反应可以看作是 Micheal 加成反应的一种特殊形式，反应生成氰乙基醚类，而叔醇类则难于发生反应。

1. 反应通式及机制

$$\text{ROH} \xrightarrow{\text{OH}^{\ominus}} \text{RO}^{\ominus} \underset{\text{H}_2\text{C=CHCN}}{\rightleftharpoons} \text{ROCH}_2\overset{\ominus}{\text{C}}\text{HCN} \underset{\text{HOH}}{\rightleftharpoons} \text{ROCH}_2\text{CH}_2\text{CN}+\text{RO}^{\ominus}$$

2. 反应影响因素及应用实例　醇类的氰乙基化反应是可逆平衡反应，因此在反应结束后，在回收过量的醇之前要用酸中和至中性，可以提高收率。

常用的碱催化剂有醇钠、氢氧化钠（或钾）或季铵碱如氢氧化苄基三甲基铵等，其用量一般为醇类重量的 0.5%~5%。

（二）N- 氰乙基化

丙烯腈与氨的反应原理与氧原子相同。

1. 反应通式及机制

$$NH_3 + CH_2=CH_2CN \text{ (excess)} \longrightarrow NH_2CH_2CH_2CN + NH(CH_2CH_2CN)_2 + N(CH_2CH_2CN)_3$$

2. 反应影响因素及应用实例

氨与丙烯腈反应得到 β- 氨基丙腈、二（β- 氰乙基）胺的混合物、三（β- 氰乙基）胺的混合物，3 种产物的收率取决于反应物的摩尔数比例和反应温度。一般来说与伯胺反应收率较高，仲胺与丙烯腈的加成反应随烃基的位阻大小不同，其加成难易和反应速率都有所不同，得到的产物及收率也不同。

酚羟基与丙烯腈进行加成反应比醇羟基难。因此，在碱性催化剂（如金属钠、醇钠、吡啶、喹啉、二甲基苯胺或氢氧化苄基三甲基铵）的存在下，需要在较高的温度 120~140℃才能进行反应。

在芳环上具有吸电子取代基的酚类衍生物，使得酚羟基氧原子的亲核能力降低，难与丙烯腈进行亲核加成，收率降低。

磺胺类药物磺胺乙基胞嘧啶（Sulfacytine）和替喹溴铵（Tiquizium bromide）的中间体就是用丙烯腈与胺反应制得的。

$$CH_2=CH_2CN \xrightarrow[(90\%)]{C_2H_5NH_2} CH_3CH_2NHCH_2CH_2CN$$

丙烯腈和脂肪仲胺进行加成反应时一般不用催化剂。但与一些芳胺或杂环胺加成时，则需用醇钠、氢氧化苄基三甲基铵等进行催化。

除丙烯腈外，其他的不饱和羰基衍生物能与羟基和氨基进行加成。如镇痛药安那度尔（Anadolum）的中间体是用 α- 甲基丙烯酸甲酯与甲胺加成后，再与丙烯酸甲酯加成得到的。

镇痛药瑞芬太尼(Remifentanil)由丙烯酸甲酯与 4- 甲氧羰基 -4- 丙酰苯胺基哌啶的 N 原子发生反应制得。

四、重氮甲烷为烃化剂的反应

重氮甲烷是很活泼的甲基化试剂,特别适用于酚羟基和羧酸羟基氧原子上的烃化。一般采用乙醚、甲醇和三氯甲烷等作为溶剂,通常在室温或低于室温下进行反应。重氮甲烷在惰性溶剂中与酚的反应很快,反应除放出氮气外无其他副产物,后处理简单产品纯度好、收率高。但重氮甲烷及其生成的中间体有毒,不宜大剂量使用,只在实验室常用。

(一) 反应通式及机制

$$CH_2 = N^{\oplus} = N^{\ominus} + HOY \longrightarrow N \equiv NOY^{\ominus} \xrightarrow{-N_2} CH_3OY$$

(二) 反应影响因素及应用实例

反应是由质子转移开始的,羟基的酸性越大则质子越容易发生转移,反应也容易进行。因此,羧酸比酚类更容易进行反应。酚羟基酸性的差异也会导致部分烃化反应。如过量的重氮甲烷与原儿茶酚作用生成三甲基衍生物,但如果用控制量的试剂,可以选择性地使酸性较大的对羟基甲基化得到单醚。

能形成氢键螯合的邻 - 羟羰系统的酚羟基一般不能用重氮甲烷进行烷基化,如 8- 羟基萘醌用重氮甲烷甲基化时,羰基邻位的羟基不发生甲基化。

免疫抑制剂霉酚酸(Mycophenolic acid)的制备也是先用重氮甲烷进行选择性甲基化反应,然后在氢氧化钠水溶液中侧链上的酯基发生水解得到的。

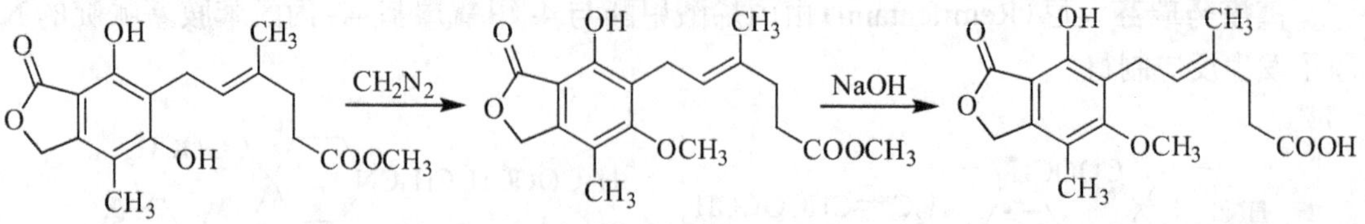

重氮甲烷可以直接进行碳原子的烃化反应。如甾体抗炎药氢化可的松的（Hydrocortisone）制备，采用薯蓣皂素（Diosgenin）或者剑麻皂素（Tigogenin）为原料时，第一步中间体都采用了重氮甲烷进行甲基化。

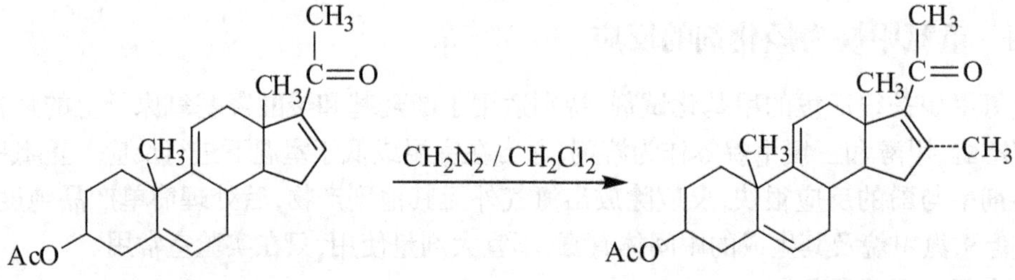

（Diosgenin）

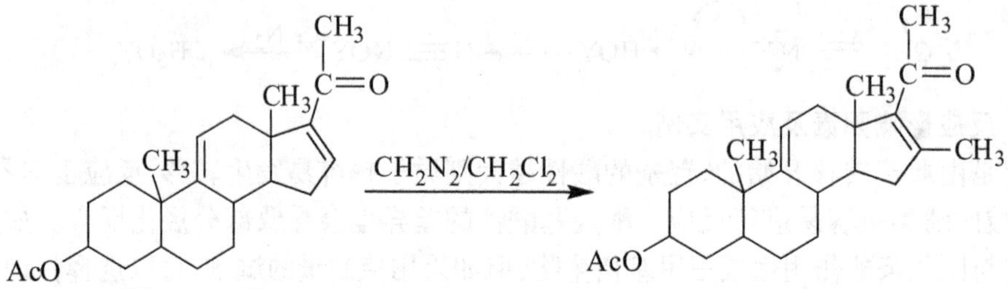

（Tigogenin）

第四节　有机金属化合物为烃化剂的反应

有机金属化合物在有机合成反应中的应用是很活跃的领域,有机钠、镁、铝、铜、硅和硼等试剂应用较广,其中以有机锂试剂和有机镁试剂应用最多,在有机合成中占有重要地位。

有机锂试剂和有机镁试剂属于周期表中的 I 和 II 族的有机金属化合物,在这两族元素中的锂和镁的正电性最大,它们与碳之间化学键的极性使得碳原子显高度电负性。因此,烷基带部分负电荷,该类化合物具有强的亲核性和碱性。

$$R^{\delta\ominus} — M^{\delta\oplus}$$

有机金属化合物具有烃化剂一样的作用,能与具有活性氢的化合物发生反应,如与羟基、氨基、末端炔烃、羧酸等快速发生反应,也能与不饱和键发生加成反应。本节只讨论常用的有机镁和有机锂在 C- 烃化反应中的应用。

一、有机镁化合物

在 1901 年法国化学家 Grignard 发现有机卤化物与金属镁在无水乙醚中反应能生成有

机镁化合物(RMgX),即格氏试剂。

RMgX 通常由有机卤化物与金属镁在干醚中作用而成。

$$RX + Mg \xrightarrow{(C_2H_5)_2O} RMgX$$

式中,R 为脂肪烃、芳香烃基;X 为卤素。当 R 为芳香烃基时,X 一般为碘或者溴。卤代炔烃、卤代烯烃和卤代芳烃(氯苯)不易与镁反应生成相应的格氏试剂。

格氏试剂制备的难易与卤代烃的活性有关,卤代烃的活性顺序是 RI>RBr>RCl>RF。碘代烷过于活泼,容易发生副反应,一般产率不高,除碘甲烷外一般很少使用。溴化物应用最多,在制备格氏试剂时常加入少许碘甲烷,使镁的表面活化,有利于镁与其他相对惰性的卤代烃反应,也可以直接用碘作催化剂;或者加入二溴乙烷作为催化剂,使镁的表面活化,利于与卤代烃反应,随后分解为乙烯逸去。

$$BrCH_2CH_2Br + Mg \longrightarrow \left[BrMg-\overset{H_2}{C}-\overset{H_2}{C}-Br \right] \longrightarrow H_2C=CH_2 + MgBr_2$$

当卤素相同烃基不同时,格氏试剂的活性顺序为 RX>ArX;叔卤烃 > 仲卤烃 > 伯卤烃。

Schlenk 等认为格氏试剂实际上是 RMgX、R_2Mg 及 MgX_2 三者的混合物,它所显示出的反应是前两者的混合反应。RMgX 和 R_2Mg 除了它们的反应速率有差别外,其他的一般化学性质极其相似。R_2Mg 是一种不挥发、不结晶的物质,不仅在空气中,在 CO_2 也会自然,因此该反应可以看作是 RMgX 的单纯反应。

$$2RMgX \rightleftharpoons R_2Mg + MgX_2$$

RMgX 不稳定,易被空气中氧化,也可以被含有活性氢的化合物分解。因此,在制备和使用格氏试剂时要谨慎操作。

$$RMgX + O_2 \longrightarrow 2ROOMgX \xrightarrow{H_2O} 2ROH + Mg\begin{matrix} OH \\ X \end{matrix}$$

$$RMgX + HB \longrightarrow RH + MgXB$$

$$(HB: H_2O, HO)$$

格氏试剂可以很好地溶解在醚类溶剂中,常用溶剂有乙醚、丁醚、戊醚和四氢呋喃等,醚类不仅仅是制备有机镁化合物的溶剂,同时也与 RMgX 结合络合物。因此,生成的格氏试剂可以溶解在醚中,不经过分离直接应用。例如,C_2H_5MgI 和乙醚的络合物的结构可以用下式表示:

$$C_2H_5O \longrightarrow \underset{X}{\overset{R}{Mg}} \longleftarrow OC_2H_5$$

所以,醚不只是一种简单的溶剂,同时在反应中起到催化剂作用。由于乙醚的沸点低、易燃易爆,工业生产常用四氢呋喃做溶剂而不用乙醚。

格氏试剂性质活泼,能与很多具有不饱和结构的化合物进行加成反应。因此,在有机合成中十分重要,且广泛地应用于药物合成反应,用于制备烃类、醇类、酸类及其他的有机金属化合物。

格氏试剂与甲醛、高级脂肪醛、酮和酯反应后再水解可以得到伯、仲和叔醇,这是药物合成中制备醇类的重要方法。如抗抑郁症药物多塞平(Doxepin)的中间体的合成应用了此法。

格氏试剂的主要应用之一是 C- 烃化反应,它能与活泼的卤代烃发生偶联反应,可使碳链增长。

例如,雌激素受体拮抗剂氟维司群(Fulvestrant)的合成是以 9- 溴壬烷 -1- 醇为原料,先经四丁基二甲基氯硅烷保护羟基得到相应的硅醚化合物,再与 Mg 在 THF 制备得相应的格氏试剂,在 CuI 作用下与 6,7- 二脱氧 -19- 去甲睾酮反应生成相应的化合物,在醋酸水溶液中脱硅醚保护得到中间体。

(Fulvestrant)

镇痛药依他佐辛(Eptazocine)的合成使用了两次格氏试剂进行反应。第一步是 C- 烃化反应,在芳环导入侧链;第二步是羰基与格氏试剂反应生成了叔醇。

阿维 A 酯（Etretinate）中间体的合成中也应用了格氏反应。

二、有机锂化合物

有机锂化合物的活性比相应的格氏试剂更强，能与格氏试剂反应的底物均可与有机锂试剂反应。有机锂化合物可以由相应的卤化物与金属锂作用得到。

$$2Li + RX \longrightarrow RLi + LiX$$

$$2Li + R_2Hg \longrightarrow 2RLi + Hg$$

有机锂化合物也可以采用锂氢交换法制备：

$$C_4H_9C{\equiv}CH + n\text{-BuLi} \longrightarrow C_4H_9C{\equiv}CLi$$

有机锂与有机金属锡之间的交换反应也可以制得有机锂试剂。

$$4PhLi + (H_2C{=}CH)_4Sn \longrightarrow 4\ H_2C{=}CHLi + Ph_4Sn$$

另一种制备有机锂常用的方法是卤-金属交换和氢-金属交换。如生成的有机金属化合物能形成共轭体系，或者邻近接有杂原子氧或氮等，更容易发生金属交换。主要是通过共轭效应或诱导效应使碳原子的负电荷分散，化合物体系更稳定。

抗高血压药曲前列环素（Treprostinil）的中间体的合成以 3-羟甲基苯甲醚为原料与 TBDMS-Cl 反应保护羟基，然后与 3-溴丙烯发生取代，最后在 TBAF 的作用下水解脱去保护基得到中间体 2-烯丙基-3-羟甲基苯甲醚。

抗肿瘤药达沙替尼（Dasatinib）的中间体的制备以 THF 为溶剂，2- 氯噻唑与 2- 氯 -6- 甲基苯基异氰酸酯在正丁基锂的存在下缩合得到酰胺中间体。

本 章 要 点

1. 烃化反应是有机物分子结构中的氧、氮和碳等原子上导入烃基的反应，从烃化剂角度看，所有烃化反应都是亲电反应，即具有阴离子的被烃化物向带正电荷的烃化剂的 C 原子做亲核进攻。

2. 卤代烃 RX 是主要的烃化剂。不同的卤素对 C—X 键之间的极化度有影响，极化度越大，反应速率越快。因此，对于 R 相同的卤代烃，卤代烃的活性次序是 RCl<RBr<RI。若烷基不同，则卤代烃的活泼性随烷基碳链的增长而递减。

3. 就被烃化物而言，亲核能力越强越容易被烃化。当被烃化物结构中的 R 相同时，被烃化物的活性顺序为 $RNH_2>ROH>RH$。对于活性较弱醇和胺，要在反应中加入强碱性物质如金属钠、氢化钠、氢氧化钠或氢氧化钾等作催化剂，以增强亲核性。

4. C- 烃化是用来制备烷基取代的芳香衍生物的主要方法。可以发生 C- 烃化反应的部位主要包括电子云密度较高的芳（杂）环、羰基、腈基和硝基的 α- 位以及烯烃 C 原子。芳香环上碳原子的烃化反应为亲电取代反应，芳环上的取代基对 C- 烃化反应影响较大。当环上有烷基等给电子基团时，烃化反应容易进行；但当环上有—NH_2、—OR 和—OH 等给电子基团时，因它们可以与催化剂络合，降低芳环上的电子云密度，不利于烷基化进行；当芳环上有卤原子、羰基、羧基等吸电子基时，也不易进行烷基化反应。

5. 活泼亚甲基上有两个活泼氢原子，与卤代烃进行烃化反应时，发生单烃化或双烃化反应，取决于活泼亚甲基化合物与卤烃的活性大小和反应条件。若引入两个不同的烷基都是伯烷基，应先引入较大的伯烷基，后引入较小的伯烷基；若引入的两个烷基，一个为伯烷基一个为仲烷基时，则应先引入伯烷基后再引入仲烷基。

本章练习题

一、简要回答下列问题

1. 无水三氯化铝是良好的 *C*- 烃化催化剂,简述它的作用特点。

2. 工业制备医用麻醉乙醚的方法是用工业乙醇为原料,浓硫酸为催化剂,先在 70℃反应 24 小时,然后升温到 145℃,反应结束后进行蒸馏回收得到乙醚,并对乙醚采取如下步骤精制:①蒸馏水洗涤得到的乙醚;②用亚硫酸氢钠洗涤;③用高锰酸钾水溶液洗涤;④用硫酸亚铁洗涤;⑤最后用水洗,用无水氯化钙干燥后进行蒸馏,所得的乙醚符合药典要求。上述实验方案是否合理? 为什么? 写出各步的反应式。

3. 烃基和氨基的保护试剂主要有哪些类型? 其主要特征是什么?

4. 硫酸酯和磺酸酯烃化剂的应用特点有哪些?

二、完成下列合成反应

1.

2.

3.

$$[\quad] \longrightarrow AcHN \ldots \xrightarrow{(2)\ NH_3H_2O/\ CH_3OH} H_2N \ldots$$

4.

$$\ldots \xrightarrow{[\quad\cdot\quad]} \ldots \xrightarrow{Br(CH_2)_4Br} [\quad] \quad [\quad] \xrightarrow{K_2CO_3/\ n\text{-}C_4H_5OH}$$

$$\xrightarrow{HCl,\ (CH_3)_2CHOH} \ldots N(CH_2)_4\text{—}N \ldots N\text{—} \ldots \cdot HCl$$

5.

$$O_2N \ldots \xrightarrow{BrCH_2COBr} [\quad] \quad [\quad] \xrightarrow{(CH_2)_6N_4\ /\ EtOH\ /\ NH_3} O_2N \ldots$$

6.

$$\ldots + \ldots \xrightarrow{[\quad]} [\quad] \xrightarrow{KOH/H_2O} [\quad]$$

$$[\quad] \longrightarrow \ldots \xrightarrow{AlCl_3} [\quad] \xrightarrow{(1)\ NaOH\ (2)\ HCl} \ldots CH_2COOH$$

7.

8.

9.

10.

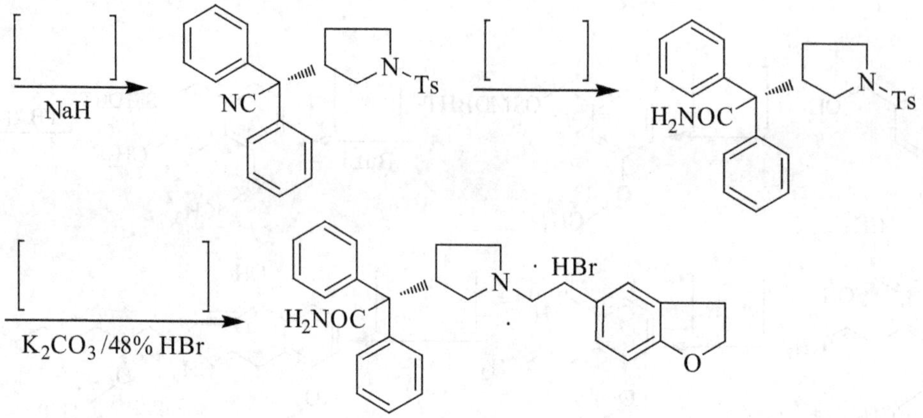

三、药物合成路线设计

根据所学知识,以邻二甲基苯胺、邻甲氧酚、哌嗪、氯乙酰氯等为主要原料,完成抗心绞痛药雷诺嗪(Ranolazine)的合成路线设计。

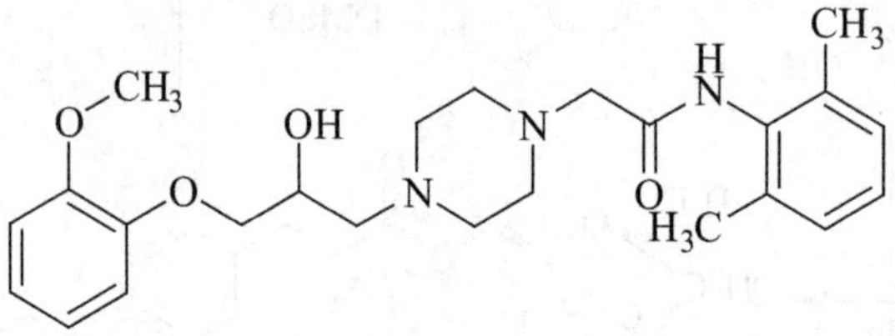

(Ranolazine)

（陈毅平）

第五章 酰化反应

酰化反应（acylation reaction）是指在有机物分子结构中的碳、氮、氧等原子上导入酰基的反应，其产物分别是酮（醛）、酰胺和酯等。按照酰基导入部位可将酰化反应分为 *O*- 酰化、*N*- 酰化和 *C*- 酰化反应，酰化剂一般为羧酸或羧酸衍生物，也可按照酰化剂种类将酰化反应进行分类。

酰化反应在药物合成中有着广泛的应用，酰基是某些药物重要的药效基团，在许多药物结构中含有酰基。例如，非甾体抗炎药保泰松（Phenylbutazone）的结构中的 C-3 和 C-5 位的酰胺羰基、抗精神病药氟哌啶醇（Haloperidol）结构中的酰基苯等均是其活性所必需的基团。许多含有羧基、羟基、氨基等官能团的药物通过酰化反应形成酯或酰胺的修饰生成"前药"（prodrug），可以改变原来药物的理化性质、降低毒副作用、改善其体内代谢、提高疗效等。此外，酰基也是药物合成中官能团转换的重要合成手段，酰基可通过氧化、还原、加成、成肟重排等反应转化成其他基团。在涉及羟基、氨基、巯基等基团保护时，将其酰化也是一个常见的基团保护方法。

第一节 羧酸为酰化剂的酰化反应

羧酸是常见的酰化剂，也是比较弱的酰化剂，其所进行的酰化反应一般按 S_N2 历程进行，可以用来进行 *O*- 酰化、*N*- 酰化和 *C*- 酰化，分别制得羧酸酯、酰胺和酮等。

$$R^2\!-\!YH + \underset{R^1}{\overset{O}{\underset{\|}{C}}}\!-\!OH \longrightarrow R^2\!-\!\underset{\|}{\overset{O}{Y}}\!-\!R^1 + H_2O \qquad Y\!=\!O, NH, CHR$$

反应中通常加入各类催化剂以增加其反应活性，常见的催化剂包括质子酸、Lewis 酸、强酸型阳离子交换树脂和二环己基碳二亚胺（DCC）等，各类催化剂的催化原理如下。

质子酸催化：

Lewis 酸催化：

113

DCC 催化：

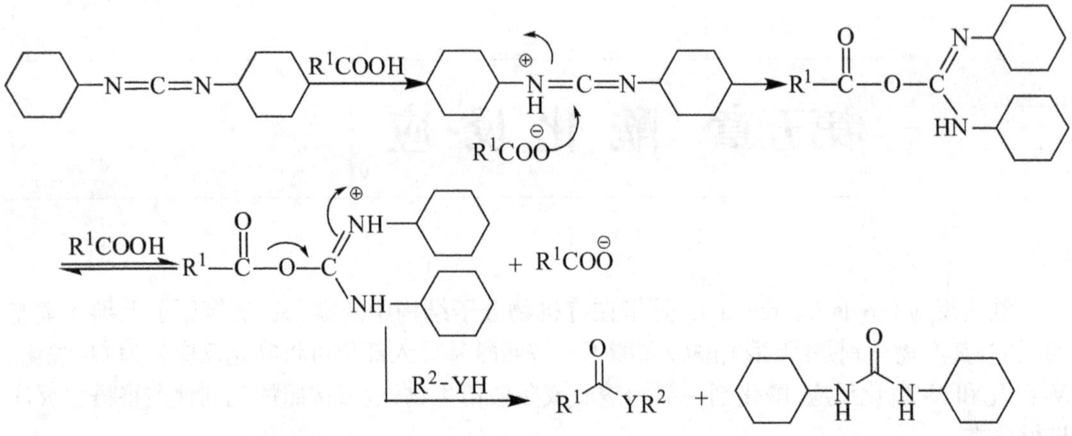

一般情况下脂肪族羧酸的活性强于芳香酸的活性,羰基的 α- 位具有吸电基的羧酸的活性较强,立体位阻小的羧酸的活性强于有立体位阻的酸。

一、O- 酰化

羧酸为酰化剂的醇的 O- 酰化即酯化反应,其反应过程一般为可逆反应。

（一）反应通式及机制

$$R^1-\underset{O}{\overset{||}{C}}-OH + HOR^2 \rightleftharpoons R^1-\underset{O}{\overset{||}{C}}-OR^2 + H_2O$$

（二）反应影响因素及应用实例

1. 本反应为可逆的平衡反应,为促使平衡向生成酯的方向移动,通常可采用的方法有：①在反应中采用过量的醇(兼作反应溶剂),反应结束再将其回收套用;②蒸出反应所生成的酯,但采用这种方法要求所生成的酯的沸点低于反应物醇和羧酸的沸点;③除去反应中生成的水,除水的方法有直接蒸馏除水和利用共沸物除水,加入分子筛、无水 $CaCl_2$、$CuSO_4$、$Al_2(SO_4)_3$、H_2SO_4 等除(脱)水剂除水。

2. 伯醇反应活性最强,仲醇次之,叔醇由于其立体位阻大且在酸性介质中易脱去羟基而形成较稳定的叔碳正离子,使酰化反应趋于按烷氧断裂的单分子历程进行而使酰化反应难以完成。

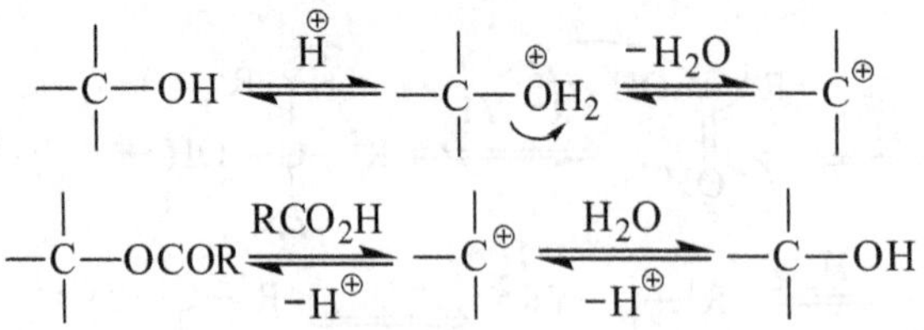

苄醇和烯丙醇也易于脱去羟基而形成较稳定的碳正离子,表现出同叔醇类似的性质。

3. 一般采用浓硫酸或在反应体系中通入无水氯化氢,其优点是催化能力强、性质稳定、价廉等,缺点是易发生磺化、氧化、脱水、脱羧等副反应,不饱和酸(醇)易发生氯化反应;对甲苯磺酸、萘磺酸等有机酸催化能力强,在有机溶剂中的溶解性较好,但价格相对较高。

抑制胆固醇合成药氯贝丁酯（Clofibrate）由 2-（4- 氯苯氧基）- 特丁酸与乙醇在盐酸催化下的酯化反应制得。

4. Lewis 酸催化剂具有收率高、反应速率快、条件温和、操作简便、不发生加成、重排等副反应等优点，适合于不饱和酸（醇）的酯化反应。

5. DCC 催化能力强、反应条件温和，特别适合于具有敏感基团和结构复杂的酯的合成。抗病毒药物阿昔洛韦（Acyclovir）是在 DCC/DMAP 的催化下，经氨基保护的 L- 缬氨酸酰化后再经催化氢化脱保护基，制得其前体药物伐昔洛韦（Valaciclovir）。

6. 偶氮二羧酸二乙酯（Diethyl azodicarboxylate，DEAD）- 三苯基膦催化体系可用来增加反应中醇的活性，从而催化酰化反应，反应中所生成的活性中间体与羧酸根负离子反应时会发生构型反转。其反应过程如下：

在核苷类药物的 C-5′ 羟基的选择性酰化中,利用 C-3′ 和 C-5′ 两个位置的位阻差别,采用 DEAD- 三苯基膦催化体系,选择性地酰化 C-5′ 羟基。

7. 酚羟基的 *O-* 酰化其反应机制同醇羟基的 *O-* 酰化反应,但由于酚羟基的氧原子的活性较醇羟基弱,所以一般不宜直接采用羧酸为酰化剂,而均采用酰氯、酸酐和活性酯等酰化能力较强的酰化剂。采用羧酸为酰化剂时可在反应中加入多聚磷酸(PPA)、DCC 等增加羧酸的反应活性,适用于各种酚羟基的酰化。

二、*N-* 酰化

虽然理论上羧酸可以与各种伯胺和仲胺反应生成酰胺,但由于羧酸为弱酰化剂,且羧酸与胺成盐后会使氨基 N 原子的亲核能力降低,所以一般不宜直接以羧酸为酰化剂进行胺的 *N-* 酰化反应。

(一) 反应通式及机制

$$R-\overset{O}{\overset{\|}{C}}-OH + R^1R^2NH \rightleftharpoons \left[R-\overset{\ominus}{\overset{O}{\underset{HNR^1R^2}{\overset{\|}{C}}}}-OH \right] \rightleftharpoons R-\overset{O}{\overset{\|}{C}}-NR^1R^2 + H_2O$$

(二) 反应影响因素及应用实例

1. 羧酸为酰化剂的 *N-* 酰化反应是一个可逆反应,为了加快反应并使之趋于完成,需要不断蒸出反应所生成的水,因此一般反应在较高温度下进行,该法不适合对热敏感的酸或胺之间的酰化反应。

2. DCC 等催化剂一般也可用于 N- 酰化反应中，使羧酸的酰化能力增强。

腹泻症治疗药物消旋卡多曲（Racecadotril）的合成即采用羧酸法，以 DCC 为催化剂，DMF 为溶剂在室温下反应。

在半合成抗生素氨苄西林（Ampicillin）的合成中，可以采用 D-（N- 三苯甲基）苯甘氨酸为酰化剂，在 DCC 的催化下与 6-APA 酰化反应，再经酸性环境中脱保护基制得。

3. 某些芳胺的 N 原子也可以用羧酸酰化，如镇静催眠药氯硝西泮（Clonazepam）的关键中间体是以苄氧羰基甘氨酸为酰化剂，DCC 为催化剂，在二氯甲烷中对 2- 氨基 -5- 硝基 -2- 氯 - 连二苯酮进行 N- 酰化制得的。

三、C- 酰化

羧酸在质子酸的催化下，对芳烃进行亲电取代反应生成芳酮，称为 Friedel-Crafts（酰化）反应，其反应机制的实质为芳香环上的亲电取代反应。

（一）反应通式及机制

（二）反应影响因素及应用实例

1. 反应中作为催化剂的常用质子酸有 HF、HCl、H_2SO_4、H_3BO_3、$HClO_4$、PPA 等无机酸以及 CF_3COOH、CH_3SO_3H、CF_3SO_3H 等有机酸。

2. 当低沸点的芳烃进行 Friedel-Crafts 反应时，可以直接采用过量的芳烃做溶剂，其他常用的溶剂有二硫化碳、硝基苯、石油醚、四氯乙烷、二氯乙烷、三氯甲烷等。

3. 可发生分子内的 Friedel-Crafts 反应，如抗癫痫药物奥卡西平（Oxcarbazepine）的中间体的合成即为 PPA 催化下的分子内 Friedel-Crafts 酰化反应。

抗抑郁症药盐酸度硫平（Dosulepin hydrochloride）的中间体的合成亦为分子内的 Friedel-Crafts 酰化反应。

第二节　酰氯为酰化剂的酰化反应

酰氯是一个活泼的酰化剂，酰化能力强，其所参与的酰化反应一般按单分子历程（S_N1）进行。反应中有氯化氢生成，所以常加入碱性催化剂以中和反应中生成的氯化氢。某些酰氯的性质虽然不如酸酐稳定，但其制备比较方便，所以对于某些难以制备的酸酐来说，采用酰氯为酰化剂是非常有效的。

Lewis 酸类催化剂可催化酰氯生成酰基正离子中间体，从而增加酰氯的反应活性。

$$\xrightarrow{R^2\text{-}YH} \underset{YR^2}{\overset{O}{R^1}} + HCl + AlCl_3 \qquad\qquad Y = O, NH, CHR$$

反应中添加吡啶、N,N-二甲氨基吡啶（DMAP）等有机碱除了可中和反应生成的氯化氢外，也有催化作用，使酰氯酰化活性增强。

一、O-酰化

各种脂肪族和芳香族酰氯均可作为酰化剂与各种醇（酚）的羟基进行酰化反应，其反应过程中常加入一些 Lewis 酸做催化剂和加入碱性物质做缚酸剂。

(一)反应通式及机制

$$R^1\text{—}\underset{O}{\overset{\parallel}{C}}\text{—}Cl \;+\; HOR^2 \longrightarrow R^1\text{—}\underset{O}{\overset{\parallel}{C}}\text{—}OR^2 \;+\; HCl$$

(二)反应影响因素及应用实例

1. 酰氯为酰化剂的反应一般可选用三氯甲烷等卤代烃、乙醚、四氢呋喃、DMF、DMSO 等为反应溶剂，也可以不加溶剂而直接采用过量的酰氯或过量的醇。激素类药物苯丙酸诺龙（Nandrolone phenylpropionate）的制备是将 19-去甲基睾酮以苯丙酰氯为酰化剂，吡啶为催化剂，在苯溶剂中完成的。

(Nandrolonephenylpropionate)

2. 酰氯的酰化反应一般在较低的温度（0℃～室温）下进行，加料方式一般是在较低的温度下将酰氯滴加到反应体系中，对于较难酰化的醇，也可以在回流温度下进行酰化反应。

3. 在某些羧酸为酰化剂的反应中，加入 $SOCl_2$、$POCl_3$、PCl_3 和 PCl_5 等氯化剂，使之在反应中生成酰氯，原位参与酰化反应，使反应过程更加简便。例如，抗血脂药烟酸肌醇酯

(Inositol nicotinate)的合成是在肌醇与烟酸的反应中加入氧氯化磷,使烟酸转成酰氯直接参与酰化反应。

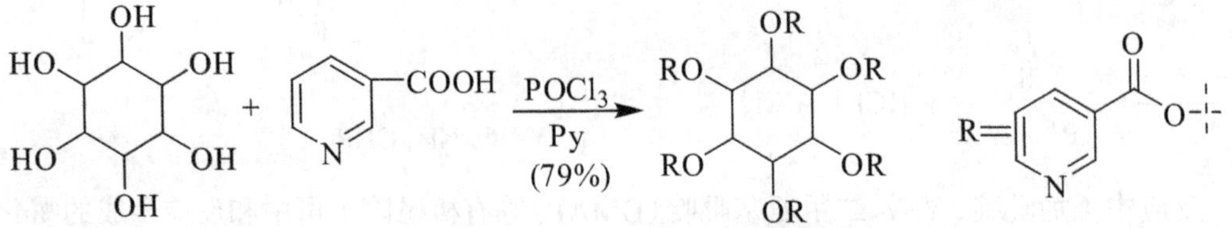

(Inositol nicotinate)

4. 由于酚羟基较醇羟基活性差,所以其酰化反应采用酰氯为酰化剂比较合适。例如,解热镇痛药贝诺酯(Benorilate)是将对乙酰氨基酚(扑热息痛,Paracetamol)在碱性溶液中,以水杨酰氯酰化制得的。

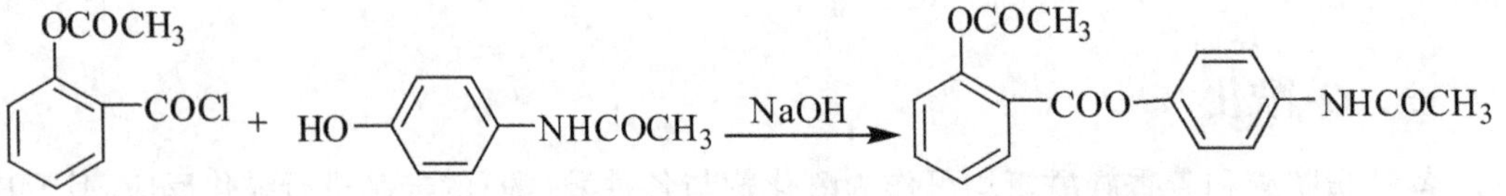

(Benorilate)

二、*N*-酰化

由于酰氯酰化能力强,一般在位阻较大的胺、热敏性的胺以及芳胺的 *N*- 酰化中应用较为普遍。

(一)反应通式及机制

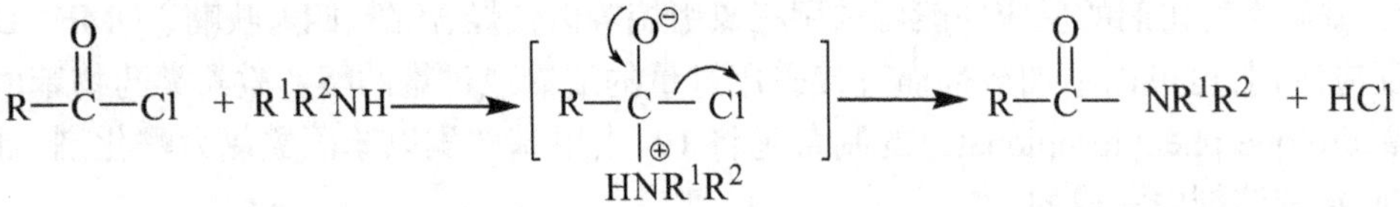

(二)反应影响因素及应用实例

1. 通常加入氢氧化钠、碳酸钠、醋酸钠等无机碱及吡啶、三乙胺等有机碱为缚酸剂,以中和反应所生成的氯化氢,防止因其与胺成盐而降低 N 原子的亲核能力。也可直接采用过量的胺作为缚酸剂。例如,血管扩张药桂哌齐特(Cinepazide)即是以 1 -[(1- 四氢吡咯羰基)甲基]哌嗪为原料,以 3,4,5- 三甲氧基肉桂酰氯为酰化剂的酰化反应制得的。

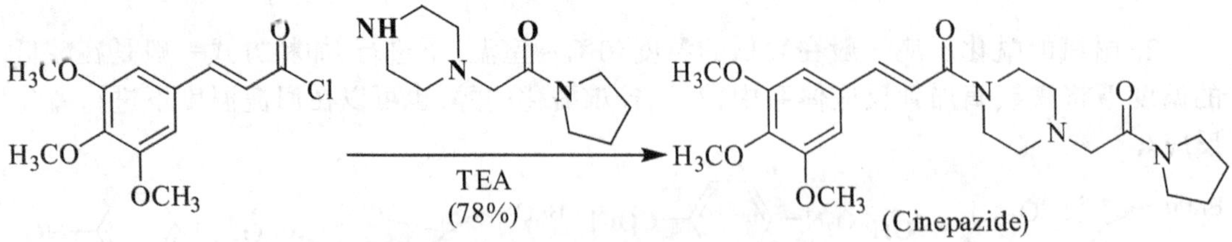

(Cinepazide)

2. 酰化中常用的有机溶剂有丙酮、二氯甲烷、三氯甲烷、乙腈、乙醚、四氢呋喃、苯、甲苯、吡啶和乙酸乙酯等。对于一些性质也比较稳定的酰氯,可以以无机碱为缚酸剂,在水溶液中反应。例如,糖尿病治疗药物那格列奈(Nateglinide)是 D- 苯丙氨酸在 DMF 中以氢氧化钠为缚酸剂,以 4- 异丙基环己基甲酰氯酰化制得的。

3. 酰氯与胺的反应通常都是放热反应,因此反应在室温或更低的温度下进行。例如,镇咳药莫吉司坦(Moguisteine)是以酰氯为酰化剂,在0~5℃的反应温度下制得的。

4. 由于芳胺的氮原子上的孤对电子与苯环共轭,使之反应活性较脂肪胺弱,所以宜采用酰氯等较强的酰化剂进行 N- 酰化。

三、C- 酰化

酰氯作为酰化剂对碳原子的酰化反应包括芳烃的 C- 酰化(Friedel-Crafts 酰化反应)、烯烃的 C- 酰化反应和羰基 α- 位的 C- 酰化反应,酰化产物为酮。

(一)芳烃的 C- 酰化

1. 反应通式及机制

$$\xrightarrow[\text{H}^{\oplus}]{\text{H}_2\text{O}} \quad \text{R} \underset{}{\overset{}{\bigcirc}} \overset{\overset{O}{\|}}{\text{C}} \text{R}^1 \quad + \text{Al(OH)Cl}_2 + \text{HCl}$$

2. 反应影响因素及应用实例

（1）Friedel-Crafts 酰化反应常用的 Lewis 酸催化剂有（活性由大到小）AlBr$_3$、AlCl$_3$、FeCl$_3$、BF$_3$、SnCl$_4$、ZnCl$_2$，其中无水 AlCl$_3$ 及 AlBr$_3$ 最为常用，其价格便宜、活性高，但产生大量的铝盐废液。呋喃、噻吩、吡咯等芳杂环选用活性较小的 BF$_3$、SnCl$_4$ 等弱催化剂较为适宜。

AlCl$_3$ 为催化剂时，有时会导致脱烷基化和烷基异构等副反应的发生。

（2）低沸点的芳烃进行 Friedel-Crafts 反应时，可以直接采用过量的芳烃做溶剂。当不宜选用过量的反应组分做溶剂时，就需加入另外的适当溶剂，常用溶剂有二硫化碳、硝基苯、石油醚、四氯乙烷、二氯乙烷、三氯甲烷等，其中硝基苯与 AlCl$_3$ 可形成复合物，反应呈均相，极性强，应用较广。有时反应溶剂不仅可以影响反应收率，而且还可以影响酰化的位置。

（3）本反应属芳环上的亲电取代反应，当芳环上连有邻、对位定位基（供电基）时，反应容易进行；反之亦然。因此，当芳环上有强吸电基或发生一次酰化后，一般难以通过 Friedel-Crafts 酰化反应引入第二个酰基，当环上同时存在强的供电子基时，可发生酰化反应。

$$H_3CO- \text{(苯环)} -NO_2 + CH_3COCl \xrightarrow[\text{(58%)}]{AlCl_3/CH_2Cl_2} H_3CO- \text{(苯环)} -COCH_3$$

（二）烯烃的 C-酰化

烯烃的 C-酰化反应看作是脂肪族碳原子的 Friedel-Crafts 反应，产物为 α,β-不饱和酮。

1. 反应通式及机制

$$\underset{R}{\overset{O}{\|}}C-Cl + R^1CH=CH_2 \xrightarrow{AlCl_3} \underset{R}{\overset{O}{\|}}C-CH=CHR^1$$

$$RCOCl \xrightarrow{AlCl_3} [RCO]^{\oplus} \cdot AlCl_4^{\ominus} \xrightarrow{R^1CH=CH_2} [R^1\overset{\oplus}{C}HCH_2COR] \cdot AlCl_4^{\ominus}$$

$$\longrightarrow \left[R^1\underset{Cl}{\overset{|}{C}}HCH_2COR \right] \xrightarrow{-HCl} R^1CH=CHCOR$$

2. 反应影响因素及应用实例

反应一般以酰氯为酰化剂在 $AlCl_3$ 等 Lewis 酸的催化下先与烯键加成得到 β-氯代酮中间体，再消除 1 分子氯化氢得 C-酰化产物，反应中酰氯对烯键的加成反应符合马氏规则。

$$\xrightarrow[\text{(84%)}]{\underset{CH_2Cl_2}{TiCl_4}}$$

$$\xrightarrow[\text{(60%)}]{\underset{AlCl_3}{CH_3COCl}}$$

（三）羰基 α-位的 C-酰化反应

羰基化合物 α-位由于受到相邻羰基的影响显一定的酸性，比较活泼，在碱性催化剂的存在下可与酰氯发生 C-酰化反应生成 1,3-二羰基化合物。

1. 反应通式及机制

$$H_2C\overset{X}{\underset{Y}{\big\langle}} \underset{\longleftarrow}{\overset{B^{\ominus}}{\rightleftharpoons}} H\overset{\ominus}{C}\overset{X}{\underset{Y}{\big\langle}} + BH$$

$$\Big| \xrightarrow{RCOCl} RCO-HC\overset{X}{\underset{Y}{\big\langle}} + Cl^{\ominus}$$

X,Y=$COOR_1$, CHO, COR^1, $CONR_2^1$, COOH, -CN, -NO_2, Ar

B=RONa、NaH、$NaNH_2$、$NaCPh_3$、t-BuOK

2. 反应影响因素及应用实例

碱的选择与活性亚甲基化合物的活性有关，其 α-位的氢原子酸性越强，可以选择相对较弱的碱，而 α-位的氢原子酸性可以通过活性亚甲基化合物的 pK_a 值来判定。常见的活性亚甲基化合物的 pK_a 值如下：

化合物	pKa值	化合物	pKa值
CH2(NO2)2	4.0	CH2(CN)2	12
CH2(COCH3)2	8.8	CH2(CO2C2H5)2	13.3
CH3NO2	10.2	CH3COCH3	20
CH3COCH2CO2C2H5	10.7	CH3CO2C2H5	25

利用该反应可以获得其他方法不易制得的 β- 酮酸酯、1,3- 二酮、不对称酮等化合物。例如,利用氯化铵水溶液选择性地水解由乙酰乙酯与酰氯作用得到的二酰基取代的醋酸酯,可以选择性除去乙酰基而获得另外一种 β- 酮酸酯。加替沙星(Gatifloxacin)的中间体的合成即采用该方法。

抗癌辅助治疗药尼替西农(Nitisinone)由采用 4- 三氟甲基 -2- 硝基苯甲酰氯为酰化剂,与 1,3- 环己二酮在碱性条件下的 C- 酰化反应制得。

(Nitisinone)

第三节　酸酐为酰化剂的酰化反应

酸酐是一个强酰化剂,其酰化反应一般按 S_N1 历程进行,质子酸、Lewis 酸和吡啶类碱对酸酐均有催化作用,可使之释放出酰基正离子或使其亲电性增强。

一、O- 酰化

酸酐为强酰化剂,可用于酚羟基及立体位阻大的叔醇的酰化,常加入少量的酸或碱催化。

(一) 反应通式及机制

$$(RCO)_2O + R^1OH \longrightarrow RCOOR^1 + RCOOH$$

(二) 反应影响因素及应用实例

1. 反应中常加入 H_2SO_4、TsOH、$HClO_4$ 等质子酸或 BF_3、$ZnCl_2$、$AlCl_3$、$CoCl_2$ 等 Lewis 酸做催化剂。

2. 吡啶、对 N,N- 二甲氨基吡啶(DMAP)、4- 吡咯烷基吡啶(PPY)、三乙胺(TEA)及醋酸钠等碱性催化剂也用于酸酐的酰化反应。例如,抗血栓药物普拉格雷(Prasugrel)是在强碱性条件下将 2- 噻吩酮中间体烯醇化后,以醋酐为酰化剂酰化制得的。

3. 常用的酸酐种类较少,除醋酸酐、丙酸酐、苯甲酸酐和一些二元酸酐外,其他种类的单一酸酐较少,限制了该方法的应用,而混合酸酐容易制备,酰化能力强,因而更具实用价值。常见的混合酸酐包括下列几种:

(1) 羧酸 - 三氟醋酸混合酸酐

实际操作中一般采用临时制备的方法,将羧酸与三氟醋酸酐反应可以方便地得到羧酸 - 三氟醋酸混合酸酐,不需分离直接参与后续的酰化反应。

（2）羧酸 - 磺酸混合酸酐

$$R^1=CF_3, CH_3, Ph, p\text{-}CH_3Ph$$

羧酸与磺酰氯在吡啶的催化下得到羧酸 - 磺酸混合酸酐，一般也采用反应中临时制备的方法，适合于那些对酸比较敏感的叔醇、烯丙醇、炔丙醇、苄醇等的酰化。

（3）其他混合酸酐：在羧酸酰化中入氯代甲酸酯、光气、草酰氯等均可先与羧酸形成混合酸酐，从而使羧酸的酰化能力增强，可用于结构复杂的酯类制备。

羧酸在 TEA、DMAP 等碱性催化剂的存在下与多种取代苯甲酰氯反应制得相应的羧酸—取代苯甲酸混合酸酐，也可以提高羧酸的酰化能力。

二、N-酰化

酸酐为强酰化剂，其活性虽然比相应的酰氯稍弱，但其性质比较稳定，反应中产生羧酸，所以可以自行催化。对于一些难于酰化的胺类，如芳胺、仲胺，尤其是芳环上带有吸电基的芳胺，也可以另外加入酸、碱等催化剂以加快反应进行。

（一）反应通式及机制

$$R-\overset{O}{\underset{\|}{C}}-OCOR + R^1R^2NH \longrightarrow \left[R-\overset{(\overset{\ominus}{O})}{\underset{\underset{HNR^1R^2}{\overset{\oplus}{|}}}{C}}-OCOR \right] \longrightarrow R-\overset{O}{\underset{\|}{C}}-NR^1R^2 + RCO_2H$$

（二）反应影响因素及应用实例

1. 反应中可以加入质子酸或 Lewis 酸做催化剂,催化酸酐生成酰基正离子而促进反应;采用碱性催化剂时一般不需另外加入,只要采用过量的胺即可,如果加入吡啶类碱可生成吡啶季铵盐型活性中间体(见前述 O- 酰化)。

例如,抗菌药利奈唑胺(Linezolid)是采用醋酐为酰化剂,吡啶为缚酸剂的酰化反应制得的。

2. 一些前面 O- 酰化中讨论的混合酸酐在 N- 酰化中同样有广泛的应用,特别是在一些复杂结构化合物的制备中更为常见,使得反应在较温和的条件下进行且收率高,混合酸酐一般采用临时制备的方式加入。例如,非典型抗精神病药氨磺必利(Amisulpride)的合成是在反应中加入氯甲酸乙酯和三乙胺,生成的混酐直接进行酰化反应。

又如,降糖药瑞格列奈(Repaglinide)是以羧酸 - 对甲基苯磺酸混合酸酐为酰化剂,在乙腈中反应制得的。

三、C-酰化

酸酐作为强酰化剂可对芳烃进行 C-酰化（Friedel-Crafts 酰化反应），酰化产物为酮，反应中一般添加 Lewis 酸作为催化剂，反应机制同前。

（一）反应通式及机制

（二）反应影响因素及应用实例

以酸酐为酰化剂的 Friedel-Crafts 酰化反应，当以苯环为底物时一般常用 $AlCl_3$ 为催化剂；而因芳杂环的活性较高，其酰化反应一般常以 BF_3 等较弱的 Lewis 酸作为催化剂。

在 (E)-4-(5-氟-2-羟基苯基)-4-氧代-2-丁烯酸的制备中，采用马来酸酐为酰化剂，无水 $AlCl_3$ 为催化剂的反应，反应中苯环上的甲氧基同时发生脱烷基化。

第四节　羧酸酯为酰化剂的酰化反应

常规的羧酸酯是一个较弱的酰化剂，其酰化反应一般按 S_N2 历程进行，反应是可逆的，羧酸甲酯、羧酸乙酯和羧酸苯酯是常用的酰化剂。

$Y = O, NH, CHR^3$

一、O-酰化

酯可以作为 O-酰化反应的酰化剂，其酰化过程是通过酯分子中的烷氧基交换完成的，即由一种酯转化为另一种酯，反应是可逆的，通常需质子酸或醇钠等催化剂。

(一) 反应通式及机制

$$RCOOR^1 + R^2OH \rightleftharpoons RCOOR^2 + R^1OH$$

酸催化：

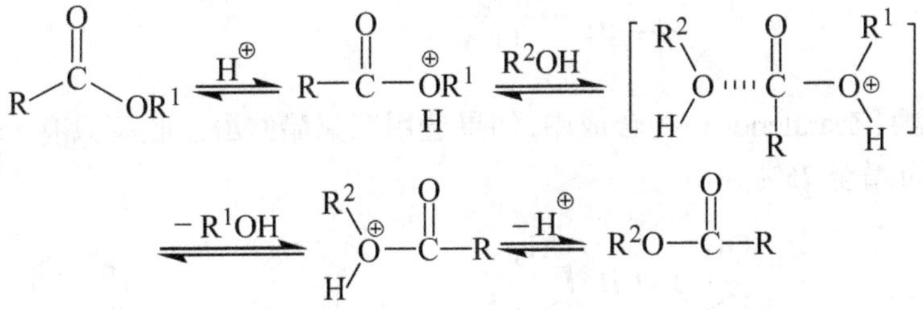

碱催化：

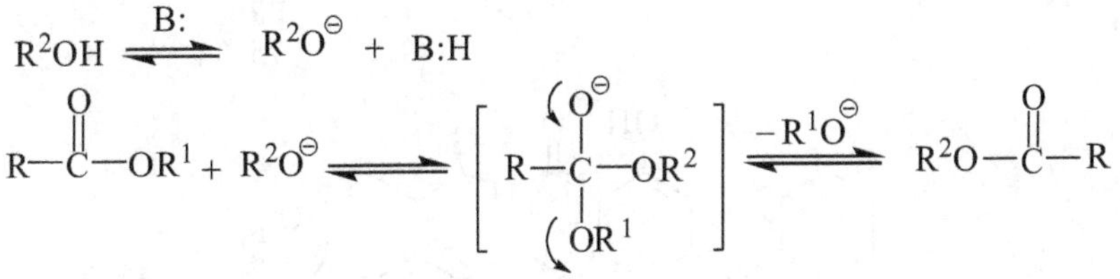

(二) 反应影响因素及应用实例

1. 反应过程是可逆的,存在着两个烷氧基($R^1O—$、$R^2O—$)的亲核竞争,在反应中可通过不断蒸出所生成的醇来打破平衡,使反应趋于完成。所以通常选用羧酸甲酯或羧酸乙酯等可以生成低沸点醇的酯作为酰化剂。例如,M_3 受体拮抗剂索尼芬新(Solifenacin)的合成中采用羧酸乙酯为酰化剂,在 NaH 的催化下,不断蒸出反应中生成的乙醇,使酰化反应趋于完成。

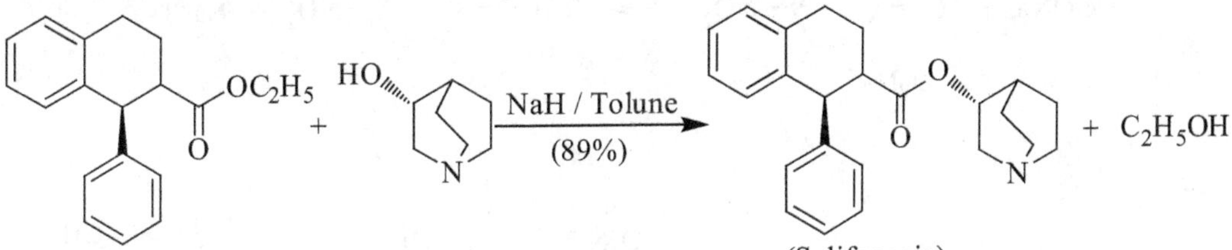

2. 含有碱性基团的醇或叔醇进行酯交换反应,一般适宜采用醇钠催化。碱为催化剂时,存在着两个烷氧基的亲核能力竞争,一般要求是 $R^2O—$ 的碱性要高于 $R^1O—$ 的碱性,即 R^1OH 的酸性要强于 R^2OH 的酸性。活性酯的应用就是基于此原理。

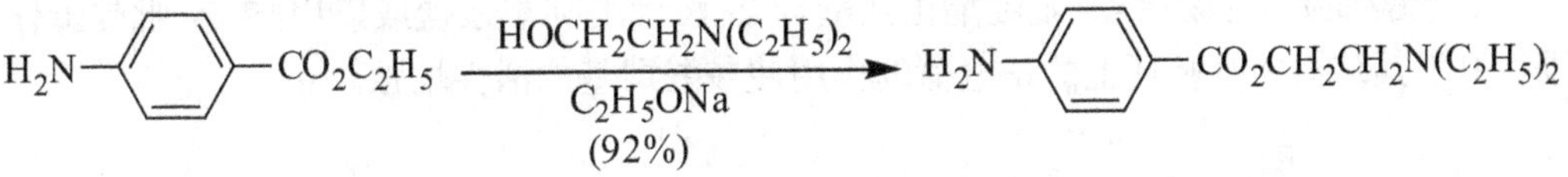

3. 从机制中不难看出,如果增加酯的酰化能力,就要增加 R^1O 的离去能力,也就是增加 R^1OH 的酸性。因此,一些酚酯、芳杂环酯和硫醇酯等,其烷氧基的离去能力较强,常作为酰化剂。常见的活性酯有:

(1) 羧酸硫醇酯:2-吡啶硫醇羧酸酯为常见的活性酯,一般由羧酸与 2,2′-二吡啶二硫化物在三苯基磷的存在下与羧酸反应或通过酰氯与 2,2′-二吡啶二硫化物反应制得。通常用于结构复杂的羧酸酯的制备。

玉米赤烯酮(Zearalenone)的合成中,如果选用三氟醋酸酐法收率只有 8%,而采用活性酯法反应收率可增至 75%。

(2) 羧酸三硝基酚酯:由于其结构中 3 个强吸电基硝基的作用,使之活性较强,可以与醇进行酯交换反应制得羧酸酯。

(3) 羧酸吡啶酯:羧酸 -2- 吡啶酯由羧酸与 2- 卤代吡啶季铵盐或氯甲酸 -2- 吡啶酯作用得到,由于其结构中吡啶环上的正电荷的作用使羧酸羰基的活性增强。

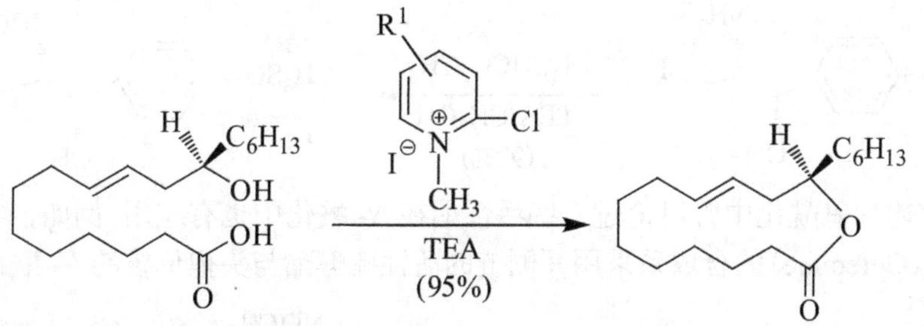

（4）其他活性酯：羧酸异丙烯酯、羧酸二甲硫基烯醇酯、羧酸 -1- 苯并三唑酯等均为活性较强的羧酸酯，具有反应条件温和、收率较高、对脂肪醇和伯醇有一定的选择性等特点。其结构式分别如下：

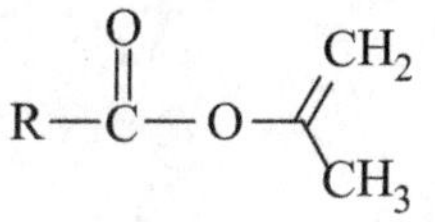

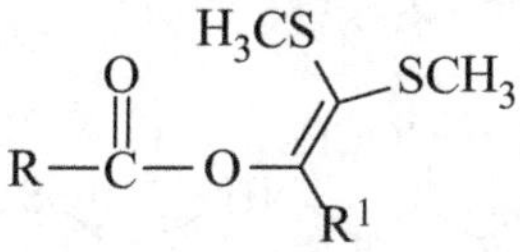

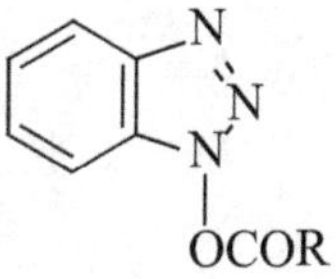

二、N- 酰化

羧酸酯的活性虽不如酸酐、酰氯等强，但它易于制备且性质比较稳定，特别是在反应中不与胺成盐，所以在 N- 酰化中有广泛应用。

（一）反应通式及机制

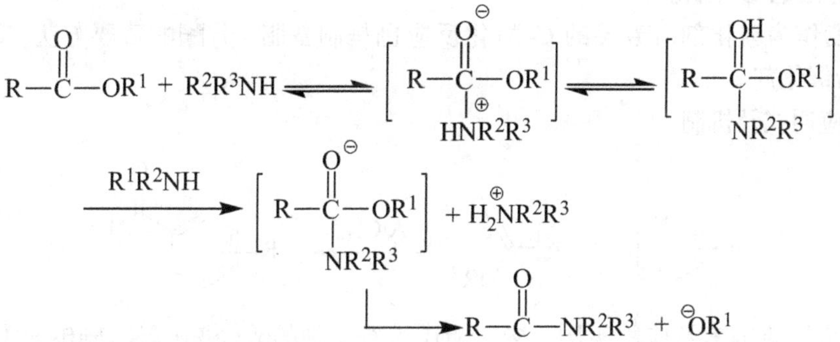

（二）反应影响因素及应用实例

1. 反应中一般可加入金属钠、醇钠、氢化钠等强碱性催化剂以增强胺的亲核能力，反应中应用较多的是羧酸甲酯、乙酯和苯酯。另外，还要严格控制反应体系的水分，防止催化剂分解以及酯和酰胺的水解发生。

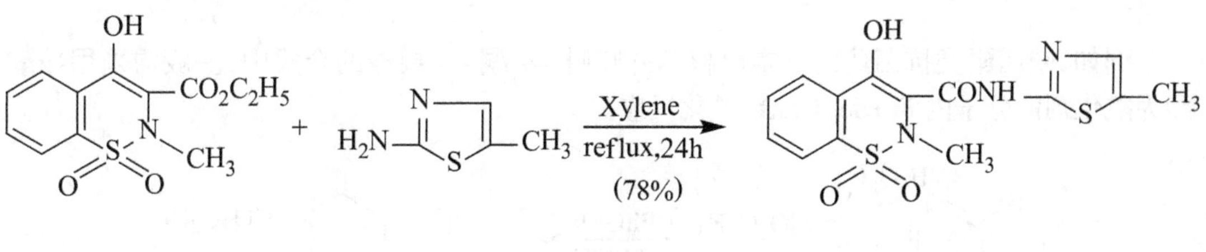

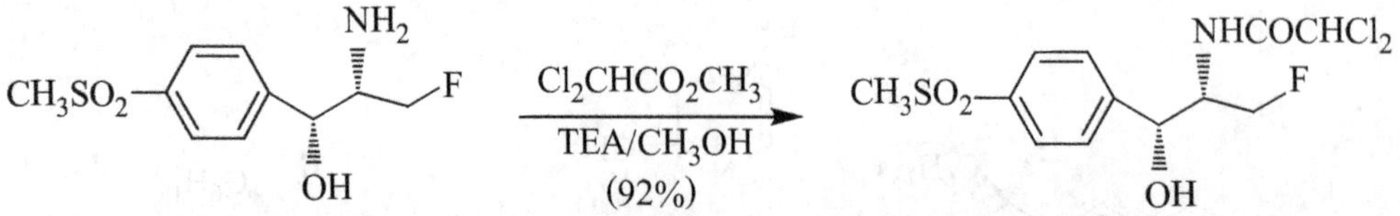

2. 在前述的氧酰化中曾讨论过一些活性酯在 N- 酰化中也有应用,例如,半合成头孢菌素头孢吡肟(Cefepime)的合成系采用其侧链的活性硫醇酯与头孢母核的 N- 酰化反应。

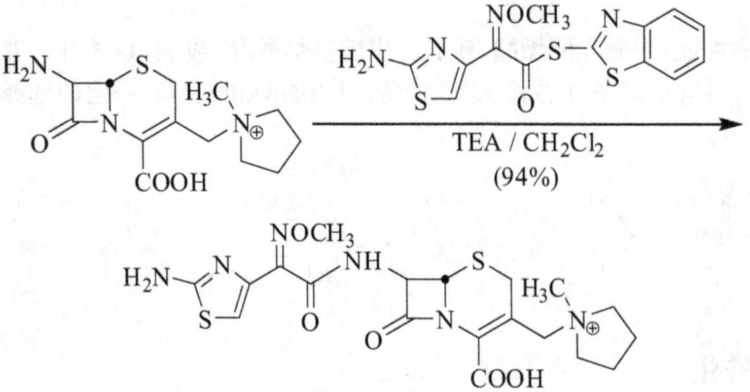

(Cefepime)

三、C- 酰化

羧酸酯作为酰化剂对碳原子的酰化反应包括芳烃的 C- 酰化(Friedel-Crafts 酰化反应)和羰基 α- 位的 C- 酰化反应,酰化产物为酮。

(一) 芳烃的 C- 酰化

羧酸酯作为酰化剂对芳烃的 C- 酰化反应也是制备脂 - 芳酮的重要方法,反应一般以 Lewis 酸为催化剂。

1. 反应通式及机制

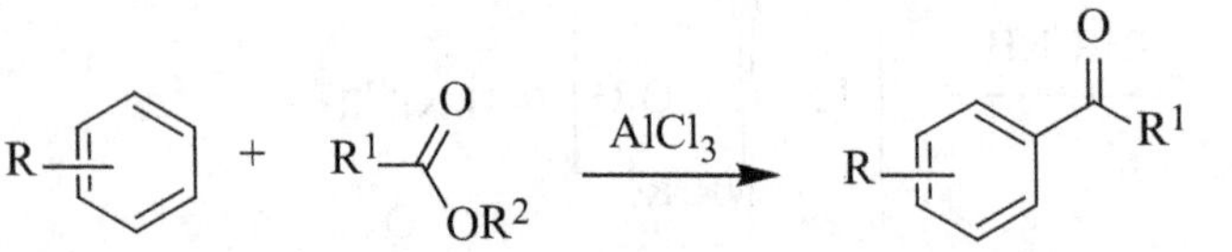

2. 反应影响因素及应用实例　羧酸酯作为酰化剂的芳烃 Friedel-Crafts 酰化反应以分子内酰化较为普遍,用来制备环状化合物。

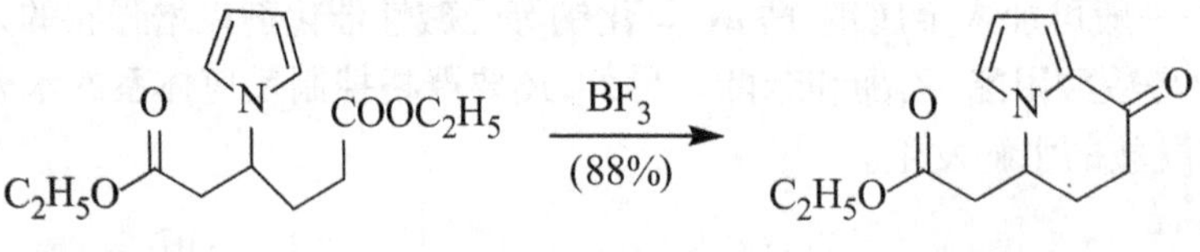

例如,喹诺酮类抗菌药的基本母核苯并喹啉 -4- 酮 -3- 羧酸的合成中,一般均采用羧酸酯为酰化剂的分子内 Friedel-Crafts 酰化反应。

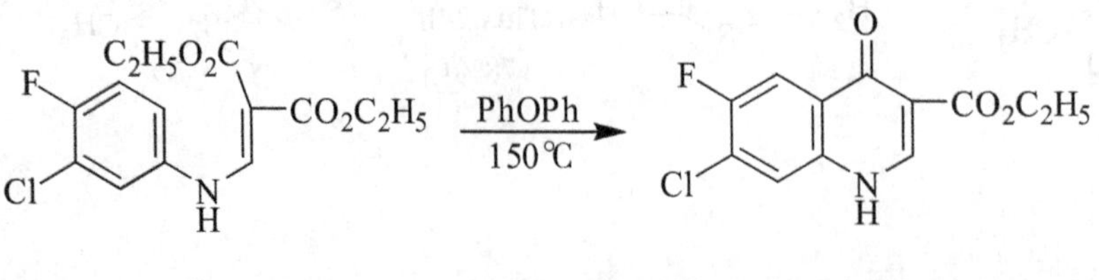

（二）酯羰基 α- 位的 C- 酰化反应

以羧酸酯为酰化剂对另一分子的酯羰基 α- 位的 C- 酰化反应称为 Claisen 酯缩合反应，其产物为 β- 酮酸酯，发生在同一分子内的 Claisen 酯缩合反应亦称为 Dieckmann 反应。

1. 反应通式及机制

2. 反应影响因素及应用实例

（1）Claisen 反应过程为可逆平衡反应，当催化剂的用量在等摩尔以上时，使产物全部转化为稳定的 β- 酮酸酯的钠盐，使反应平衡右移。

（2）两种含 α- 活泼氢的酯进行缩合时理论上应该有 4 种产物生成，缺乏实用价值。相同的酯之间的 Claisen 反应产物单一，有实用价值。例如，利用乙酸乙酯的自身 Claisen 反应可以制备乙酰乙酸乙酯。

甲酸酯、苯甲酸酯、草酸酯及碳酸酯等不含 α- 活泼氢的酯与另外 1 分子的含 α- 活泼氢的酯进行 Claisen 反应时，通过适当控制反应条件可以得到单一的产物。

（3）若两个酯羰基在同一分子内，可以发生分子内的 Claisen 反应，得到单一的环状 β- 酮酸酯，此反应也称为 Dieckmann 反应。

（4）反应中碱的选择与酯羰基 α- 位氢的酸性强弱有关，常见的碱有醇钠、氨基钠、氢化钠和三苯甲基钠等。反应溶剂一般采用乙醚、四氢呋喃、乙二醇二甲醚、芳烃、煤油、DMSO 和 DMF 等非质子溶剂。另外，在反应中有一些常见的碱 / 溶剂的组合，如 RONa/ROH、NaNH$_2$/NH$_3$、NaNH$_2$/ 甲苯、NaH/ 甲苯、NaH/DMF、NaH/DMSO、Ph$_3$CNa/ 甲苯、(CH$_3$)$_3$COK/

叔丁醇等。

（三）酮羰基 α- 位和腈基 α- 位的 C- 酰化反应

与 Claisen 反应类似,酮羰基 α- 位和腈基 α- 位均可以与羧酸酯发生 C- 酰化反应,反应产物为 β- 二酮或 β- 羰基腈。

1. 反应通式及机制

$$Z=COR^2,\ CN$$

2. 反应影响因素及应用实例 不对称酮进行反应时,一般情况下酮的 α- 位的活性顺序为 $CH_3CO\longrightarrow RCH_2CO\longrightarrow R_2CHCO\longrightarrow$,即甲基酮优先被酰化。

酮与含 α- 活泼氢酯反应时,由于酮的 α- 活泼氢酸性较强,容易与碱作用形成负碳离子,所以反应趋于发生酮羰基 α- 位 C- 酰化反应。不含 α- 活泼氢的酯为酰化剂时,则副产物少,产物较单纯。

腈类化合物与酮一样,其 α- 位也可以与酯发生 C- 酰化反应。

第五节　酰胺为酰化剂的酰化反应

一般的酰胺由于其结构中 N 原子的供电性,酰化能力较弱,很少将其用作酰化剂,而一些具有芳杂环结构的酰胺活性较强,常被应用于 O- 酰化和 N- 酰化反应中。常见的活性酰胺的结构如下:

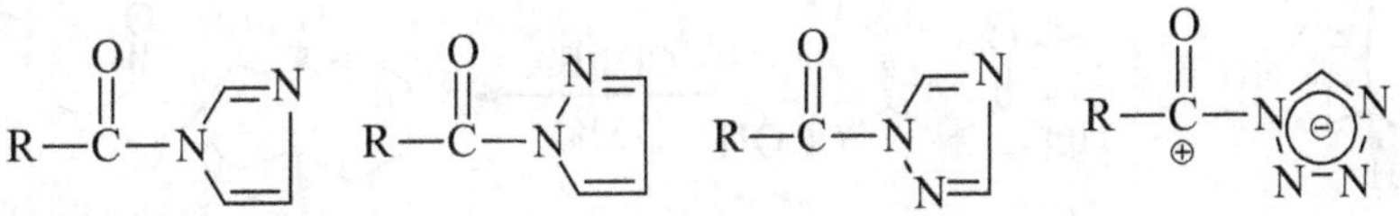

活性酰胺中的离去基团为含 N 原子的五元芳杂环,非常稳定,因而使酰胺的活性增强,上述活性酰胺最为常用的是酰基咪唑。

一、O- 酰化

活性酰胺作为 O- 酰化反应的酰化剂,可用于醇(酚)羟基的 O- 酰化反应,酰化过程中加入醇钠、氨基钠、氢化钠等强碱可以增加反应活性。

（一）反应通式及机制

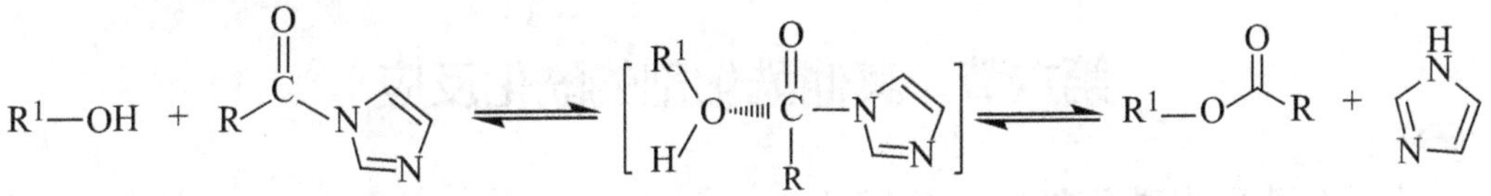

（二）反应影响因素及应用实例

酰基咪唑在反应中可以由碳酰二咪唑(CDI)与羧酸直接作用得到,反应中如果同时加入 NBS,NBS 可使咪唑环生成活化形式的中间体,活性更强,反应在室温下即可进行。

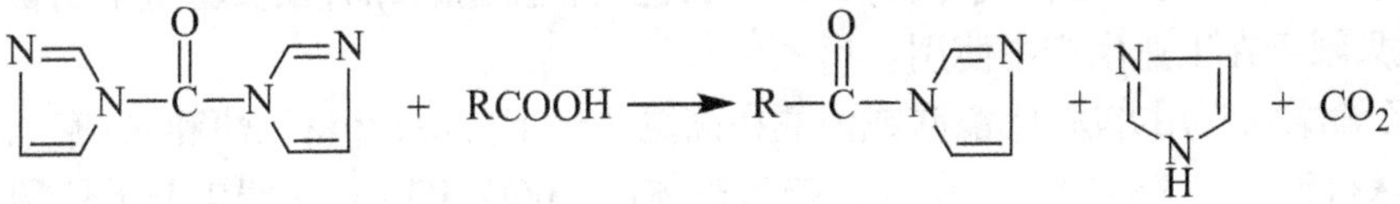

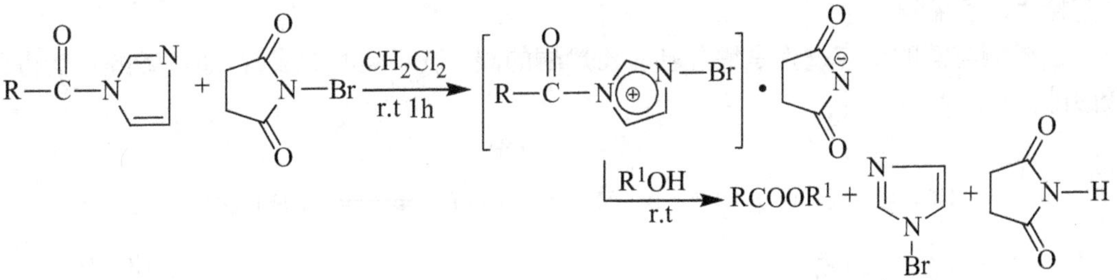

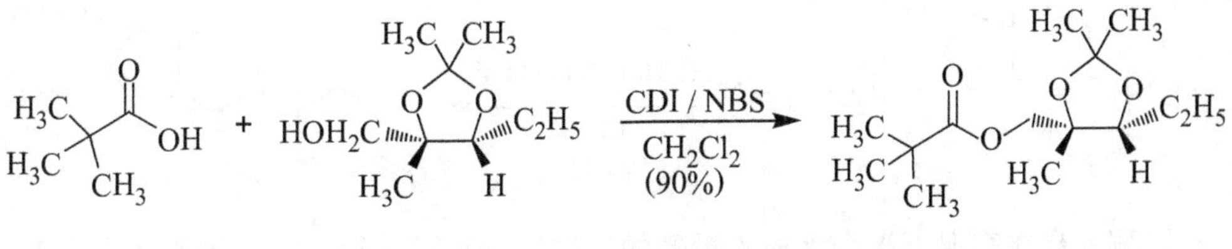

二、N-酰化

在上一节 O- 酰化中曾讨论过一些羧酸与 CDI 形成的活性酰胺在 N- 酰化中也有应用，其反应机制与 O- 酰化一致。在此仅举几例说明其应用。

降糖药米格列奈（Mitiglinide）的合成采用此活性酰胺法。

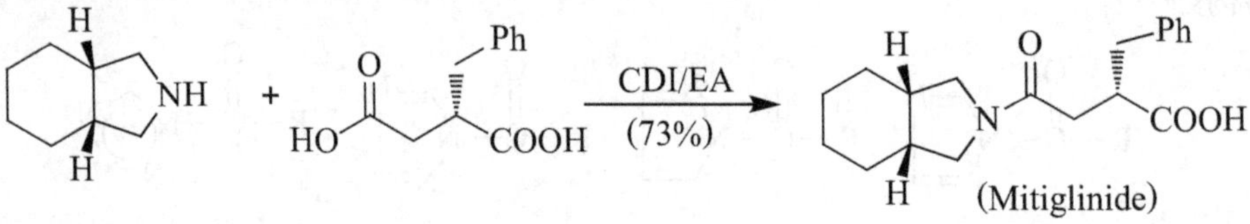

（Mitiglinide）

新型促肠动力剂普卡必利（Prucalopride）的合成中亦采用 CDI 为活化剂的活性酰胺法。

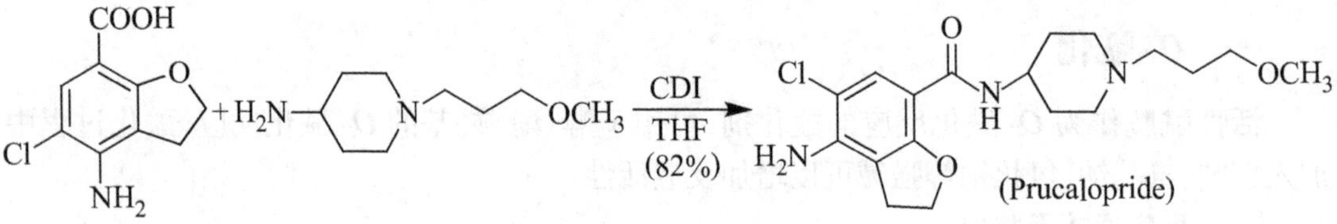

（Prucalopride）

第六节　其他酰化剂的酰化反应

一、乙烯酮为酰化剂的酰化反应

乙烯酮可看作羧酸分子内脱水形成的酸酐，有很强的酰化能力，且反应没有其他副产物生成，反应条件温和、收率高，适用于某些难以酰化的叔醇、酚等的乙酰化反应。乙烯酮为具有类似氯气和醋酸酐的刺激性气味，有毒，吸入后会引起剧烈头痛，在实验室中制备、使用较困难，一般只限于在工业生产中使用。

制备乙烯酮的常用方法：①醋酸或丙酮在高温条件下分解；②将乙炔和氧（摩尔比 2：1）的混合气保持温度为 98~107℃，在以硅胶为载体的 $ZnO/CaO/Ag_2O$ 催化剂上停留 1 秒，即可直接生成乙烯酮。

乙烯酮与醇的反应过程是醇羟基对乙烯酮的碳 - 氧双键的加成，再通过烯醇互变得到羧酸酯。

$$H_2C{=}C{=}O + ROH \longrightarrow H_2C{=}\overset{\underset{|}{OH}}{C}{-}OR \rightleftharpoons CH_3COOR$$

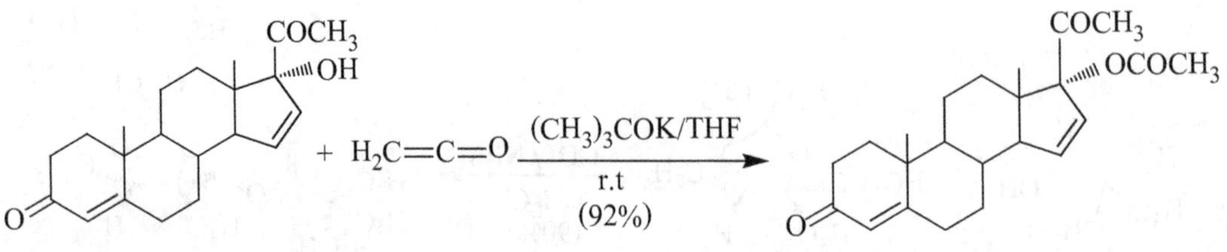

乙烯酮容易在高温下聚合生成乙烯酮的二聚体，即双乙烯酮，双乙烯酮在常温下为液体，沸点为 127℃，其性质活泼，可以与多种物质发生反应，应用广泛，如与乙醇反应是工业

生产乙酰乙酸乙酯的主要方法。

$$H_2C\!\!=\!\!C\!\!=\!\!O + H_2C\!\!=\!\!C\!\!=\!\!O \longrightarrow$$

丙酮与乙烯酮反应可得到乙酸异丙烯醇酯(IPA),也是一个优良的乙酰化试剂,用于位阻大的醇的乙酰化反应。

二、3-乙酰-1,5,5-三甲基乙内酰脲为酰化剂的酰化反应

3-乙酰-1,5,5-三甲基乙内酰脲(Ac-TMH)具有活性酰胺的结构,由1,5,5-三甲基乙内酰脲与醋酐反应制得,为选择性乙酰化试剂,当酚羟基和醇羟基共存在同一分子中时,可选择性地对酚羟基进行乙酰化。

三、羧酸盐为酰化剂的酰化反应

利用羧酸盐(碱金属盐、银盐和铵盐)与卤代烃的反应制备羧酸酯也是 O- 酰化的方法之一,但在通常的反应条件下,反应中卤代烃的消除和水解反应与酰化反应竞争,致使卤代烃转变成酯的转化率和反应收率都不高,缺乏实用性。采用羧酸银盐与卤代烃反应虽然可获得较高收率,但由于银盐价格昂贵,不适合大规模制备。

在质子溶剂的酰化反应中,由于羧酸根离子被溶剂化,降低了反应活性,使之成为较弱的亲核试剂,致使羧酸钠(钾)的酰化反应收率不高,但当有季铵盐类相转移催化剂存在时,羧酸根可与相转移催化剂中的阳离子形成离子对,从而进入有机相(非质子溶剂),避免了溶剂化,提高了反应活性,酯化产率提高。其反应原理如下:

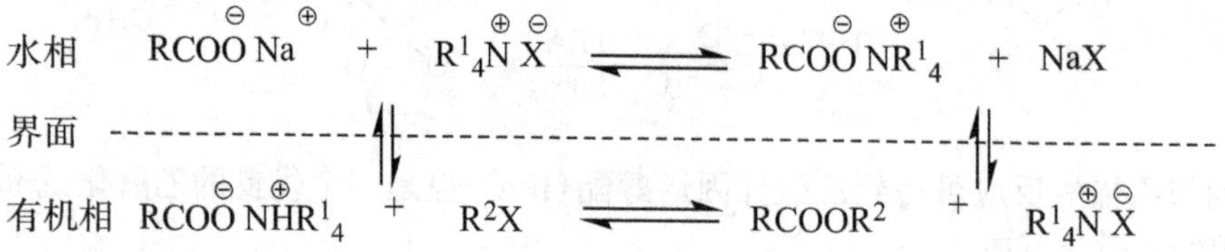

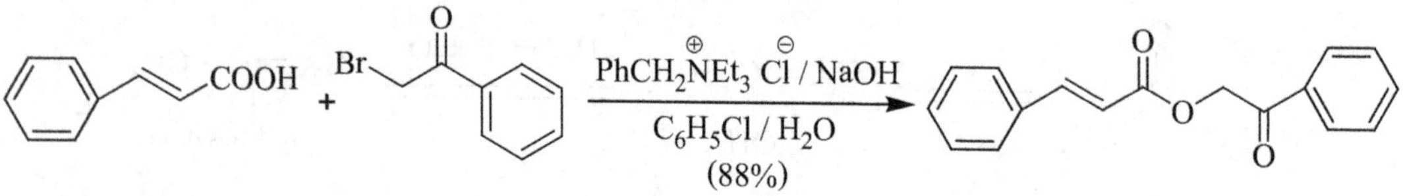

水相 $RCOO^{\ominus}Na^{\oplus}$ + $R^1_4N^{\oplus}X^{\ominus}$ $\rightleftharpoons$ $RCOO^{\ominus}NR^1_4^{\oplus}$ + NaX

界面 $- -$

有机相 $RCOO^{\ominus}NHR^1_4^{\oplus}$ + R^2X $\rightleftharpoons$ $RCOOR^2$ + $R^1_4N^{\oplus}X^{\ominus}$

$$\text{PhCH}_2\text{NEt}_3^{\oplus}\text{Cl} / \text{NaOH} \atop \text{C}_6\text{H}_5\text{Cl} / \text{H}_2\text{O} \quad (88\%)$$

抗菌药舒巴坦匹酯(Sulbactam pivoxil)是采用舒巴坦钠盐在相转移催化剂溴化十六烷基三甲铵的催化下与特戊酸氯甲酯反应制得的。

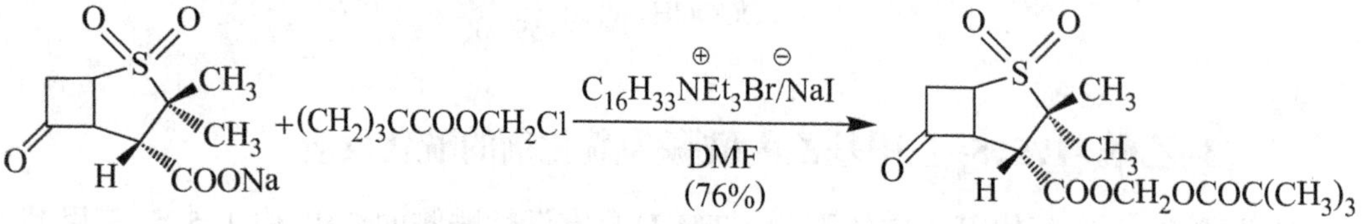

$$+(\text{CH}_2)_3\text{CCOOCH}_2\text{Cl} \xrightarrow[\text{DMF} \atop (76\%)]{\text{C}_{16}\text{H}_{33}\text{NEt}_3^{\oplus}\text{Br}^{\ominus}/\text{NaI}}$$

(Sulbactam pivoxil)

第七节 间接的酰化反应

所谓间接酰化反应就是将酰基的等价物引入有机化合物的分子中,然后经处理释放出酰基。间接酰化反应一般只发生在 C- 酰化反应中。

一、Hoesch 反应

Hoesch 反应是一个以腈为酰化剂间接将酰基引入酚或酚醚的芳环上的方法。腈类化合物与氯化氢在 Lewis 酸催化剂的存在下与具有羟基或烷氧基的芳烃进行反应可生成相应的酮亚胺(Ketimine),再经水解则得具有羟基或烷氧基的芳香酮,此反应称之为 Hoesch 反应。

（一）反应通式及机制

（二）反应影响因素及应用实例

1. 本反应为芳香环上的亲电取代反应，所以被酰化物一般为间苯二酚、间苯三酚和其相应的醚类以及某些多电子的芳杂环等，一元酚、苯胺的产物通常是 *O*-酰化或 *N*-酰化产物，而得不到酮。某些电子云密度较高的芳稠环如 α-萘酚，虽然是一元酚，也可发生 Hoesch 反应。烷基苯、氯苯、苯等芳烃一般可与强的卤代腈类（如 Cl_2CHCN、Cl_3CCN 等）发生 Hoesch 反应。

血管扩张剂盐酸丁咯地尔（Buflomedil hydrochloride）是采用 4-（1-四氢吡咯）-丁腈与间三甲氧基苯的 Hoesch 反应制得的。

2. 作为酰化剂的脂肪族腈类化合物的活性强于芳腈，反应收率较高，而脂肪族腈的结构中腈的 α-位带有卤素取代基则活性增加。

3. 反应催化剂一般为无水 $ZnCl_2$、$AlCl_3$、$FeCl_3$ 等 Lewis 酸,当采用 BCl_3、BF_3 为催化剂时,一元酚则可得到邻位产物。反应溶剂以无水乙醚为最好,冰醋酸、三氯甲烷 - 乙醚、丙酮、氯苯等也可以用作溶剂。

二、Gattermann 反应

以氰化氢为酰化剂,以三氯化铝和氯化氢为催化剂对酚或酚醚的甲酰化得到芳醛的反应称为 Gattermann 反应。其反应机制与 Hoesch 反应相似,可以看作是 Hoesch 反应的特例。

(一)反应通式及机制

(二)反应影响因素及应用实例

1. 本反应中酰化剂的活性较 Hoesch 反应强,所以芳环上有 1 个供电取代基即可顺利发生反应,芳杂环也可以顺利反应。反应中可以用 $Zn(CN)_2/HCl$ 代替毒性大的 HCN/HCl。

2. 对活性较低的芳环,可以采用改良的 Gattermann 反应即 Gattermann-Koch 反应,采用 $CO/HCl/AlCl_3$ 为酰化剂在氯化亚铜的存在下反应,收率较高,为工业上制备芳醛的主要方法。

三、Vilsmeier-Haack 反应

电子云密度较高的芳香化合物与 N- 取代甲酰胺在三氯氧磷作用下，在芳环上引入甲酰基的反应称为 Vilsmeier-Haack 反应。

（一）反应通式及机制

$$ArH + \underset{H}{\overset{O}{\parallel}}C-NR^1R^2 \xrightarrow{POCl_3} ArCHO + R^1-NH-R^2$$

（二）反应影响因素及应用实例

1. 该反应为芳环上的亲电取代反应，被酰化物一般为多环芳烃类、酚（醚）类、N,N- 二甲基苯胺类以及吡咯、呋喃、噻吩、吲哚等多电子杂环。

2. 除常用的 DMF 外，其他 N,N- 双取代的甲酰胺也可作为酰化剂，反应如果用其他酰胺代替甲酰胺，则产物为芳酮。

3. 催化剂除常用 $POCl_3$ 外，$COCl_2$、$SOCl_2$、$ZnCl_2$ 和 $(COCl)_2$ 等也有应用。

四、Reimer-Tiemann 反应

苯酚和三氯甲烷在强碱性水溶液中加热,生成芳醛的反应称为 Reimer-Tiemann 反应。

(一)反应通式及机制

(二)反应影响因素及应用实例

被酰化物一般包括酚类、N,N-二取代的苯胺类和某些带有羟基取代的芳杂环类化合物,产物为羟基的邻、对位混合体,但邻位的比例较高。

虽然采用该反应制备羟基醛的收率虽然不高(一般均低于 50%),但未反应的酚可以回收,且本反应具有原料易得、方法简便等优势,因此有广泛的应用。

第八节 选择性酰化及酰化反应在基团保护中的应用

在某些化合物的结构中存在着两个或两个以上可酰化的部位(基团),如果需要酰化其中的部分基团,一般可采取两种方式:一是利用基团间的立体位阻或电子效应的差别,通过选择合适的酰化剂进行选择性的酰化;二是采用基团保护策略,将其中的部分基团先行保护起来,再进行酰化反应。本节将通过一些具体的应用实例讨论这两种策略的应用。

一、选择性酰化反应

选择性酰化系指在多个相同基团或不同基团间进行选择性酰化,之所以能产生选择性是由于这些基团间存在着立体环境或电子效应方面的差异,因此与合适的酰化剂(亲电试剂)反应时表现出不同的反应活性。

(一)利用立体因素进行选择性酰化

下例甾体化合物中同时存在着 C-11α-OH、C-17α-OH 和 C-21-OH,其中 C-21-OH 为伯醇羟基,立体位阻最小,因此当选择较温和的 HOAc/Ba(OAc)$_2$ 为酰化剂时,主要为 C-21-OH 乙酰化的产物。

下例是 2-羟基-4-氨基苯乙酮的酰化反应,由于酚-OH 可与相邻的羰基形成分子内氢键,使该羟基受到屏蔽,因此选用 Ac$_2$O/AcONa 在室温下酰化时主要得到氨基的乙酰化产物。

(二)利用电子效应进行选择性酰化

同一分子中若同时存在氨基、羟基时,由于羟基氧原子的亲核能力较氮原子弱,酰化时一般优先酰化氨基的氮原子。

下例中苯环的 2-位的氨基由于受磺酸基的影响,其电子云密度较 5-位氨基更低,所以酰化反应主要发生在 5-位的氨基上。

酰胺的 N 原子受到吸电的羰基的影响,其电子云密度较低,一般不容易发生酰化反应。

有时反应温度也会影响酰化的选择性,在下例中,相同的酰化剂,在低温下反应以酚羟基的 *O-* 酰化产物为主,如在室温下反应则得 *O-* 酰化和 *C-* 酰化的混合物。

分子中同时有酚羟基和醇羟基时,醇羟基的亲核性大于酚羟基,一般醇羟基优先酰化。

当以 3- 乙酰 -1,5,5- 三甲基乙内酰脲(Ac-TMH)为酰化剂时则正好得到相反的结果,主要为酚羟基的酰化产物,具体实例见本章第六节的相关内容。

二、酰化反应在基团保护中的应用

基团保护是指将分子结构中的一些暂时不需发生反应的活性基团(如羟基、氨基、巯基、羰基、羧基活泼 C—H 键等)加以"屏蔽",使之不受后续反应的影响,待反应结束后再恢复原来的基团。在本节主要讨论酰化反应在羟基、氨基保护中的应用。

(一)羟基的保护

由于酯结构具有一定的稳定性,且容易制备,因此可以通过将羟基转化成适当的羧酸酯的方法加以保护,待反应结束再通过水解的方式恢复原来的羟基。常用的酯有甲酸酯、碳酸酯、醋酸酯、α- 卤代醋酸酯、苯甲酸酯、特(新)戊酸酯等。脱去该类保护基的方法一般包括在氢氧化钠、碳酸钾等无机碱或氨水、有机胺、醇钠等的水溶液或醇溶液中进行水解。

下例甾体化合物的反应中,由于 C-3α-OH 位阻最小,采用氯甲酸乙酯可选择性地保护该羟基。

胸腺嘧啶核苷的 5′- 位的伯醇羟基活性较大,可以用特戊酰氯 - 吡啶选择性地保护。

10- 去乙酰基巴卡亭Ⅲ(10-Deacetylbaccatin Ⅲ)是一种天然提取物,可作为抗癌药紫杉醇(Paclitaxel)的半合成原料,其结构中的 4 个游离羟基的活性顺序是 C-7-OH>C-10-OH>C-13-OH>C-1-OH,选择适当的酰化条件可选择性地保护 C-7-OH 和 C-10-OH。

(10-Deacetylbaccatin)

(二)氨基的保护

将胺转变成单酰胺是一个较为简便且应用广泛的保护氨基的有效方法,在氨基酸、肽类、核苷和生物碱等活性化合物的合成中氨基的保护尤为普遍。通常作为氨基保护基的酰胺包括甲酰胺、乙酰胺、α- 卤代乙酰胺、苯甲酰胺和烃氧基甲酰胺等。脱去这些保护基的传统方法是通过在强酸性或碱性溶液中加热来实现保护基的脱除。一些对强酸、强碱较敏感的化合物不宜采用这种方法脱保护,近年来有发现了一些诸如肼解法、还原法、氧化法等较为温和的脱保护基方法。

甲酸、甲乙酸酐、甲酸乙酯和原甲酸三乙酯都是常用的用于保护氨基的甲酰化试剂,甲酰基可用传统的酸或碱水解的方法方便地除去,也可采用 H_2O_2 氧化法将甲酰基转化成 CO_2 而去除。

乙酰胺较甲酰胺更为稳定也是常见的氨基保护基,如采用丙二酸二乙酯法制备 α- 氨基酸的反应中,采用乙酰基作为氨基的保护基。

α- 单卤代乙酰胺也是一个常用的氨基保护基,它较乙酰基更容易水解脱除,也可在硫脲中方便地脱去,脱除条件较为温和,适用于肽类等化合物的制备。邻苯二胺也有这种"助脱"作用,在碱性环境中方便地脱去 α- 单卤代乙酰基。

氨基的烃氧基甲酰化是近年来发展起来的一类重要的氨基保护方法,特别是在肽类、半合成抗生素类药物的合成中广泛使用,具有上保护基反应收率高、产物稳定性好、脱保护条件温和等优势。常用的烃氧基甲酰化试剂有氯甲酸甲酯(乙酯)、氯甲酸苄酯(CbzCl)、碳酸酐二叔丁酯[(Boc)₂O]和氯甲酸 -9- 芴甲酯(Fmoc-Cl)。

文献报道在催化量的金属铟的存在下,氯甲酸甲酯可选择性地保护 L- 酪氨酸甲酯的氨基。

碳酸二叔丁酯[(t-Boc)₂O]反应活性高,能与氨基酸或肽盐迅速反应,生产高收率的叔丁氧羰基保护的产物,且比较稳定,对各类亲核试剂稳定,对于氨解、碱分解、肼解条件等比较稳定。脱除保护基可以在盐酸或三氟醋酸中进行,室温下即可完成脱保护。

通过将氨基转化为 9- 芴甲氧甲酰胺来保护氨基也是重要的氨基保护方法,特点是对酸稳定,其脱除反应一般选用吡啶、吗啉或哌嗪的较温和的条件分解脱除。常用的 9- 芴甲氧甲酰化制剂有氯甲酸 -9- 芴甲酯(Fmoc-Cl)、9- 芴甲基琥珀酰亚氨基碳酸酯(Fmoc-OSu)等。

本 章 要 点

1. 酰化反应是有机物分子结构中的碳、氮、氧等原子上导入酰基的反应。从酰化剂的角度来讲绝大部分酰化反应都属于亲电酰化,这是由于在通常的反应条件下羰基的碳原子均显部分正电性。

2. 酰化剂一般包括羧酸和羧酸衍生物(RCOZ),当其结构中的 R 相同时,其酰化能力与离去基团 Z 的电负性和离去能力有关,Z 的电负性越大、离去能力越大,其酰化能力越强。一般情况下常见的酰化剂的活性顺序为:

$$\overset{\oplus}{R}CO\overset{\ominus}{ClO_4} > \overset{\oplus}{R}CO\overset{\ominus}{BF_4} > RCOX > RCO_2COR^1 > RCO_2R^1, RCO_2H > RCONHR^1$$

3. 就被酰化物(R^1—YH)而言,亲核能力越强越容易被酰化,当被酰化物结构中的 R^1 相同时被酰化物的活性顺序为 $R^1NH_2 > R^1OH > R^1H$。R^1 基团对其酰化的难易也有影响,对于 O- 酰化和 N- 酰化而言,R^1 为芳环时,由于芳环与 N 原子或 O 原子间的共轭效应,使 N 原子或 O 原子上的云密度降低而反应活性下降,所以 $R^1NH_2 > ArNH_2$;$R^1OH > ArOH$。另外,R^1 基团的立体位阻对其活性也有影响。

4. C- 酰化是用来制备酮类化合物的主要方法,可以发生酰化反应的部位主要包括电子云密度较高的芳(杂)环、羰基、腈基和硝基的 α- 位以及烯烃 C 原子。其主要反应有 Friedel-Crafts 酰化反应、Hoesch 反应、Gattermann 反应、Vilsmeier-Haack 反应、Reimer-Tiemann 反应、Claisen 反应和 Dieckmann 反应等。

本章练习题

一、简要回答下列问题

1. DCC 和偶氮二羧酸二乙酯(DEAD)均为 O- 酰化反应中良好的催化剂,但两者的使用特点有所不同,简述两者催化作用的特性。

2. 下述是用来制备"苯佐卡因"的中间体对硝基苯甲酸乙酯的反应,针对这一反应,某同学设计了如下实验方案:①选择 50~100℃的范围考察反应温度对反应的影响;②选择

2~10 小时的范围考察反应时间对反应的影响;③反应结束后进行常压蒸馏回收得到无水乙醇并将其套用到下批投料;④加入 50% 氢氧化钠溶液中和未反应的对 - 硝基苯甲酸。上述实验方案是否合理? 为什么?

$$O_2N-\bigcirc-COOH + C_2H_5OH \xrightarrow[\triangle]{H_2SO_4} O_2N-\bigcirc-COOC_2H_5 + H_2O$$

3. 间接酰化反应主要有哪些类型? 其主要特征是什么?

二、完成下列合成反应

1.

2.

3.

4.

5.

6.

7.

8.

9.

10.

三、药物合成路线设计

　　根据所学知识,以邻氨基苯甲酸乙酯、4-溴丁酸乙酯、对硝基苯甲酰氯、邻甲基苯甲酰氯等为主要原料,完成心力衰竭治疗新药莫扎伐普坦(Mozavaptan)的合成路线设计。

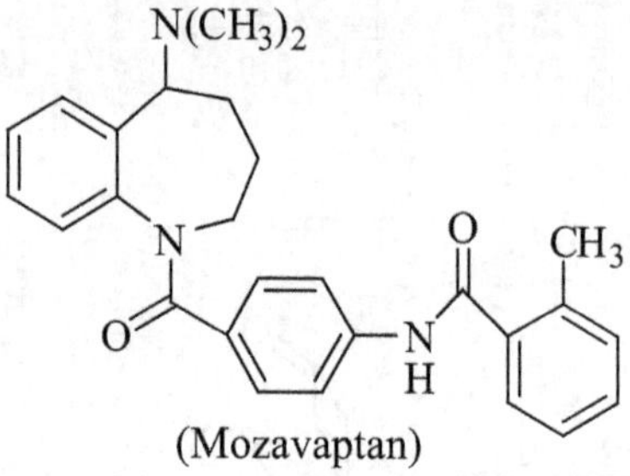

(Mozavaptan)

（郭　春）

第六章 缩合反应

缩合反应（condensation reaction）的含义很广，一般来说，缩合反应是指两个或多个有机化合物分子通过反应形成一个新的较大分子的反应，或同一个分子发生分子内反应形成新的分子。反应过程中，一般同时脱去一些简单的小分子（如水、醇或氯化氢等），也有些是加成缩合，不脱去任何小分子。就化学键而言，通过缩合反应可以建立碳-碳键以及碳-杂键，本章主要讨论生成碳-碳键的缩合反应。

缩合反应在药物合成中应用十分广泛，是一个增长碳链、形成分子骨架的重要反应类型，也是药物及药物中间体合成的重要手段。例如，抗胆碱药盐酸苯海索（Trihexyphenidyl hydrochloride）是以苯乙酮为起始原料，经 Mannich 反应、Grignard 反应而制得的。

第一节 羟醛缩合反应

含 α-H 的醛、酮在碱或酸的催化下发生自身缩合，或与另一分子的醛、酮发生缩合，生成 β-羟基醛、酮，再经脱水消除生成 α,β-不饱和醛、酮，这类反应称为羟醛缩合反应，又称为醛醇缩合反应（Aldol 缩合反应）。

一、含 α-H 的醛、酮自身缩合

含 α-H 的醛、酮在碱或酸的催化下可发生自身缩合，生成 β-羟基醛、酮类化合物，或进而发生消除脱水生成 α,β-不饱和醛、酮。

（一）反应通式及机制

（R^1=H、脂肪基或芳烃基）

含 α-H 的醛、酮自身缩合属亲核加成-消除反应机制。羟醛缩合反应既可被酸催化，也可被碱催化，但碱催化应用较多。

碱催化反应的机制：

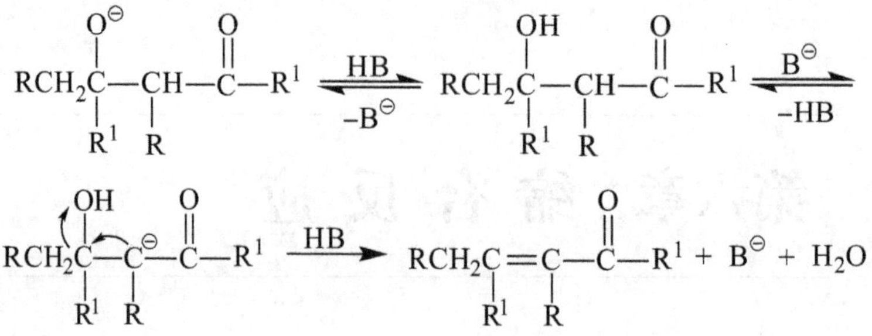

$$（R^1=H、脂肪基或芳烃基）$$

碱首先夺取 1 个 α-H 生成碳负离子，碳负离子作为亲核试剂进攻另一分子醛、酮的羰基，生成 β- 羟基化合物，后者在碱的作用下失去 1 分子水，生成 α,β- 不饱和醛、酮。

酸催化反应的机制：

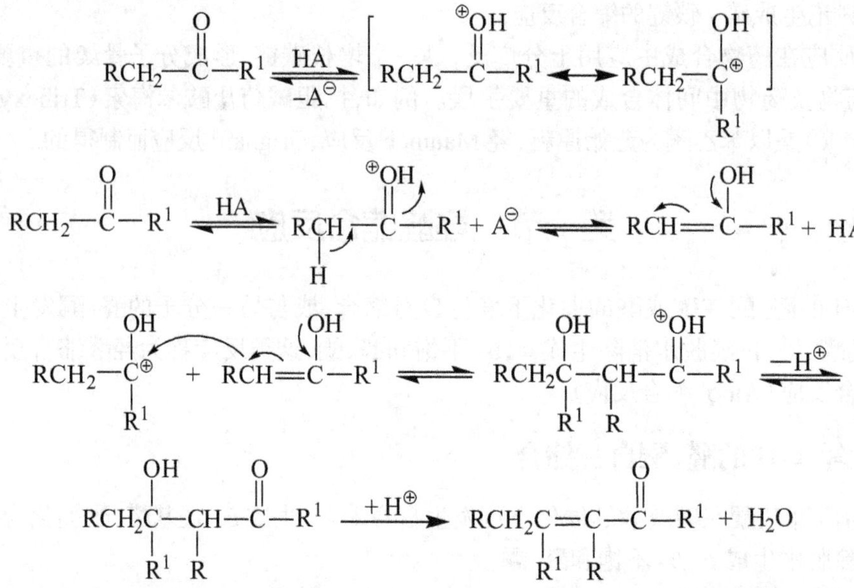

酸催化首先是醛、酮分子的羰基氧原子接受 1 个质子生成鑶盐，从而提高了羰基碳原子的亲电活性，另一分子醛、酮的烯醇式结构的碳 - 碳双键碳原子进攻羰基，生成 β- 羟基醛、酮，而后失去 1 分子水生成 α,β- 不饱和醛、酮。

（二）反应影响因素及应用实例

1. 含 α-H 的酮分子间自身缩合的反应活性较醛低，速率较慢。例如，当丙酮的自身缩合反应到达平衡时，缩合物的浓度仅为丙酮的 0.01%，为了打破这种平衡，可用 Soxhlet 抽提等方法除去反应中生成的水，从而提高收率。

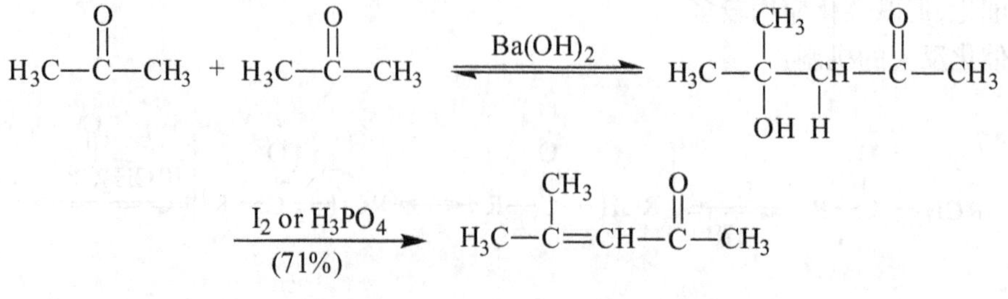

含 α-H 的脂肪酮自身缩合，常用强碱来催化，如醇钠、叔丁醇铝等。例如：

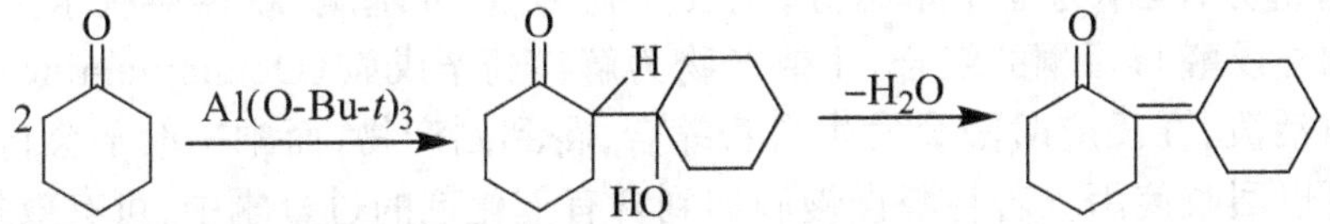

酮的自身缩合若是对称酮，则产品较单纯；若是不对称酮，则不论是碱催化还是酸催化，反应主要发生在羰基 α- 位上取代基较少的碳原子上，得 β- 羟基酮或其脱水产物。

2. 反应温度对该反应的速率及产物类型有一定影响。对含 α-H 的醛而言，反应温度较高或催化剂的碱性较强，有利于打破平衡，进而脱水得 α,β- 不饱和醛，生成的 α,β- 不饱和醛一般以 E 构型异构体为主。例如，正丁醛在不同温度下的自身缩合反应：

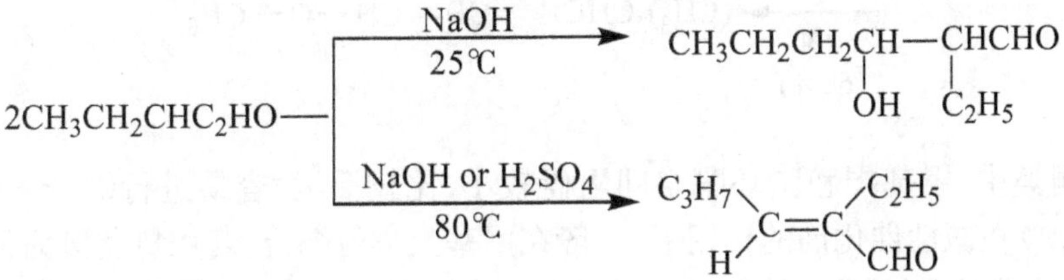

3. 催化剂对醛、酮的自身缩合反应影响较大。常用的碱催化剂有磷酸钠、醋酸钠、碳酸钠（钾）、氢氧化钠（钾）、乙醇钠、叔丁醇铝、氢化钠、氨基钠等，有时也可用阴离子交换树脂。氢化钠等强碱一般用于活性差、空间位阻大的反应物之间的缩合，如酮 - 酮缩合，并且在非质子溶剂中进行反应。常用的酸催化剂有盐酸、硫酸、对甲苯磺酸以及三氟化硼等 Lewis 酸。例如，催眠镇静药甲丙氨酯（Meprobamate）的中间体的合成即采用该反应。

$$2CH_3CH_2CHO \xrightarrow[(90\%)]{NaOH} CH_3CH_2CH{=}\underset{}{C}(CH_3)CHO$$

二、含 α-H 的醛、酮之间缩合

含 α-H 的不同醛、酮分子之间的缩合反应情况比较复杂，理论上有 4 种产物，如继续脱水，产物更复杂。实际上，根据反应物的性质和反应条件的不同，所得产物仍有主、次之分，甚至可以使某一种产物占绝对优势。此类缩合反应的机制与前述的含 α-H 的醛、酮的自身缩合一致，因此，此处仅对其反应影响因素及应用实例加以讨论。

1. 含 α-H 的两种不同醛进行缩合时，若活性差异较大，利用不同的反应条件，可以得到某一主要产物。例如：

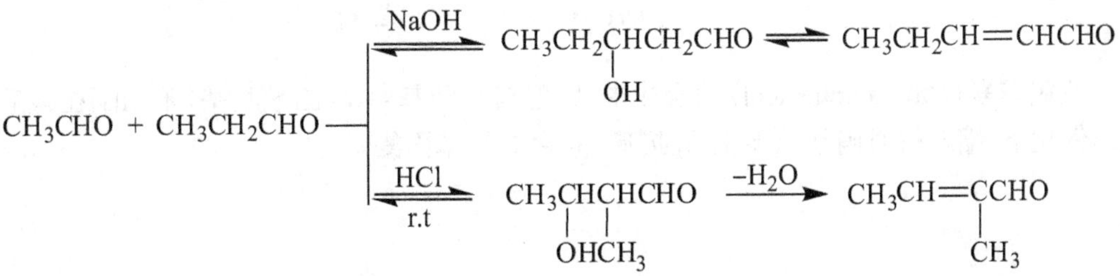

2. 当反应物一种为含 α-H 的醛,另一种为含 α-H 的酮时,在碱催化的条件下缩合,醛作为羰基组分,酮作为亚甲基组分,主要产物为 β- 羟基酮,或再经脱水生成 α,β- 不饱和酮。如异戊醛与丙酮的缩合,主要产物为解痉药辛戊胺(Octamylamine)的中间体。由于醛比酮活泼,在反应时醛会发生自身缩合,得到副产物,而酮一般不会自身缩合,过量的酮还可以回收使用。若将醛慢慢滴加到含有催化剂的过量酮中,可有效抑制醛自身缩合。

$$(CH_3)_2CHCH_2-\overset{\overset{\displaystyle O}{\|}}{C}-H + H_3C-\overset{\overset{\displaystyle O}{\|}}{C}-CH_3 \xrightarrow{NaOH} (CH_3)_2CHCH_2-\overset{\overset{\displaystyle OH}{|}}{CH}-\overset{\overset{\displaystyle H}{|}}{CH}-\overset{\overset{\displaystyle O}{\|}}{C}-CH_3$$

$$\xrightarrow[30℃]{-H_2O} (CH_3)_2CHCH_2-CH=CH-\overset{\overset{\displaystyle O}{\|}}{C}-CH_3$$
$$(60\%)$$

3. 在酮类中,甲基酮和脂环酮空间阻碍较小,比较活泼,容易进行缩合。甲基脂肪酮(CH_3COCH_2R)在碱性催化剂的作用下,一般在甲基上进行缩合,若用氯化氢为催化剂,则缩合在亚甲基处进行;脂环酮常能和两分子醛在 α,α'- 位缩合。苄基酮的 α- 亚甲基特别活泼,因为亚甲基同时受到羰基和苯基活化。

三、甲醛与含 α-H 的醛、酮缩合

甲醛与含 α-H 的醛、酮缩合的反应机制与前述的 α-H 的醛、酮的自身缩合机制一致,因此,此处仅对其反应影响因素及应用实例加以讨论。

1. 甲醛本身不含 α-H,不能自身缩合,但在碱[如 $Ca(OH)_2$、K_2CO_3、$NaHCO_3$、R_3N 等]的催化下,可与含 α-H 的醛、酮进行醛醇缩合,在醛、酮的 α- 碳原子上引入羟甲基,此反应称为羟甲基化反应(Tollens 缩合),其产物是 β- 不饱和醛、酮。例如:

$$HCHO + CH_3COCH_3 \xrightarrow[40\sim42℃]{NaOH} H_2C\overset{\overset{\displaystyle H}{|}}{\underset{\overset{\displaystyle |}{OH}\;\overset{\displaystyle |}{H}}{-C-}}COCH_3 \xrightarrow[-H_2O]{(COOH)_2} H_2C=CH-COCH_3$$
$$(45\%)$$

在氯霉素(Chloramphenicol)的合成中,甲醛与对硝基 -(α- 乙酰胺基)苯乙酮在碳酸氢钠的催化下,缩合得对硝基 -(α- 乙酰胺基 -β- 羟基)- 苯丙酮。

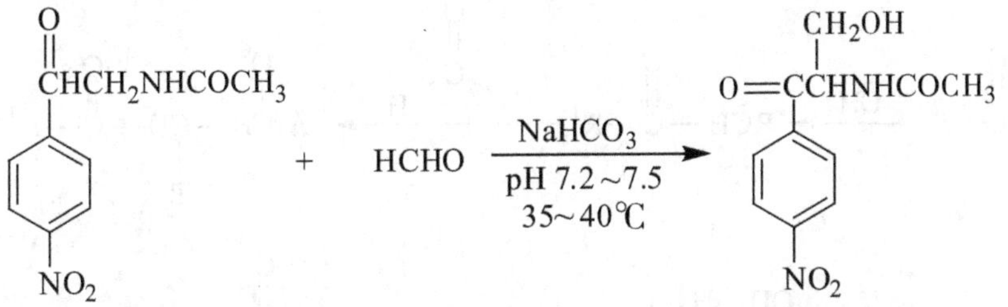

利尿药依他尼酸（Ethacrynic acid）的合成是以 2,3- 二氯苯甲醚为原料，经过 Friedel-Crafts 酰化反应、O- 烷基化反应，得到 2,3- 二氯 -4- 丁酰基苯氧乙酸，最后与甲醛缩合制得的。

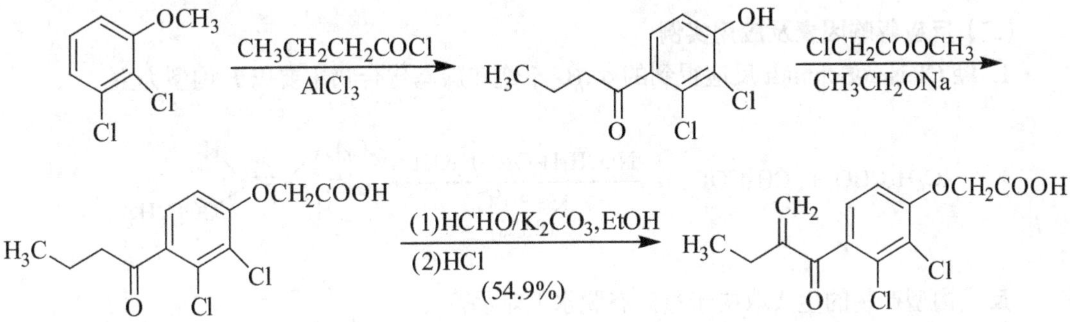

(Ethacrynic acid)

2. 由于甲醛和不含 α-H 的醛在浓碱中能发生 Cannizzaro 反应（歧化反应），因此甲醛的羟甲基化反应和交叉 Cannizzaro 反应能同时发生，这是制备多羟基化合物的有效方法。如血管扩张药硝酸戊四醇酯（Pentaerythritol tetranitrate）的中间体的合成：

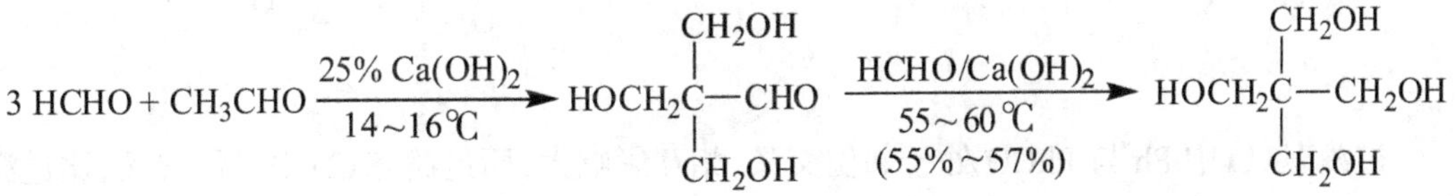

四、芳醛与含 α-H 的醛、酮的缩合

芳醛和脂肪族醛、酮在碱催化下缩合成 α,β- 不饱和醛、酮的反应称为 Claisen-Schmidt 反应。

（一）反应通式及机制

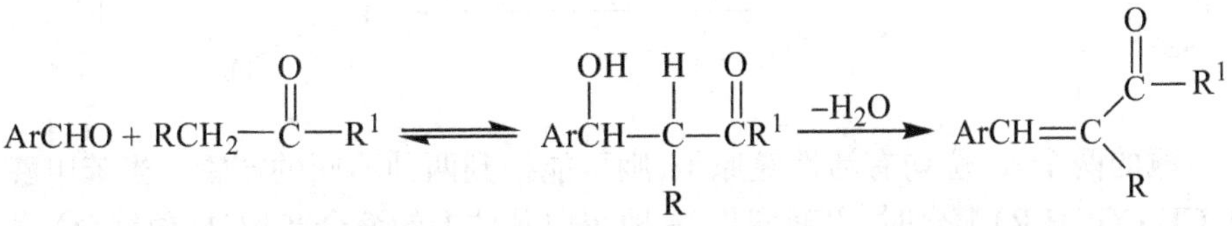

反应先形成中间产物 β- 羟基芳丙醛（酮），但它极不稳定，立即在强碱催化下脱水生成稳定的芳基丙烯醛（酮）。产物的构型均为 E 构型。

(二) 反应影响因素及应用实例

1. 经 Claisen-Schmidt 反应得到的 α,β- 不饱和羰基化合物主要以 E 构型为主。

反式构型产物的生成取决于过渡态脱水的难易。

过渡态(1)中 Ph 与 PhCO 处于邻位交叉,相互影响大;而过渡态(2)中对位交叉,比过渡态(1)稳定,对消除脱水有利,结果生成反式构型的产物。

2. 若芳香醛与不对称酮缩合,如不对称酮中仅 1 个 α- 位有活性氢原子,则产品单纯,不论酸催化还是碱催化均得到同一产物。例如,抗心律失常药普罗帕酮(Propafenone)的中间体的合成:

3. 若酮的两个 α- 位均有活性氢原子,则可能得到两种不同的产物。当苯甲醛与甲基脂肪酮(CH_3COCH_2R)缩合时,以碱催化,一般得甲基位上的缩合产物(1- 位缩合);若用酸催化,则得亚甲基位上的缩合产物(3- 位缩合)。

因为在碱催化时,1- 位比 3- 位较容易形成碳负离子;而在酸催化时,形成烯醇异构体的稳定性为 $CH_3CH=CHCH_3>CH_3CH_2CH=CH_2$,因而缩合反应主要发生在 3- 位上,所得缩合物为带支链的不饱和酮。

4. 芳醛、不含 α-H 的芳酮以及芳杂环酮也可发生类似的缩合。例如:

抗血吸虫药呋喃丙胺(Furapromidie)的中间体呋喃丙烯醛的合成即采用该反应。

五、选择性的羟醛缩合

含 α-H 的不同醛、酮分子之间可以发生自身的羟醛缩合,也可以发生交叉的羟醛缩合,产物复杂,因而没有应用价值。近年来,含 α-H 的不同醛、酮分子之间的区域选择性及立体选择性的羟醛缩合已发展为一类形成新的碳 - 碳键的重要方法,这种方法称为选择性的羟醛缩合。选择性的羟醛缩合主要有以下几种方法。

(一)烯醇盐法

先将醛、酮中的某一组分在具有位阻的碱[常用二异丙胺锂(LDA)]的作用下形成烯醇盐,再与另一分子的醛、酮反应,实现区域或立体选择性羟醛缩合。例如,2- 戊酮用 LDA 处理后生成烯醇盐,然后再与正丁醛反应,形成专一的缩合产物 6- 羟基 -4- 壬酮。

(二)烯醇硅醚法

将醛、酮中的某一组分转变成烯醇硅醚,然后在四氯化钛等 Lewis 酸的催化下,与另一醛、酮分子发生羟醛缩合。

例如,苯乙酮先与三甲基氯硅烷反应形成烯醇硅醚,然后与丙酮缩合得羟醛缩合产物。

在此类反应中,常用的催化剂除了四氯化钛外,还有三氟化硼、四烃基铵氟化物等。

(三) 亚胺法

醛类化合物一般较难形成相应的碳负离子,因而可先将醛与胺类反应形成亚胺,亚胺再与 LDA 作用转变成亚胺锂盐,然后与另一醛、酮分子发生羟醛缩合,生成 β- 羟基醛或 α ,β-不饱和醛。

醛与胺类形成亚胺后,亲电性减弱,使自身缩合的趋势变小;另外形成亚胺锂盐后,使醛 α- 碳原子具有较大的亲核性,有利于与另一分子醛或酮的羰基进行缩合,所得产物由于形成螯合物中间体而极为稳定。

例如,制备 3,3- 二苯基 -3- 羟基 -2- 甲基丙醛时,可先将丙醛与环己胺形成亚胺,再用 LDA 将其转化成亚胺锂盐,加入二苯甲酮反应,缩合物经水解而生成所需产物。

$$CH_3CH_2CHO + H_2N-\text{(环己基)} \longrightarrow CH_3CH_2CH=N-\text{(环己基)} \xrightarrow[(2)Ph_2C=O]{(1)LDA}$$

$$Ph_2CCHCH=N-\text{(环己基)} \xrightarrow[(75\%)]{H^\oplus/H_2O} Ph_2CCHCHO$$

六、分子内的羟醛缩合

1. 含 α-H 的二羰基化合物在催化量碱的作用下,可发生分子内的羟醛缩合反应,生成五元、六元环状化合物,该法常用于成环反应。成环的难易次序为六元环 > 五元环 > 七元环 ≫ 四元环。

例如,2,5-己二酮在 LDA 的催化下可生成 β-羟基环戊酮。

2. 脂环酮与 α,β-不饱和酮的共轭加成产物所发生的分子内的缩合反应,可以在原来环结构的基础上再引入一个新环,该反应称为 Robinson 环化反应。

实际上 Robinson 环化反应是 Michael 加成反应与分子内羟醛缩合反应的结合。这是合成稠环化合物的方法之一,主要用于甾体、萜类化合物的合成。

加成反应生成的中间体是一个新的碳负离子,可导致许多副反应的发生。因此,在进行 Robinson 环化反应时,为了减少由于 α,β-不饱和羰基化合物较大的反应活性带来的副反应,常用其前体代替,如用 4-三甲铵基-2-丁酮作为 2-丁烯酮的前体;亦可用烯胺代替碳负离子,使环化反应有利于在取代基较少的碳负离子上进行。

第二节　亚甲基化反应

一、Wittig 反应

醛、酮与磷叶立德反应合成烯烃的反应称为羰基烯化反应,又称 Wittig 反应,其中该磷叶立德(Phosphorus ylide)称为 Wittig 试剂。

(一)反应通式及机制

$$
\underset{R^4}{\overset{R^3}{\diagdown}}C=O \ + \ (C_6H_5)_3\overset{\oplus}{P}-\overset{\ominus}{\underset{R_2}{\overset{R_1}{\diagup}}}C \longrightarrow \underset{R^4}{\overset{R^3}{\diagdown}}C=C\underset{R_2}{\overset{R_1}{\diagup}} \ + \ (C_6H_5)_3P=O
$$

Wittig 试剂(磷叶立德)可由三苯基磷与有机卤化物作用,再在非质子溶剂中加碱处理,失去 1 分子卤化氢而成。磷叶立德(Phosphorus ylide)具有内鎓盐的结构,其结构可用其共振式叶林(Ylene)的磷化物表示。

常用的碱有正丁基锂、苯基锂、氨基钠、氢化钠、醇钠、氢氧化钠、叔丁醇钾、二甲亚砜盐(CH_3SOCH_3)、叔胺等;非质子溶剂有 THF、DMF、DMSO 以及乙醚等。

$$
(C_6H_5)_3P + XC\underset{R_2}{\overset{R_1}{|}}H \longrightarrow (C_6H_5)_3\overset{\oplus}{P}-C\underset{R_2}{\overset{R_1}{|}}H \ \ X^{\ominus} \xrightarrow{C_6H_5Li} \left[(C_6H_5)_3\overset{\oplus}{P}-\overset{\ominus}{C}\underset{R_2}{\overset{R_1}{|}} \longleftrightarrow (C_6H_5)_3P=C\underset{R_2}{\overset{R_1}{\diagup}} \right]
$$

$$
\text{(Ylide)} \qquad\qquad \text{(Ylene)}
$$

反应在无水条件下进行,所得 Wittig 试剂对水、空气都不稳定,因此在合成时一般不分离出来,直接进行下一步与醛、酮的反应。

Wittig 试剂中带负电荷的碳原子具有很强的亲核性,对醛、酮的羰基做亲核进攻,形成内鎓盐或氧磷杂环丁烷中间体,进而经顺式消除得到烯烃及氧化三苯膦。

(二)反应影响因素及应用实例

1. Wittig 试剂中 α-碳原子上带负电荷,并存在着 d-pπ 共轭,故其性质较碳负离子稳定,但其稳定性是相对的。Wittig 试剂的反应活性和稳定性随着 α-碳上取代基的不同而不同。若取代基为 H、脂肪烃基、脂环烃基等,其稳定性小,反应活性高;若为吸电子取代基,则亲核活性降低,但稳定性却增大。例如,对硝基苄基三苯基膦比亚乙基三苯基膦稳定的多,前者可由三苯基(对硝基苄基)卤化膦在三乙胺中处理即得,而后者则需将三苯基乙基溴(碘)化膦在惰性非质子溶剂(如 THF)中用强碱正丁基锂处理方能制得。

$$(C_6H_5)_3\overset{\oplus}{P}-CH_2-\!\!\langle \rangle\!\!-NO_2 \xrightarrow{Et_3N/CH_2Cl_2} (C_6H_5)_3P\!=\!CH-\!\!\langle \rangle\!\!-NO_2$$
$$\underset{X^{\ominus}}{}$$

$$(C_6H_5)_3\overset{\oplus}{P}-CH_2CH_3 \xrightarrow{BuLi/THF} (C_6H_5)_3P\!=\!CHCH_3$$
$$\underset{Br^{\ominus}}{}$$

2. 醛、酮的活性可影响 Wittig 反应的速率。一般来讲,醛反应最快,酮次之,酯最慢。同一个 Wittig 试剂分别与丁烯醛和环己酮在相同的条件下反应,醛容易亚甲基化,收率高,而酮收率低。

$$(C_6H_5)_3P\!=\!CHCOOC_2H_5\overbrace{}$$

$$\xrightarrow[\substack{heat \\ (81\%)}]{CH_3CH=CHCHO/C_6H_5} CH_3CH=CHCH=CHCOOC_2H_5$$

$$\xrightarrow[\substack{heat \\ (25\%)}]{\langle \rangle\!=\!O/C_6H_5} \langle \rangle\!=\!CHCOOC_2H_5$$

利用羰基活性的差别,可以进行选择性亚甲基化反应。例如,酮酸酯类化合物进行 Wittig 反应时,仅酮基参与反应,而酯羰基不受影响。

$$\begin{array}{c} OCH_3 \\ \langle \rangle \\ O\!=\!C-CH_2CH_2COOCH_3 \end{array} + (C_6H_5)_3P\!=\!CH_2 \xrightarrow[\substack{25℃ \\ (81\%)}]{CH_3SOCH_3} \begin{array}{c} OCH_3 \\ \langle \rangle \\ H_2C\!=\!C-CH_2CH_2COOCH_3 \end{array}$$

3. 在 Wittig 反应中,反应产物烯烃可能存在 Z 型、E 型两种异构体。影响 Z 型与 E 型两种异构体组成比例的因素很多,诸如 Wittig 试剂和羰基反应物的活性、反应条件(如配比、溶剂、有无盐存在等)等。利用不同的试剂,控制反应条件,可获得单一构型的产物。Wittig 反应在一般情况下的立体选择性可归纳于表 6-1。

表 6-1 Wittig 反应立体选择性参数表

反应条件		稳定的活性较小的试剂	不稳定的活性较大的试剂
极性溶剂	无质子	选择性差,但以 E 型为主	选择性差
	有质子	生成 Z 型异构体的选择性增强	生成 E 型异构体的选择性增强
非极性溶剂	无盐	高度选择性,E 型占优势	高度选择性,Z 型占优势
	有盐	生成 Z 型异构体的选择性增强	生成 E 型异构体的选择性增强

例如,当用稳定性大的 Wittig 试剂与乙醛在无盐条件下反应时,主要得 E 型异构体;若苯甲醛与稳定性小的 Wittig 试剂在无盐条件下反应,则 Z 型异构体增加,Z 型和 E 型异构体的组成比例接近 1∶1。

$$CH_3CHO + Ph_3\overset{\oplus}{P}-\overset{\ominus}{C}\begin{smallmatrix}CH_3\\COCH_3\end{smallmatrix} \xrightarrow[(96\%)]{CH_2Cl_2} \begin{smallmatrix}H_3C\\H\end{smallmatrix}C=C\begin{smallmatrix}CH_3\\COCH_3\end{smallmatrix}$$

$$PhCHO + Ph_3\overset{\oplus}{P}-\overset{\ominus}{C}\begin{smallmatrix}Ph\\H\end{smallmatrix} \xrightarrow{NaOC_2H_5/C_2H_5OH} \underset{(35\%)}{\begin{smallmatrix}Ph\\H\end{smallmatrix}C=C\begin{smallmatrix}H\\Ph\end{smallmatrix}} + \underset{(41\%)}{\begin{smallmatrix}Ph\\H\end{smallmatrix}C=C\begin{smallmatrix}Ph\\H\end{smallmatrix}}$$

4. 与一般的烯烃合成方法相比,应用 Wittig 反应合成烯烃化合物有如下优点:①反应条件比较温和,收率较高,且生成的烯键处于原来的羰基位置,一般不会发生异构化,可以制得能量上不利的环外双键化合物;②应用面广,具有各种不同取代基的羰基化合物均可作为反应物;③能改变反应试剂和条件,立体选择地合成一定构型的产物,如(Z)或(E)异构体;④与 α,β- 不饱和羰基化合物反应时不发生 1,4- 加成,双键位置固定,利用此特性可合成许多共轭多烯化合物(如胡萝卜素、番茄红素)。

在萜类、甾体、维生素 A 和维生素 D、前列腺素、昆虫信息素以及新抗生素等天然产物的合成中,Wittig 反应具有其独特的作用,如环外烯键化合物的合成:

维生素 A(Vitamin A)的合成:

5. Wittig 试剂除了与醛、酮反应外,也可和烯酮、异氰酸酯、亚胺、酸酐等发生类似的反应。

$$R_2C=C=O + (C_6H_5)_3P=C\begin{smallmatrix}R^1\\R^2\end{smallmatrix} \longrightarrow H_2C=C=C\begin{smallmatrix}R^1\\R^2\end{smallmatrix}$$

（结构式）

6. 用 α-卤代醚制成的 Wittig 试剂与醛、酮反应可得到烯醚化合物，再经水解而生成新的醛、酮，这是合成醛、酮的一种新方法。

$$ROCH_2Cl \xrightarrow{Ph_3P} ROCH=PPh_3 \xrightarrow{R^1COR^2} ROCH=CR^2 \xrightarrow{H_2O} R^1CHCHO$$
（R¹ 位于 CR²下方，R² 位于 CHCHO 下方）

7. 改良的 Wittig 反应的缩合反应（Wittig-Horner 反应）　Wittig 试剂的制备比较麻烦，而且 Wittig 反应的后处理比较困难，很多人对其进行了改进，如用下列膦酸酯、硫代膦酸酯和膦酰胺等代替内鎓盐。

$$(RO)_2\overset{O}{\overset{\|}{P}}-CH_2R^1 \qquad (RO)_2\overset{S}{\overset{\|}{P}}-CH_2R^1 \qquad (R_2N)_2\overset{O}{\overset{\|}{P}}-\overset{H}{\underset{R^1}{C}}{\diagup}^{R^2}$$

利用膦酸酯与醛、酮类化合物在碱存在下作用生成烯烃的反应称为 Wittig-Horner 反应，反应机制与 Wittig 反应相似。

$$RCH_2-\overset{O}{\overset{\|}{P}}(OC_2H_5)_2 + \overset{O}{\underset{R^1\ \ R^1}{\overset{\|}{C}}} \longrightarrow \underset{R^1}{\overset{R^1}{C}}=CHR + {}^{\ominus}O-\overset{O}{\overset{\|}{P}}(OC_2H_5)_2$$

膦酸酯可通过 Arbuzow 重排反应制备，即亚膦酸酯在卤代烃（或其衍生物）作用下异构化而得。一般认为是按 S_N2 进行的分子内重排反应。

$$RO-\underset{OR}{\overset{OR}{\overset{|}{P}}}\ \ +\ \ R^1-X \xrightarrow{S_N2} RO-\underset{O-R}{\overset{OR}{\overset{\oplus}{P}}}-R^1\ X^{\ominus} \xrightarrow{S_N2} RO-\underset{O}{\overset{OR}{\overset{|}{P}}}-R^1 + R-X$$

（R¹＝H、脂烃基、芳烃基、—COOR、—CN、—OR 等）

该法广泛用于各种取代烯烃的合成，α,β-不饱和醛、双醛、烯酮等均能发生 Wittig-Horner 反应，例如：

$$C_6H_5COOCH=CHCHO \xrightarrow[\ (72\%)\ ]{\overset{O}{\overset{\|}{(C_2H_5O)_2PCH_2COOC_2H_5}}} C_6H_5COOCH=CHCH=CHCOOC_2H_5$$

（反应式：环结构 + NaH/DMF (89%)）

利用膦酸酯进行 Wittig 反应,其产物烯烃主要 E 型异构体,但金属离子、溶剂、反应温度及膦酸酯中醇的结构均影响其立体选择性。如膦酸酯与苯甲醛在溴化锂存在下可得单一 E 型异构体;而膦酸酯与醛在低温下反应,产物主要是 Z 型异构体。

$$(C_2H_5O)_3P \ + \ BrCH_2COOC_2H_5 \xrightarrow{\text{Arbuzow}} \ (C_2H_5O)_2P(O)CH_2COOC_2H_5 \ + \ C_2H_5Br$$

$$(C_2H_5O)_2P(O)CH_2COOC_2H_5 \xrightarrow[\substack{25℃ \\ (75\%)}]{PhCHO/N(C_2H_5)_3/LiBr} \ PhCH=CHCOOC_2H_5$$

Wittig-Horner 反应亦可采用相转移反应,避免了无水操作,例如:

$$C_6H_5CH=CHCHO \xrightarrow[(n\text{-}C_4H_9)_4N^{\oplus}I^{\ominus}/NaOH/H_2O/PhH]{(C_2H_5O)_2P(O)CH_2C_6H_4Br\text{-}p} \ C_6H_5-(CH=CH)_2-C_6H_4Br\text{-}p$$

$$(81\%)$$

二、Knoevenagel 反应

具有活性亚甲基的化合物在碱的催化下,与醛、酮发生缩合,再经脱水而得 α,β- 不饱和化合物的反应,称为 Knoevenagel 反应。

(一) 反应通式及机制

$$H_2C\begin{smallmatrix}X\\Y\end{smallmatrix} \ + \ O=C\begin{smallmatrix}R\\R^1\end{smallmatrix} \xrightarrow{\text{base}} \begin{smallmatrix}X\\Y\end{smallmatrix}C=C\begin{smallmatrix}R\\R^1\end{smallmatrix} \ + \ H_2O$$

$$(X,Y=-CN、-NO_2、-COR^2、-COOR^2、-CONHR^2)$$

对该反应的机制解释甚多,主要有两种,一种是羰基化合物在伯胺、仲胺或铵盐的催化下形成亚胺过渡态,然后与活性亚甲基的碳负离子加成,其过程如下:

另一种机制类似羟醛缩合,反应在极性溶剂中进行,在碱性催化剂(B)的存在下,活性亚甲基形成碳负离子,然后与醛、酮缩合。

一般认为采用伯胺、仲胺或铵盐催化有利于形成亚胺中间体,反应可能按前一种机制进行;反应如在极性溶剂中进行,则类似羟醛缩合的机制可能性较大。

(二) 反应影响因素及应用实例

1. Knoevenagel 反应中,一般活性亚甲基化合物具有两个吸电子基团时,活性较大。常用的活性亚甲基化合物有丙二酸及其酯、β-酮酸酯、氰醋酸酯、硝基醋酸酯、丙二腈、丙二酰胺、苄酮、脂肪族硝基化合物等。

常用的碱性催化剂有吡啶、哌啶、二乙胺等有机碱或它们的羧酸盐,以及氨或醋酸铵等。反应时常用苯、甲苯等有机溶剂共沸除去生成的水,以促使反应完全。

2. Knoevenagel 反应所得烯烃的收率与反应物的结构类型、催化剂种类、配比、溶剂、温度等因素有关。例如,在同一条件下,位阻大的醛、酮比位阻小的醛、酮反应要困难些,收率也低。

$$CH_3COCH_3 \xrightarrow[\substack{heat \\ (92\%)}]{CH_2(CN)_2/H_2NCH_2CH_2COOH/PhH} \begin{matrix} H_3C \\ H_3C \end{matrix} C=C \begin{matrix} CN \\ CN \end{matrix}$$

$$(CH_3)_3CCOCH_3 \xrightarrow[\substack{heat \\ (48\%)}]{CH_2(CN)_2/H_2NCH_2CH_2COOH/PhH} \begin{matrix} (H_3C)_3C \\ H_3C \end{matrix} C=C \begin{matrix} CN \\ CN \end{matrix}$$

3. 芳醛、脂肪醛与活性亚甲基化合物均可顺利地进行反应,其中芳醛的收率较高。例如,升压药多巴胺(Dopamine)的中间体的合成:

又如,血管扩张药尼莫地平(Nimodipine)的中间体的合成:

4. 位阻小的酮(如丙酮、甲乙酮、脂环酮等)与活性较高的亚甲基化合物(如丙二腈、氰醋酸酯、脂肪族硝基化合物等)可顺利地进行反应,收率较高。例如,抗癫痫药乙琥胺(Ethosuximide)的中间体的合成:

$$C_2H_5COCH_3 + CNCH_2COOC_2H_5 \xrightarrow[heat]{NH_4OAc/PhH} \begin{matrix} C_2H_5 \\ H_3C \end{matrix} C=C \begin{matrix} CN \\ COOC_2H_5 \end{matrix}$$

但与丙二酸及其酯、β- 酮酸酯、β- 二酮等活性较低的亚甲基化合物反应时收率不高。位阻大的酮反应困难、速率慢、收率低。若用 $TiCl_4$- 吡啶做催化剂,不仅可与醛,亦可以和酮顺利反应。

$$RCHO + CH_3COCH_2COOC_2H_5 \xrightarrow[(52\%\sim92\%)]{TiCl_4/Py} RHC=C \begin{matrix} COCH_3 \\ COOC_2H_5 \end{matrix}$$

$$\underset{R}{\overset{O}{\underset{}{\parallel}}} \underset{R^1}{C} + CH_2(COOC_2H_5)_2 \xrightarrow[(73\%\sim100\%)]{TiCl_4/Py} \begin{matrix} R \\ R^1 \end{matrix} C=C(COOC_2H_5)_2$$

5. 利用丙二酸活性亚甲基化合物在碱催化下与脂肪醛或芳香醛缩合,是制备 β- 取代丙烯酸衍生物的重要方法。在与脂肪醛缩合时,往往得到 α,β- 及 β,γ- 不饱和酸的混合物。后经 Doebner 改进,丙二酸与醛在吡啶或吡啶 - 哌啶的催化下缩合而得 β- 取代丙烯酸的反应称为 Knoevenagel-Doebner 反应。其优点是反应速率快,条件温和,收率较好,产品纯度高,

β,γ- 不饱和酸异构体甚少或没有,适用范围亦广。丙二酸单酯、氰醋酸等亦可进行类似的缩合反应。例如:

用吡啶做溶剂或催化剂时,其缩合发生的同时发生脱羧反应。例如:

文献报道,采用微波催化极大地促进该类反应的进行,并缩短反应时间,提高收率。例如:

6. 苯乙腈与苯甲醛在相转移催化条件下,经 Knoevenagel 反应可制备芪类化合物。该法与 Wittig 反应、Grignard 反应比较具有反应条件简单、收率高等特点。

三、Stobbe 反应

在强碱条件下,醛、酮与丁二酸酯或 α- 取代丁二酸酯进行缩合而得亚甲基丁二酸单酯的反应称为 Stobbe 反应。该反应常用的催化剂为醇钠、叔丁醇钾、氢化钠和三苯甲基钠等。

(一)反应通式及机制

在强碱条件下,丁二酸酯经烯醇化,与羰基化合物发生 Aldol 缩合,并失去 1 分子乙醇形成内酯,再经开环生成带有酯基的 α,β- 不饱和酸。

（二）反应影响因素及应用实例

1. 在 Stobbe 反应中，若反应物为不含 α-H 的对称酮，则仅得 1 种产物，收率较高；若反应物为含有 α-H 的不对称酮，则产物是 Z 型、E 型异构体的混合物。例如：

2. Stobbe 反应产物在酸中加热水解并脱羧，生成较原来的起始原料醛、酮增加 3 个碳原子的不饱和酸。

3. Stobbe 反应产物在碱性条件下水解，再酸化，可得二元羧酸。例如，糖尿病治疗药米格列奈（Mitiglinide）的中间体苄基丁二酸的合成。

若以芳香醛、酮为原料，生成的羧酸经还原后，再经分子内的 Friedel-Crafts 酰化反应，可生成环己酮的衍生物。例如 α-萘满酮的合成：

4. 除丁二酸外,某些 β- 酮酸酯及其醚类似物亦可在碱催化下与醛、酮缩合得 Stobbe 反应产物。例如:

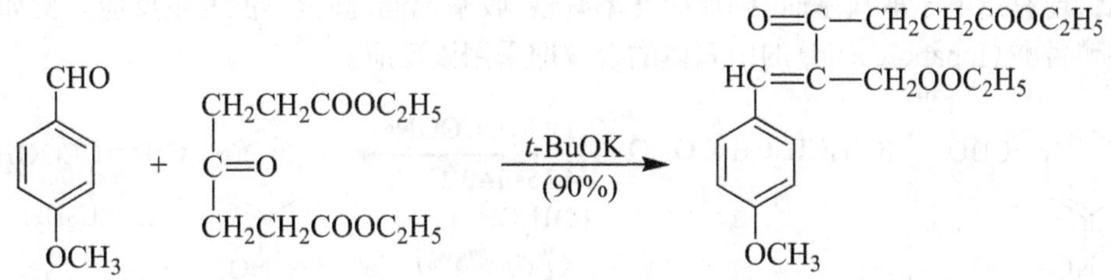

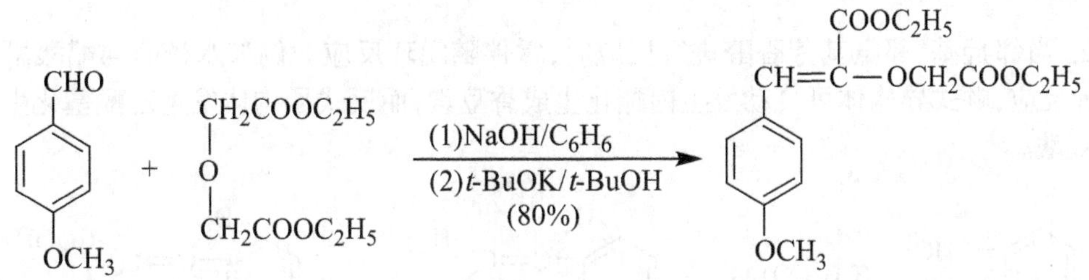

四、Perkin 反应

芳香醛和脂肪酸酐在相应的脂肪酸碱金属盐的催化下缩合,生成 β- 芳基丙烯酸类化合物的反应称为 Perkin 反应。

(一) 反应通式及机制

$$ArCHO + (RCH_2CO)_2O \xrightarrow{RCH_2CO_2Na} ArCH=CCO_2H$$
$$\qquad\qquad\qquad\qquad\qquad\qquad\qquad\qquad R$$

在碱作用下,酸酐经烯醇化后与芳醛发生 Aldol 缩合,经酰基转移、消除、水解得 β- 芳基丙烯酸类化合物。

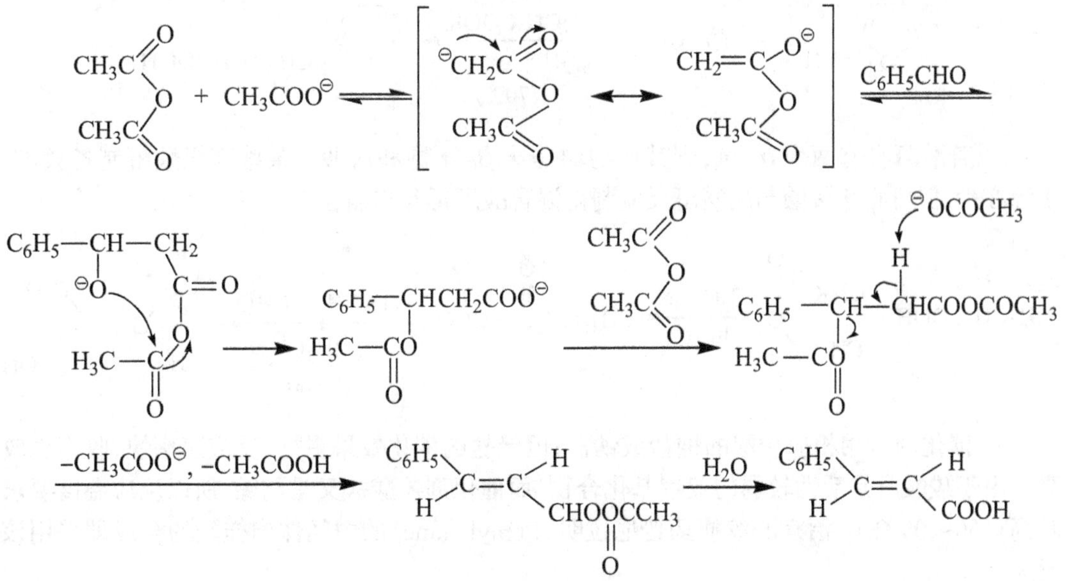

（二）反应影响因素及应用实例

1. 该反应通常局限于芳香族醛类,其中带有吸电取代基的芳醛活性增强,反应易于进行;反之,连有给电子取代基时,则反应速率减慢,收率也低,甚至不能发生反应。例如,胆囊造影剂碘番酸(Iopanoic acid)的中间体的合成即采用该反应。

2. 当邻羟基、邻氨基芳香醛进行反应时,常伴随闭环反应。例如水杨醛与醋酸酐发生Perkin反应,顺式异构体可自动发生内酯化生成香豆素,而反式异构体发生乙酰基化生成乙酰香豆酸。

某些芳杂醛如呋喃甲醛、2-噻吩甲醛亦能进行该反应。

3. 若酸酐具有两个 α- 氢,则其产物均是 α,β- 不饱和羧酸。某些高级酸酐制备较难,来源亦少,但可将该羧酸与醋酸酐反应制得混合酸酐再参与缩合。

4. 催化剂常用相应羧酸的钾盐或钠盐;但铯盐的催化效果更好,反应速率快,收率也较高。由于羧酸酐是活性较弱的亚甲基化合物,而催化剂羧酸盐又是弱碱,所以反应温度要求较高(150~200℃)。治疗心绞痛药普尼拉明(Prenylamine)的中间体肉桂酸的合成即采用该反应。

$$\text{PhCHO} + (CH_3CO)_2O \xrightarrow[\text{170~180℃, 5h}]{CH_3COONa} \text{PhCH=CHCOOH} + CH_3COOH$$

5. Perkin 反应优先生成 E 构型的产物。

$$\text{PhCHO} + (PhCH_2CO)_2O \xrightarrow[(83\%)]{PhCH_2COONa}$$

$$\underset{H}{\overset{Ph}{\diagdown}}C=C\underset{COOH}{\overset{Ph}{\diagup}}$$

第三节　烯键的加成反应

一、Micheal 加成反应

活性亚甲基化合物和 α,β- 不饱和羰基化合物在碱性催化剂的存在下发生加成而缩合成 β- 羰烷基类化合物的反应,称为 Michael 反应。

(一) 反应通式及机制

$$R^1CCHR_2 + -C=C-X \xrightarrow{base} R^1C-C-C-CH-X$$

Michael 反应的机制一般认为,在催化量碱的作用下,活性亚甲基化合物转化成碳负离子,进而与 α,β- 不饱和羰基化合物发生亲核加成而缩合成 β- 羰烷基类化合物。

$$R^1CCHR_2 + B^\ominus \rightleftharpoons R^1C-CR_2 + BH$$

$$R^1C-CR_2 + -C=C-X \rightleftharpoons R^1C-C-C-C^\ominus$$

$$R^1C-C-C-C^\ominus X + BH \rightleftharpoons R^1C-C-C-CH X + B^\ominus$$

(二) 反应影响因素及应用实例

1. 在 Michael 加成反应中,活性亚甲基化合物称为 Michael 供电体,一般包括丙二酸酯类、β- 酮酯类、氰乙酸酯类、乙酰丙酮类、硝基烷类、砜类等;而 α,β- 不饱和羰基化合物及其衍生物则称 Michael 受电体,是一类亲电的共轭体系,一般包括 α,β- 烯醛类、α,β- 烯酮类、α,β- 炔酮类、α,β- 烯腈类、α,β- 烯酯类、α,β- 烯酰胺类、α,β- 不饱和硝酸化合物等。

一般而言,供电体的酸性强,则易形成碳负离子,其活性亦大;而受电体的活性则与 $\alpha,$

β- 不饱和键上连接的官能团的性质有关,官能团的吸电子能力越强,活性亦越大。因而同一加成产物可由两个不同的反应物(供电体和受电体)组成。例如,供电体丙二酸二乙酯和苯乙酮相比,前者酸性(pK_a=13)较后者(pK_a=19)大,若采用哌啶或吡啶等弱碱催化,且在同一条件下反应,则前者可得到收率很高的加成产物,而后者较困难。

$$C_6H_5CH=CHCOC_6H_5 + CH_2(COOC_2H_5)_2 \xrightarrow[\text{heat}]{\text{NH/EtOH}} C_6H_5COCH_2CHCH(COOC_2H_5)_2$$
$$(98\%) \qquad \qquad \overset{C_6H_5}{|}$$

$$C_6H_5CH=C(COOC_6H_5)_2 + C_6H_5COCH_3 \xrightarrow[\text{heat}]{\text{NH/EtOH}} C_6H_5COCH_2CHCH(COOC_2H_5)_2$$
$$\overset{C_6H_5}{|}$$

2. 不对称酮的 Michael 加成主要发生在取代基多的碳原子上,因烷基取代基的存在大大增强了烯醇负离子的活性,故有利于加成。例如:

3. Michael 加成反应常用的催化剂有醇钠(钾)、氢氧化钠(钾)、金属钠、氨基钠、氢化钠、哌啶、吡啶、三乙胺以及季铵碱等。碱催化剂的选择与供电体的活性和反应条件有关。除了碱催化外,该反应亦可在质子酸(如三氟甲磺酸)、Lewis 酸、氧化铝等的催化下进行。例如,2-氧代环己基甲酸乙酯与丙烯酸乙酯在三氟甲磺酸催化下,可高产率地生成 1,4- 加成产物。

经典的 Michael 反应常在质子性溶剂中催化量碱的作用下进行,但近年的研究表明,等摩尔量的碱可将活性亚甲基转化成烯醇式,则反应收率更高,选择性强。例如,5- 三氟甲基 -2-(5H)- 呋喃酮在等摩尔量的碳酸锂的催化下,可发生双分子 Michael 加成,生成单一的光学异构体。

4. 一些简单的无机盐如氯化铁、氟化钾等亦可催化 Michael 反应。例如,烯酮肟与乙酰乙酸乙酯在氯化铁的催化下,经 Michael 加成、脱水、环合,可得到烟酸衍生物。

5. 通过 Michael 加成反应可在活性亚甲基上引入含多个碳原子的侧链。例如,催眠药格鲁米特(Glutethimide)的中间体的合成:

6. 利用环酮与 α,β- 不饱和酮进行 1,4- 加成,继而闭环生成环化合物的反应,广泛用于甾族、萜类化合物的合成。例如在碱催化下 2- 甲基 -1,3- 环戊二酮与 3- 丁烯 -2- 酮的加成产物,在脯氨酸催化下,经立体选择性闭环,定量地形成角甲基茚酮。

二、Prins 反应

烯烃与甲醛(或其他醛)在酸催化下加成而得 1,3- 二醇或其环状缩醛 1,3- 二氧六环及 α- 烯醇的反应称为 Prins 反应。

(一) 反应通式及机制

在酸催化下,甲醛经质子化形成碳正离子,然后与烯烃进行亲电加成。根据反应条件的不同,加成物脱氢得 α- 烯醇,或与水反应得 1,3- 二醇,后者可再与另一分子甲醛缩醛化得 1,3- 二氧六环型产物。此反应可看作不饱和烃经加成引入 1 个 α- 羟甲基的反应。

（二）反应影响因素及应用实例

1. 生成 1,3- 二醇和环状缩醛的比例取决于烯烃的结构、酸催化的浓度以及反应温度等因素。乙烯反应活性较低,而烃基取代的烯烃反应比较容易。RCH＝CHR 型烯烃经反应主要得到 1,3- 二醇,但收率较低;而 $R_2C＝CH_2$ 或 $RCH＝CH_2$ 型烯烃反应后主要得到环状缩醛,收率较好。

某些环状缩醛特别是由 $R_2C＝CH_2$ 或 $RCH＝CHR^1$ 形成的环状缩醛,在酸液中于较高温度下水解,或在浓硫酸中与甲醇一起回流醇解均可得到 1,3- 二醇。例如:

$$H_3C-\underset{O\quad O}{\overset{}{\bigcirc}} \xrightarrow[\substack{heat\\(92\%)}]{CH_3OH/H_2SO_4} \underset{OH\quad CH_2OH}{CH_3CH-CH_2}$$

例如,抗菌药氯霉素(Chloramphenicol)的中间体的合成:

$$PhCH＝CH_2 + Cl_2 \xrightarrow{H_2O} \underset{OH}{PhCH-CH_2Cl} \xrightarrow{TsOH} PhCH＝CHCl \xrightarrow{2HCHO}$$

$$Ph-\underset{O\quad O}{\overset{Cl}{\bigcirc}} \xrightarrow{NH_3} Ph-\underset{O\quad O}{\overset{NH_3}{\bigcirc}} \xrightarrow[heat]{H^\oplus} \underset{OH\quad NH_2}{PhCH-CHCH_2OH}$$

2. 反应通常用稀硫酸催化,亦可用磷酸、强酸性离子交换树脂以及 BF_3、$ZnCl_2$ 等 Lewis 酸做催化剂。如用盐酸催化,则可能发生 γ- 氯代醇的副反应。例如:

$$\bigcirc + H-\underset{O}{\overset{}{C}}-H \xrightarrow[(23\%)]{HCl/ZnCl_2} \underset{CH_2OH}{\overset{Cl}{\bigcirc}}$$

3. Prins 反应中除了使用甲醛外,亦可使用其他醛。

$$(CH_3)_2C＝CH_2 + CH_3CHO \xrightarrow{25\% H_2SO_4} \underset{CH_3}{\overset{H_3C}{\underset{H_3C}{\bigcirc}}}\overset{CH_3}{}+(CH_3)_3C-OH + (CH_3)_2\underset{OH}{\overset{}{C}}-CH_2\underset{OH}{\overset{}{C}}HCH_3$$

4. 苯乙烯与甲醛进行 Prins 反应,如在有机酸(如甲酸)中进行,则生成 1,3- 二醇的甲酸酯,经水解得 1,3- 二醇。

$$\bigcirc-CH＝CH_2 + HCHO \xrightarrow{HCOOH} \bigcirc-\underset{OCHO}{\overset{}{C}}H-CH_2CH_2OCHO$$

$$\xrightarrow{H_2O} \bigcirc-\underset{OH}{\overset{}{C}}H-CH_2CH_2OH$$

若反应在酸性树脂催化下进行,则得 4- 苯基 -1,3- 二氧六环。

$$\text{Ph—CH=CH}_2 \xrightarrow[\substack{\text{acidic resins} \\ (91\%)}]{\text{HCHO}} \text{产物}$$

第四节 α-卤(氨)烷基化反应

一、α-卤烷基化反应

芳烃在甲醛、氯化氢及无水 $ZnCl_2$（或 $AlCl_3$、$SnCl_4$）或质子酸（H_2SO_4、H_3PO_4、HOAc）等缩合剂的存在下，在芳环上引入氯甲基（—CH_2Cl）的反应，称为 Blanc 氯甲基化反应。此外，多聚甲醛/氯化氢、二甲氧基甲烷/氯化氢、氯甲基甲醚/氯化锌、双氯甲基醚或 1-氯 -4-(氯甲氧基)丁烷/Lewis 酸也可做氯甲基化试剂。如用溴化氢、碘化氢代替氯化氢，则发生溴甲基化和碘甲基化反应。

(一) 反应通式及机制

$$\text{ArH} + \begin{array}{c} H \\ H \end{array}\text{C=O} + \text{HCl} \xrightarrow{ZnCl_2} \text{ArCH}_2\text{Cl} + H_2O$$

氯甲基化反应机制为芳香环上的亲电取代反应：

$$H_2C=O + H^\oplus \rightleftharpoons \left[H_2C=\overset{\oplus}{O}H \longleftrightarrow {}^\oplus CH_2OH \right]$$

$$\text{ArH} + {}^\oplus CH_2OH \longrightarrow \text{ArCH}_2OH + H^\oplus$$

$$\text{ArCH}_2OH + HCl \rightleftharpoons \text{ArCH}_2Cl + H_2O$$

如用氯甲基甲醚/氯化锌：

$$CH_3OCH_2Cl + ZnCl_2 \longrightarrow H_3C-\overset{\oplus}{\underset{\underset{ZnCl_2}{|}}{\ddot{O}}}-CH_2Cl \rightleftharpoons CH_3O\overset{\ominus}{Z}nCl_2 + {}^\oplus CH_2Cl$$

$$\text{ArH} + {}^\oplus CH_2Cl \longrightarrow \text{ArCH}_2Cl + \overset{\oplus}{H}$$

$$CH_3O\overset{\ominus}{Z}nCl_2 + H^\oplus \longrightarrow CH_3-\overset{\oplus}{\underset{\underset{H}{|}}{O}}-\overset{\ominus}{Z}nCl_2 \longrightarrow CH_3OH + ZnCl_2$$

(二) 反应影响因素及应用实例

1. 芳环上氯甲基化的难易与芳环上的取代基有关。若芳环上存在给电子基团（如烷基、烷氧基等），则有利于反应进行。对于活性大的芳香胺类、酚类，反应极易进行，但生成的氯甲基化产物往往进一步缩合，生成二芳基甲烷甚至得到聚合物。而吸电子基团（如硝基、羧基、卤素等）则不利于反应进行，如间二硝基苯、对硝基氯苯等不能发生反应。例如：

电子云密度较低的芳香化合物常用氯甲基甲醚试剂,如:

2. 若用其他醛如乙醛、丙醛等代替甲醛,则可得到相应的氯甲基衍生物。例如:

3. 随着反应温度的升高,反应条件不同,可引入两个或多个氯(溴)甲基基团。例如:

4. 氯甲基化反应在有机合成中甚为重要,因引入的氯甲基可以转化成—CH_2OH、—CH_2OR、—CH_2CN、—CHO、—CH_2NH_2(NR_2)及—CH_3等基团,还可以延长碳链。例如:

二、α-氨烷基化反应

（一）Mannich 反应

具有活性氢的化合物与甲醛（或其他醛）以及氨或胺（伯胺、仲胺）进行缩合，生成氨甲基衍生物的反应称为 Mannich 反应，亦称 α-氨烷基化反应。其反应产物常称为 Mannich 碱或 Mannich 盐。

1. 反应通式及机制

$$RCH_2CR^1 + H\!-\!\overset{\,}{C}\!-\!H + R_2NH \longrightarrow R_2NCH_2\underset{R}{CH}CR^1$$

亲核性较强的胺与甲醛反应，生成 N-羟甲基加成物，并在酸催化下脱水生成亚甲胺离子，进而与烯醇式的酮进行亲电反应而得产物。

$$H\!-\!\underset{O}{\overset{}{C}}\!-\!H + R_2NH \longrightarrow H\!-\!\underset{OH}{\overset{NR_2}{C}}\!-\!H \xrightarrow[-H_2O]{H^\oplus} H\!-\!\overset{\oplus NR_2}{C}\!-\!H \xrightarrow{CH_2=\overset{OH}{C}\!-\!R^1}$$

$$R_2NCH_2CH_2\!-\!\underset{OH}{\overset{}{\underset{\oplus}{C}}}\!-\!R^1 \xrightarrow{-H^\oplus} R_2NCH_2CH_2CR^1$$

2. 反应影响因素及应用实例

（1）发生 Mannich 反应的含活性氢的化合物有醛、酮、羧酸及其酯、腈、硝基烷、端基炔、酚类及某些杂环化合物等。若分子中只有 1 个活泼氢，则产物比较单纯；若有两个或多个活泼氢，则在甲醛、胺过量的情况下生成多氨基化产物。

$$R\!-\!\overset{O}{\overset{\|}{C}}\!-\!CH_3 + 3HCHO + 3NH_3 \longrightarrow (H_2NCH_2)_3CCR$$

（2）在 Mannich 反应中，含氮化合物可以是氨、伯胺、仲胺或酰胺。采用仲胺较采用氨和伯胺获得更高的收率，仲胺氮原子上仅有 1 个氢，生成产物单纯，应用较多。当用氨或伯胺时，若活性氢化物和甲醛过量，则所有氨上的氢均可参与缩合反应。

$$3R\!-\!\overset{O}{\overset{\|}{C}}\!-\!CH_3 + 3\ HCHO + NH_3 \longrightarrow N(CH_2CH_2CR)_3$$

（3）参加反应的醛可以是甲醛（甲醛水溶液或多聚甲醛），也可以是活性较大的其他脂肪醛（如乙醛、丁醛、丁二醛、戊二醛等）和芳香醛（如苯甲醛、糠醛），但它们的活性均比甲醛低。例如，抗帕金森病药盐酸苯海索（Benzhexol hydrochloride）的中间体的合成：

例如,抗胆碱药阿托品(Atropine)的主要中间体颠茄酮的合成。以等摩尔的1,4-丁二醛、丙酮二羧酸盐与甲胺进行 Mannich 反应,即可得到此产物。

(4) 典型的 Mannich 反应中还必须有一定浓度的质子,才有利于形成亚甲胺碳正离子,因此反应所用的胺(或氨)常为盐酸盐。反应所需的质子和活性化合物的酸度有关。例如,局麻药盐酸达克罗宁(Dyclonine hydrochloride)的合成:

(5) 除酮外,酚类、酯及杂环含有活性氢的化合物也可发生 Mannich 反应。例如,2-甲酰胺基丙二酸二乙酯与甲醛、哌啶进行 Mannich 反应,再经水解可获得 β-环己胺取代的丙氨酸。

又如,抗疟药略萘啶(Malaridine)的合成:

(6) 含多个 α-活泼氢的不对称酮进行 Mannich 反应,所得产物往往是一个混合物,用不同的 Mannich 试剂,可获得区域选择性的产物。利用烯氧基硼烷与碘化二甲基铵盐反应,提供了区域选择性合成 Mannich 碱的新方法。

将环己酮转变成烯醇锂盐,然后分批投入亚铵三氟醋酸盐与之反应,可以区域选择性地合成 Mannich 碱。

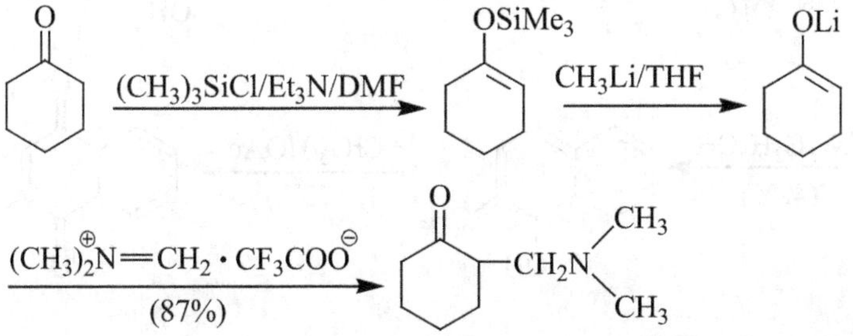

(7) 如用亚甲基二胺为 Mannich 试剂,预先用三氟醋酸处理,即能得到活泼的亲电试剂亚甲胺正离子的三氟醋酸盐,经分离后与活性氢化物反应,可直接制备 Mannich 碱。

$$(CH_3)_2NCH_2N(CH_3)_2 + 2CF_3COOH \longrightarrow (CH_3)_2\overset{\oplus}{N}=CH_2 + H_2\overset{\oplus}{N}(CH_3)_2 + 2CF_3COO^{\ominus}$$

$$(CH_3)_2CHCOCH_3 + (CH_3)_2\overset{\oplus}{N}=CH_2 \xrightarrow{CF_3COOH} (CH_3)_2CHCOCH_2CH_2N(CH_3)_2$$

(8) 在手性催化剂的诱导下,可进行不对称 Mannich 反应。如对硝基苯甲醛、对甲氧基苯胺在丙酮/DMSO(1∶4)溶剂中,经 L-脯氨酸不对称诱导可获得高光学纯的 Mannich 产物。

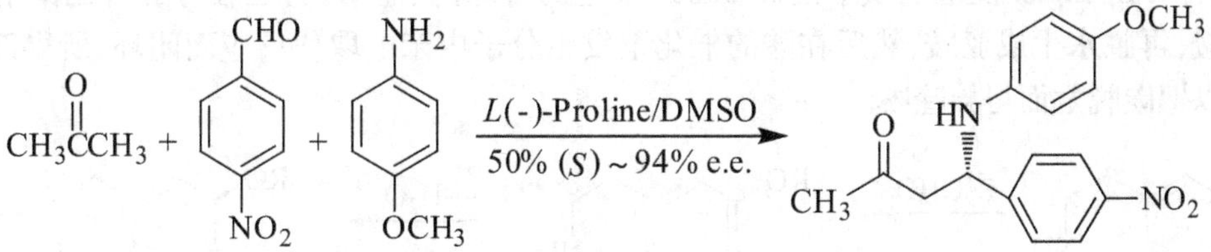

(9) Mannich 反应在有机合成方法上的意义,不仅在于制备许多氨甲基化产物,并可作为中间体,通过消除和加成、氢解等反应而制备一般难以合成的产物。由于 Mannich 碱不稳定,加热后易脱去 1 个胺分子而形成烯键,利用这类烯与活性亚甲基化合物进行加成,可制得有价值的产物。例如色氨酸(Tryptophan)的合成:

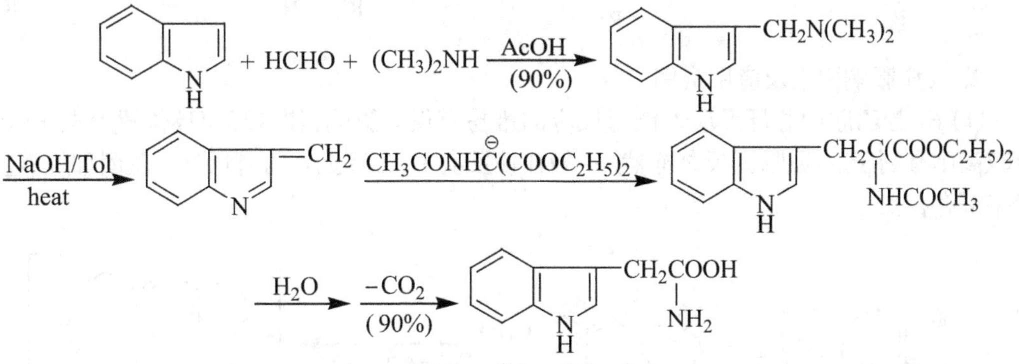

在苯环上引入甲基用一般方法比较困难,如采用 Mannich 碱氢解,可很方便地引入 1 个甲基。例如,维生素 K(Vitamin K)的中间体 2-甲基萘醌的制备:

(二) Pictet-Spengler 反应

β- 芳乙胺与醛在酸性溶液中缩合生成 1,2,3,4- 四氢异喹啉的反应称为 Pictet-Spengler 反应。最常用的羰基化合物为甲醛或甲醛缩二甲醇。

1. 反应通式及机制

Pictet-Spengler 反应实质上是 Mannich 反应的特殊例子。β- 芳乙胺与醛首先作用得 α-羟基胺,再脱水生成亚胺,然后在酸的催化下发生分子内亲电取代反应而闭环,所得四氢异喹啉以钯碳脱氢而得异喹啉。

2. 反应影响因素及应用实例

(1) β- 芳乙胺的芳环反应性能对反应的难易有很大影响,如芳环闭环位置上电子云密度较高则有利于反应进行,反之亦然。一般在该反应中,芳环上均需有供电子基团如烷氧基、羟基等存在。

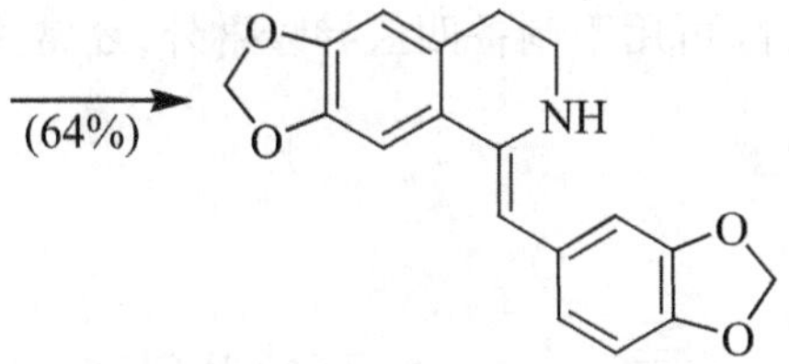

（64%）

中药黄连中抗菌有效成分——小檗碱（黄连素，Berberine）可以胡椒乙胺与 2,3- 二甲氧基苯甲醛为起始原料，经 Pictet-Spengler 反应合成制得。

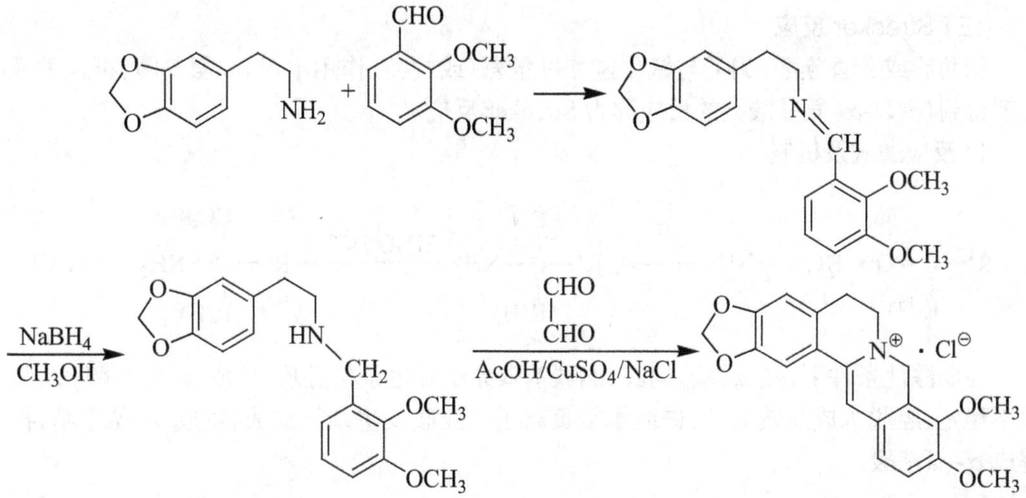

$$\xrightarrow[\text{CH}_3\text{OH}]{\text{NaBH}_4}$$

$$\xrightarrow[\text{AcOH/CuSO}_4/\text{NaCl}]{}$$

（2）当苯甲醛等与芳乙胺环合时，随着反应温度的不同，产物顺、反异构体的比例亦不同，一般认为低温反应选择性提高。例如：

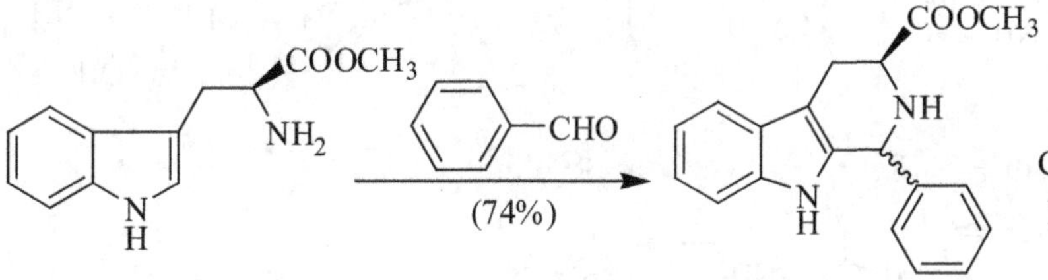

（74%）

反应温度	顺式/反式
CH$_2$Cl$_2$, 0℃	82/18
PhH, reflux	37/63

（3）利用 Pictet-Spengler 反应制备取代四氢异喹啉时，其区域选择性可经芳环上环合部位取代基的诱导而获得。例如，3- 甲氧基苯乙胺与甲醛 - 甲酸反应，主要生成 6- 甲氧基四氢异喹啉。

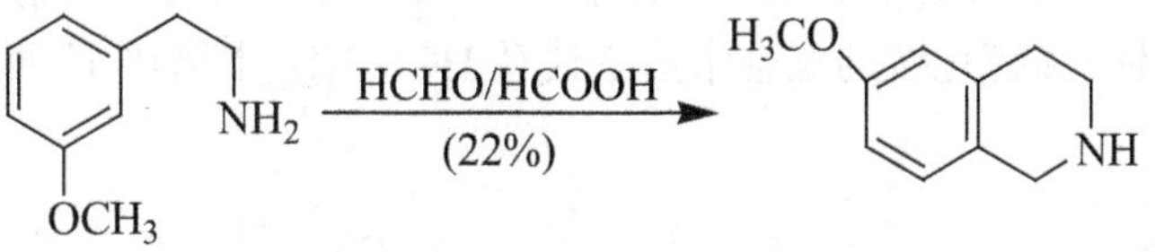

$$\xrightarrow[(22\%)]{\text{HCHO/HCOOH}}$$

当在其 2- 位引入三甲基硅烷基后，则生成 8- 甲氧基四氢异喹啉。

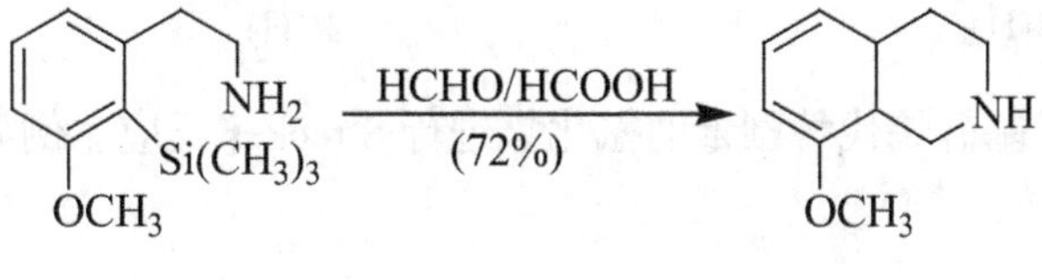

$$\xrightarrow[(72\%)]{\text{HCHO/HCOOH}}$$

（4）Pictet-Spengler 反应除可用于制备四氢异喹啉外,还常用于制备其他不同类型的稠环化合物。例如:

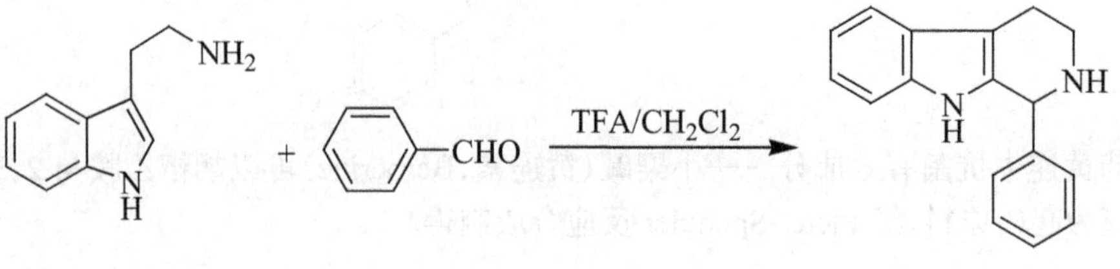

（三）Strecker 反应

脂肪族或芳香族醛、酮类与氰化氢和过量氨(或胺类)作用生成 α- 氨基腈,再经酸或碱水解得到 (d,l)-α- 氨基酸类的反应称为 Strecker 反应。

1. 反应通式及机制

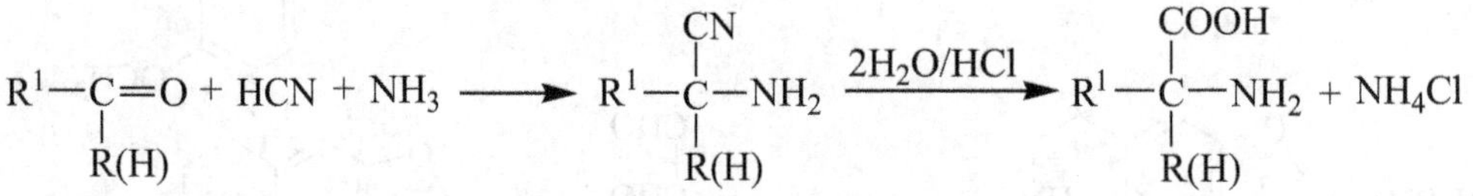

$$R^1-\underset{R(H)}{\overset{\parallel}{C}}=O + HCN + NH_3 \longrightarrow R^1-\underset{R(H)}{\overset{CN}{\underset{|}{C}}}-NH_2 \xrightarrow{2H_2O/HCl} R^1-\underset{R(H)}{\overset{COOH}{\underset{|}{C}}}-NH_2 + NH_4Cl$$

在弱酸性条件下,氨(或胺)向醛、酮羰基碳原子发生亲核进攻,生成 α- 氨基醇,α- 氨基醇不稳定,经脱水成亚胺离子,进而氰基负离子与亚胺发生亲核加成,生成 α- 氨基腈,再水解成 α- 氨基酸。

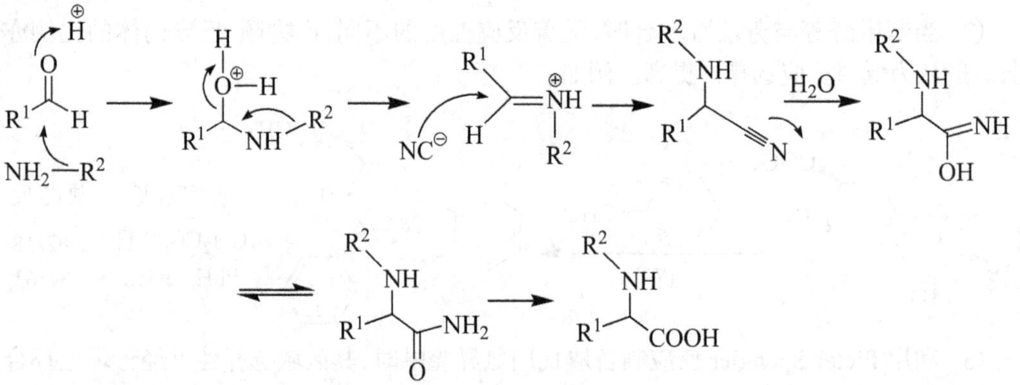

2. 反应影响因素及应用实例

（1）反应中若用伯胺或仲胺代替氨,则得 N- 单取代或 N,N- 二取代的 α- 氨基酸。若采用氰化钾(或氰化钠)和氯化铵的混合水溶液代替 HCN/NH₃,则操作简便、安全,反应后也生成 α- 氨基腈。

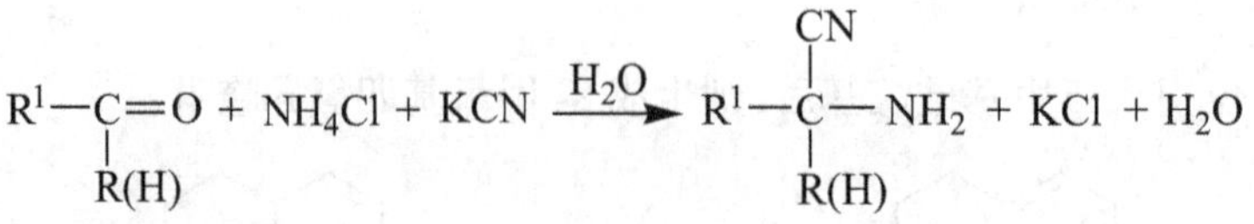

$$R^1-\underset{R(H)}{\overset{\parallel}{C}}=O + NH_4Cl + KCN \xrightarrow{H_2O} R^1-\underset{R(H)}{\overset{CN}{\underset{|}{C}}}-NH_2 + KCl + H_2O$$

亦可用氰化三甲基硅烷代替剧毒的氰化氢进行 Strecker 反应。例如:

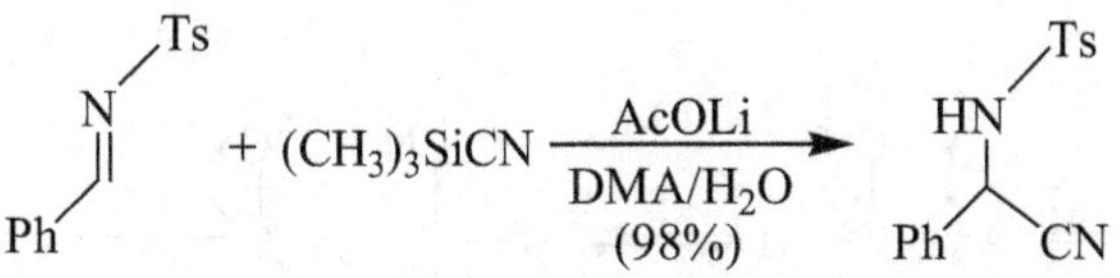

（2）多种有机催化剂可促进 Strecker 反应的进行，如有机磷酸、氨基磺酸、盐酸胍、脲、硫脲衍生物等。例如：

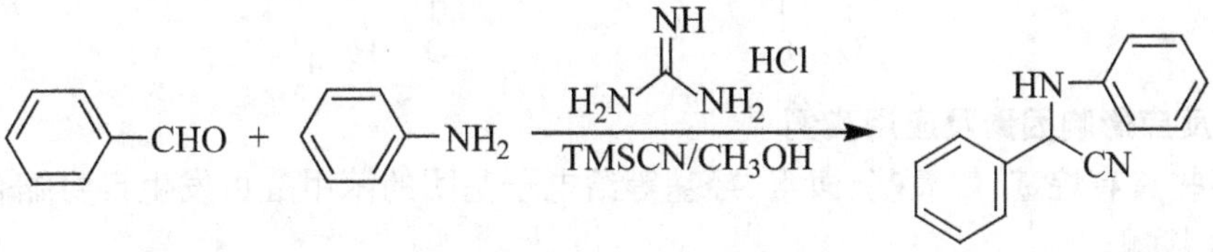

（3）Strecker 反应广泛用于制备各种 (d,l)-α-氨基酸，如 (d,l)-α-氨基苯乙酸的合成：

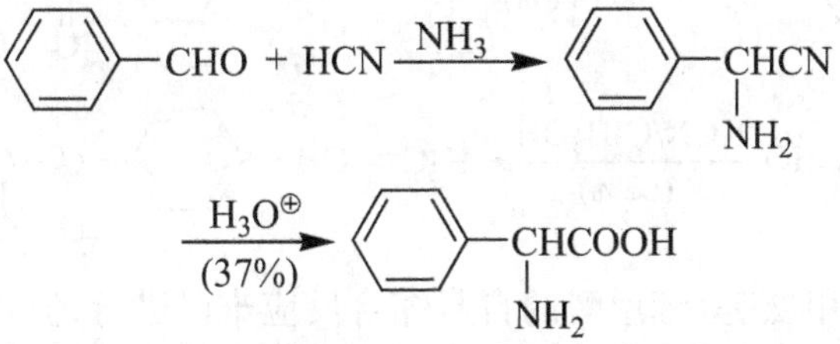

（4）近年来，应用不对称 Strecker 反应合成具有光学活性的 α-氨基酸取得了较大的进展。在不对称 Strecker 反应中，手性源可来自胺、醛（酮）或手性催化剂。利用 (R)-α-氨基苯乙醇为手性源，经不对称 Strecker 反应可制备一系列光学活性纯的 α-氨基酸。

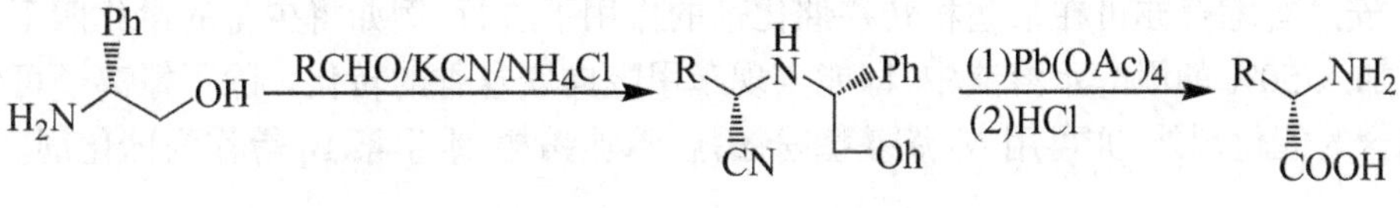

第五节 其他缩合反应

一、安息香缩合反应

芳醛在含水乙醇中，以氰化钠（钾）为催化剂，加热后发生双分子缩合生成 α-羟基酮的反应称为安息香缩合（Benzoin condensation）

（一）反应通式及机制

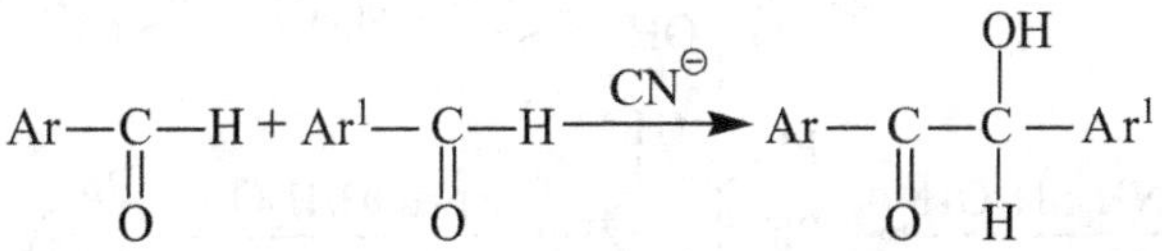

$$Ar\!-\!\underset{O}{\overset{}{C}}\!-\!H + Ar^1\!-\!\underset{O}{\overset{}{C}}\!-\!H \xrightarrow{\ CN^{\ominus}\ } Ar\!-\!\underset{O}{\overset{}{C}}\!-\!\underset{H}{\overset{OH}{C}}\!-\!Ar^1$$

反应过程首先是氰离子对羰基加成，进而发生质子转移，形成苯甲酰负离子等价体（Benzoyl anion equivalent）。该碳负离子与另一分子苯甲醛的羰基进行加成，继后消除氰负离子,得到 α-羟基酮。

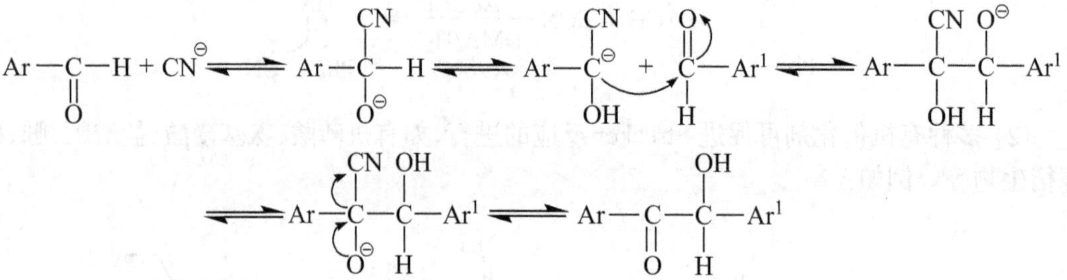

$$Ar-\underset{\underset{O}{\|}}{C}-H + CN^{\ominus} \rightleftharpoons Ar-\underset{\underset{O^{\ominus}}{|}}{\overset{\overset{CN}{|}}{C}}-H \rightleftharpoons Ar-\underset{\underset{OH}{|}}{\overset{\overset{CN}{|}}{C}}^{\ominus} + \underset{\underset{H}{|}}{\overset{\overset{O}{\|}}{C}}-Ar^1 \rightleftharpoons Ar-\underset{\underset{OH}{|}}{\overset{\overset{CN}{|}}{C}}-\underset{\underset{H}{|}}{\overset{\overset{O^{\ominus}}{|}}{C}}-Ar^1$$

$$\rightleftharpoons Ar-\underset{\underset{\ominus}{|}}{\overset{\overset{CN}{|}}{C}}-\underset{\underset{H}{|}}{\overset{\overset{OH}{|}}{C}}-Ar^1 \rightleftharpoons Ar-\underset{\underset{O}{\|}}{C}-\underset{\underset{H}{|}}{\overset{\overset{OH}{|}}{C}}-Ar^1$$

(二) 反应影响因素及应用实例

1. 某些具有烷基、烷氧基、卤素、羟基等给电子基团的苯甲醛可发生自身缩合,生成对称的 α-羟基酮。

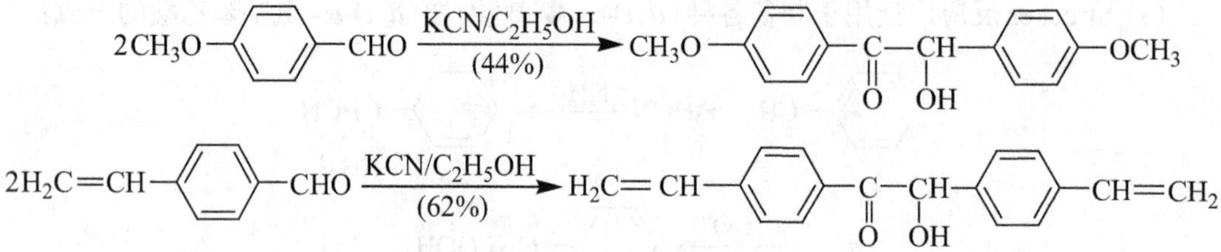

$$2CH_3O-\underset{}{\bigcirc}-CHO \xrightarrow[(44\%)]{KCN/C_2H_5OH} CH_3O-\bigcirc-\underset{O}{\overset{\|}{C}}-\underset{OH}{\overset{|}{C}}H-\bigcirc-OCH_3$$

$$2H_2C=CH-\bigcirc-CHO \xrightarrow[(62\%)]{KCN/C_2H_5OH} H_2C=CH-\bigcirc-\underset{O}{\overset{\|}{C}}-\underset{OH}{\overset{|}{C}}H-\bigcirc-CH=CH_2$$

2. 图 4-(N,N-二甲氨基)苯甲醛的自身缩合反应难以进行,但可与苯甲醛反应生成不对称的 α-羟基酮。

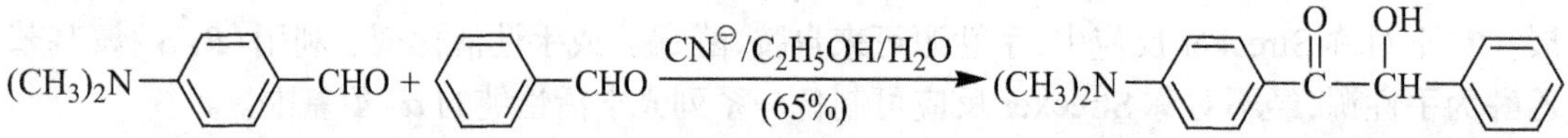

$$(CH_3)_2N-\bigcirc-CHO + \bigcirc-CHO \xrightarrow[(65\%)]{CN^{\ominus}/C_2H_5OH/H_2O} (CH_3)_2N-\bigcirc-\underset{O}{\overset{\|}{C}}-\underset{H}{\overset{OH}{\overset{|}{C}}}-\bigcirc$$

3. 安息香缩合亦可在某些相转移催化剂的作用下进行,例如将少量的氰化四丁基铵在室温下加入 50% 的甲醇水溶液中,即能实现苯甲醛向安息香的转化。除了氰离子可作为安息香缩合的催化剂外,亦可用 N-烷基噻吩鎓盐、咪唑鎓盐、维生素 B_1 等作为催化剂。

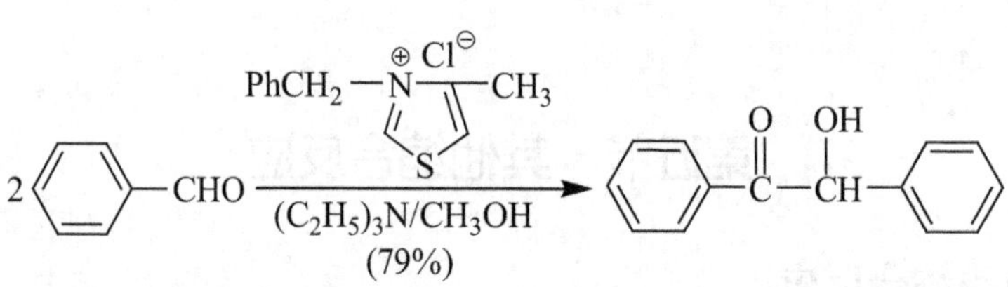

$$2\bigcirc-CHO \xrightarrow[(79\%)]{\underset{(C_2H_5)_3N/CH_3OH}{\overset{PhCH_2-\overset{+}{N}\diagdown CH_3,Cl^{\ominus}}{}}} \bigcirc-\underset{O}{\overset{\|}{C}}-\underset{H}{\overset{OH}{\overset{|}{C}}}-\bigcirc$$

例如,抗癫痫药苯妥英钠(Sodium phenytoin)是以苯甲醛为起始原料,在维生素 B_1 的催化下,经安息香缩合,再经氧化,以及与尿素缩合,水解而制得的。

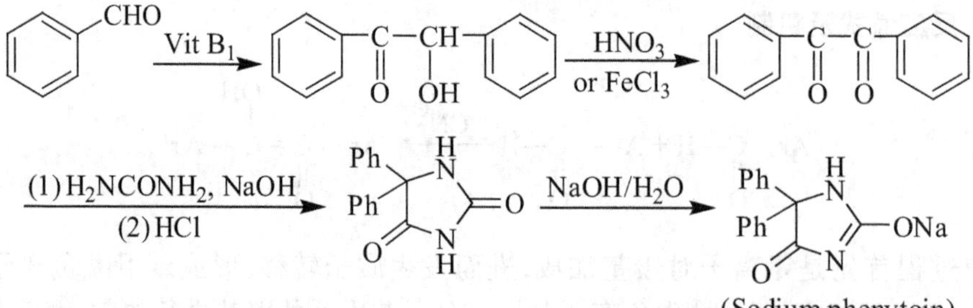

$$\bigcirc-CHO \xrightarrow{Vit\ B_1} \bigcirc-\underset{O}{\overset{\|}{C}}-\underset{OH}{\overset{|}{C}}H-\bigcirc \xrightarrow[or\ FeCl_3]{HNO_3} \bigcirc-\underset{O}{\overset{\|}{C}}-\underset{O}{\overset{\|}{C}}-\bigcirc$$

$$\xrightarrow[(2)\ HCl]{(1)\ H_2NCONH_2,\ NaOH} \underset{Ph}{\overset{Ph}{}}\diagup \text{(咪唑烷二酮环)} \xrightarrow{NaOH/H_2O} \underset{Ph}{\overset{Ph}{}}\diagup \text{(Sodium phenytoin)}$$

二、Darzens 反应

醛或酮与 α-卤代酸酯在碱催化下缩合生成 α,β-环氧羧酸酯(缩水甘油酸酯)的反应称为 Darzens 反应。

(一)反应通式及机制

$$\underset{R^1}{\overset{(H)R}{\underset{\,}{C}}}=O + X-\overset{H}{\underset{R^2}{C}}-COOR^3 \xrightarrow{RONa} \underset{R^1}{\overset{(H)R}{C}}\overset{R^2}{\underset{O}{C}}-COOR^3$$

α-卤代酸酯在碱性条件下生成相应的碳负离子中间体,碳负离子中间体亲核进攻醛或酮的羰基碳原子,发生醛醇型加成,再经分子内 S_N2 取代反应形成环氧丙酸酯类化合物。

$$X-\overset{H}{\underset{R^2}{C}}-COOR^3 \xrightleftharpoons{RONa} \overset{X}{\underset{R^2}{\overset{\ominus}{C}}}-COOR^3 + ROH$$

$$\underset{R^1}{\overset{(H)R}{C}}=O + \overset{X}{\underset{R^2}{\overset{\ominus}{C}}}-COOR^3 \rightleftharpoons \cdots \xrightarrow{-Cl^\ominus} \underset{R^1}{\overset{(H)R}{C}}\overset{R^2}{\underset{O}{C}}-COOR^3$$

(二)反应影响因素及应用实例

1. 参与反应的醛、酮中,除脂肪醛外,芳香醛、脂肪酮、脂环酮以及 α,β-不饱和酮等均可顺利进行该反应。

除常用 α-氯代酸酯外,有时也可用 α-卤代酮、α-卤代腈、α-卤代亚砜和砜、α-卤代-N,N-二取代酰胺及苄基卤代物等。

$$\bigcirc\!\!=\!O + ClCH_2COOC_2H_5 \xrightarrow[\substack{10\sim15℃,\ 3h}]{t\text{-BuOK}/t\text{-BuOH}} \text{(85\%\sim95\%)}\quad \bigcirc\!\!<\!\!\substack{O\\ }\!\!CHCOOC_2H_5$$

$$PhCHO + ClCH_2CN \xrightarrow[(75\%)]{TEBAC} \underset{H}{\overset{Ph}{C}}\overset{O}{\underset{CN}{C}}\overset{H}{}$$

2. α,β-环氧酸酯是极其重要的有机合成中间体,可经水解、脱羧转变成比原有反应物醛、酮多 1 个碳原子的醛、酮。

$$\underset{R^1}{\overset{R}{C}}\overset{R^2(H)}{\underset{O}{C}}{COOC_2H_5} \xrightarrow[\text{(2)}H^\oplus]{\text{(1)}OH^\ominus} \underset{R^1}{\overset{R}{C}}\overset{R^2(H)}{\underset{O}{C}}{COOH} \xrightarrow{-CO_2} \underset{R^1}{\overset{R}{C}}\overset{H}{}\ \overset{R^2(H)}{\underset{\,}{C}}=O$$

例如,非甾体抗炎药布洛芬(Ibuprofen)的中间体的合成:

$$(CH_3)_2CHCH_2\!-\!\!\bigcirc\!\!-\!COCH_3 + ClCH_2COOC_2H_5 \xrightarrow[35℃,3h]{i\text{-PrONa}}$$

$(CH_3)_2CHCH_2$—〔苯环〕—$\overset{CH_3}{\underset{O}{C}}$—CHCOOC$_2H_5$ $\xrightarrow[\text{(2)}H^{\oplus}/\text{heat}]{\text{(1)NaOH/H}_2\text{O}}$ $(CH_3)_2CHCH_2$—〔苯环〕—$\overset{CH_3}{\underset{}{CH}}$CHCHO

(75%)

又如，维生素 A（Vitamin A）的中间体是以 β- 紫罗兰酮为起始原料，经 Darzens 反应制得的。

〔环结构〕CH=CH—COCH$_3$ + ClCH$_2$COOC$_2$H$_5$ $\xrightarrow[(-10\pm2)\,^{\circ}C]{\text{CH}_3\text{ONa}}$ 〔环结构〕CH=CH—$\overset{}{\underset{CH_3}{C}}$—CH—COOC$_2H_5$

$\xrightarrow[\substack{\text{(2)}H^{\oplus}(\text{pH7}\sim6) \\ (84\%\sim86\%)}]{\text{(1)}H_2O,\ 38\sim42\,^{\circ}C}$ 〔环结构〕CH$_2$—CH=CH—CHO

3. Darzens 反应常用的碱性催化剂有醇钠（钾）、氨基钠、LDA 等。醇钠最常用，对活性差的反应物常用叔醇钾和氨基钠。

Ph—$\overset{O}{\underset{}{C}}$—CH$_2$—Br + PhCHO $\xrightarrow[\text{THF}]{\text{LDA/InCl}}$ Ph—〔环氧〕—$\overset{O}{\underset{}{C}}$—Ph

(77%), trans 100%

4. 手性试剂参与的不对称 Darzens 反应可获得中等至良好的立体选择性。如对称或不对称酮与 α- 氯乙酸（-）-8- 苯基薄荷酯在叔丁醇钾的存在下反应，得到产物的非对映选择性在 77%~96% 之间。

$\overset{R^1}{\underset{R^2}{}}$C=O + Cl—CH$_2$—COO—〔薄荷基〕 $\xrightarrow{t\text{-BuOK/CH}_2\text{Cl}_2}$ 〔产物〕

手性相转移催化剂亦可催化不对称 Darzens 反应。

t-Bu—〔苯环〕—CHO + ClCH$_2$SO$_2$—〔苯环〕 $\xrightarrow[\text{Tol, r.t}]{\text{chirl PTC/50\% RbOH}}$ t-Bu—〔苯环〕—〔环氧〕—SO$_2$—〔苯环〕

(81%,97% e.e.)

三、Reformatsky 反应

醛、酮与 α- 卤代酸酯在金属锌粉存在下缩合而得 β- 羟基酸酯或脱水得 α,β- 不饱和酸酯的反应称为 Reformatsky 反应。

(一) 反应通式及机制

$$\underset{R^2}{\overset{R^1}{>}}C=O + X\overset{\underset{|}{H}}{\underset{\underset{H}{|}}{C}}-COOR \xrightarrow[\text{(2)}H_3O^{\oplus}]{\text{(1)}Zn} \underset{R^2}{\overset{R^1}{>}}\overset{\overset{OH}{|}}{C}\overset{\overset{H}{|}}{\underset{\underset{H}{|}}{C}}-COOR \xrightarrow{-H_2O} \underset{R^2}{\overset{R^1}{>}}C=CH-COOR$$

α-卤代酸酯与锌首先经氧化加成形成有机锌化合物,然后向醛、酮的羰基做亲核加成形成 β-羟基酸酯的卤化锌盐,再经酸水解而得 β-羟基酸酯。若 β-羟基酸酯的 α-碳原子上具有氢原子,则在温度较高或在脱水剂(如酸酐、质子酸)的存在下经脱水而得 α,β-不饱和酸酯。

$$X\overset{\underset{|}{H}}{\underset{\underset{H}{|}}{C}}-COOR + Zn \longrightarrow XZn\left(\overset{\underset{|}{H}}{\underset{\underset{H}{|}}{C}}-COOR\right)$$

$$\underset{R^2}{\overset{R^1}{>}}C=O + XZn\left(\overset{\underset{|}{H}}{\underset{\underset{H}{|}}{C}}-COOR\right) \longrightarrow \underset{R^2}{\overset{R^1}{>}}\underset{H}{\overset{O}{|}}\cdots\underset{H}{\overset{O}{|}}\overset{Zn^{\oplus}-X}{\underset{OR}{}} \xrightarrow{H_3O^{\oplus}}$$

$$\underset{R^2}{\overset{R^1}{>}}\overset{\overset{OH}{|}}{C}\overset{\overset{H}{|}}{\underset{\underset{H}{|}}{C}}-COOR \xrightarrow{-H_2O} \underset{R^2}{\overset{R^1}{>}}C=CH-COOR$$

(二) 反应影响因素及应用实例

1. Reformatsky 反应中,α-碘代酸酯的活性最大,但稳定性差;α-氯代酸酯的活性小,与锌的反应速率慢甚至不反应;α-溴代酸酯使用最多。α-卤代酸酯的活性次序为:

$$ICH_2COOC_2H_5 > BrCH_2COOC_2H_5 > ClCH_2COOC_2H_5$$

$$XCH_2COOC_2H_5 < X\overset{}{\underset{R}{CH}}COOC_2H_5 < X-\overset{\overset{R^1}{|}}{\underset{\underset{R}{|}}{C}}-COOC_2H_5$$

α-多卤代酸酯亦可与醛、酮发生 Reformatsky 反应。例如:

$$\text{环己酮} + Br\overset{\overset{F}{|}}{\underset{\underset{F}{|}}{C}}COOC_2H_5 \xrightarrow[\text{(72\%)}]{Zn} \text{(环己基)}\overset{OH}{\underset{CF_2}{}}\overset{O}{\underset{}{C}}OC_2H_5$$

2. 各种醛、酮均可进行 Reformatsky 反应,醛的活性一般比酮大,但活性大的脂肪醛在此反应条件下易发生自身缩合等副反应。当芳香醛与 α-卤代酸酯在 Sn^{2+}、Ti^{2+}、Cr^{3+} 等金属离子的催化下进行 Reformatsky 反应时,常得到 erythro(赤)型产物。例如:

利用该反应可以制备比原来的醛、酮增加两个碳原子的 β-羟基酸酯或 α,β-不饱和酸酯。

例如,维生素 A(Vitamin A)的合成是以紫罗兰酮为原料,经 Reformatsky 反应制得十五碳酯,再经还原、氧化以及 Claisen-Schmidt 缩合得十八碳酮,再经一次 Reformatsky 反应,最后还原得到该产物。

(Vitamin A)

3. 除了醛、酮外,酰氯、腈、烯胺等均可与 α-卤代酸酯缩合,分别生成 β-酮酸酯、内酰胺等。例如:

4. 催化剂锌粉需经活化,常用 20% 盐酸处理,再用丙酮、乙醚洗涤,真空干燥而得。亦可用金属钾、钠、锂-萘等还原无水氯化锌制得,这种锌粉活性很高,可使反应在室温下进行,收率良好。

$$BrCH_2COOC_2H_5 + \text{（环己酮）}O \xrightarrow[\substack{r.t \\ (95\%\sim98\%)}]{Zn/(C_2H_5)_2O} \text{（环己醇）}\begin{array}{l} OH \\ CH_2COOC_2H_5 \end{array}$$

活化锌粉的另一种方法是制成 Zn-Cu 复合物或以石墨为载体的 Zn-Ag 复合物。这类复合物的活性更高,可使反应在低温下进行,且收率高,后处理方便。除了用锌试剂外,还可改用金属镁、锂、铝等试剂。由于镁的活性比锌大,往往用于一些有机锌化合物难以完成的反应(主要是位阻大的化合物)。例如:

$$CH_3\underset{\underset{Br}{|}}{CH}COOC_4H_9\text{-}t + Mg + (C_6H_5)_2CO \xrightarrow{(81\%)} (C_6H_5)_2\underset{\underset{OH}{|}}{C}-\underset{\underset{CH_3}{|}}{CH}COOC_4H_9\text{-}t$$

5. α-卤代酸酯与锌的反应基本上与制备格氏试剂(RMgX)的条件相似,需要无水操作和在有机溶剂中进行,常用的有机溶剂有乙醚、苯、四氢呋喃、二氧六环、二甲氧甲(乙)烷、二甲亚砜、二甲基甲酰胺等。不同溶剂极性对反应的选择性有一定影响。

本 章 要 点

1. 缩合反应是指两个或多个有机化合物分子通过反应形成一个新的较大分子的反应,或同一个分子发生分子内反应形成新的分子。

2. 缩合反应的机制主要包括亲核加成-消除(各类亲核试剂对醛、酮加成-消除反应)、亲核加成(活性亚甲基化合物对 α, β-不饱和羰基化合物的加成反应)、亲电取代等。

亲核加成-消除反应:Claisen-Schmidt 反应、Knoevenagel 反应、Wittig 反应、Reformatsky 反应、Grignard 反应、Perkin 反应、Stobbe 反应等。亲核加成反应:Michael 反应。亲电取代反应:Blanc 反应、Mannich 反应等。

3. 本章重点是具有活性氢的化合物与羰基(醛、酮、酯等)化合物之间的缩合。在碱催化作用下,具有活性氢的化合物转化成碳负离子,进而与醛、酮发生亲核加成反应。

亲核试剂除了具有活性氢的化合物(如含 α-H 的醛或酮、活性亚甲基化合物、脂肪酸酐、丁二酸酯等)外,还有 α-卤代酸酯、Wittig 试剂、Grignard 试剂等。

4. 在药物合成中,通过 Tollens 缩合、Blanc 反应及 Mannich 反应,将羟甲基、氯甲基、氨烷基引入药物及药物中间体中。

本 章 练 习 题

一、简要回答下列问题

1. 安息香缩合与羟醛缩合及歧化反应有何不同?

2. 举例写出下列人名反应(注明反应条件)。

(1) Reformatsky 反应　　　(2) Mannich 反应　　　(3) Knoevenagel 反应

(4) Wittig 反应　　　　　(5) Michael 反应　　　(6) 安息香缩合

(7) Perkin 反应　　　　　(8) Darzens 反应　　　(9) Blanc 反应

(10) Claisen-Schmidt 反应

3. Perkin 反应的条件及影响因素是什么?

二、完成下列合成反应

1.

2.

$2C_6H_5CHO \longrightarrow C_6H_5-\overset{O}{\underset{\|}{C}}-\overset{OH}{\underset{|}{CH}}-C_6H_5$

3.

4.

5.

$\underset{Ar}{}\overset{O}{\underset{H}{}} + Ph_3P{=}CHCOCH_3 \xrightarrow[20℃\, or\, 90℃,5min\sim2h]{H_2O}$

6.

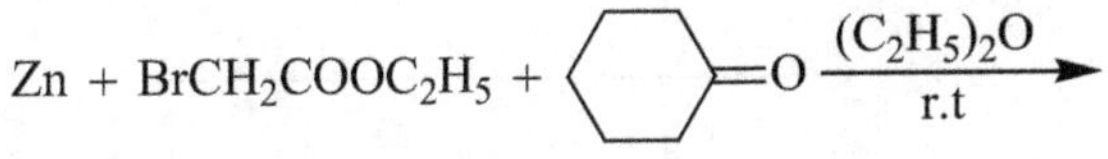

$$Zn + BrCH_2COOC_2H_5 + \text{环己酮} \xrightarrow[\text{r.t}]{(C_2H_5)_2O}$$

7.

$$C_6H_5CHO + CH_3COC_6H_5 \xrightarrow[15\sim30℃]{NaOH/H_2O/C_2H_5OH}$$

8.

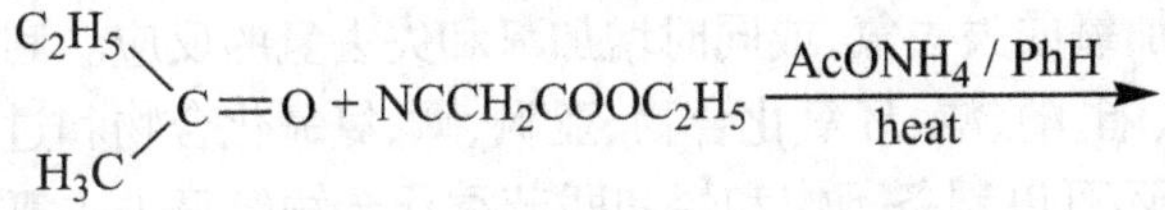

$$\underset{H_3C}{\overset{C_2H_5}{>}}C=O + NCCH_2COOC_2H_5 \xrightarrow[\text{heat}]{AcONH_4 / PhH}$$

9.

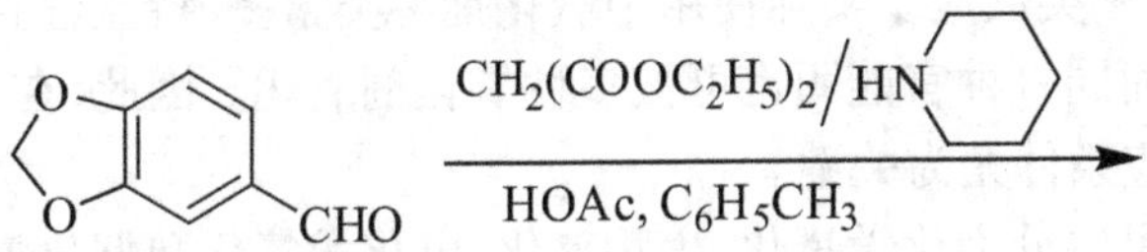

$$\text{（苯并二氧戊环-5-甲醛）} \xrightarrow[HOAc, C_6H_5CH_3]{CH_2(COOC_2H_5)_2/HN\text{（哌啶）}}$$

10.

$$PhCHCH=O + CH_2=C\underset{CH_3}{\overset{OTBDMS}{<}} \xrightarrow{BF_3}$$
$$\overset{|}{\underset{}{CH_3}}$$

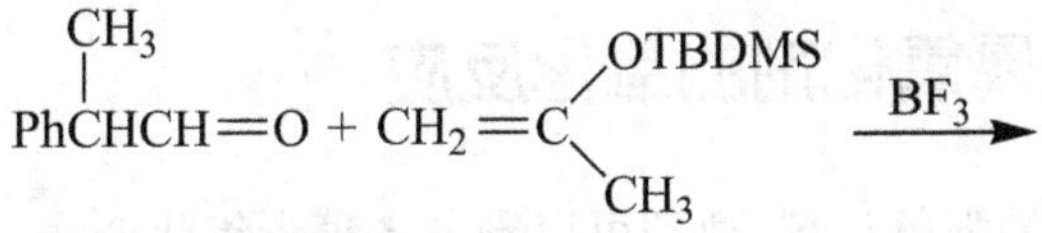

三、药物合成路线设计

根据所学知识,以溴乙烷、对-三氟甲基苯甲醛、三氧化铬、多聚醛、吡咯烷盐酸盐等为主要原料,完成肌肉松弛药兰吡立松(Lanperisone)的合成路线设计。

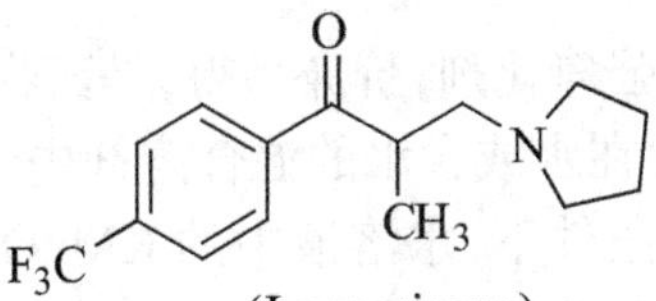

(Lanperisone)

(赵英福)

第七章 氧化反应

广义上,凡是失去电子的反应都属于氧化反应(oxidation reaction);而有机物的氧化反应是指在氧化剂存在下,有机分子中增加氧或失去氢,或同时增加氧和失去氢的反应。利用氧化反应不仅可以制备醇、醛、酮、羧酸、酯、酚、醌、环氧化合物、亚砜、砜、氮氧化合物和过氧化合物等在分子中增加含氧的化合物;还可以制备不饱和烃和联芳香化合物等只失去氢而不加氧的产物;但习惯上对于形成 C—X、C—N、C—S 键的反应不作为氧化反应讨论。

氧化反应是药物合成中很重要的一类反应。实际使用中氧化剂种类繁多、特点各异,往往一种氧化剂可以氧化多种官能团;而同一种官能团也可被多种氧化剂氧化。因此,在药物合成反应中,选择合适的氧化剂和反应条件尤为关键。

氧化反应按照操作方式的不同,可以分为化学氧化、生物氧化、电化学氧化和催化氧化。本书则按照氧化剂的种类进行内容讨论。

第一节　过渡金属氧化剂的氧化反应

高价态的过渡族金属类氧化剂是常见的强氧化剂,通常可以制备各种含氧化合物,反应选择性好、收率高,是药物合成反应中最常用的一类氧化剂;但因其易对药物和环境产生对人体有毒害作用的重金属污染,已逐渐被更为绿色的氧化剂所替代。

一、常见的过渡金属氧化剂的种类与性质

(一) 锰化合物

1. 高锰酸钾($KMnO_4$)　为强氧化剂,价廉易得,是药物合成反应中最常用的氧化剂之一。具有较好的水溶性,因此常在水或含水的混合溶剂中使用。酸性条件下,$KMnO_4$ 的氧化能力远远大于中性或者碱性条件下;水溶液中的 $KMnO_4$ 具有很强的氧化能力。因此,可以在温和的反应条件下进行氧化反应,广泛应用于氧化醇、醛、胺、烯烃等有机化合物的合成中。

2. 活性二氧化锰(MnO_2)　为中等氧化能力的温和氧化剂,其活性与制备方法密切相关,通常碱性条件下由热的 $MnSO_4$ 溶液与 $KMnO_4$ 溶液制得的 MnO_2 活性最高。

$$2KMnO_4 + 3MnSO_4 + 2H_2O \longrightarrow K_2SO_4 + 5MnO_2 + 2H_2SO_4$$

MnO_2 作为氧化剂具有非常好的反应选择性,可以在温和的条件下高收率、高选择性地氧化伯醇、仲醇生成相应的醛、酮而不会发生过度氧化,分子中存在的其他官能团(如烯基、炔基、杂原子等)不受影响。此外,MnO_2 也可将氰基转化为酰胺、氧化羟胺生成硝酮。

（二）铬化合物

含铬化合物是实验室常见的氧化剂，它可氧化伯醇生成醛或酸、氧化仲醇生成酮、将烯丙基或者苄基 C—H 键氧化成 C—O 键。由于存在毒性和环境污染的问题，其实用性已大受限制。常用的含铬氧化剂主要有 Jones 试剂、Collins 试剂、氯铬酸吡啶和重铬酸吡啶盐等。

1. Jones 试剂（$Cr_2O_3/H_2SO_4/Acetone$）　由铬酐（Cr_2O_3）溶解在浓硫酸/丙酮溶液中所得到的液体试剂，能在温和的条件下高效氧化伯醇生成羧酸、氧化仲醇生成酮。

2. Collins 试剂（$Cr_2O_3 \cdot 2Py$）　将铬酐（Cr_2O_3）分批加到冷却的过量无水吡啶中即可制得。在药物合成中常用于氧化伯醇、仲醇生成相应的醛或酮，该方法尤其适用于分子中含有碳-碳双键或对酸敏感基团（如缩醛）的醇的氧化。

3. 氯铬酸吡啶（Pyridinium chlorochromate，PCC）　PCC（吡啶和 CrO_3 在盐酸溶液中的络合盐）是按照 CrO_3∶6mol/L HCl∶Py=1∶1.1∶1 的比例制得的橙黄色晶体。作为一种温和的氧化剂，具有很好的官能团耐受性，可在温和的条件下高效、高收率地氧化伯醇、仲醇、不饱和醇等生成相应的醛和酮；此外，PCC 也可用于氧化断裂 C—H 键、C—C 键、C—B 键等。

4. 重铬酸吡啶（Pyridinium dichromate，PDC）　由重铬酸钾、盐酸和吡啶按照一定的比例配制而成，是一种应用广泛的中性氧化剂，可在温和的条件下氧化醇。其氧化能力的强弱与反应介质密切相关：在 DMF 中可氧化脂肪族伯醇生成相应的羧酸，在 CH_2Cl_2 中氧化伯醇、仲醇、苄醇和烯丙醇高产率生成相应的醛（酮），而不会发生过度氧化。

（三）四氧化锇（OsO_4）

在药物合成中主要作为一种亲电试剂参与烯烃的双羟基化反应。因 OsO_4 非常昂贵，且有剧毒、高挥发性，故实际使用中常采用催化量的 OsO_4，以 *N*- 甲基吗啉 -*N*- 氧化物（NMO）或铁氰化钾［$K_3Fe(CN)_6$］做共氧化剂进行反应。

（四）银化合物

1. 氧化银（Ag_2O）　为反应温和、高选择性的氧化剂，常用于氧化对苯二酚成苯醌、氧化醛成酸。此外，Ag_2O 还可用于氧化偶联反应。但因价格较高，其实用性受到限制。

2. 碳酸银（Ag_2CO_3）　也是温和、高选择性的氧化剂，可以高产率地氧化伯醇生成醛、氧化仲醇生成酮；氧化 1,4- 二醇、1,5- 二醇、1,6- 二醇等二元伯醇生成环内酯，以及氧化酚生成醌。

（五）四醋酸铅［$Pb(OAc)_4$］

$Pb(OAc)_4$ 又称醋酸高铅，是一种选择性较好的氧化剂，通常由 Pb_3O_4 与醋酸一起加热制得。$Pb(OAc)_4$ 不稳定，易水解，故常在有机溶剂（如冰醋酸、苯、三氯甲烷、乙腈等）中进行反应，但若在有机溶剂中加入少量水或醇则可加快反应。但因存在毒性和环境污染问题，故实用性大受限制。

（六）铜化合物

1. 醋酸铜［$Cu(OAc)_2$］　作为氧化剂较少在药物合成反应中单独使用，通常需要和其他过渡金属配合使用，如醋酸铜作为氧化 0 价钯生成 2 价钯的氧化剂，可实现钯催化的非官能化芳香化合物之间或与烯烃之间的直接氧化偶联，得到联芳香化合物或芳基烯烃化合物。

2. 氧化铜的碱性溶液（Fehling 试剂）　碱性铜络离子溶液由氢氧化钠、硫酸铜和酒石酸钾按一定比例配制而成，是一种深蓝色的络离子溶液，常用于将不饱和醛氧化成不饱和酸。反应时，铜离子被还原成氧化亚铜沉淀，深蓝色消失，而醛则被氧化成酸。Fehling 试剂氧化脂肪醛的速率较快。

（七）铁氰化钾［$K_3Fe(CN)_6$］

$K_3Fe(CN)_6$ 为碱性条件下使用的温和氧化剂,它可经自由基机制氧化酚得到联芳香化合物;$K_3Fe(CN)_6$ 碱性溶液可作为 OsO_4 催化烯烃双羟基化的共氧化剂,实现 OsO_4 的催化氧化循环。此外,它还可氧化吡啶季铵盐生成吡啶酮、氧化酮醇生成二酮。

（八）硝酸铈铵［$Ce(NH_4)_2(NO_3)_6$,Cerium（Ⅳ）Ammonium Nitrate,CAN］

CAN 是一个单电子强氧化剂,在酸性条件下氧化性更强,从颜色的变化（从橙色到淡黄色）可判断 CAN 的消耗情况。由于在有机溶剂中溶解度的局限性,CAN 参与的反应大多在水/有机混合溶液中进行。在溴酸钠、叔丁基过氧化氢或氧气等其他氧化剂的存在下,可实现 Ce（Ⅳ）的循环使用,从而实现催化反应。

CAN 对醇、酚、醚等含氧化合物具有氧化活性,其中对仲醇具有特异氧化性;还可将环氧化合物氧化生成二羰基化合物、将多环笼酮氧化为内酯产物。

二、醇的氧化

在合适的氧化剂作用下氧化醇生成相应的醛、酮、酸及其衍生物的反应,是药物合成反应中最常见的官能团转化反应之一,很多氧化剂均可应用于醇的氧化。

（一）氧化成醛、酮

1. 锰氧化剂　用于醇类氧化的主要锰氧化剂有 $KMnO_4$、活性 MnO_2。

（1）反应通式及机制

（2）反应影响因素及应用实例

1）$KMnO_4$ 氧化:可氧化伯醇生成酸、氧化仲醇生成酮。当生成的酮羰基有 α-H 时,则在碱性条件下易烯醇化而被进一步氧化裂解。故只有生成的酮羰基无 α-H,反应才有应用价值。

2）活性 MnO_2 氧化:广泛用于氧化烯丙位醇和苄醇类化合物,反应条件温和,收率较高;且分子中不饱和键不受影响,双键构型不发生变化。反应常在水、石油醚、苯、二氯甲烷、三氯甲烷、乙醚、丙酮等溶剂中进行。当分子中存在多种羟基时,MnO_2 选择性地氧化烯丙位羟基。

2. 铬氧化剂 6 价铬化合物可以将伯醇氧化成醛,将仲醇氧化成酮。常见的铬氧化剂有三氧化铬(铬酐,CrO₃)、Jones 试剂(CrO₃/H₂SO₄/ 丙酮)、铬酐 - 吡啶络合物[Collins 试剂(CrO₃：吡啶 =1：2)]、PCC(氯铬酸吡啶盐)、PDC(重铬酸吡啶盐)。尽管铬试剂氧化醇生成醛时通常选择性好、收率高,但由于铬的高毒及高污染性,使其在制药工业上的大规模应用受到限制,已逐渐被其他绿色、经济、环境友好的氧化方法所替代。

(1) 反应通式及机制

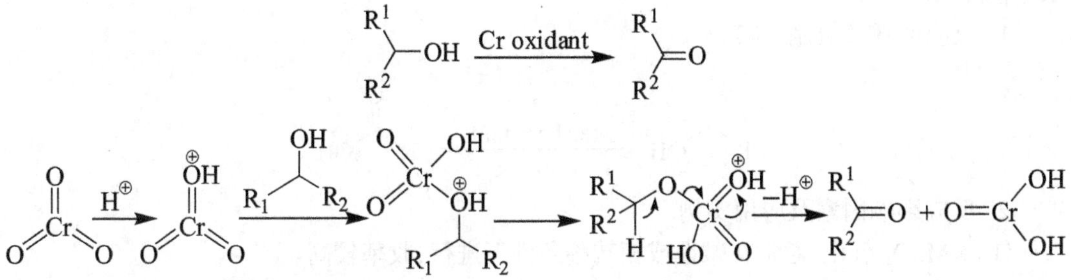

(2) 反应影响因素及应用实例

1) Jones 氧化:仅氧化仲醇生成酮、氧化伯醇生成酸,而分子结构中的其他敏感基团,如缩酮、酯、环氧基、氨基、双键、三键、烯丙基 C—H 键、酰胺键等不受影响。例如,抗生素拉氧头孢钠(Latamoxef disodium)的中间体的制备:

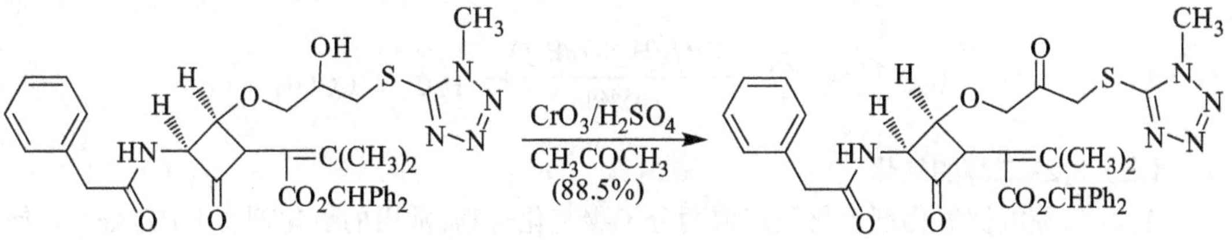

2) Collins 氧化:通常在非水溶液中氧化伯、仲醇生成醛、酮,而不发生进一步氧化;适合于对酸敏感的醇的氧化,且不氧化有机分子结构中的双键。如维生素类药物阿法骨化醇(Alfacalcidol)的中间体 6,6- 亚乙二氧基 -5α- 胆甾烷 -3β- 醇的制备:

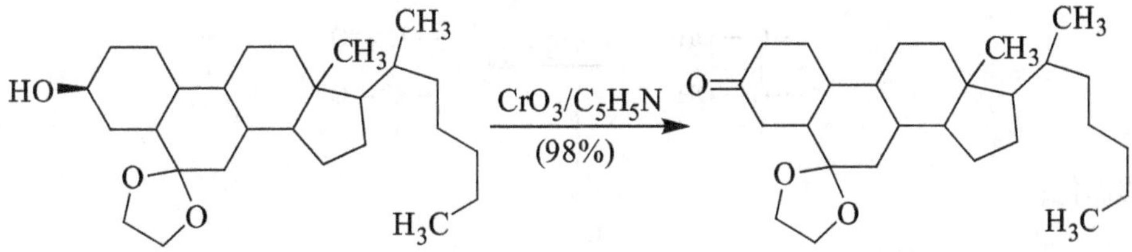

该试剂的缺点是化学性质不太稳定,易吸潮,不易保存,反应需要在无水条件下进行;为使反应完全转化,通常需大过量(一般≥5 倍摩尔比)。

3) PCC 氧化:需要在酸性条件下进行,因此对酸不稳定的化合物必须同时加入 AcONa。该氧化的缺点是反应后生成含铬离子的黑褐色胶状副产物,后处理较麻烦。但当将 PCC 吸附于硅胶、分子筛、硅藻土、氧化铝等无机载体或聚乙烯吡啶树脂、离子交换树脂等高分子载体时,可简化后处理,并提高反应的选择性和收率。

4) PDC 氧化:通常在二氯甲烷中使用,可氧化伯醇、仲醇生成醛、酮;但当在 DMF 或 DMSO 中反应时,则氧化伯醇生成酸。

$$\text{H}_3\text{C} \underset{\text{CH}_3}{\overset{\text{CHO CH}_3}{\diagdown}} \quad \xleftarrow{\underset{\text{CH}_2\text{Cl}_2}{\text{PDC}}} \quad \text{H}_3\text{C} \overset{\text{OH}}{\diagup} \underset{\text{CH}_3}{\overset{\text{CH}_3}{\diagdown}} \quad \xrightarrow{\underset{\text{DMF}}{\text{PDC}}} \quad \text{H}_3\text{C} \underset{\text{CH}_3}{\overset{\text{CO}_2\text{H CH}_3}{\diagdown}}$$

(二) 伯醇氧化成羧酸

伯醇也可以被高锰酸钾、铬酸等氧化能力较强的氧化剂氧化成相应的羧酸,其机制亦为亲电消除反应。

1. 反应通式及机制

$$R\diagup\text{OH} \xrightarrow{\text{Metal oxidant}} R\overset{O}{\diagup}\text{OH}$$

2. 反应影响因素及应用实例

(1) KMnO₄ 氧化:通常在碱性或相转移条件下进行,收率较高。

$$\text{F}_3\text{C} \underset{\text{F}}{\overset{}{\diagdown}} \text{OH} \xrightarrow[\text{(77\%)}]{\text{KMnO}_4/\text{Et}_4\text{NHSO}_4} \text{F}_3\text{C} \underset{\text{F}}{\overset{O}{\diagdown}} \text{OH}$$

(2) 铬酸氧化:氧化伯醇先得到醛,再进一步氧化即得到羧酸,如氧化正丙醇成丙酸。

$$\text{H}_3\text{C}\diagup\text{OH} \xrightarrow[\text{(65\%)}]{\text{CrO}_3/\text{H}_2\text{SO}_4/\text{H}_2\text{O}} \text{H}_3\text{C}\diagup\text{COOH}$$

(三) 1,2- 二醇的氧化

1,2- 二醇可被氧化剂氧化裂解成两分子羰基化合物,常用的氧化剂有 Pb(OAc)₄ 和铬酸等。

1. 反应通式及机制　其中 Pb(OAc)₄ 氧化 1,2- 二醇生成羰基化合物的反应亦称为 Criegee 反应,反应在酸或碱试剂的催化下都可顺利进行,属于亲电消除反应机制。

$$\begin{array}{c} | \\ -\text{C}-\text{OH} \\ | \\ -\text{C}-\text{OH} \\ | \end{array} \xrightarrow{[\text{O}]} \begin{array}{c} | \\ -\text{C}=\text{O} \\ \\ -\text{C}=\text{O} \\ | \end{array}$$

酸催化:

$$\text{H}-\text{O}-\overset{|}{\underset{|}{\text{C}}}-\overset{|}{\underset{|}{\text{C}}}-\text{O}-\underset{\text{OAc}}{\overset{\text{OAc}}{\text{Pb}}}-\text{O}-\overset{O}{\underset{}{\text{C}}}-\text{CH}_3 + \text{H}^{\oplus} \longrightarrow \text{O}=\text{C}\diagdown + \diagup\text{C}=\text{O} + \text{Pb(OAc)}_2 + \text{AcOH}$$

碱催化:

$$\text{B}\colon + \text{H}-\text{O}-\overset{|}{\underset{|}{\text{C}}}-\overset{|}{\underset{|}{\text{C}}}-\text{O}-\underset{\text{OAc}}{\overset{\text{OAc}}{\text{Pb}}}-\text{OAc} \longrightarrow \text{BH} + \text{O}=\text{C}\diagdown + \diagup\text{C}=\text{O} + \text{Pb(OAc)}_2 + \text{AcO}^{\ominus}$$

2. 反应影响因素及应用实例　几乎所有的 1,2- 二醇均能被 Pb(OAc)₄ 氧化裂解生成两分子的羰基化合物。其特点是与顺式或反式 1,2- 二醇均能反应,但顺式异构体的反应速率要快于反式异构体。

$$\text{（结构式）} \xrightarrow[\text{CCl}_3\text{COOH}]{\text{Pb(OAc)}_4} \text{（结构式）}$$

此外,1,2- 氨基醇、α- 羟基酸、α- 酮酸、α- 氨基酸、乙二胺等化合物都能发生类似的氧化裂解。

三、羰基化合物的氧化

(一) 醛的氧化

1. 氧化成羧酸　醛很容易被 $KMnO_4$、Ag_2O、铬酸等氧化剂氧化成羧酸,反应属亲电消除反应机制。

(1) 反应通式及机制

$$\text{R}\overset{\text{O}}{\underset{\text{H}}{\text{C}}} \xrightarrow{[\text{O}]} \text{R}\overset{\text{O}}{\underset{\text{OH}}{\text{C}}}$$

(2) 反应影响因素及应用实例

1) $KMnO_4$ 氧化:在酸性、中性或碱性溶液中都能氧化醛生成羧酸,收率通常较高。

$$\text{（结构式）} \xrightarrow[\substack{\text{H}_2\text{O, r.t} \\ (90\%)}]{\text{KMnO}_4/\text{NaOH}} \text{（结构式）}$$

2) Ag_2O 氧化:适合于氧化芳香醛,并对分子中氨基、酚羟基或双键等易氧化基团无影响。如儿茶酚 -O- 甲基转移酶(COMT)抑制剂的重要中间体 5- 硝基香兰酸的制备:

$$\text{OHC}\text{（结构式）} \xrightarrow[\substack{(90\%)}]{\text{Ag}_2\text{O}/\text{NaOH}} \text{HOOC}\text{（结构式）}$$

2. 氧化成酯　在有机碱(如 DBU)和合适的氧化剂(如活性 MnO_2)的存在下,氮杂环卡宾(NHC)可以催化氧化醛,再与醇反应而生成酯。

(1) 反应通式及机制

$$\text{R}_1\overset{\text{O}}{\underset{\text{H}}{\text{C}}} + \text{R}_2\text{OH} \xrightarrow[\text{NHC catalyst}]{[\text{O}]} \text{R}_1\overset{\text{O}}{\underset{\text{OR}_2}{\text{C}}}$$

$$\text{（结构式）} \xrightarrow[-\text{HI}]{\text{DBU}} \text{（结构式）} \xrightarrow{\text{R}_1\text{CHO}} \text{（结构式）} \xrightarrow{\text{MnO}_2}$$

（2）反应影响因素及应用实例：该反应具有条件温和、后处理简单等优点；对脂肪醛和芳（杂）醛的收率均较高。

（二）酮的氧化

1. 氧化成 α- 羟基酮

（1）反应通式及机制：羰基 α 位的活性烃基可被氧化成 α- 羟基酮。当用 $Pb(OAc)_4$ 或醋酸汞 $[Hg(OAc)_2]$ 做氧化剂时，反应先在羰基 α- 位上引入乙酰氧基（属亲核取代反应机制），再水解即生成 α- 羟基酮。

（2）反应影响因素及应用实例：反应的决速步骤是酮的烯醇化，烯醇化的位置决定了产物的结构。Lewis 酸三氟化硼（BF_3）是该反应常用的催化剂，反应过程中 BF_3 可催化酮的烯醇化，并对动力学控制的烯醇化反应有利，因而可以加速羰基 α- 位活性 C—H 键的氧化。

羰基 α- 位的活性甲基、亚甲基或次甲基均能进行上述反应，故当底物分子中同时含有这些活性 C—H 键时，产物则是多种 α- 羟基酮的混合物，无实用价值。但当加入 BF_3 时，可选择性地氧化活性甲基并使之乙酰化。如 3- 乙酰氧基孕甾 -20- 酮在 BF_3 存在下的氧化：

2. 氧化成羧酸

（1）反应通式及机制：KMnO$_4$ 或铬酸等强氧化剂在剧烈的反应条件下，可使 1,2-二羰基的碳-碳键氧化断裂，生成两分子羧酸，反应属于亲核取代反应机制。

（2）反应影响因素及应用实例：该反应可用于由二酮类化合物制备羧酸。

四、烃的氧化

在药物合成反应中应用最多的是不饱和烃类的氧化，如烯丙位 C—H 键的氧化、芳基侧链苄位 C—H 键的氧化，以及羰基 α-位 C—H 键的氧化；而对饱和脂肪烃中 C—H 键的氧化涉及较少，主要原因是选择性地氧化脂肪族饱和 C—H 键比较困难，反应过程往往比较复杂，收率也较低。

（一）饱和烃的氧化

1. 反应通式及机制　选择性地氧化饱和脂肪族烷烃中 C—H 键比较困难；因此，这类反应在药物合成中应用实例较少。该类反应属于自由基反应机制，主要的反应类型可以用如下的通式表述：

2. 反应影响因素及应用实例　C—H 键的反应活性顺序是叔 > 仲 > 伯，直链叔碳原子的 C—H 键比末端的伯碳原子的 C—H 键更易被氧化；稠多环桥头叔碳原子比环中的仲碳原子更易氧化。尽管选择性地氧化饱和脂肪族烷烃中 C—H 键比较困难，但用铬酸和铬酸酯做氧化剂或催化剂，可在较温和的条件下选择性地氧化金刚烷成 1-金刚烷醇，而生成 2-金刚烷酮的比例 <7%。

$$\text{CrO}_3/\text{Ac}_2\text{O}/\text{AcOH} \atop 35℃, 1\text{h or r.t, 6h}$$

烯丙位的 C—H 键因双键的活化变得较活泼,使用过渡金属氧化剂可以生成烯丙基酮类化合物而不破坏双键。例如,在室温下,使用大过量的 Collins 试剂在二氯甲烷中能得到较近乎定量收率的酮。

$$\text{Collins reagent (15eq)} \atop \text{CH}_2\text{Cl}_2, \text{r.t} \atop (95\%)$$

Collins 试剂氧化烯丙位 C—H 键的同时易发生双键的迁移,这是由于反应按自由基机制进行时,中间体烯丙基自由基转位从而造成双键移位。

$$\text{CrO}_3\text{-Py/CH}_2\text{Cl}_2$$

此外,PCC 试剂也可以氧化烯丙位亚甲基得到烯丙基酮。

$$\text{PCC/4A MS} \atop \text{CH}_2\text{Cl}_2, \text{r.t} \atop (75\%)$$

(二) 芳烃的氧化

1. 芳烃侧链的氧化(苄位氧化)   苄位 C—H 键因受到芳环的活化而活性增高,易被氧化官能化生成相应的芳香族醇、醛(酮)、羧酸及其衍生物,产率一般较高。但由于氧化剂的存在,反应往往难以停留在醇的阶段,而会发生进一步氧化,或得到混合物;故制备醇一般采用先卤化再水解的两步法。

芳烃侧链苄基可被诸如硝酸铈铵(CAN)、铬酰氯(CrO_2Cl_2,Etard 试剂)和三氧化铬 - 醋酸酐($\text{CrO}_3\text{-Ac}_2\text{O}$)等选择性氧化剂所氧化得到醛。

(1) 反应通式及机制

$$\text{Ar} \diagdown \text{R} \xrightarrow{[\text{O}]} \text{Ar} \diagdown \text{R} \quad \text{R = H, OH, alkyl, aryl}$$

其中,CAN 的氧化反应为单电子转移过程,反应过程中有苄醇生成,需要水的参与。

$$\text{ArCH}_3 + \text{Ce}^{4+} \longrightarrow \text{Ar}\dot{\text{C}}\text{H}_2 + \text{Ce}^{3+} + \text{H}^+$$

$$\text{Ar}\dot{\text{C}}\text{H}_2 + \text{H}_2\text{O} + \text{Ce}^{4+} \longrightarrow \text{ArCH}_2\text{OH} + \text{Ce}^{3+} + \text{H}^+$$

$$\text{ArCH}_2\text{OH} + 2\text{Ce}^{4+} \longrightarrow \text{ArCHO} + 2\text{Ce}^{3+} + 2\text{H}^+$$

CrO_2Cl_2 的氧化反应存在着离子型和自由基型两种不同的反应机制。

离子型：

自由基型：

$$ArCH_4 + CrO_2Cl_2 \longrightarrow Ar\dot{C}H_3 + HO\dot{C}rOCl_2 \longrightarrow ArCH_2OCrCl_2OH \xrightarrow{CrO_2Cl_2}$$

$$Ar\dot{C}HOCrCl_2OH + HO\dot{C}rOCl_2 \longrightarrow Ar\dot{C}H(OCrCl_2OH)_2 \xrightarrow{H_2O} ArCHO + 2H_2CrO_3$$

（2）反应影响因素及应用实例

1）硝酸铈铵氧化：CAN 氧化苄位甲基对温度非常敏感，反应温度不同产物不同，低温有利于生成醛，高温利于生成酸。如1,2,3-三甲苯的氧化，当温度低于50℃时，氧化产物为醛；当温度高于50℃时，氧化产物则为酸。反应通常在酸性介质中进行，具有选择性好、操作简便、收率高等优点。当芳环上具有多个甲基时，CAN 只氧化一个甲基为醛基。

此外，芳环上取代基的性质对 CAN 氧化苄位 C—H 键的反应有显著影响。硝基、氰基、羧基、卤素等吸电子基团的存在对苄位的氧化不利，如 CAN 氧化间硝基（氯）甲苯时，产物间硝基（氯）苯甲醛的收率均只有 50%~60%。

2）铬酰氯氧化：氧化苄位甲基的反应收率较高，当芳环上连有多个甲基时，只氧化其中的一个甲基为醛，这是 Etard 试剂的特征之一。

3）三氧化铬-醋酐氧化：氧化苄位甲基生成醛，反应需要在 H_2SO_4 或 $H_2SO_4/AcOH$ 混合介质中进行，反应过程中甲基先被氧化成1,1-二醋酸酯，再进一步水解即得到醛。

4）氧化成酮和羧酸的反应：许多强氧化剂可以氧化芳烃的侧链生成相应的芳酮或芳酸，常用的有 $KMnO_4$、CrO_3、铬酸等；反应机制因所使用氧化剂的不同而不同。

芳烃侧链的氧化一般采用 KMnO$_4$ 碱性溶液,生成的羧酸钾易溶于水,与 MnO$_2$ 分离方便,反应具有较高的收率。其特点是不管侧链多长均被断裂氧化成苯甲酸。例如,利尿药阿佐塞米(Azosemide)的中间体 4- 氯 -2- 硝基苯甲酸的制备:

$$H_3C-\langle\rangle-CH_2CH_2CH_3 \xrightarrow{KMnO_4} HOOC-\langle\rangle-COOH$$

$$H_3C-\langle\rangle-Cl \xrightarrow[\text{(2) HCl}]{\text{(1) } KMnO_4/NaOH} \underset{(90\%)}{} HOOC-\langle\rangle-Cl$$

2. 芳环上的氧化

(1) 芳环的氧化裂解:芳烃结构比较稳定,不易被氧化;但当芳环上带有氨基、羟基等强供电子基团时,苯环则容易被氧化剂氧化;但氧化产物较复杂,无制备价值。当芳稠环或稠杂环被氧化时,芳稠环中的苯环可被氧化开环生成芳酸,反应属亲电加成反应机制。

1) 反应通式及机制

$$\langle\rangle \xrightarrow{[O]} \text{(顺丁烯二酸)}$$

2) 反应影响因素及应用实例

① KMnO$_4$ 氧化:可以将富电子的稠(杂)环芳烃氧化裂解,通常是稠(杂)环中带有供电子基团的苯环被氧化裂解,得到邻(杂)芳基二酸,收率较好。

$$\text{(喹喔啉)} \xrightarrow[(67\%)]{KMnO_4/H_2O} \text{(吡嗪二甲酸)}$$

② RuO$_4$/NaIO$_4$ 氧化:在四氧化钌(RuO$_4$)的催化下,NaIO$_4$ 也可以选择性地氧化裂解苯环,而不影响侧链烷基,其中 RuO$_4$ 可采用三氯化钌(RuCl$_3$)原位生成。

$$\langle\rangle-\langle\rangle \xrightarrow[\substack{CH_3CN/CCl_4,\text{r.t},24h \\ (94\%)}]{RuCl_3\cdot H_2O/NaIO_4} \langle\rangle-COOH$$

(2) 芳环氧化成醌:酚类和芳胺特别是多元酚中的苯环,较易被铬酸氧化成醌。醌及其衍生物是一类分子中含有六元环状共轭不饱和二酮结构的化合物,是药物活性结构的常见基团,有广泛的应用。当具有两个酚羟基或氨基时,苯环比侧链更易被氧化。

$$HO-\langle\rangle-OH \xrightarrow[(86\sim92\%)]{Na_2Cr_2O_7/H_2SO_4/H_2O} O=\langle\rangle=O$$

由于多羟基(或氨基)苯的苯环易被氧化,用铬酸氧化往往会使反应产物中伴有进一步氧化的产物,降低了醌的收率。所以,一般改用高价铁盐 [FeCl$_3$、K$_3$Fe(CN)$_6$] 等弱氧化剂。

$FeCl_3$ 一般在酸性介质中反应，$K_3Fe(CN)_6$ 一般在中性或碱性介质中反应，两者氧化多元酚时，都能获得较高收率的醌。例如：

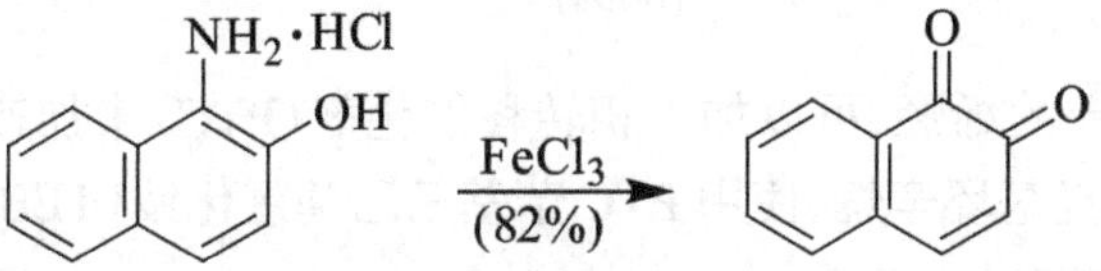

（三）烯烃的氧化

烯烃双键可以被 $KMnO_4$、OsO_4、I_2/ 羧酸银等氧化而生成 1,2- 二醇，这亦被称为烯烃的双羟化反应。所使用的氧化剂不同，产物的立体构型也不同；但都属于亲电加成机制。

1. 顺式双羟化　主要有 $KMnO_4$、OsO_4、I_2/ 湿羧酸银氧化（Woodward 氧化）等方法。

（1）反应通式及机制

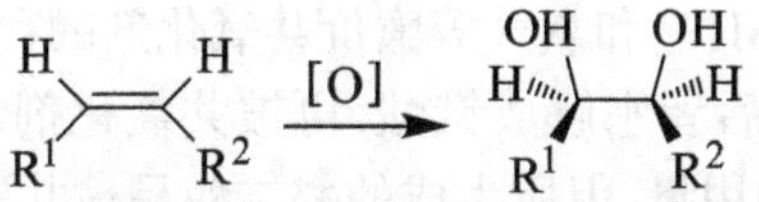

$KMnO_4$ 与烯烃先生成五元环状锰酸酯中间体，碱性下锰酸酯水解即得到顺式邻二醇。

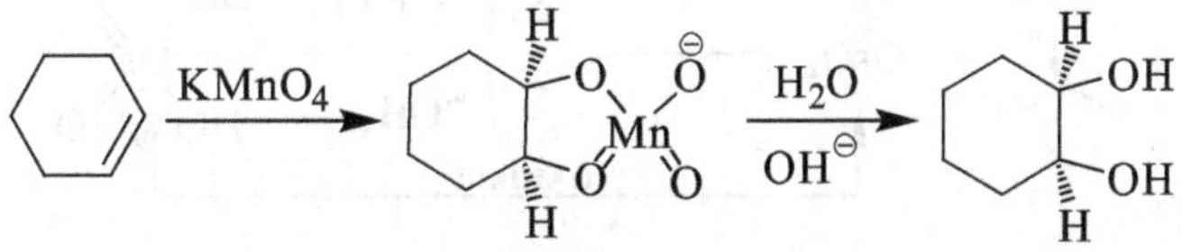

OsO_4 与烯烃先生成五元环状锇酸酯，锇酸酯不稳定，水解即得到邻二醇。

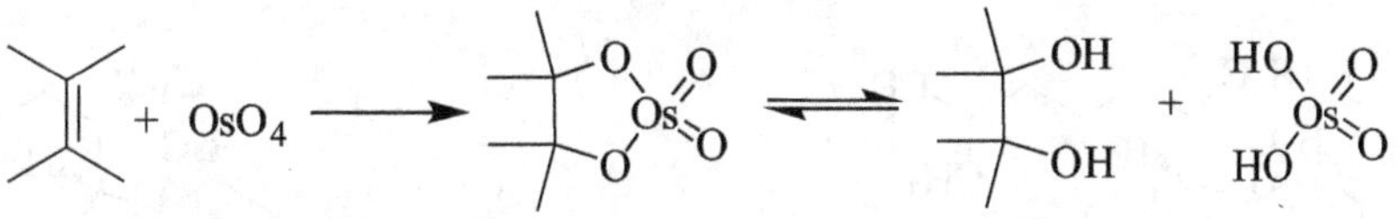

羧酸银与 I_2 反应生成碘正离子，其中碘正离子与烯烃双键生成三元环状离子（鎓离子），羧酸负离子从三元环状鎓离子的背面进攻，形成五元环状正离子，该中间体水解生成 1,2- 二醇的单羧酸酯，进一步发生水解则得到顺式邻二醇。

$$AcOAg + I_2 = AgI + AcO^{\ominus} + I^{\oplus}$$

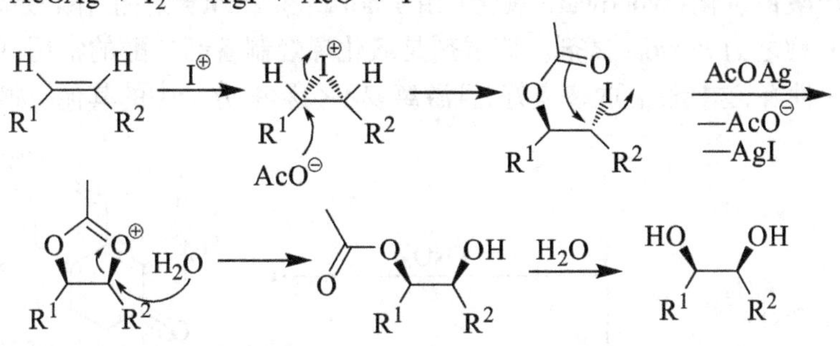

（2）反应影响因素及应用实例

1）$KMnO_4$ 氧化：$KMnO_4$ 氧化通常在水或者水 - 有机溶剂（丙酮、乙醇、叔丁醇等）的混合溶液中进行。反应过程中需控制溶液 pH>12，否则所生成的邻二醇易被进一步氧化称为 α- 羟基酮或二羧酸。

对于水中溶解度差的烯烃,可以加入相转移催化剂(PTC)来加速反应,如性 KMnO₄ 氧化环辛烯生成 1,2- 二羟基环辛烷,使用 PTC 苄基三乙基氯化铵(TEBAC)则收率可达 50%;而不用 PTC,收率仅为 7%。

2)OsO₄ 氧化:该法常用催化量的 OsO₄,并在 NaClO、NaClO₃、KClO₃、NaIO₄、K₃Fe(CN)₆、NMO、H₂O₂、过氧叔丁醇(TBHP)和氧气等廉价共氧化剂的存在下进行。反应过程中,催化量 OsO₄ 与烯烃生成锇酸酯,后者水解成锇酸,再被共氧化剂氧化生成 OsO₄ 继续参与催化循环。该方法可减少 OsO₄ 的用量,但所生成的邻二醇易被共氧化剂进一步氧化。

当反应体系中存在能够与 OsO₄ 配位的配体,如吡啶、1,4- 二氮杂二环[2,2,2]辛烷(DABCO)、奎宁及其衍生物时均可显著加速双羟化反应。

3)I₂/ 湿羧酸银氧化(Woodward 氧化):由 1mol 碘和 2mol 羧酸银(醋酸银或苯甲酸银)所组成的试剂,称之为 Prevost 试剂。该试剂是氧化烯烃制备邻二醇的常用试剂,反应条件温和,反应专一性好,选择性和收率良好,且游离碘不会影响分子中的其他敏感基团。

2. 反式双羟化　主要有 I_2/ 无水羧酸银氧化（Prevost 氧化）法。

（1）反应通式及机制

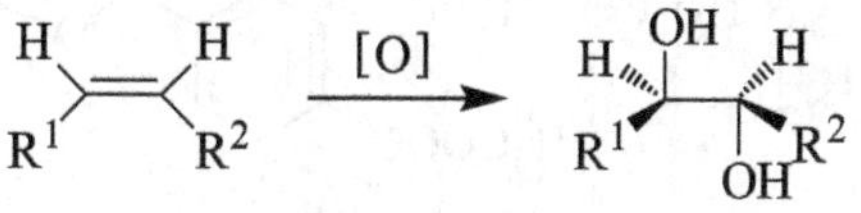

Prevost 氧化与 Woodward 氧化类似，均经历三元碘鎓离子和五元环状中间体。唯一的差别是在无水条件下，酰氧负离子从另一面进攻五元环状中间体，形成反式邻二醇的双酯，其进一步水解即得到反式邻二醇。

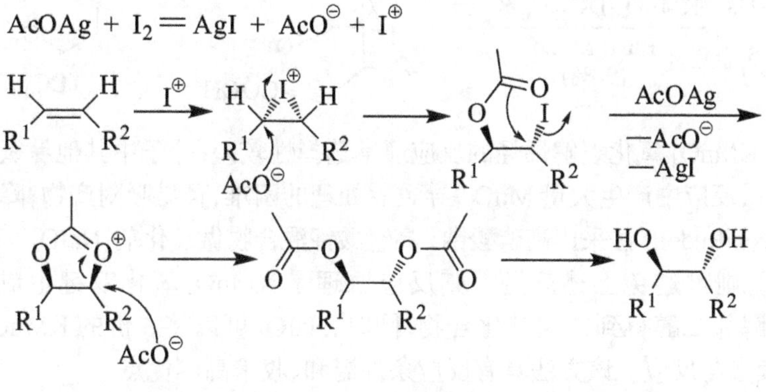

（2）反应影响因素及应用实例：Prevost 反应氧化烯烃制备反式邻二醇的反应条件温和，不会影响其他敏感基团。

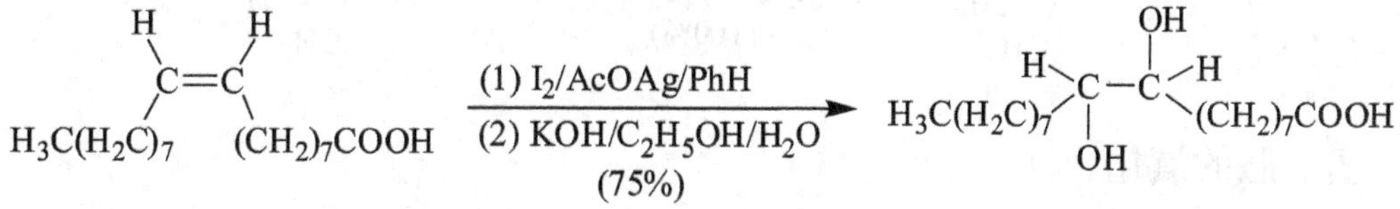

3. 双键的氧化裂解　烯烃还可被 $KMnO_4$ 氧化裂解生成相应的醛、酮或羧酸等羰基化合物，是药物合成中断裂碳 - 碳双键最常用的方法。

（1）反应通式及机制

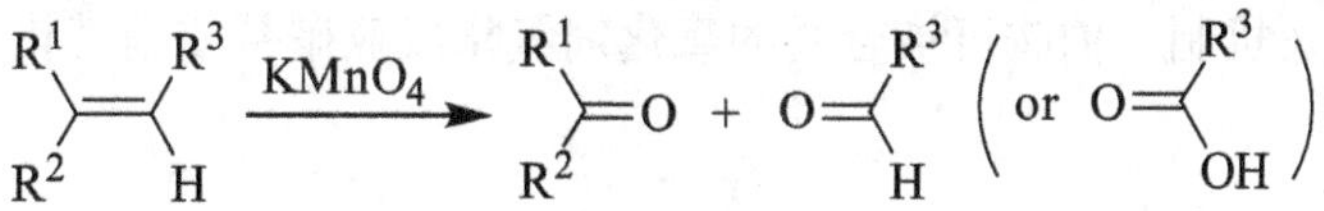

（2）反应影响因素及应用实例：反应通常在水中进行，水溶性较差或水中不太稳定的烯烃则可以四烷基铵高锰酸盐（由 R_4NX 与 $KMnO_4$ 制得）做氧化剂在有机溶剂中进行氧化，或者向反应体系中加入相转移催化剂冠醚（如二环己基 -18- 冠 -6，Dicyclohexyl-18-crown-6，$DC_{18}C_6$）则可显著提高产品收率；反应宜在室温下进行，温度过高会造成冠醚 -$KMnO_4$ 配合物分解。如二苯乙烯和 α- 蒎烯在 $KMnO_4$ 水溶液中氧化时，不加冠醚的收率仅为 40%~60%；加入冠醚，则收率高达 90% 以上。

$$\left(\begin{array}{l} 12\alpha\text{-OCH}_3:55\% \\ 12\beta\text{-OCH}_3:45\% \end{array}\right)$$

$$\text{PhCH}=\text{CHPh} \xrightarrow[\substack{\text{PhH, r.t, 2h} \\ (97\%)}]{\text{KMnO}_4/\text{DC}_{18}\text{C}_6\text{-K}} \text{PhCOOH}$$

$(\text{DC}_{18}\text{C}_6\text{-K})$

单独使用 $KMnO_4$ 氧化裂解烯烃的反应通常选择性较差,分子中其他易氧化的基团往往会被氧化;此外,反应中产生大量 MnO_2,导致后处理的困难,且易吸附产物,降低收率。

Lemieux-von Rudolff 法采用高碘酸钠/高锰酸钾混合物做氧化剂($NaIO_4$:$KMnO_4$=6:1,Lemieux 试剂),则可避免上述问题。其反应原理是 $KMnO_4$ 氧化双键生成邻二醇,随后 $NaIO_4$ 氧化裂解邻二醇得到二羰基化合物;同时,$NaIO_4$ 可以将 5 价的 $KMnO_3$ 再氧化生成 $KMnO_4$ 而继续参与反应。该方法具有反应条件温和、收率高等优点。

五、胺的氧化

有机胺类化合物中的氮原子呈 3 价,属于氮原子多变化合价中的最低价态,因此易被大多数氧化剂所氧化。有机胺底物结构不同,氧化剂不同,氧化条件不同,产物也千差万别,因此在实际应用中往往需要根据底物的结构特点而选择不同的氧化剂。

(一) 伯胺的氧化

1. 反应通式及机制　伯胺可被合适的氧化剂氧化成亚硝基或硝基化合物,该反应为硝基还原的逆反应。

$$R-NH_2 \xrightarrow{[O]} R-NHOH \xrightarrow{[O]} R-CH=NOH \xrightarrow{[O]} R-N=O \xrightarrow{[O]} R-NO_2$$

2. 反应影响因素及应用实例　氧化剂氧化能力的强弱直接决定了伯胺氧化产物的类型。当使用氧化能力很强的 $KMnO_4$ 做氧化剂时,伯胺将被氧化成硝基化合物。

除活性较高的芳香伯胺外,脂肪伯胺也能被适当的氧化剂所氧化。

（二）仲胺的氧化

1. **反应通式及机制** 活性 MnO_2 等可氧化仲胺生成相应的羟胺、亚胺、硝酮、胺氧化物，属于自由基历程。

$$R_2NH \xrightarrow{[O]} R_2NOH$$

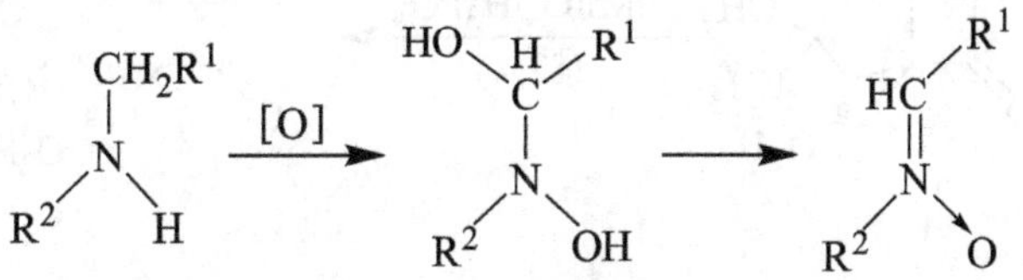

2. **反应影响因素及应用实例** 含有芳基的仲胺（如 *N*-甲基苯胺）和 MnO_2 反应，氧化产物为甲酰基苯胺。该反应收率较高，有一定的制备价值。芳环上取代基的电子性对反应有显著影响，供电子基能加速反应，吸电子基则抑制反应；当存在强吸电子基时，甚至无法反应。

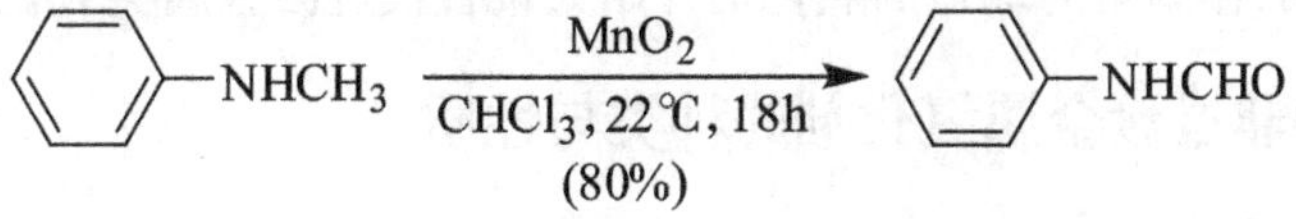

（三）叔胺的氧化

叔胺可以被氧化剂氧化成醛和氮氧化物，因氧化剂和反应条件的不同，反应产物也有较大差别。

1. **反应通式及机制**

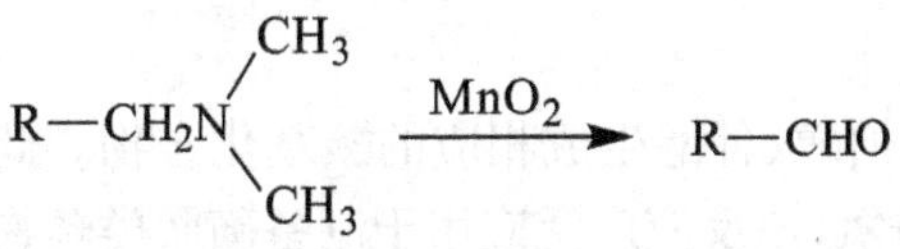

2. **反应影响因素及应用实例** 反应主产物是与氮直接相连的烃基被氧化而得到醛类化合物。例如：

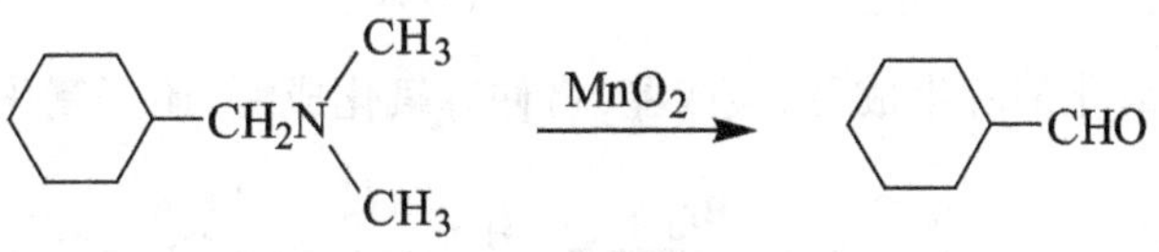

与氮原子直接相连的烃基的反应活性顺序为仲碳 > 伯碳 > 甲基，所以反应过程中往往发生甲氨基的氧化裂解。

六、含硫化合物的氧化

砜是药物活性结构中的常见基团，是硫的另一种重要且常见的形态。它可由相应的硫醚或亚砜在合适的氧化条件下氧化制得。

（一）反应通式及机制

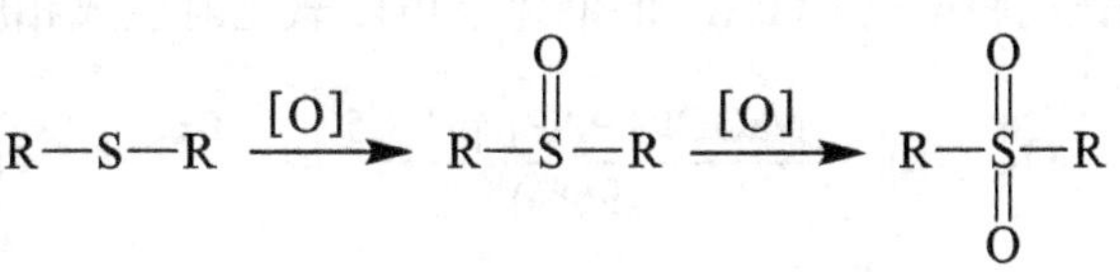

（二）反应影响因素及应用实例

KMnO$_4$等无机强氧化剂也常用于制备砜类,例如舒巴坦(Sulbactam)的重要中间体的合成。

第二节　非过渡金属氧化剂的氧化反应

非过渡金属族氧化剂也是常见的强氧化剂,价廉易得,可以制备各种含氧化合物,反应产物的选择性和收率都较好,是药物合成反应中常用的一类氧化剂;因不对环境造成有毒害作用的重金属污染,作为更为绿色的氧化剂开始大量替代过渡金属类氧化剂。

一、常见的非过渡金属氧化剂的种类与性质

（一）硝酸（HNO$_3$）

硝酸是一种强氧化剂,通常稀硝酸的氧化能力强于浓硝酸。硝酸可以氧化醇、醛、芳(杂)环的侧链为羧酸。作为氧化剂的优点是价廉易得,但腐蚀性强、反应选择性不高,且易发生硝化等副反应。

（二）含卤氧化剂

1. 卤素

（1）氯气（Cl$_2$）:可氧化伯醇、仲醇生成相应的羰基化合物。此外,还可将二硫化合物、硫醇、硫化合物等氧化成磺酰氯,该反应广泛应用于制备磺胺类药物。

（2）溴（Br$_2$）:可氧化伯醇生成醛、酸或酯,将仲醇氧化成酮,还可氧化缩醛成酯。

（3）碘（I$_2$）:作为昂贵的氧化剂,主要应用于脱氢芳构化反应。

2. 次氯酸钠（NaClO）　为药物合成反应中常用的氧化剂,可在其他助氧化剂或催化剂的辅助下完成多种氧化过程。如在催化量的 2,2,6,6-四甲基哌啶 -N-氧化物（TEMPO）的作用下,NaClO 可在温和的条件下选择性地将同时含有伯、仲羟基的醇只氧化成醛,而仲羟基不受影响;在亚氯酸钠（NaClO$_2$）的存在下,该体系还可以顺利氧化伯醇生成酸。

NaClO 在四丙基铵高钌酸盐（TPAP）的催化下可以氧化醚生成相应的酯。

此外,选择合适的 pH,NaClO 可以选择性地氧化仲醇成酮而保留伯醇。

3. 高碘酸钠(NaIO₄) 作为常用氧化剂,可以氧化裂解邻二醇得到二羰基化合物。该反应属于 NaIO₄ 的特征反应,在糖化学中应用较广泛。

在低温下,控制 NaIO₄ 的用量可选择性地氧化硫化物生成亚砜;较高温度下,使用过量 NaIO₄ 则可以氧化硫化物生成砜。此外,在酸性硅胶或氧化铝的存在下,NaIO₄ 可在室温下高选择性地氧化硫化物得到目标产物亚砜,收率近乎定量。

4. 高价碘化物 为药物合成反应中常用的一类氧化剂,常用的有 2- 碘酰苯甲酸(IBX)、1,1,1- 三乙酰氧 -1,1- 二氧 -1,2- 苯碘酸 -3-(1H)- 酮(DMP)等。

(1) 2- 碘酰苯甲酸(IBX):在室温的 DMSO 溶剂中,可高产率地氧化伯醇、仲醇生成相应的醛、酮;氧化肟和对甲苯磺酰腙生成相应的羰基化合物;选择性地氧化苯酚生成苯醌;氧化缩硫醇保护的羰基化合物生成相应的醛或酮;当使用过量的 IBX 时,可以将醇或者酮一步氧化生成 α,β- 不饱和羰基化合物。

(2) 1,1,1- 三乙酰氧 -1,1- 二氧 -1,2- 苯碘酸 -3-(1H)- 酮(DMP):又称戴斯 - 马丁试剂(Dess-Martin reagent),是一种温和的、应用广泛的高选择性氧化剂,主要用于高产率地氧化醇生成相应的醛、酮,反应通常在室温下数分钟至数小时即可完全,不发生过度氧化;对于带酸敏性官能团的底物,加入适量的吡啶可以明显提高目标产物的收率。

但该试剂的大规模工业化应用受到限制,主要是因为其制备过程具有潜在的爆炸性,且价格昂贵。

(三) 二氧化硒(SeO₂)

SeO₂ 可以氧化有机分子中的活性甲基、亚甲基和次甲基,如在回流温度下,可将酮羰基 α- 位或烯丙位的甲基直接氧化成醛。

由于 SeO₂ 的毒性问题,近年来常采用催化量的 SeO₂,在过氧叔丁醇(TBHP)做共氧化剂时也可有效进行烯丙位的氧化,其效果甚至超过单独使用化学计量的 SeO₂。

(四) 二甲亚砜(DMSO)

一般较少单独作为氧化剂,在药物合成反应中使用,通常 DMSO 需要在亲电试剂的活化下才可高效地实现各种氧化过程。常见的活化试剂有草酰氯[(COCl)₂]、1,3- 二环己基碳二亚胺(DCC)、SO₃/ 吡啶、P₂O₅、三氟过氧乙酸(TFAA)等。这些试剂的组合通常可以在非常温和的条件下,高选择性地将醇转化成相应的醛或酮。

(五) 醌类

在药物合成反应中主要用作脱氢试剂,常用的醌类化合物主要有苯醌(BQ)、四氯苯醌(Chloranil)、2,3- 二氯 -5,6- 二氰对苯醌(DDQ)。

作为脱氢芳构化试剂,其活性依次增大,其中 DDQ 不仅用于氢化芳香碳环化合物的脱氢反应,得到共轭芳香化合物;还可氧化活泼亚甲基和羟基,得到相应的羰基化合物。此外,苯醌还可用作醋酸钯[Pd(OAc)₂]催化氧化反应的共氧化剂,将还原消除步骤产生的 Pd(0)氧化生成 Pd(Ⅱ)以进入催化循环。

(六) 过氧化物

1. 过硫酸盐　主要有过硫酸钾、过硫酸铵和过一硫酸氢钾复合盐(Oxone),在药物合成中都用作氧化剂,其中以 Oxone 应用最为广泛。Oxone 可在温和的条件下氧化伯醇、仲醇成醛、酮,氧化硫醚成亚砜。

2. 过氧化氢(H₂O₂)　30% H₂O₂ 水溶液是实验室最常见的氧化剂之一,由于其还原副产物仅为水,不会对环境造成污染。因此,作为一种绿色清洁的氧化试剂在药物合成反应中得到广泛的应用。为提高其氧化能力,工业上经常使用 50%~60% H_2O_2 水溶液。

在杂多酸、分子筛、金属催化剂等的作用下,H_2O_2 可在温和的条件下于水及大多数有机溶剂中高选择性地氧化碳 - 碳双键、醇、醛(酮)、硫化物及胺类化合物。此外,在钨酸钠 /PTC 的存在下,H_2O_2 可以直接氧化环己烯生成己二酸,产物的选择性和产率均较高。

$$\text{（环己烯）} + H_2O_2 \xrightarrow[\substack{75\sim90℃,\ 8h \\ (90\%)}]{Na_2WO_4/[CH_3(n\text{-}C_8H_{17})_3N]HSO_4} \text{（COOH / COOH 环己烷）}$$

3. 有机过氧酸　又称过酸,是药物合成反应中常用的一类氧化剂。由于过酸通常不稳定、易分解,所以一般应在氧化反应前临时制备或者将相应的酸在过氧化氢作用下原位生成后直接使用。常见的过酸有过氧甲酸、过氧乙酸、三氟过氧乙酸、过氧苯甲酸、间氯过氧苯甲酸(m-CPBA)等。

过酸也是重要的环氧化试剂,对双键电子云密度高的烯烃,通常可以高收率地得到相应的环氧化合物;而环氧化合物经水解则得到反式邻二醇,这是药物合成反应中制备反式邻二醇的一种常用方法。过酸还可以氧化酮生成相应的酯(Baeyer-Villiger 氧化)、氧化叔胺生成氮氧化物、氧化硫醚生成亚砜或砜。

4. 烃基过氧化物　过氧叔丁醇(t-BuOOH,TBHP)作为一种烃基过氧化物氧化剂广泛应用于药物的合成反应中。它不仅可将醇氧化成醛、酮,还可以作为 SeO_2 的共氧化剂氧化烯丙位氢原子生成羟基;碱性条件下,作为 OsO_4 的共氧化剂进行烯烃的双羟化反应;在手性配体及金属催化剂的作用下可实现烯丙醇的不对称环氧化(Sharpless 不对称环氧化反应)。

TBHP 还可以氧化杂原子化合物,如氧化膦化合物得到 5 价膦化合物;氧化仲胺生成亚胺;氧化硫醚化合物生成亚砜,如使用过量的 TBHP 则可将生成的亚砜进一步氧化成砜。

(七) 臭氧(O_3)

臭氧最广泛的用途是以亲电反应机制在低温惰性溶剂中进行碳 - 碳双键的氧化断裂,根据反应后处理过程所使用还原剂的不同可生成醛(酮)或醇。通常,采用锌粉还原时得到的产物为醛或酮,采用 $LiAlH_4$ 或 $NaBH_4$ 还原则得到醇。同 $KMnO_4$、OsO_4、$NaIO_4$ 等烯烃裂解氧化剂相比,臭氧氧化法具有价格便宜、环境友好等优点。

O_3 还可以氧化杂原子,如氧化有机硫化物得到亚砜或砜、氧化磷化氢生成氧化膦、氧化亚磷酸盐(酯)生成磷酸盐(酯)、氧化三级胺生成氧化胺。此外,O_3 也可以氧化裂解杂环芳香化合物中的不饱和双键,如氧化咪唑可得到 N- 乙酰氨基化合物。

(八) 分子氧(O_2)

分子氧即氧气,尤其是空气是最为丰富、廉价易得、节能环保的绿色氧化剂。但是,基态为三重态的氧分子常温下很稳定,很难直接氧化底物;而分子氧一旦被活化,它的双自由基性质会促使形成高反应性及非选择性的自由基中间体,导致很难控制的自由基链式反应过程。因此,在药物合成反应中氧气作为氧化剂很少单独使用,通常需要借助于钌、铑、钯、铂、铜、金、钴、银、钒、铁等过渡金属及其配合物,或 TEMPO、NO_x、Br_2 等非金属催化剂的所具有的活化分子氧或夺氢的功能。

在合适的催化剂的存在下,分子氧可以选择性地氧化醇生成醛、酮、羧酸及其衍生物;氧化活性甲基、亚甲基生成羧酸、酮;氧化硫化物生成二硫化物、亚砜甚至砜;氧化叔胺生成氮氧化物;氧化膦化合物生成 5 价膦化物;氧化非官能化芳香化合物生成联芳香化合物等。

二、醇的氧化

与过渡族金属强氧化剂类似,大部分非过渡氧化剂也可应用于醇的氧化,且后处理简单、有毒废物少、绿色程度高,已日益受到青睐。

(一)氧化成醛、酮

1. 二甲亚砜氧化 二甲亚砜(DMSO)在强亲电试剂(E)的活化下可氧化伯醇、仲醇生成醛、酮,反应条件温和、收率高。

(1)反应通式及机制:属于亲核消除反应,即二甲亚砜与强亲电试剂 E 结合形成活性锍盐,后者与醇结合形成烷氧基锍盐,进而分解得到醛或酮。

(2)反应影响因素及应用实例:反应过程中,DMSO 需要草酰氯[(COCl)$_2$]、DCC、Ac$_2$O、(CF$_3$CO)$_2$O、SOCl$_2$、SO$_3$-Py、P$_2$O$_5$ 等强亲电试剂的活化才能有效发挥氧化作用。

1)DMSO-(COCl)$_2$(Swern)氧化:在低温、有机碱(如三乙胺)的存在下,可以氧化伯醇、仲醇生成醛、酮,不会进一步氧化。该反应条件温和、底物的官能团耐受性好、收率高、适用范围广泛,是有机合成中第一个不含金属氧化剂的氧化反应。

2)DMSO-DCC(Pfitzner-Moffat)氧化:广泛应用于甾体、生物碱、糖类化合物的氧化,具有条件温和、对双键无影响、收率高等特点;但对空间位阻大的醇羟基氧化较困难。本方法的缺点是 DCC 的毒性较大,且副产物——尿素衍生物较难去除。

3)DMSO-Ac$_2$O(Albright-Goldman)氧化:采用 Ac$_2$O 代替 DCC 后,避免了毒性大、副产物难处理等缺点,空间位阻较大的醇也可得到高收率产物。

4) DMSO-SO₃-Py（Parikh-Doering）氧化：作为一种亲电试剂，也可用于活化 DMSO 进行仲醇的氧化，反应安全、无腐蚀性。

2. TEMPO 催化氧化

（1）反应通式及机制：该反应属于自由基反应机制。次氯酸盐氧化 TEMPO 生成 TEMPO⊕，然后 TEMPO⊕ 氧化醇生成相应的醛或酮，同时被还原成 TEMPOH，后者又被次氯酸盐重新氧化生成 TEMPO⊕。通常，在该体系中加入 0.1mol/L NaBr 作为助催化剂，这是由于 NaBr 可与次氯酸盐原位反应生成次溴酸盐，而次溴酸盐比次氯酸盐更易氧化 TEMPOH 生成 TEMPO⊕。

（2）反应影响因素及应用实例：TEMPO 催化氧化，尤其是 TEMPO/NaBr/NaClO（Anelli 氧化体系）广泛应用于实验室和工业规模药物合成中醇的氧化。该氧化体系通常采用 ~1mol/L NaClO 氧化剂在 pH6~9 的有机溶剂/水混合溶剂中进行反应；条件温和、速率快、收率近乎定量。

3. Oppenauer 氧化

伯醇、仲醇在三烷氧基铝[Al(OR)₃]的存在下，可以被过量的酮(负氢受体)氧化成相应的醛、酮，该方法称为 Oppenauer 氧化。

（1）反应通式及机制：该反应属于亲电消除反应。醇和三烷氧基铝[如 Al(O-i-Pr)₃]中的一个烷氧基交换，在负氢受体(丙酮)的作用下，醇脱去一个氢，丙酮转化为烷氧基，恢复为 Al(O-i-Pr)₃。

$$R_1R_2CHOH + (CH_3)_2CHO-Al[(OCH(CH_3)_2]_2 \rightleftharpoons R_1R_2CHOAl[OCH(CH_3)_2]_2 + (CH_3)_2CHOH$$

(2) 反应影响因素及应用实例:Oppenauer 氧化广泛应用于甾醇的氧化,特别适用于烯丙位仲醇的氧化,反应选择性好,对其他基团无影响;但 3- 甾醇的氧化常发生 C-5,6 位双键的位移而得到共轭酮。

4. 分子氧的催化氧化　随着绿色化学的深入发展以及可持续发展政策的要求,温和的条件下使用廉价易得的分子氧(空气或氧气)作为绿色氧化剂,在催化剂存在下高选择性地氧化醇制得相应的醛或酮的方法一直被制药工业所关注。目前已开发出许多具有工业化应用前景的催化体系。

(1) 反应通式及机制:在催化剂的活化氧或者脱氢的作用下,分子氧(空气或氧气)才可在温和的条件下高选择性地氧化醇制得相应的醛或酮。

$$R, R' = alkyl, aryl, H$$

(2) 反应影响因素及应用实例:常见的过渡金属催化剂主要有 Ru、Pd 和 Cu 元素,另外 Co、Os、Pt、V、Au 等元素也有应用。值得关注的是固载型过渡金属催化剂的应用既保持了催化剂活性,且使用方便、催化剂不易损失。例如,采用具有更高的热和水热稳定性的介孔硅基分子筛 SBA-15 支载的 Pd 配合物做催化剂,在等摩尔的 K_2CO_3 的存在下,均实现了各种醇类的高效氧化。

$$R_1-CH(OH)-R_2 \xrightarrow[\substack{PhCH_3,\ 1atm\ O_2\ or\ air,\ 80℃ \\ (85\%\sim98\%)}]{0.4mol\%\ \textbf{Pd-Cat}/K_2CO_3\ (1\ equiv.)} R_1-CO-R_2$$

R_1= aryls, alkyls; R_2= H, alkyls

(Pd-Cat)

非过渡金属催化剂避免了重金属污染的风险,催化体系更为绿色环保,已成为研究热点。例如,基于一氧化氮活化分子氧的原理,在室温条件环境空气中,TEMPO/HCl/NaNO$_2$ 体系即可高选择性地催化氧化含 C≡C 双键、O、N、S 杂原子等官能团的醇高收率地制得相应的醛、酮;且适用于制备脂肪族和脂环族伯醛,副产物酸的量很少。该方法反应条件温和、后处理简单、绿色环保,工业化应用前景好。

$$R_1-CH(OH)-R_2 \xrightarrow[\substack{CH_2Cl_2/r.t/\ air\ (1atm) \\ (81\%\sim99\%)}]{3\sim8mol\%\ TEMPO/10\sim16mol\%\ HCl/5\sim8mol\%\ NaNO_2} R_1-CO-R_2$$

R_1= aryls, alkyls; R_2= H, alkyls

(二) 伯醇氧化成羧酸

伯醇还可以被 HNO$_3$、NaClO$_2$ 等氧化能力较强的氧化剂氧化成相应的羧酸。例如,TEMPO/NaClO$_2$ 氧化体系可先氧化伯醇成醛,再进一步氧化成酸,与重金属氧化剂相比,该体系是一种清洁、环境友好的氧化方法,在药物合成中具有广阔的应用前景。

TEMPO/NaOCl/NaClO$_2$/NaH$_2$PO$_4$
(>90%)

（三）1,2- 二醇的氧化

1,2- 二醇可被高碘酸钠（NaIO₄）等氧化裂解成两分子羰基化合物。

1. 反应通式及机制　该反应属于亲电消除反应机制,反应经历五元环状高碘酸酯中间体。

2. 反应影响因素及应用实例　NaIO₄ 氧化 1,2- 二醇的反应常在醋酸钠缓冲溶液中进行,具有条件温和（室温）、操作简便、收率高等特点。因此,特别适用于水溶性 1,2- 二醇（如糖类）的氧化降解。水溶性小的 1,2- 二醇则可用醇类/二噁烷混合溶剂,且该体系只氧化顺式 1,2- 二醇,不氧化反式 1,2- 二醇。

此外,1,2- 氨基醇、α- 羟基酸、α- 二酮等也都可以和高碘酸（HIO₄）发生类似的反应。

三、羰基化合物的氧化

羰基化合物的氧化主要是指醛或酮的氧化。

（一）醛氧化成羧酸

1. 反应通式及机制　醛很容易被过氧酸等氧化剂氧化成羧酸。反应经重排历程。当芳环上无取代基或连有吸电子基、间位供电子基时,则按"a"式重排,形成羧酸;当醛基的邻（对）位连有供电子基时,芳环电子云密度较大,有利于按"b"式重排,形成甲酸酯,再水解形成羟基。

2. 反应影响因素及应用实例 有机过酸是强氧化剂,但反应选择性较差。如果分子中同时存在易氧化的氨基、酚羟基等基团则被氧化成其他副产物;而只有当分子中无取代基或连有吸电子基、间位供电子基时,才可以获得较高的收率。

(二) 酮的氧化

1. 氧化成 α-羟基酮 有机过氧化物如 3,3-二甲基二氧环(3,3-Dimethyldioxirane)等可氧化酮生成 α-羟基酮,反应机制是先氧化成烯醇化衍生物,再水解得到 α-羟基酮。

2. 氧化成 1,2-二酮 二氧化硒(SeO_2)或亚硒酸(H_2SeO_3)可以氧化羰基的 α-位,生成 1,2-二羰基化合物。

(1) 反应通式及机制:属亲核消除反应机制,SeO_2 亲电进攻酮的烯醇式形成硒酸酯,其经历 [2,3]-σ-迁移重排(2,3-sigmatropic rearrangement),生成 1,2-二羰基化合物,而 SeO_2 被还原成单质硒。

(2) 反应影响因素及应用实例:SeO_2 是较温和的氧化剂,反应在回流温度下于 1,4-二氧六环、醋酸、醋酸酐、乙腈等溶剂中进行。如 SeO_2 用量不足,羰基的 α-位活性 C—H 键将被氧化成醇,此时若以醋酸酐做溶剂则生成醋酸酯,阻止氧化反应的继续进行。因此,常使用稍过量 SeO_2 以促使反应完全。此外,若溶剂中含有少量水,可加快氧化反应,这可能是由于 SeO_2 与水结合生成了 H_2SeO_3。

因不对称酮的氧化缺乏选择性,故只有当羰基仅一侧存在活性 α-C—H 键或两侧的 α-C—H 键处于等价位置时,这类反应才有实际应用价值。

当羰基 α- 位活性基团为甲基时,可被氧化生成 α- 酮酸。反应过程中常伴有脱羧等进一步氧化,但若反应条件控制适当也可以获得较高的收率。

四、烃的氧化

烃类的选择性氧化在药物合成反应中应用最多的是不饱和烃类化合物的氧化,如烯丙位的氧化、苄位的氧化,以及羰基 α- 位的氧化;而对饱和脂肪烃中 C—H 键的氧化涉及较少,主要原因是选择性地氧化脂肪族饱和 C—H 键比较困难,反应过程比较复杂,且收率低。

(一)饱和烃的氧化

脂肪族饱和烃的氧化反应的机制、影响因素均与过渡金属氧化剂的相似,在此不再赘述。

尽管选择性地氧化饱和脂肪族烷烃中 C—H 键比较困难,但用强酸或过渡金属做催化剂,以 H_2O_2 或过氧羧酸做氧化剂时,也可以氧化简单底物,如用氧化剂和三氟醋酸氧化环己烷可以得到环己基三氟醋酸酯。

(二)烯丙位的氧化

烯丙位的 C—H 键因双键的活化变得较活泼,在合适的非过渡金属氧化剂作用下可被选择性地氧化生成相应的醇、酯而不破坏双键。

1. 烯丙基氧化成醇

(1) 反应通式及机制:SeO_2 作为非常有效的烯丙基氧化剂,可在醋酸中高产率氧化烯丙位成相应的醇。该反应属于亲电取代反应,经历 ene 反应和[2,3]-σ- 迁移重排机制。

(2) 反应影响因素及应用实例:由于 SeO_2 不仅能将烯丙位氧化成相应的烯丙醇,还能将所生成的烯丙醇进一步氧化成醛或酮。因此,为得到单一产物醇,反应必须在醋酸溶液中进行以生成中间产物醋酸酯,然后再水解得到烯丙醇。

当分子中存在多个烯丙基 C—H 键可以被氧化时,SeO₂ 氧化的选择性遵从如下的规律:优先氧化取代基较多的一侧的烯丙位 C—H 键,产物以 *E*- 烯丙醇为主;烯丙位的氧化难易程度遵从如下顺序:—CH₂>—CH₃>—CHR₂;对于环内双键,优先氧化环上的烯丙位。当烯烃中存在两个亚甲基时,则均可发生氧化,从而得到混合产物。

此外,当分子中存在末端双键时,常发生烯丙位重排,在分子末端引入羟基。

因 SeO₂ 毒性较大,故常采用 TBHP 做共氧化剂,在催化量的 SeO₂ 存在时于温和的条件下完成烯丙位 C—H 键的氧化。多数情况下,该反应在二氯甲烷中室温搅拌数小时即可完成。

2. 烯丙基氧化成酯　过氧酸酯在亚铜离子的催化下,可氧化烯丙位 C—H 键得到烯丙基酯。常用的过氧酸酯有过氧乙酸叔丁酯[CH₃CO₂OC(CH₃)₃]和过氧苯甲酸叔丁酯[C₆H₅CO₂OC(CH₃)₃]。

(1) 反应通式及机制:氧化烯丙位 C—H 键得到烯丙基酯的反应属于自由基取代机制。

（2）反应影响因素及应用实例：有机过氧酸酯在氧化脂肪族烯烃生成烯丙基酯时，常会发生异构化，形成少量的异构化产物。如 1- 丁烯和 2- 丁烯在溴化亚铜的催化下，与过氧乙酸叔丁酯反应时，产物相同，均得到 90% 的 3- 乙酰氧基 -1- 丁烯和 10% 的 1- 乙酰氧基 -2- 丁烯混合物；这可能是由于反应过程中形成两种不同的自由基中间体彼此进行竞争的结果。

（三）芳烃的氧化

1. 芳烃侧链的氧化　硝酸可以氧化芳（杂）烃的侧链生成相应的芳酮或芳酸，其特点是对于有多甲基存在时只氧化其中的 1 个甲基。例如：

在 $Co(OAc)_2$/TEMPO 的催化下，次氯酸盐也可以高收率地氧化亚苄基芳烃得到相应的酮。

在醋酸钴或钒氧化物等的存在下，空气也可以氧化苄位甲基生成相应的羧酸。

2. 氧化偶联　Oxone 也可在钯的催化下氧化非官能化芳香化合物发生直接偶联反应得到联芳香化合物。

3. 氧化成酚　在冷的碱性溶液中，采用过硫酸钾做氧化剂，可以向酚类化合物中引入 1 个酚羟基，该方法称为 Elbs 氧化，是向芳环引入羟基的重要方法，属亲电取代反应机制。

（1）反应通式及机制

（2）反应影响因素及应用实例：反应一般发生在酚羟基的对位，当对位有取代基时，则在邻位氧化引入羟基。杂酚类化合物也可以进行类似的氧化反应。如过硫酸钾可以氧化 2-羟基吡啶生成 2,5- 二羟基吡啶，反应过程中会有少量的异构体 2,3- 二羟基吡啶生成。

4. 氧化成醌

（1）反应通式及机制：在碱性水溶液中，采用 Fre′my 盐做氧化剂氧化酚成醌的反应属于自由亲电基消除机制。

（2）反应影响因素及应用实例：芳环上的取代基对反应具有显著影响，供电子基促进反应，吸电子基则抑制反应；当酚羟基对位无取代基时，酚被氧化生成对醌；对位有其他取代基团（如烷基）时则氧化得到邻醌；当对位和邻位同时有取代基时，仍可被氧化得到对醌。

该反应通常在稀碱水溶液或甲醇中进行，反应条件温和，在 0℃ 或室温下即可发生。因此，对分子结构中含有易氧化官能团的酚和芳胺类化合物，该方法具有较高的应用价值。

除了 Fre′my 盐外,对于氢醌等高活性反应底物,氯酸钠在少量 V$_2$O$_5$ 的催化下,或浓硝酸在低温下即可将其氧化成醌,反应具有收率高、产品质量好等优点。

(四) 烯烃的氧化

1. 环氧化 烯烃双键可被合适的非过渡金属氧化剂氧化生成环氧化物。为提高反应的选择性和收率,需要根据底物结构的不同选择不同的氧化剂。

(1) 与羰基共轭烯键(α,β-不饱和羰基)的环氧化:α,β-不饱和羰基化合物中的双键由于受共轭羰基的影响电子云密度较低,通常需要在碱性条件下,H$_2$O$_2$ 或者 TBHP 做氧化剂使之环氧化得到 α,β-环氧基酮。

1) 反应通式及机制:α,β-不饱和羰基化合物的环氧化属于亲核加成反应机制,首先 HOO$^\ominus$ 对不饱和双键亲核加成形成双键移位的氧负离子中间体,该中间体消除 OH$^\ominus$,即得到环氧化物。

2) 反应影响因素及应用实例:溶液 pH 对产物的结构有重要影响,如在肉桂醛环氧化过程中,当 pH=10.5 时,碱性 H$_2$O$_2$ 氧化可得到环氧化的羧酸;而在 pH8.5 时,TBHP 氧化则得到环氧化的醛。

此外,对于不饱和酯的环氧化,控制合适的 pH,则酯基的官能团不水解,可较高收率地得到环氧化的酯。

在环氧化过程中,双键的构型可能发生变化,由不稳定构型变为稳定构型。如 3- 甲基 -3- 烯 -2- 戊酮,不论 E 型或 Z 型的底物,经过碱性 H_2O_2 氧化均得到 E 型环氧化产物。

环氧化反应具有面选择性,反应通常发生在空间位置较小的一面,即氧环在空间位阻较小的一面形成。

甾体抗炎药泼尼卡酯(Prednicarbate)的重要中间体 16α , 17β - 环氧 -3β- 羟基孕甾 -5-烯 -20- 酮的制备就是采用 30% H_2O_2 碱性溶液进行环氧化的,收率可达 87.5%。

(2) 非羰基共轭烯键的环氧化:这类烯烃的电子云密度较高,易于被 H_2O_2、烷基过氧化氢、有机过酸等氧化剂氧化。

1) 反应通式及机制

根据所使用环氧化试剂的不同,反应机制也不尽相同。

有机过酸类化合物氧化烯烃生成环氧乙烷衍生物的反应属于自由基加成机制。

在腈存在时,碱性 H_2O_2 可使富电子的双键发生环氧化,反应过程中真正作为环氧化试剂的是腈与 H_2O_2 所生成的过氧亚氨酸(Peroxycarboximidic acid),它是一个良好的亲电性环氧化试剂。

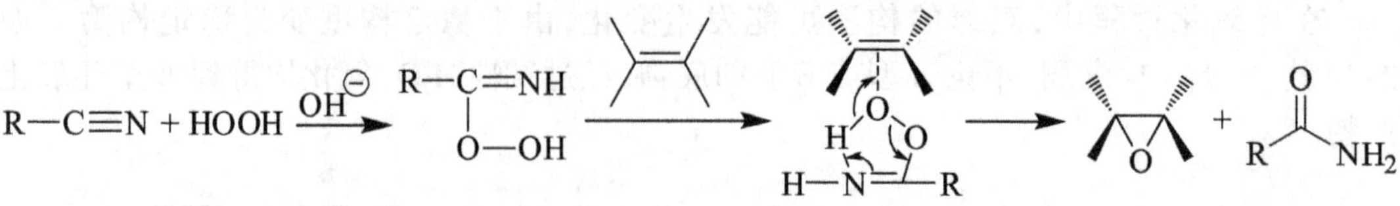

　　2）反应影响因素及应用实例：反应通常在烃类溶剂中进行，烯烃本身也是良好的反应溶剂。醇或酮不宜作为溶剂使用，因为它们会发生氧化副反应，给产物的纯化造成困难。

　　H_2O_2 或过氧烷基醇对烯键进行环氧化时，通常需要过渡金属配合物的辅助，这些配合物主要包括钒、钼、钨、铬、锰、钛等过渡金属与含氮、磷等单齿或多齿有机配体所形成的配合物。在这些配合物中又以 $Mo(CO)_6$、$VO(acac)_2$ 和 $Salen(Mn)$ 最为有效常用。

　　过渡金属配合物催化烯丙醇类化合物的环氧化具有高度的区域选择性，当分子中存在多个双键时，可以选择性地氧化烯丙醇双键。

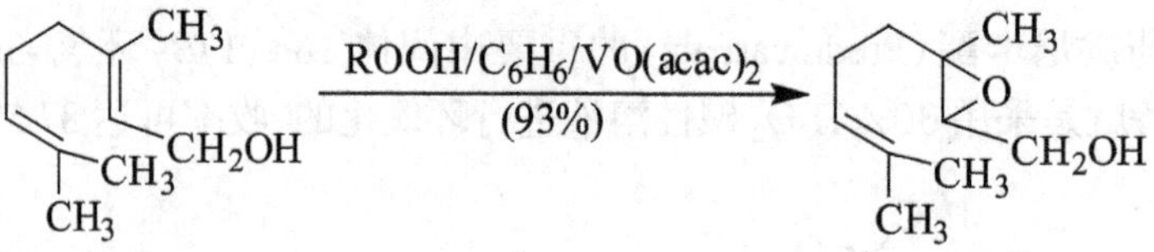

　　此外，反应还具有高度的立体选择性，环氧环和羟基处于顺式的立体异构体在反应产物中属于优势构型，并在产物分布中占绝对优势。

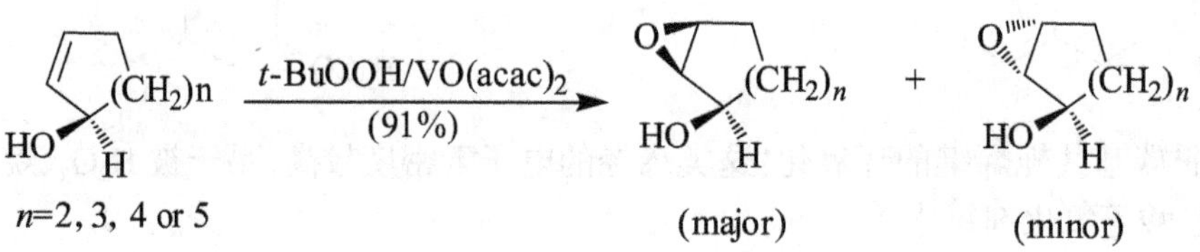

　　当采用过氧烷基醇为环氧化试剂时，其结构也可能影响反应速率。一般带有吸电子基的过氧烷基醇可以获得较高的反应速率，如 $Mo(CO)_6$ 催化环氧化 2- 辛烯时，过氧烷基醇的氧化反应速率遵从如下顺序：

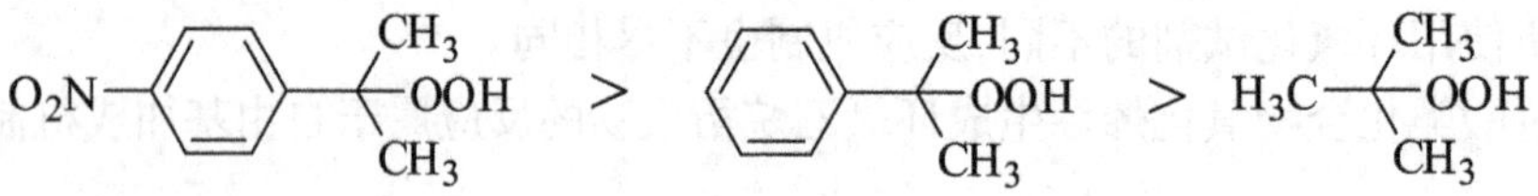

　　采用过氧亚氨酸氧化的优点是不与分子中酮羰基发生 Baeyer-Villiger 反应，因此常用于非共轭不饱和酮中双键的环氧化。

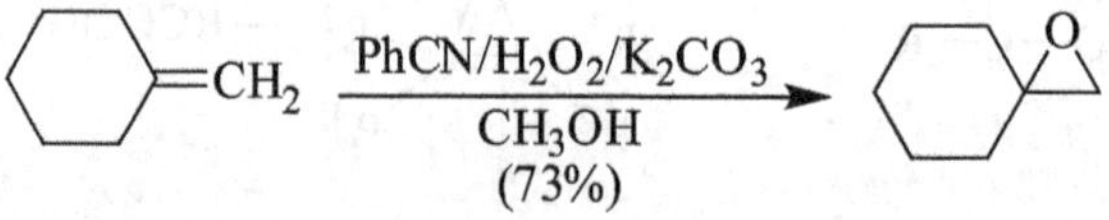

　　如果使用过酸氧化试剂，则会发生 Baeyer-Villiger 反应，有副产物酯生成。

有机过酸类氧化剂主要有过氧甲酸、过氧乙酸、三氟过氧乙酸、过氧苯甲酸、间氯过氧苯甲酸(m-CPBA)、单过氧邻苯二甲酸等。其中,m-CPBA 比较稳定,是较好的烯烃环氧化试剂;而其他试剂则稳定性较差,需使用前临时制备,或采用相应的酸和 H_2O_2 在体系中原位生成。

过氧苯甲酸、m-CPBA 和单过氧邻苯二甲酸作为环氧化试剂可以在合适的溶剂中直接使用,而其他几种过酸(如过氧乙酸)需要在缓冲溶液(如 AcONa)中才能将烯烃氧化成环氧化物;否则,反应过程中释放的酸会使得体系的酸性不断增强从而破坏所生成的环氧化物,生成邻二醇的单酰基化合物或其他副产物。

此外,过氧酸作环氧化试剂时,过酸分子中若存在吸电子基也可使环氧化反应速率加快,如下列过氧酸的氧化能力依次为 $CF_3CO_3H>CCl_3CO_3H>CH_3CO_3H$。

不与羰基共轭的烯键在环氧化时,不论采取何种反应历程进行反应,烯键上电子云密度的增加都有利于环氧化试剂的进攻或起到稳定中间体的作用,因此当烯键上有给电子基团时,往往可获得较高的反应速率。同时,当分子中存在不同取代的多个双键时,通常是连有较多给电子基的双键优先被环氧化。

环烯烃通常比链状烯烃更易于发生环氧化反应,环烯烃环氧化的立体化学由其立体构型所决定,通常环烯烃在环氧化时,环氧化试剂从空间位阻较小的一面进攻,得到环氧环在位阻较小的一面形成的产物为优势产物。

2. 双羟化　烯烃的双键可被过氧酸等氧化得到反式 1,2- 二醇化合物。

(1) 反应通式及机制:烯烃经历自由基加成反应机制得到环氧化物,反应过程中生成的羧酸负离子从烯键平面的另一侧进攻环氧环,氧环开裂得到单羟基羧酸酯,其进一步水解即得到反式 1,2- 二醇。

（2）反应影响因素及应用实例：为获得较好收率，采用过氧酸氧化烯烃制备反式 1,2- 二醇的反应通常采用分步法，即先用过氧酸氧化烯烃成环氧化物，将其分离之后再加酸水解，该法广泛用于制备反式邻二醇。

3. 双键的氧化裂解　臭氧氧化裂解烯键得到羰基化合物是烯键裂解的重要方法之一，在制药工业中具有非常重要的应用。

（1）反应通式及机制

$$R^1CH{=}CHR^2 \xrightarrow{O_3} R^1{-}HC\underset{O{-}O}{\overset{O{-}O}{|\quad|}}CH{-}R^2$$

$$\xrightarrow{[O]} R^1COOH + R^2COOH$$

$$\xrightarrow{H_2O} R^1CHO + R^2CHO$$

$$\xrightarrow{[H]} \begin{array}{l}R^1CHO + R^2CHO\\ R^1CH_2OH + R^2CH_2OH\end{array}$$

该反应属于亲电加成反应机制，经历两个阶段：首先，臭氧同双键反应生成过氧化物；然后，在氧化或还原条件下分解过氧化物中间体，使其裂解为羧酸、酮、醛或醇，产物的类型取决于第二阶段所使用的后处理方法。

（2）反应影响因素及应用实例：臭氧氧化裂解烯键得到的过氧化物中间体，在氧化条件下通常得到羧酸，在还原条件下通常得到醛、酮或醇。常用的还原方法包括催化氢化和化学还原，而根据所采用还原剂的不同化学还原又分为锌粉（酸性）还原、亚磷酸三甲（乙）酯还原、二甲硫醚还原等。

臭氧氧化反应通常于低温下在二氯甲烷或甲醇等溶剂中进行,O_3 浓度不宜过高,否则反应将失去选择性,通常使用含有 2%~10% O_3 的氧气做烯烃选择性裂解的氧化剂。因过氧化物中间体不稳定、具有爆炸的危险,因此不经分离直接用过氧化氢等氧化剂将其氧化成羧酸,或者用还原剂还原为醛、酮或醇。

分子中存在多种双键时,往往电子云密度高、空间位阻小的双键优先被氧化,如下列甾体化合物经化学计量的臭氧氧化可以选择性裂解 D 环,而保留 A、C 环不受影响。

五、醚和酯的氧化

(一) 醚的氧化

1. 氧化成酯 醚与醇、醛等化合物相比更稳定,与常见的酸、碱、氧化剂等一般不发生反应。但在合适的氧化条件下,如 NaClO、N-溴代丁二酰亚胺(NBS)、TBHP 等氧化剂也可氧化醚类生成酯。

(1) 反应通式及机制

(2) 反应影响因素及应用实例:与一般重金属高价氧化物相比,NBS 氧化具有反应条件温和高效、经济、绿色环保等特点。NBS 作为氧化芳醚成酯的常用氧化剂,产物收率会随着 NBS 用量和温度变化,通常室温下 2 摩尔比的 NBS 即可顺利氧化醚生成相应的酯。

NaClO 在钌配合物催化剂的作用下,也可选择性地氧化饱和脂肪醚生成相应的酯。反应过程中需控制溶液 pH 9~9.5,在合适的钌配合物的催化下,产物收率可高达 95%。

$$H_3C-C(CH_3)(CH_3)-O-CH_2CH_3 \xrightarrow[\text{pH9.5, r.t, 24h}]{\text{NaOCl/C}_2\text{H}_5\text{OAc/RuCl}_2\text{(dmso)}_4} H_3C-C(CH_3)(CH_3)-O-C(=O)CH_3$$
(95%)

2. 氧化成过氧化物　饱和烷基醚长时间置于空气或光照下会缓慢地发生自氧化反应,生成相应的过氧化物。实验室常见的乙醚、异丙醚、四氢呋喃均可发生自氧化生成氢过氧醚,并可进一步自聚成过氧化醚聚合物。

（1）反应通式及机制

$$R^1-CH_2-O-CH_2-R^2 \xrightarrow{O_2} R^1-CH_2-O-CH(OOH)-R^2$$

异丙醚能与氧气可逆地迅速结合形成接触电荷转移复合物（CCT）,在光照条件下,该接触电荷转移复合物经氢转移、自身偶联等步骤形成醚过氧化物,反应机制如下:

$$(H_3C)_2HC-\overset{\cdot\cdot}{O}-CH(CH_3)_2 \underset{N_2}{\overset{O_2}{\rightleftharpoons}} \left[\begin{array}{c}(H_3C)_2HC-\overset{\cdot\cdot}{O}-CH(CH_3)_2 \\ \vdots \\ O_2\end{array}\right] \xrightarrow{heat}$$

$$\left[\begin{array}{c}(H_3C)_2HC-\overset{\oplus}{O}-\overset{\cdot}{C}(CH_3)_2 \\ \overset{\cdot}{O}\overset{\cdot\cdot}{}\quad H \\ O\end{array}\right] \xrightarrow{H^{\oplus} \text{ transfer}} \left[\begin{array}{c}(H_3C)_2HC-\overset{\oplus}{O}-\overset{\cdot\cdot}{C}(CH_3)_2 \\ \cdot OOH\end{array}\right] \rightleftharpoons$$

$$\left[\begin{array}{c}(H_3C)_2HC-\overset{\cdot\cdot}{O}-\overset{\cdot}{C}(CH_3)_2 \\ \cdot OOH\end{array}\right] \xrightarrow{coupling} (H_3C)_2HC-O-\underset{OOH}{C}(CH_3)_2$$

（2）反应影响因素及应用实例:过氧化聚醚受热时会迅速分解并引起爆炸,因此长期不用的醚类化合物应密封置于阴凉处贮藏。蒸馏长期放置的醚类化合物之前,通常需用酸性 KI 淀粉试纸检验是否有过氧化物存在;若有,则必须在蒸馏前加入适当还原剂（如硫酸亚铁的稀硫酸溶液）清除所生成的醚过氧化物。

（二）酯的氧化

1. 氧化成 α- 羟基酯　酯本身不易被氧化,但当与酯基相连的 α- 碳上连有活泼氢时,该酯类化合物可被 IBX、氧氮杂环丙烷类衍生物、氧气等氧化生成 α- 羟基酯,属亲核取代反应机制。

（1）反应通式及机制

$$R^1-CH_2-C(=O)-O-R^2 \xrightarrow{[O]} R^1-CH(OH)-C(=O)-O-R^2$$

（2）反应影响因素及应用实例：IBX 常用作氧化酯生成 α-羟基酯的氧化剂，具有反应条件温和、高效、高收率等特点。

在低温碱性条件下，氧氮杂环丙烷类衍生物也可不对称地氧化酯基 α-H 生成手性 α-羟基酯，通常可得到较高的收率和 e.e. 值。

2. 氧化成 α-羰基酯　α-羰基酯是有机合成的重要中间体，采用合适的氧化剂选择性地氧化具有 α-氢的酯成 α-羰基酯是最重要的一种制备方法，该类氧化剂有 SeO_2、TBHP、过氧乙酸（AcOOH）、氧气等。

（1）反应通式及机制

在催化剂 N-羟基邻苯二甲酰亚胺（NHPI）的作用下，O_2 氧化酯的 α-H 生成 α-羰基酯的反应为自由基加成机制。

（2）反应影响因素及应用实例：$Co(OAc)_2$/NHPI 催化氧气选择性地氧化酯的 α-位碳原子成 α-羰基酯是制备该类化合物最常用的一种方法，具有反应条件温和、选择性好、收率高等特点。

六、胺的氧化

有机胺底物结构不同,选择不同的非过渡金属氧化剂,采用不同的反应条件,同样可以得到高收率的目的产物。

(一) 伯胺的氧化

1. 反应通式及机制　伯胺可被过氧酸氧化成亚硝基或硝基化合物,该反应为硝基还原的逆反应,属于消除反应机制。

$$R-NH_2 \xrightarrow{[O]} R-NHOH \xrightarrow{[O]} R'-CH=NOH \xrightarrow{[O]} R-N=O \xrightarrow{[O]} R-NO_2$$

2. 反应影响因素及应用实例

(1) 氧化剂:氧化剂氧化能力的强弱直接决定了产物的类型。当使用氧化能力较强的过氧酸(如 CF_3CO_3H)时,伯胺将被氧化成硝基化合物;而采用氧化能力较弱的过氧酸,只能得到亚硝基化合物。

氧化剂的用量也影响产物的类型。在采用冷的过氧酸氧化苯胺的过程中,若过氧酸过量时产物为亚硝基苯胺;当过氧酸不足时,产物为氧化偶氮苯。

(2) 电子效应:电子效应对氧化无显著影响,芳香或脂肪伯胺均能被适当的氧化剂所氧化。

(3) 介质的酸碱性:当反应在碱性介质中进行时,产物一般为醛亚胺、醛肟等;当反应在酸性介质中进行时,产物一般为醛和酮,这是因为反应所生成的中间产物亚硝基化物在酸性介质中互变异构为醛肟或酮肟,而肟则可进一步水解生成相应的醛或酮。

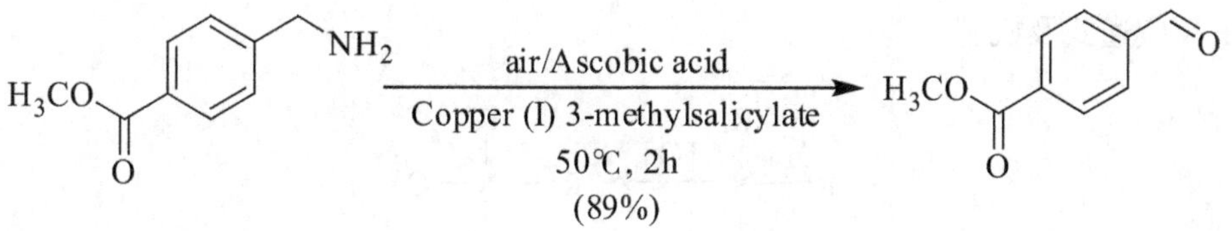

（二）仲胺的氧化

过氧化物（如 H_2O_2、t-BuOOH）、过氧酸（如 CF_3CO_3H、m-CPBA 等）及卤素等氧化剂可以氧化仲胺生成相应的羟胺、亚胺、硝酮、N- 氧化物以及 N- 卤化合物。

1. 反应通式及机制

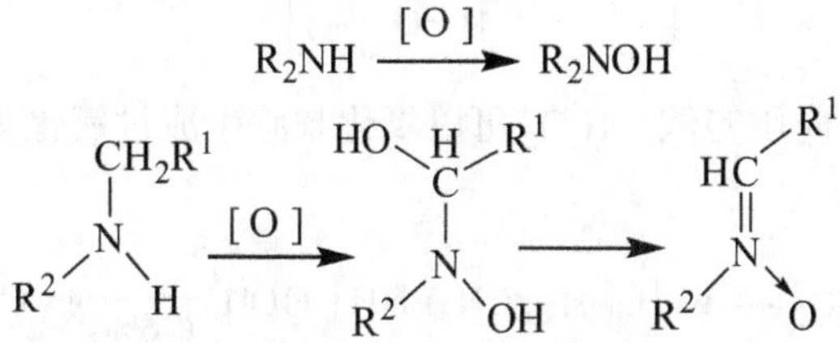

过氧化物氧化仲胺的反应属于自由基消除机制：

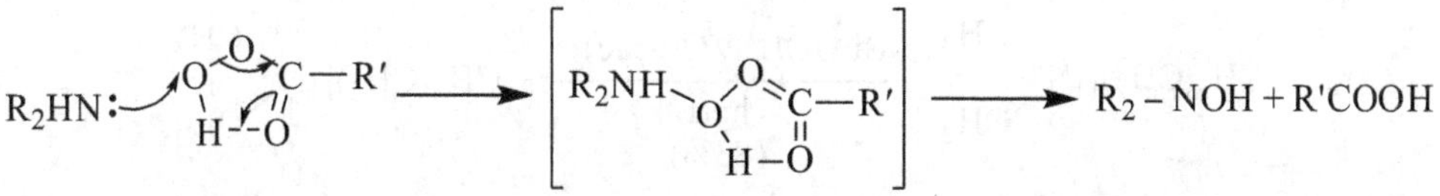

2. 反应影响因素及应用实例

H_2O_2、过氧酸、m-CPBA 等常用的氧化剂可将仲胺氧化成羟胺和 N- 氧化物，如 2,2,6,6- 四甲基哌啶的氧化。

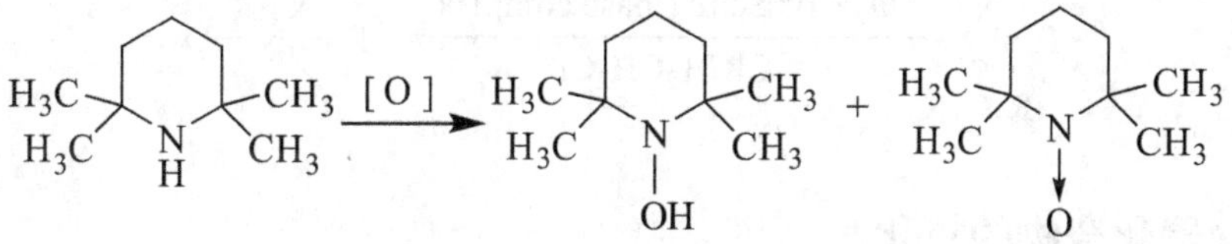

氯、溴、NBS 和 NCS 等常用的氧化剂可氧化酰胺氮原子得 N- 卤化物。

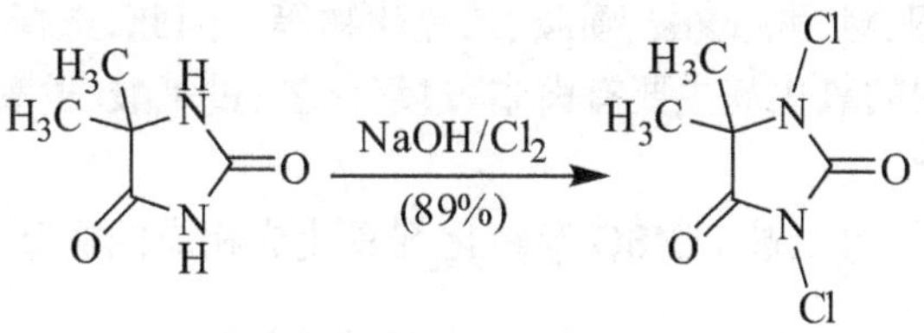

碱性条件下，溴等可以将仲胺氧化成相应的亚胺。

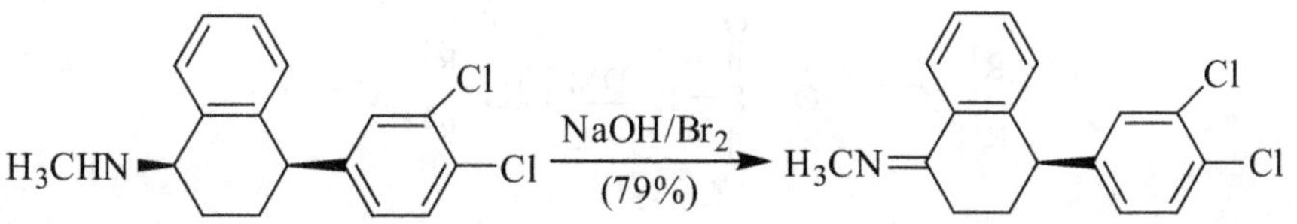

（三）叔胺的氧化

在过渡金属的催化下，脂肪叔胺易被过酸、H_2O_2 等氧化剂所氧化，生成烃基 N- 氧化物。

1. 反应通式及机制

$$R^2-\underset{\underset{R^3}{|}}{\overset{\overset{R^1}{|}}{N}} \xrightarrow{[O]} R^2-\underset{\underset{R^3}{|}}{\overset{\overset{R^1}{|}}{N^{\oplus}}}-O^{\ominus}$$

过酸等氧化剂氧化叔胺属于自由基消除反应机制：

$$R_3N: \quad \overset{O}{\underset{H-O}{\overset{O}{\diagdown}}}C-R^1 \longrightarrow \left[R_3N\cdots\overset{O}{\underset{H-O}{\overset{O}{\diagup}}}C-R^1 \right] \longrightarrow R_3N \longrightarrow O + R^1COOH$$

2. 反应影响因素及应用实例 H_2O_2 可以氧化叔胺生成过氧化物中间体，再热裂解成叔胺氮氧化物。例如：

$$C_{12}H_{25}N(CH_3)_2 + H_2O_2 \longrightarrow [C_{12}H_{25}(CH_3)_2NH]\,OOH \xrightarrow[(96\%)]{} C_{12}H_{25}(CH_3)_2N \longrightarrow O$$

过氧叔丁醇在醇溶液中也可以很容易地将脂肪叔胺氧化，生成胺氧化物。例如：

$$CH_3(CH_2)_{11}N\overset{\diagup CH_3}{\diagdown CH_3} \xrightarrow[\substack{heat \\ (83\%)}]{t\text{-BuOOH, VO(acac)}_2} CH_3(CH_2)_{11}\underset{\underset{O}{\|}}{N}\overset{\diagup CH_3}{\diagdown CH_3}$$

在 Schiff 碱配合物的催化下，氧气可以作为氧化剂氧化叔胺得到 N- 氧化物。

$$R-\underset{\underset{R}{|}}{\overset{\overset{R}{|}}{N}} \xrightarrow[\text{ClCH}_2\text{CH}_2\text{Cl}]{O_2/Co^{II}\,\text{Schiff base complex}} R-\underset{\underset{R}{|}}{\overset{\overset{R}{|}}{N^{\oplus}}}-O^{\ominus}$$

七、含硫化合物的氧化

在药物合成反应中含硫化合物的氧化主要包括磺酸酯的氧化和硫醇（或硫醚）的氧化两大类，氧化产物主要有亚砜、砜、磺酸、磺胺、二硫化物等。因此，选择合适的氧化剂可得到高收率的氧化产物。常用的氧化剂主要有卤素、过氧化氢、过氧酸、过氧醇类等。

（一）磺酸酯的氧化

伯、仲醇的磺酸酯均可以被 DMSO 等氧化剂氧化成相应的羰基化合物。该反应具有速率快、收率高等特点。

1. 反应通式及机制

$$\overset{R^1}{\underset{R^2}{\diagdown}}CH-O-\underset{\underset{O}{\|}}{\overset{\overset{O}{\|}}{S}}-R \xrightarrow{DMSO} \overset{R^1}{\underset{R^2}{\diagdown}}C=O$$

该反应的亲核消除反应机制与卤代烃被 DMSO 氧化成醛和酮的机制类似：首先磺酸酯与 DMSO 形成烷氧基锍盐中间体，然后该中间体分解为羰基化合物。

2. 反应影响因素及应用实例　某些醇类在氧化成醛或酮的过程中,采用普通的氧化剂难以达到理想效果时,往往考虑将其转化成磺酸酯,然后在碱性条件下进行 DMSO 氧化。常用的碱有 NaOH、NaHCO$_3$、三乙胺、N-甲基吡啶等。

在 NaHCO$_3$ 存在下,利血平酸甲酯(Methyl reserpate)C-18 上的羟基转化为磺酸酯,然后用 DMSO 氧化,即可得到相应的羰基化合物。

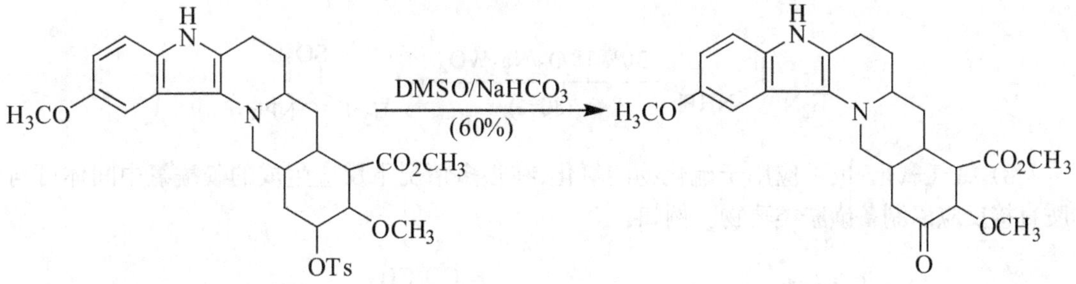

(二) 硫醇的氧化

1. 氧化成二硫化物　二硫化物常被用作候选药物或者药物合成中间体,可通过合适的氧化剂氧化硫醇或硫醇盐制得。

(1) 反应通式及机制

$$R—SH \xrightarrow{[O]} R—S—S—R$$

(2) 反应影响因素及应用实例:氧化剂的强弱和用量是氧化硫醇(或硫醇盐)成二硫化物的主要影响因素。当使用活性中等氧化剂(如 H$_2$O$_2$)时,即使过量也不会将所生成的产物进一步氧化;而使用氧化能力较强的氧化剂(如 CF$_3$CO$_3$H)时,需要严格控制氧化剂的量;否则,过量的氧化剂将会使所产生的二硫化物进一步氧化生成磺酸。

1) H$_2$O$_2$ 氧化:为常用于氧化硫醇(或硫醇盐)制备二硫化物的氧化剂。

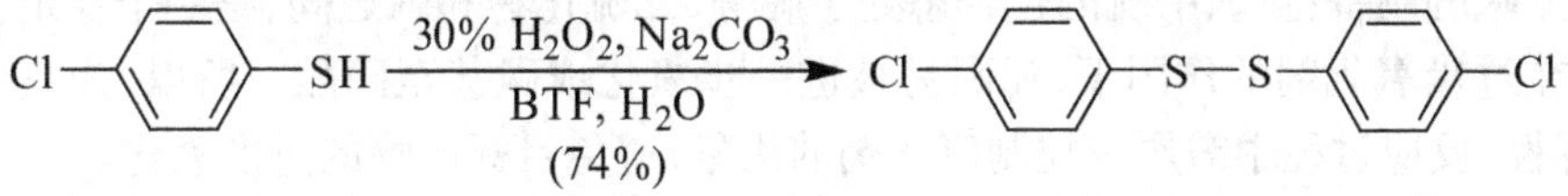

2) 氧气氧化:也可将硫化物(硫醇盐)氧化成二硫化物,例如黏液溶解药——地美司钠(Dimesna)的制备。

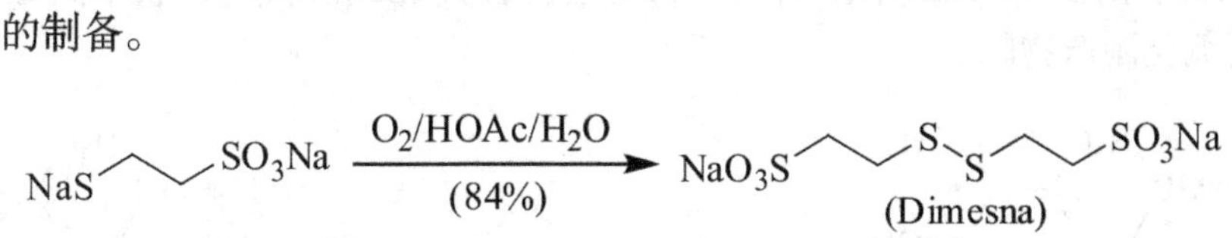

2. 氧化成磺酸及其衍生物　硫醇被浓硝酸等强氧化剂氧化时,往往会发生过度氧化生成磺酸及其衍生物。

(1) 反应通式及机制

$$R—CH_2SH \xrightarrow{[O]} R—CH_2SO_3H$$

（2）反应影响因素及应用实例

1）硝酸氧化：低碳链脂肪硫醇高产率制得相应的磺酸，比其他方法经济、高效。

$$H_3C\!\!-\!\!-\!\!-\!\!SH \xrightarrow[\text{(96\%)}]{HNO_3\ (con.)} H_3C\!\!-\!\!-\!\!-\!\!SO_3H$$

2）H_2O_2 氧化：常需要钨酸钠等催化剂参与。例如 H_2O_2 氧化 N-苯基硫脲制备脒磺酸：

$$\underset{H_2N\quad NHPh}{\overset{S}{\parallel}} \xrightarrow[\text{(80\%)}]{30\%\ H_2O_2/Na_2WO_4} \underset{H_2N\quad NPh}{SO_3H}$$

3）氯气氧化：也可应用于硫化物的氧化，在很多情况下反应生成的磺酰氯中间体可与胺直接反应以制备磺胺类药物。例如：

$$\xrightarrow[\text{(2)HNR}^1R^2]{\text{(1)Cl}_2,\ CH_2Cl_2} \quad (56\%)$$

（三）硫醚的氧化

1. 反应通式及机制 硫醚可被 H_2O_2、t-BuOOH、NaClO、有机过氧酸等常见氧化剂氧化而得到亚砜或砜类化合物。

$$R\!-\!S\!-\!R \xrightarrow{[O]} R\!-\!\overset{O}{\underset{}{\parallel}}\!S\!-\!R \xrightarrow{[O]} R\!-\!\overset{O}{\underset{O}{\parallel}}\!S\!-\!R$$

2. 反应影响因素及应用实例

（1）亚砜的制备：亚砜中硫的化合态处于硫醇、二硫化物和砜之间，是一个稳定性较差的中间体，在过量氧化剂的作用下，亚砜易被进一步氧化成砜甚至磺酸。所以，为获得较好的反应选择性，反应过程中需严格控制氧化剂的用量，避免目标产物的过度氧化。

化学计量的 H_2O_2 即可顺利完成反应，最为常用。例如合成质子泵抑制剂奥美拉唑（Omeprazole）时采用 H_2O_2 做氧化剂，反应具有选择性高、反应速率快、收率高等特点，避免了生成过度氧化副产物砜。

$$\xrightarrow[\text{(90\%)}]{30\%\ H_2O_2/VO(acac)_2}$$

(Omeprazole)

t-BuOOH（TBHP）也是常用的生成亚砜的氧化剂，例如质子泵抑制剂兰索拉唑（Lansoprazole）的合成。

(Lansoprazole)

有机过氧酸作为氧化剂广泛应用于头孢菌素类的合成。

次氯酸钠、过硼酸钠等无机氧化剂具有价格便宜、无毒并且副产物易于去除等优点。

(2)砜的制备：H_2O_2 氧化硫醚生成砜的过程往往需要钨酸钠等过渡金属催化剂的参与，例如碳酸酐酶抑制剂中间体的合成。

有机过氧酸也常用于氧化制备砜类化合物，如抗菌药氟苯尼考(Florfenicol)的中间体的制备。

八、卤化物的氧化

伯、仲卤代烃可被合适的氧化剂所氧化，生成相应的醛、酮等羰基化合物，反应机制随着所使用氧化剂的不同而不同。常见的氧化剂有 DMSO、乌洛托品(Urotropin，六亚甲基四胺，HMT)、叔胺氧化物、H_2O_2 等。

(一) DMSO 氧化法

该反应也称为 Kornblum 反应,高反应活性的卤代烃类先与 DMSO 结合生成烷氧基锍,在碱的作用下,该中间体经 β- 消除生成相应的醛或酮。

1. 反应通式及机制

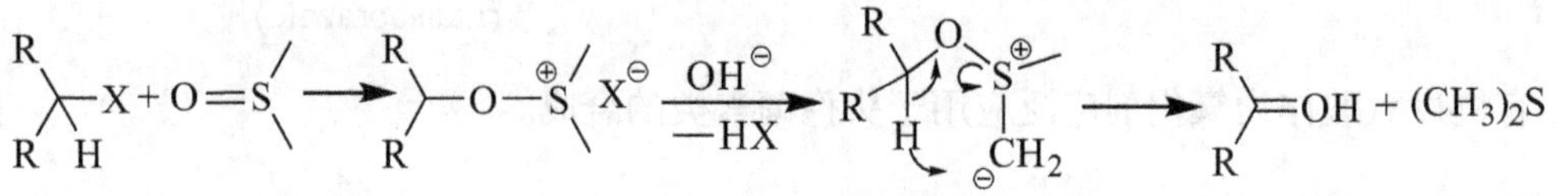

2. 反应影响因素及应用实例　该方法对于活性较高的伯卤代烃类化合物,反应收率较高;不同卤代烃的反应活性顺序为碘代烃 > 溴代烃 > 氯代烃;对于活性较低的伯卤代烃类,可先将其变成碘化物,然后再进行 DMSO 氧化则可获得较高的收率。

对于仲卤代物通常会发生消除反应,酮的收率相对较低。但对 α- 卤代酮或 α- 卤代酯等活性较高的仲卤代物,也可以获得较高的酮收率。

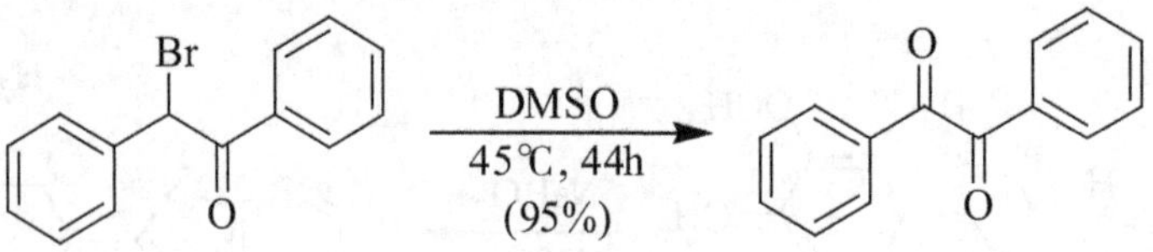

(二) 乌洛托品氧化法

该反应也称为 Sommelet 反应,即卤甲基化合物与乌洛托品(Urotropin,HMT)先反应形成季铵盐,然后经酸性水解可制得相应的醛。这是将芳香族卤甲基化合物氧化成醛的一个有效方法。

1. 反应通式及机制

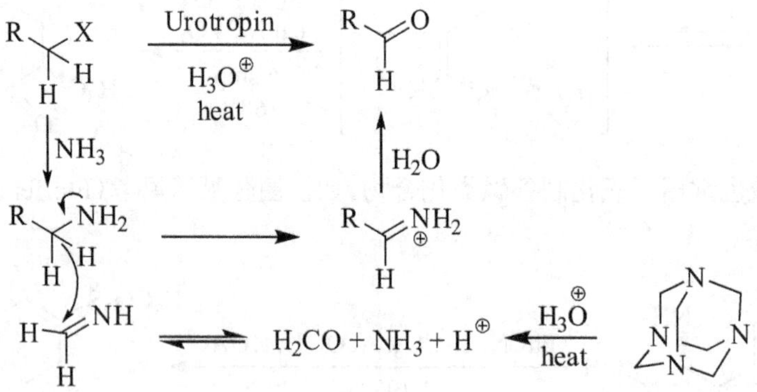

2. 反应影响因素及应用实例　卤甲基化合物的活性顺序为碘化物 > 溴化物 > 氯化物,该方法对具有活泼氢的芳(杂)卤甲基化合物收率较高。如由 2- 氯甲基噻吩可经本法方便制得 2- 噻吩甲醛:

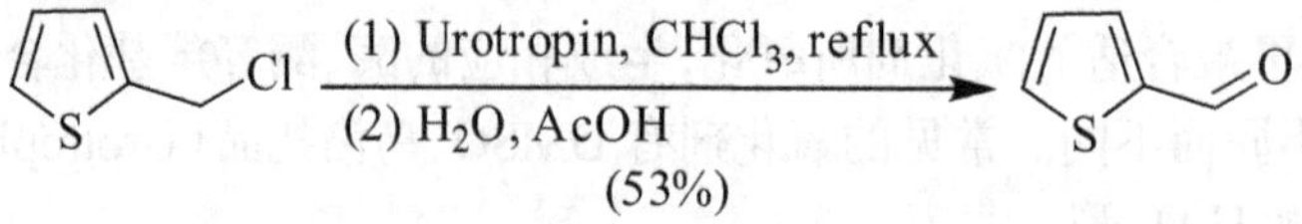

（三）叔胺氧化物氧化法

叔胺氧化物也可氧化芳苄基或烯丙基卤代烃生成相应的醛或酮。

1. 反应通式及机制　叔胺氧化物先与卤代烃反应生成季铵盐氧化物，该盐用碱处理或热分解即可得到醛或酮。

2. 反应影响因素及应用实例　常用的叔胺氧化物有吡啶氮氧化物、三甲胺氮氧化物和4-二甲基吡啶-N-氧化物，其亲核性依次增强。

（四）过氧化氢氧化法

在 V_2O_5 和相转移催化剂的催化下，H_2O_2 可氧化苄基卤化合物生成相应的醛或酮。

1. 反应通式及机制　卤化物先水解为相应的醇后会很快转化成碳正离子，后者迅速生成矾酸酯，并被 H_2O_2 氧化生成相应的醛或酮。

2. 反应影响因素及应用实例　该方法的优点是使用廉价易得、活性较高的苄氯化合物作为底物时也可以得到较高的产率，且还原副产物仅为水。

本 章 要 点

1. 氧化反应是指有机分子结构中增加氧或失去氢，或者同时增加氧失去氢的反应。按照操作方式的不同，可以分为化学氧化、生物氧化、电化学氧化和催化氧化；按照氧化剂的类型和对环境友好的绿色程度的不同，本章分为过渡金属氧化剂和非过渡金属氧化剂（包括氧气）两部分进行介绍。依据氧化剂的不同，氧化反应机制也不同，主要有离子型和自由基型。比较了这两类氧化剂的优、缺点。

2. 过渡金属氧化剂价廉易得、氧化能力强,是药物合成反应中最常用的氧化剂,可以制备各种含氧化合物:醇、醛、酮、酸、酯、酚、醌、环氧化合物、亚砜、砜、氮氧化合物,以及不饱和烃和联芳香化合物。虽然反应产物的选择性和收率都较好,但所产生的大量副产物严重污染了环境,故其使用越来越受到限制,正被更为绿色的氧化剂所替代。

3. 非过渡金属类氧化剂也是药物合成反应中常用的一大类氧化剂,价廉易得,可制备各种含氧化合物:醇、醛、酮、酸、酯、酚、醌、环氧化合物、亚砜、砜、氮氧化合物,以及不饱和烃和联芳香化合物;反应产物的选择性和收率都较好,不对环境造成有毒害作用的重金属污染,作为更为绿色的氧化剂开始大量替代过渡金属类氧化剂。尤其是分子氧作为最为来源丰富、廉价易得、节能环保的绿色氧化剂,是绿色氧化发展的方向,但该反应必须有催化剂的参与才能高效、高选择性地氧化制备各种含氧化合物。

4. 主要的氧化试剂有锰化合物、铬化合物、OsO_4、CAN、硝酸、含卤氧化剂、SeO_2、DMSO、Oxone、有机过氧酸、TBHP、H_2O_2、臭氧、分子氧;主要的氧化反应有 Jones 氧化、Collins 氧化、Woodward 氧化、Prevost 氧化、Elbs 氧化、Swern 氧化、Oppenauer 氧化、Kornblum 氧化和 Sommelet 氧化等。

本章练习题

一、简要回答下列问题

1. DCC 和 Ac_2O 均为 DMSO 氧化醇反应中良好的活化试剂,但两者的使用特点有所不同,简述两者活化作用的特性。

2. 简述当有机分子中存在多个可以被氧化的烯丙基 C—H 键时,SeO_2 氧化的选择性所遵从的规律。

3. 下述是采用 Anelli 氧化法制备 (S)-(—)-2- 甲基丁醛的反应,针对这一反应,某同学设计了如下实验方案:①选择 20~40℃的范围考察反应温度对反应的影响;②滴加完 NaClO 溶液后,选择保温时间 0.5~2 小时的范围考察反应时间对反应的影响;③反应结束后直接分层,用 CH_2Cl_2 萃取 3 次后,合并有机相并无水 Na_2SO_4 充分干燥后过滤,所得滤液进行常压蒸馏回收 CH_2Cl_2 并将其套用到下批投料;④残留液即为产品 (S)-(—)-2- 甲基丁醛。

上述实验方案是否合理? 为什么?

二、完成下列合成反应

1.

2.

3.

4.

5.

6.

7.

8.

9.

10.

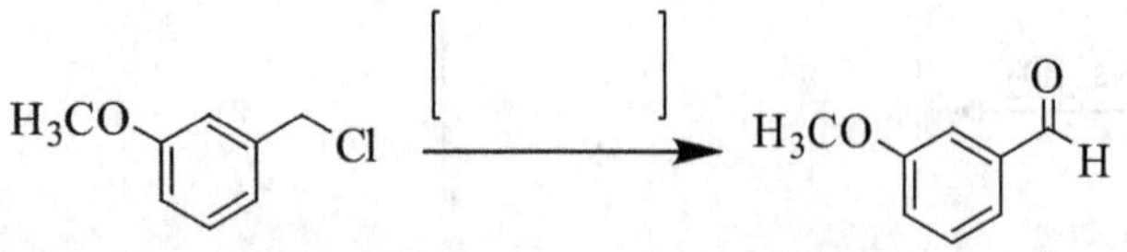

$$H_3CO-C_6H_4-CH_2Cl \xrightarrow{[\qquad]} H_3CO-C_6H_4-CHO$$

三、药物合成路线设计

根据以下指定原料、试剂和反应条件,完成奥美拉唑(Omeprazole)的合成路线设计。

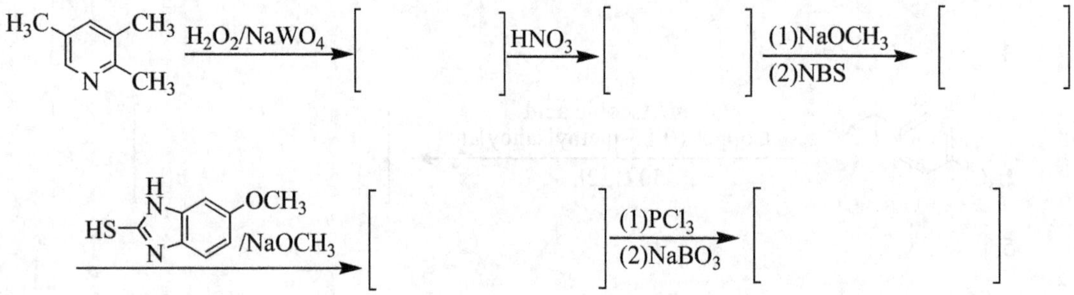

$$\text{(pyridine with } H_3C, CH_3, CH_3 \text{ substituents)} \xrightarrow{H_2O_2/NaWO_4} [\qquad] \xrightarrow{HNO_3} [\qquad] \xrightarrow[\text{(2)NBS}]{\text{(1)NaOCH}_3} [\qquad]$$

$$\xrightarrow[\text{/NaOCH}_3]{\text{(benzimidazole, HS-, OCH}_3)} [\qquad] \xrightarrow[\text{(2)NaBO}_3]{\text{(1)PCl}_3} [\qquad]$$

(刘仁华 王心亮)

第八章 还原反应

凡是能使有机物分子中碳的总氧化态降低的反应称为还原反应（reduction reaction）。即在还原剂的作用下，有机物分子得到电子或使参加反应的碳原子上电子云密度增加的反应。直观地讲，可视为有机分子中增加氢或减少氧的反应。

根据还原剂及操作方法的不同，还原反应大致可分为 3 类：在催化剂存在下借助于分子氢进行的催化氢化还原反应，包括氢化和氢解两种；使用化学物质（元素、化合物等）做还原剂进行的化学还原反应，主要包括负氢转移试剂还原、金属与供质子剂还原及含硫负离子还原、肼还原等其他还原反应；利用微生物或活性酶进行的生物还原反应（电化学还原及生物还原反应本教材不做讨论）。

化学还原反应按照使用还原剂的差异，反应机制主要有亲核加成（金属复氢化物、醇铝、甲酸及肼对羰基含氮化合物等的还原）、亲电加成（硼烷对烯烃、羰基的还原）和自由基反应（钠、铁、锌等的电子转移反应，有机锡氢解碳 - 卤键的自由基取代反应）。

还原反应是有机合成中最重要、最常见的反应之一，在药物及其中间体的合成中应用十分广泛，是药物合成中官能团转换的重要手段。通过还原反应，可由硝基、偶氮基、氰基、酰胺基等有机化合物还原制得各种胺类，如局麻药普鲁卡因（Procaine）、降压药卡托普利（Captopril）和抗组胺药阿司咪唑（Astemizole）等的中间体的制备；将醛、酮、羧酸、酯还原可制得相应的醇类及烃类化合物，如抗过敏药依巴斯汀（Ebastine）、抗结核药乙胺丁醇（Ethambutol）和抗溃疡药西咪替丁（Cimitidine）的中间体的制备；将烯、炔或苯基还原得到烷烃，如降糖药格列苯脲（Glibenclamide）、雌酮（Oestrone）的中间体的制备；将含硫化合物还原制得硫醇或亚磺酸等，如硫普罗宁（Tiopronin）的中间体硫醇的制备。

第一节　催化氢化还原

催化氢化还原是指有机化合物在催化剂的作用下，与氢发生氢化或氢解的还原反应。氢化是指有机化合物分子中的不饱和键在催化剂的存在下，全部或部分加氢还原；氢解则是指有机化合物分子中某些化学键因加氢而断裂。

按催化剂的存在状态，可把催化氢化分为非均相催化氢化和均相催化氢化两大类。催化剂以固体状态存在于反应体系中，以氢气为氢源者称为多相催化氢化（heterogeneous hydrogenation）；以某种化合物代替氢气为氢源者称为转移氢化（transfer hydrogenation）；催化剂溶解于反应介质中，称均相催化氢化（homogeneous hydrogenation）。

一、非均相催化氢化

非均相催化氢化还原是在众多还原方法中最方便的方法之一，操作简单，后处理方便。

反应只需在适当的溶剂(若被还原的物质是液体,可不需要溶剂)以及氢气条件下,将反应物与催化剂一起搅拌或者振荡即可进行;催化剂可直接过滤除去,产物从滤液中分离出即可。该方法是目前工业生产上应用最多的还原方法。

非均相催化反应在催化剂表面进行,影响反应的诸多因素均与催化剂的表面性质密切相关。非均相催化氢化反应过程一般包含以下 3 个基本步骤:①反应物扩散到催化剂表面进行物理吸附和化学吸附;②吸附络合物之间发生化学反应;③产物的解吸附并扩散到反应介质中。其中,吸附和解吸是决定总反应速率的主要步骤。

反应物在催化剂表面的吸附是不均匀的,吸附包括物理吸附和化学吸附两种,非均相催化氢化反应的必要条件是底物在催化剂表面发生化学吸附。在催化剂表面晶格上有一些活性很高的特定部位,可为原子、离子或是由若干原子规则排列而组成的小区域,这种特定部位称为活性中心。只有当反应物与催化剂活性中心之间有一定的几何因素和电性因素时,才可能发生化学吸附从而表现出催化活性。其中,电性因素起着主导作用。

以烯烃的催化氢化为例,说明非均相催化氢化的反应机制。主要有两种机制解释:

Polyani 提出的机制是两点吸附形成 σ 络合物而进行顺式加成;Bond 则提出了形成 σ-π 络合物的顺式加成机制。Polyani 认为,首先氢分子在催化剂表面的活性中心上进行离解吸附,乙烯也与相应的活性中心发生化学吸附,π 键打开形成两点吸附活化络合物,然后活化了的氢进行分步加成,先生成半氢化中间产物,最后氢进行顺式加成得到乙烷。

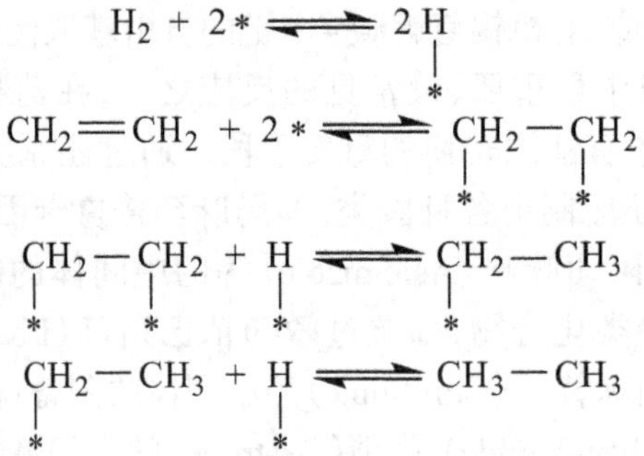

$$H_2 + 2* \rightleftharpoons 2\overset{H}{\underset{*}{|}}$$

$$CH_2{=}CH_2 + 2* \rightleftharpoons \overset{CH_2}{\underset{*}{|}} {-} \overset{CH_2}{\underset{*}{|}}$$

$$\overset{CH_2}{\underset{*}{|}}{-}\overset{CH_2}{\underset{*}{|}} + \overset{H}{\underset{*}{|}} \rightleftharpoons \overset{CH_2}{\underset{*}{|}}{-}CH_3$$

$$\overset{CH_2}{\underset{*}{|}}{-}CH_3 + \overset{H}{\underset{*}{|}} \rightleftharpoons CH_3{-}CH_3$$

以上机制可解释烯烃在氢化反应中发生的氢交换、双键的位置异构及顺反异构现象。大量实验结果表明,不饱和键氢化主要得到顺式加成产物。原因是反应物立体位阻较小的一面容易吸附在催化剂的表面,然后已经吸附在催化剂上的氢分步地转移到被吸附的反应物分子上,进行顺式加成反应。

非均相催化氢化应用广泛,绝大多数的不饱和基团如烯烃、炔烃、芳香环、羰基、腈和硝基等,都可以在适当的条件下被催化还原,但是难易程度不尽相同,大致顺序见表 8-1。

表 8-1　催化氢化反应中官能团反应性的大致顺序(按由易到难排列)

官能团	还原产物
R—COCl	R—CHO,R—CH$_2$OH
R—NO$_2$	R—NH$_2$
R—C≡C—R	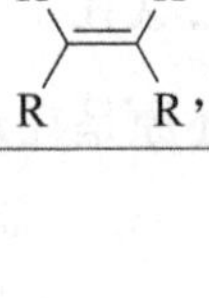 $\overset{H}{\underset{R}{\diagdown}}C{=}C\overset{H}{\underset{R}{\diagup}}$,RCH$_2CH_2$R

续表

官能团	还原产物
R—CHO	R—CH$_2$OH
R—CH=CH—R	RCH$_2$CH$_2$R
R—CO—R′	R—CH(OH)—R′，R—CH$_2$—R′
C$_6$H$_5$CH$_2$OR	C$_6$H$_5$CH$_3$+ROH
R—C≡N	R—CH$_2$NH$_2$
多环芳香烃	部分还原产物
R—CO$_2$R′	R—CH$_2$OH+R′OH
R—CONHR′	R—CH$_2$NHR′
⬡	⬡
R—CO$_2^-$Na$^+$	惰性

（一）烯烃、炔烃的还原

催化氢化是将碳-碳不饱和键还原为碳-碳单键的首选方法。烯烃和炔烃易于催化氢化,且具有较好的官能团选择性。两者经加氢还原均可得到相应的烷烃,但若控制反应条件,炔烃的还原可停留在烯烃产物阶段。

1. 反应通式及机制　烯烃和炔烃的非均相催化还原反应为非均相催化加氢反应机制,反应通式如下:

2. 反应影响因素及应用实例　反应的影响因素主要有催化剂、被还原物结构、反应温度、压力等。

（1）催化剂的种类:非均相催化氢化反应可使用许多不同种类的催化剂,常用的催化剂有镍、钯、铂。

1）镍催化剂:根据制备方法和活性的不同,镍催化剂可以分为多种类型,主要有 Raney 镍和硼化镍。

Raney 镍又称活性镍,是将含镍 40%~50% 的镍铝合金加入一定浓度的氢氧化钠溶液中得到的具有多孔状骨架镍。一般将不同条件下所制得的 Raney 镍分为 W$_1$~W$_8$ 等不同的型号,活性大小次序为 W$_6$>W$_7$>W$_3$，W$_4$，W$_5$>W$_2$>W$_1$>W$_8$。通常每克 Raney 镍可以吸附 25~150ml 的氢,干燥的 Raney 镍在空气中会剧烈氧化而燃烧(利用这个性质来检验所制得的催化剂活性),因此 Raney 镍应浸没于乙醇或蒸馏水中贮存。氢化前,向 Raney 镍中加入少量的氯化铂、二氯化镍、硝酸铜和二氯化锰等,可提高其催化活性。Raney 镍是最常用的氢化催化剂。在中性和弱碱性条件下,可以用于烯键、炔键、硝基、氰基、羰基、芳杂环和芳稠环的氢化以及

碳 - 卤键、碳 - 硫键的氢解,对苯环和羧基的催化活性弱,对酯、酰胺无催化活性。在酸性条件下活性下降,pH<3 时活性消失。含硫、磷、砷、锡、铝、碘等单质或其化合物可导致 Raney 镍中毒。

硼氢化钠在水(P-1 型)或醇(P-2 型)中还原醋酸镍可以制得硼化镍(Ni_2B),其中 P-2 型活性低但选择性好;或者用氯化镍在乙醇中用硼氢化钠还原也能制得硼化镍。硼化镍的特点是活性高,不自燃,选择性好,还原烯类化合物不产生双键的异构化。对顺式烯烃的还原活性大于反式烯烃,且随烯烃双键取代基数目的增加催化活性下降。当烯键、炔键同时存在时,可选择性地还原炔键。还原苄基或烯丙基时不会引起氢解副反应。

2) 钯催化剂:钯催化剂常用的类型有钯黑、钯碳(Pd/C)和 Lindlar 催化剂。

钯的水溶性盐经还原制得的极细金属粉末呈黑色,称钯黑。将钯黑吸附在载体上称载体钯,用活性炭为载体称为钯碳,其中钯的含量通常为 5%~10%。5% 的钯碳是还原氢化烯键、炔键最好的催化剂,同时可在室温、低压条件下还原硝基、氰基、肟、希夫碱等官能团;高压下催化氢化含有酚、醚的芳环,还可用于脱卤氢解、脱硫氢解及二硫键的还原。钯不易中毒,如选用适当的催化活性抑制剂,可用于复杂分子的选择性还原。

硫酸钡(或碳酸钙)是一种催化剂毒剂,具有抑制催化氢化反应活性的作用。将钯吸附在载体碳酸钙或硫酸钡上,并加入少量抑制剂(醋酸铅或喹啉),这种部分中毒的催化剂称为 Lindlar 催化剂。常用的有 Pd-$CaCO_3$/PbO 与 Pd-$BaSO_4$/喹啉两种,其中钯的含量为 5%~10%。Lindlar 催化剂具有较好的选择性还原能力,可选择性地还原炔键为烯键。

3) 铂催化剂:铂催化剂主要有铂黑、铂碳(Pt/C)和二氧化铂(PtO_2)3 类。

铂的水溶性盐经还原制得的极细黑色金属粉末称为铂黑,铂黑吸附在载体活性炭上称为铂碳,其作用是增强活性,减少催化剂用量。二氧化铂也称 Adams 催化剂,具有便于保存的优点,使用时被还原为铂产生催化作用。铂催化剂活性高,应用范围十分广泛,可在室温、常压下催化氢化及氢解反应。碱性物质可使铂催化剂钝化而失活,因此,铂催化剂应在酸性介质中进行还原。铂催化剂除用于 Raney 镍所应用的底物范围外,还可用于酯基和酰氨基的氢化还原,对苯环及共轭双键的氢化能力较钯催化剂强。

(2) 影响氢化反应速率及选择性的因素:催化氢化的反应速率和选择性主要由催化剂因素、反应条件和底物结构所决定。属于催化剂因素的有催化剂的种类、类型、用量、载体以及助催化剂、毒剂或抑制剂的选用;反应条件有反应温度、反应压力、溶剂极性和酸碱度、搅拌效果等。

1) 催化剂因素:不同的催化剂有不同的使用范围。一般来说,催化剂活性大,则选择性差。催化剂中加入适量助催化剂,可增加催化剂的活性,加快反应速率;加入适量抑制剂,可使催化剂活性降低,但会提高反应选择性。催化剂的用量应按被还原基团和催化剂的活性大小而定,一般常见的催化剂的用量与反应物的质量百分比为活性镍 10%~15%;二氧化铂 1%~2%;含量为 5%~10% 的 Pd/C 或 Pt/C 1%~10%;Pd 黑或 Pt 黑 0.5%~1.0%。催化剂用量增大,反应速率加快,但不利于后处理或降低成本。

在催化剂的制备或氢化反应过程中,由于引入少量的杂质,使催化剂的活性大大下降或完全消失,并难以恢复到原有活性,这种现象称为催化剂中毒。使催化剂中毒的物质称催化毒剂,主要是指硫、磷、砷、铋、碘等离子以及某些有机硫和有机胺类。毒剂能与催化剂的活性中心发生强烈的化学吸附,"占据"了催化剂的活性中心,一般方法无法进行解吸,从而使催化剂丧失催化活性。如果仅使催化剂的活性受到抑制,但经过适当的活化处理可以再生,这种现象称为阻化;使其阻化的物质称催化抑制剂。抑制剂能够使催化剂部分中毒,使催化剂的活性降低。催化毒剂和催化抑制剂之间并无严格界限。

2) 被还原物结构:被还原物中各种官能团催化氢化的活性各异。有机化合物催化氢化活性的一般顺序为炔烃 > 烯烃 > 芳杂环 > 芳稠环 > 芳环;酰氯 > 硝基 > 醛 > 酮 > 氰 > 酯 > 酰胺 > 酸。炔键活性大于烯键,位阻较小的不饱和键活性大于位阻较大的不饱和键,三(四)取代烯需在较高的温度(100~200℃)和压力[(7.85~98.11)×10^5Pa]下反应方能顺利进行。

3) 反应温度:升高温度有利于加速氢化反应。但若催化剂有足够的活性,提高反应温度不但会加快催化剂失活、降低反应选择性并增加副反应,甚至得不到预期的产物且增加不安全因素。因此,当反应速率达到基本要求时,尽可能在较低温度下氢化对反应是有利的。下例可说明温度对反应选择性的影响:

4) 反应压力:增加氢化压力就是增加氢浓度,这有利于平衡向加氢反应的方向移动,可加速反应并提高反应收率,但会使反应的选择性降低,对设备的要求也相应提高。因此,在选择压力时要权衡利弊。如炔烃在常压下催化氢化反应可停留在烯烃阶段,若氢气压力大于 $9.81×10^6$Pa 时,则主要产物为烷烃,可根据需要设置合理的压力条件。

5) 溶剂:一般来说,选用溶剂的沸点应高于反应温度,并对产物有较大的溶解度,以利于产物从催化剂表面解吸。催化剂的活性通常随着溶剂极性的增加而增强。低压氢化常用的溶剂及活性顺序为醋酸 > 水 > 乙醇 > 乙酸乙酯 > 醚 > 烷烃。各种溶剂的使用有一定的限制,例如有机胺或含氮芳杂环的氢化通常选用醋酸做溶剂,可使碱性氮原子质子化而防止催化剂中毒;二氧六环用于活性镍氢化,反应温度宜在 150℃以下,温度过高还易引发事故;醇在 150℃以上可与伯胺、仲胺发生 N-烃化反应,在高温、高压下还可引起酯和酰胺的醇解。此外,溶剂的酸碱度可影响反应速率和选择性,而且对产物的构型也有较大的影响。

6) 搅拌:氢化反应为多相反应,且为放热反应,采用高效强力的搅拌有利于氢化反应的进行,可避免出现过热现象,减少副反应。

(3) 反应底物:烯烃和炔烃易于被催化氢化还原,常用的催化剂有钯、铂和镍,在温和的条件下即可被还原。除了酰卤和芳硝基外,当分子中存在其他可还原的官能团时,均可用催化氢化法选择性地还原炔键和烯键,而对其他的官能团没有影响。例如拟交感神经药多巴酚丁胺(Dobutamine)及镇痛药苯噻啶(Pizotifen)中间体的制备,控制氢化反应条件,可选择性地还原双键而羰基、羧基、芳环均不受影响。

炔烃、烯烃的催化氢化反应为同面加成，一般都是在分子中空间位阻较小的一面发生化学吸附，然后氢化，产物以顺式体为主；但因存在向更稳定的反式体转化等因素，所以仍有一定量的反式体产物。例如，抗雄性激素药 Bifluranol 是通过反式烯烃中间体经钯催化氢化发生顺式加成反应而得到的。

与羰基共轭的双键既可以用催化氢化还原，也可以采用金属 - 供质子剂还原，不过两种还原方法所得产物的立体化学结构不同。当以催化氢化法还原时，底物以位阻较小的一面与催化剂接触，并与活化的氢同面加成；而金属 - 供质子剂还原是经过阴离子自由基质子化过程，以形成热力学稳定的异构体为主。例如，以二氧化铂为催化剂，对反应物中的 α,β- 不饱和甲酸酯进行催化氢化，受反应物氮原子上取代基的影响，分子 β 面空间位阻较小，同面加成氢化的结果使得最终生成 $(2S,3S)$-1,2- 双取代吡咯烷 -3- 甲酸甲酯。

分子中同时存在共轭双键及非共轭双键时,共轭双键可被选择性还原。例如,盐皮质激素去氧皮质酮(Desoxycorticosterone)的合成中,分子中的 5,6- 位双键、16,17- 位共轭双键及 20- 位羰基均可催化氢化还原,但 16,17- 位双键因与 20- 位羰基共轭导致电子云密度降低,更易发生氢化反应,故得到 16,17- 位双键被选择性部分氢化的还原产物。

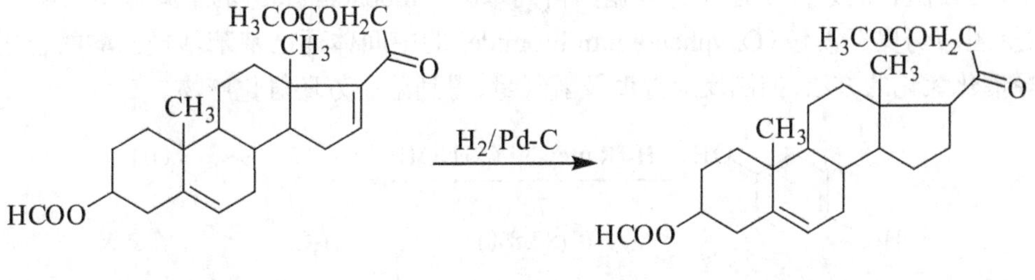

(4) Lindlar 催化剂:Lindlar 催化剂就是在钯 / 碳酸钙 / 醋酸铅催化剂中加入适量的吡啶、喹啉或铋盐作为抑制剂,降低其催化活性,达到选择性地还原炔键成烯键的目的。Lindlar 催化剂可将炔烃部分还原,得到顺式烯烃。例如,天然含三键的硬脂炔酸利用 Lindlar 催化剂经部分还原炔键得到顺式油酸;在维生素 A 的制备中,采用 Lindlar 催化剂,低温下定量地通入氢气,可选择性地将炔键部分氢化为烯键而达到选择性还原的目的。

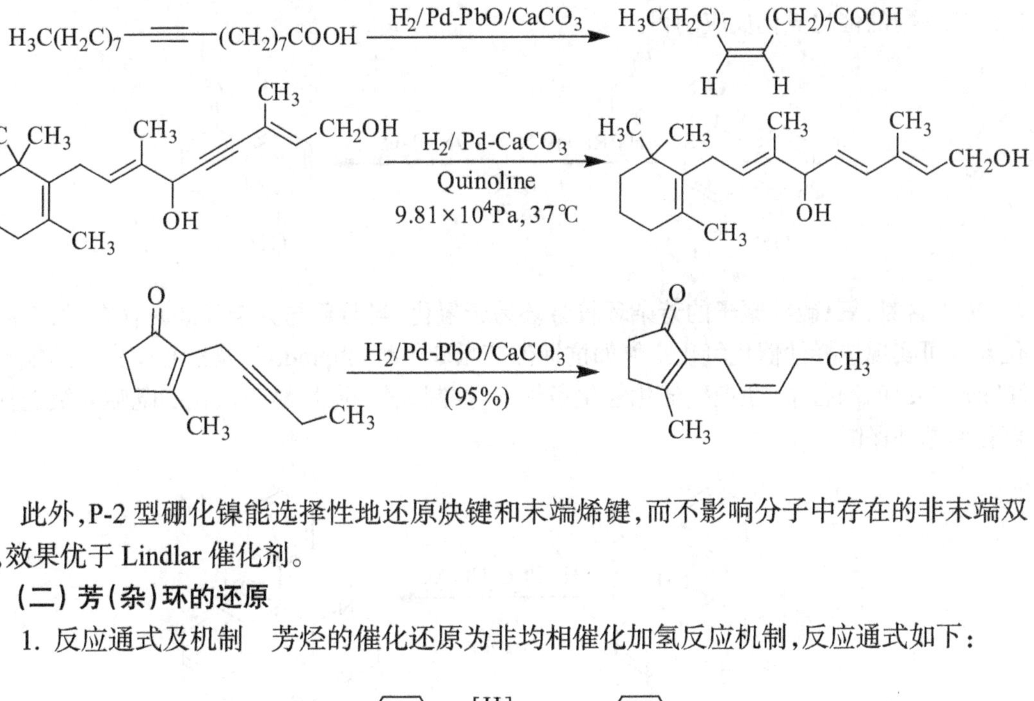

此外,P-2 型硼化镍能选择性地还原炔键和末端烯键,而不影响分子中存在的非末端双键,效果优于 Lindlar 催化剂。

(二) 芳(杂)环的还原

1. 反应通式及机制　芳烃的催化还原为非均相催化加氢反应机制,反应通式如下:

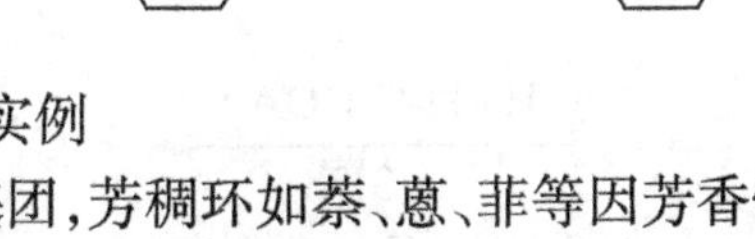

2. 反应影响因素及应用实例

(1) 苯环是难于氢化的基团,芳稠环如萘、蒽、菲等因芳香性较弱,较苯环易于氢化。取代苯(如苯酚、苯胺等)以及含氮、氧、硫等杂原子的芳杂环由于取代基或杂原子的引入,使芳环极性增加,比苯易于发生催化氢化反应。

(2) 芳烃还原最常用的催化剂是铂和铑,可以在常温下还原,而 Raney 镍和钌则需要高温、高压的反应条件。在醋酸中用铂做催化剂时,取代苯的活性顺序为 $ArOH>ArNH_2>ArH>ArCOOH>ArCH_3$。

(3) 芳烃的催化氢化可用于环己烷类化合物的制备。例如,4-甲基苯酚在 Raney 镍的催化下,可在温和的条件下还原为降糖药格列本脲(Glibenclamide)的中间体——4-甲基环己醇;抗胆碱药奥芬溴铵(Oxyphenonium bromide)的中间体环己基苯基羟乙酸的合成也采用芳烃催化氢化的方法,控制反应温度及氢气量,得到单一芳环氢化产物。

(4) 酚类化合物的催化氢化反应可得到环己酮类化合物,该方法是制备取代环己酮的简捷方法。例如,青光眼治疗药物左布诺洛尔(Levonordefrin)的中间体 5-羟基萘满酮即采用1,5-二萘酚的催化氢化反应制得。

(5) 含氮、氧、硫等原子的芳杂环较芳环易于氢化,当芳环与芳杂环同时存在时,控制氢化条件可实现选择性催化氢化。例如抗抑郁药哌苯甲醇(Pipradrol)及抗心律失常药氟卡尼(Flecainide)的制备中,在钯碳催化氢化条件下,控制氢气的量,易于氢化的吡啶环被选择性氢化而苯环保留。

含氮杂环的氢化通常在强酸性条件下进行,采用铂或钯催化;含氧、硫的芳杂环在酸性条件下进行可发生开环反应,因此,选用 Raney 镍催化氢化一般需要在高温、高压条件下反应。例如,在 100℃下以 Raney 镍催化氢化制备 2- 甲基四氢呋喃:

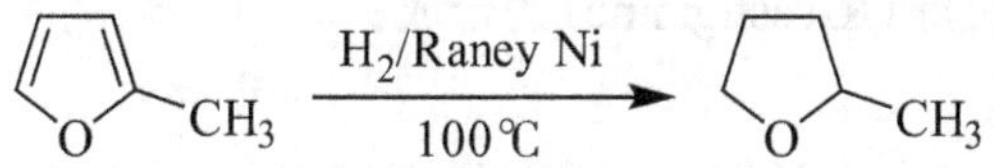

(三) 醛、酮的还原

1. 反应通式及机制

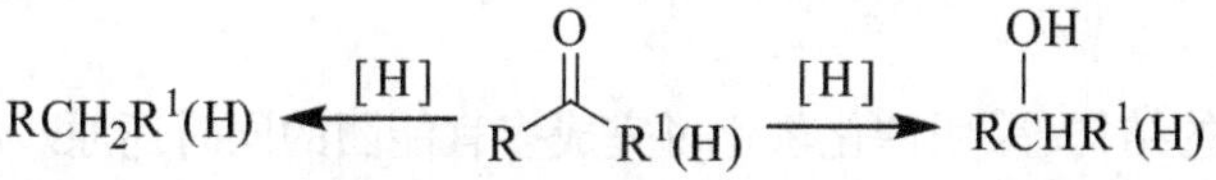

2. 反应影响因素及应用实例

(1) 醛、酮的催化氢化活性通常强于芳烃,但弱于烯、炔,醛比酮更容易被氢化。

(2) 钯催化氢化是还原芳醛、芳酮为烃的有效方法,在加压、钯催化、酸性条件下,芳香族醛、酮被还原成醇后往往进一步氢解为烃。例如色烯 -7- 醇的合成:

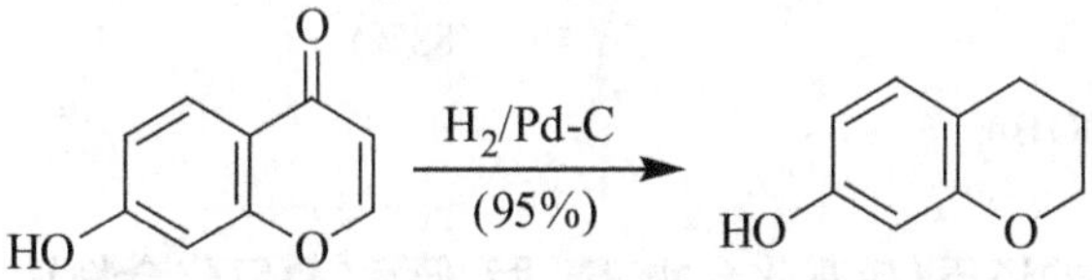

若选用 Raney 镍为催化剂,在温和的条件下,脂芳酮可还原为醇。例如,拟肾上腺素药依替福林(Etilefrine)即是在 Raney 镍催化下将芳酮还原为芳醇而得到的。

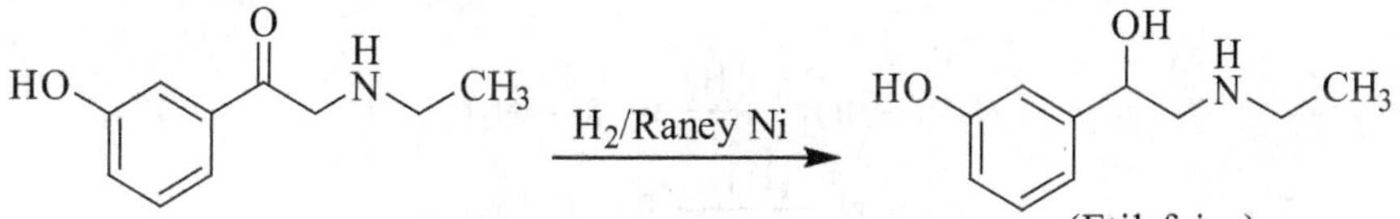

(3) 选用锇碳为催化剂,可选择性地将 $\alpha, \beta-$ 不饱和醛还原为不饱和醇。

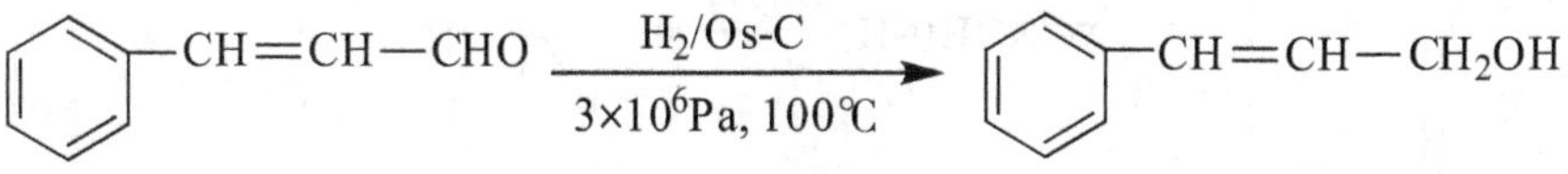

(4) 脂肪族醛、酮的氢化活性较芳香族醛、酮低,通常用 Raney 镍和铂催化,若以钯催化则效果较差,一般需在较高的温度和压力下还原。此外,钌也可用于脂肪族醛的还原,并且可在水溶液中反应。例如,抗心律失常药阿托品(Atropine)的中间体托品醇的制备即是在活性镍催化下对羰基的还原,收率较高。

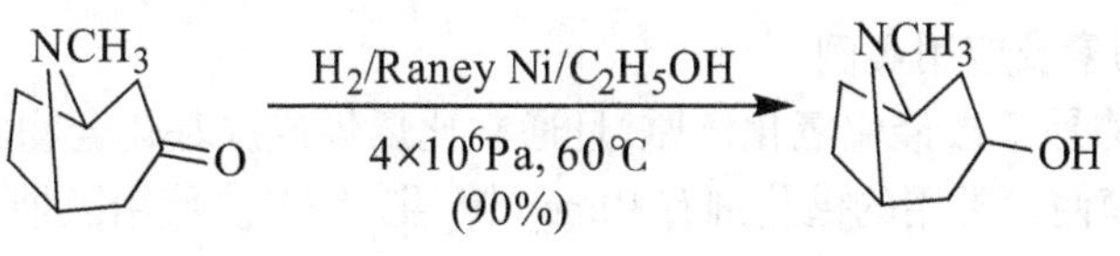

(5) 钯、镍、铂均可催化氢化羰基化合物与胺(氨)还原,形成新的胺类化合物,该反应称为还原胺化反应。一般认为反应先生成亚胺中间体,但不需要分离,继续催化氢化生成胺基化合物。若分子中存在其他不饱和键,如碳 - 碳双键、氰基等,则该反应受到限制。例如,阿尔茨海默病治疗药卡巴拉汀(Rivastigmine)的合成:

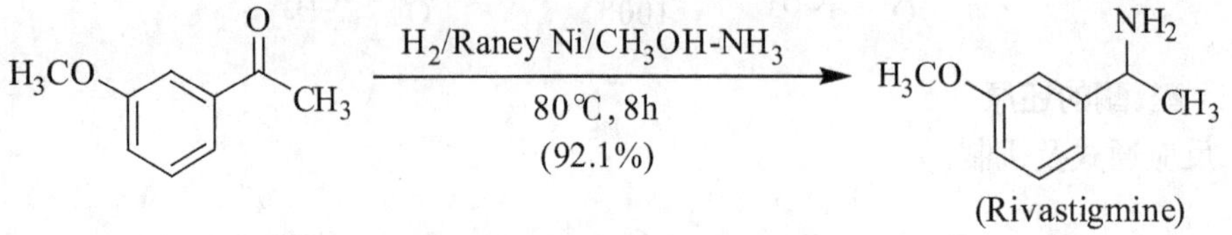

根据被还原物的结构,采用催化氢化可完成多官能团的同时还原。如下例,具有多官能团的化合物在钯碳催化氢化条件下,一釜法完成双键还原、酮羰基还原胺化、醛基脱保护、苄氧羰基脱除、分子内环合 5 步反应形成双环哌啶并吡咯啉化合物。

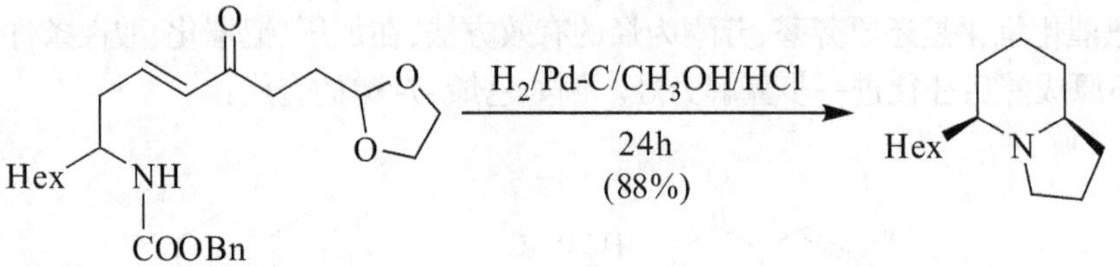

(四) 含氮化合物的还原(硝基化合物、腈、肟、偶氮、叠氮化合物)

催化氢化法也是还原含氮不饱和键的常用方法,可将酰胺、硝基、腈、肟、偶氮、叠氮化合物还原为相应的伯胺。

1. 反应通式及机制

$$R-NO_2 \xrightarrow{[H]} R-NH_2$$

$$R-CN \xrightarrow{[H]} R-CH_2NH_2$$

$$R-N_3 \xrightarrow{[H]} R-NH_2$$

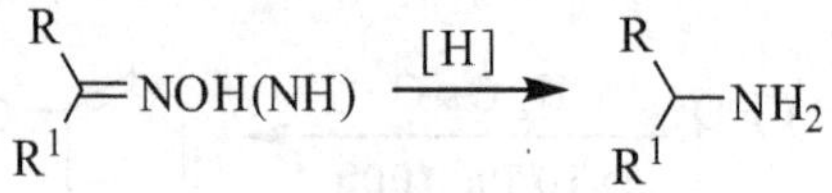

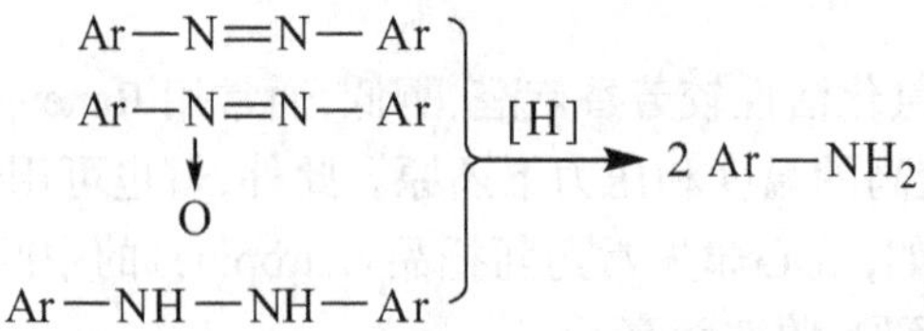

2. 反应影响因素及应用实例

(1) 硝基化合物易于被催化氢化还原,且通常比烯烃或羰基化合物的还原速率快、反应条件温和、后处理简便。常用的催化剂有 Raney 镍、钯、铂等。使用镍催化时,氢压和温度要求较高,而钯和铂可在较温和的条件下进行。例如抗血栓药阿哌沙班(Apixaban)和抗肿瘤药苯达莫司汀(Bendamustine)的硝基中间体的还原。

硝基苯的催化氢化当选择合适的氢化条件时,可使反应停留在苯胲阶段,在酸性条件下转位即可得对氨基酚,这是生产药物中间体对氨基酚的最简捷的路线。

(2) 腈的催化氢化常用来制备伯胺,可用钯、铂为催化剂在常温、常压下反应,也可以Raney 镍为催化剂在加压条件下反应。例如,抗失眠药雷美替胺(Ramelteon)的中间体的合成即以 Raney 镍催化氢化还原氰基得到胺。

腈的还原产物中除伯胺外,通常还含有较多的仲胺,这是由于所生成的伯胺与反应中间体亚胺发生缩合反应的结果。

为了避免生成仲胺的副反应,可用钯、铂或铑催化,在酸性溶液或醋酸酐中还原,使产物伯胺形成铵盐,从而阻止缩合副反应的发生。例如维生素 B_6 的中间体的制备是氰基化合物在酸性溶液中经钯催化还原得到伯胺,硝基因活性强同时被还原。

镍催化下加入过量的氨水,也可阻止脱氨从而减少生成仲胺的副反应。例如,抗高血压药阿夫唑嗪(Alfuzosin)的合成中,过量氨水的加入使得到高收率的伯胺。

钯碳或 Raney 镍催化氢化腈类化合物时,控制氢的用量及反应条件,能方便地将腈还原成亚胺,进一步水解可制备醛。

(3) 肟可经催化氢化还原得到对应的伯胺或烯胺。肟还原为伯胺的条件与腈相似,可在酸性溶液中以钯或铂催化,或者在加压条件下用 Raney 镍还原;烯胺一般在常温、低压条件下还原得到。如中枢兴奋剂咖啡因(Caffeine)及抗哮喘药物扎普司特(Zaprinast)的中间体的制备中,控制还原条件,分别还原肟为伯胺及烯胺;抗高血压药奥美沙坦酯(Olmesartan medoxomil)的中间体的制备中,在三氟醋酸溶液中钯催化氢化还原肟,得高收率的伯胺。

（4）偶氮和叠氮化合物经催化氢化可还原为相应的伯胺，常用 Raney 镍和钯催化。偶氮化合物的催化氢化还原方法提供了一个间接定位引入氨基至活泼芳香族化合物的方法，不易产生位置异构体。例如，慢性结肠炎治疗药物如马沙拉嗪（Masalazine）即通过偶氮化合物的氢化还原制得。此外，通过对噁唑烷酮类化合物叠氮中间体的还原，可制得抗耐药菌感染药物利奈唑胺（Linezolid）。

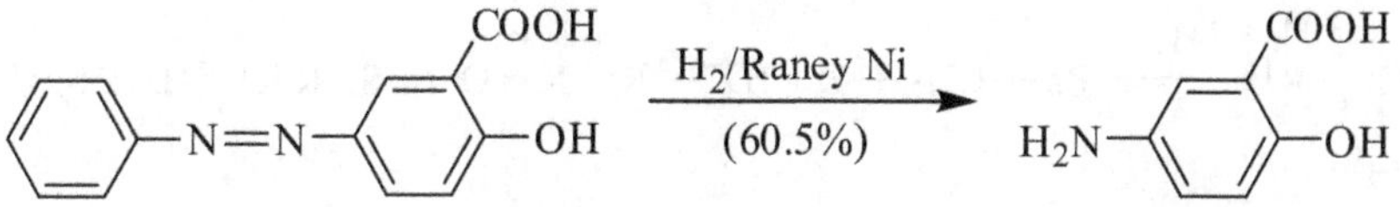

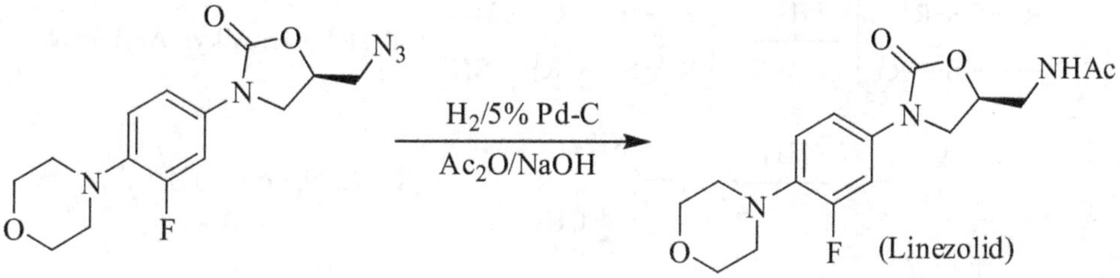

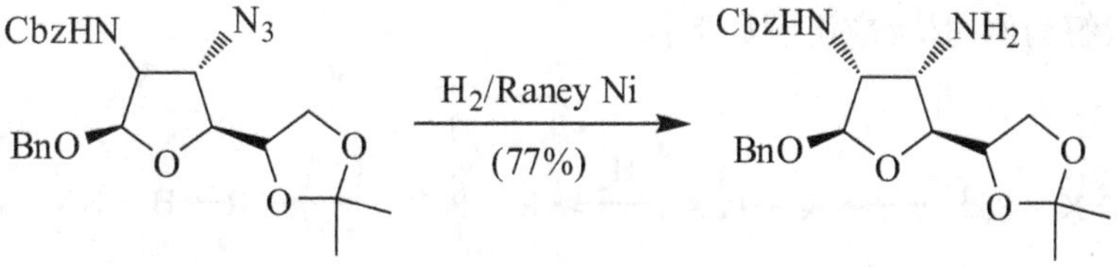

（五）羧酸、酯及酰胺的还原

1. 反应通式及机制

2. 反应影响因素及应用实例

（1）羧酸难于用一般的催化氢化条件还原，需要用 RhO_2 或 RuO_2 为催化剂，在 200℃、1200atm 的苛刻条件下方可进行羧基还原反应。酯较羧酸易于催化还原，因此，常采用将脂肪羧酸制成酯（常用甲酯）再进行氢化还原来制备脂肪醇。

（2）钯、铂通常不能催化酯的氢化反应，常用 $CuCr_2O_4$ 为催化剂在高温、加压［250~350℃，$(25\sim30)\times10^6 Pa$］条件下进行酯的催化氢化。如肉桂酸乙酯催化氢化还原为 3- 苯基丙醇的反应即采用如上的反应条件。

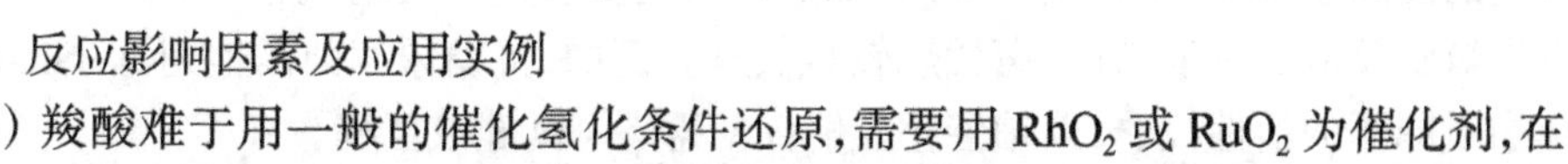

（六）氢解反应

氢解反应通常是指在还原反应中碳 - 杂键（或碳 - 碳键）断裂，由氢取代杂原子（碳原子）或基团而生成相应烃的反应。它不仅作为消除反应用于制备烃，也是脱保护基的一个重要手段。氢解反应主要应用催化氢化还原,某些条件下也可用化学还原法完成。催化氢化还原主要包括脱卤氢解、脱苄氢解、脱硫氢解和开环氢解。

1. 反应通式及机制

$$\underset{|}{\overset{|}{-}}C-X \xrightarrow{[H]} \underset{|}{\overset{|}{-}}C-H + HX \qquad X = F, Cl, Br, I$$

$$Ph-\underset{R}{\overset{|}{C}}H-X-R^1 \xrightarrow{[H]} Ph-CH_2-R + HX-R^1 \qquad X = O, N, S; \ R, R^1 = H, CH_3, CH_3COO, etc.$$

$$\left.\begin{array}{c} R-S-R^1 \\ R-S-S-R^1 \end{array}\right\} \xrightarrow{[H]} \left\{\begin{array}{c} R-H + R^1-SH \\ R-SH + R^1-SH \end{array}\right. \qquad R, R^1 = H, Alkyl, Aryl, et al$$

$$\underset{(\;)_n}{\overset{X}{\triangle}}R \xrightarrow{[H]} R-\underset{(\;)_n}{\overset{XH}{C}}-CH_3 \qquad X = C, N, O; n = 0, 1$$

以脱苄氢解为例,其反应机制如下:

$$R-X + Pd^0 \longrightarrow R-PdX \xrightarrow{H_2} R-\underset{H}{\overset{H}{\underset{|}{\overset{|}{Pd}}}}X \longrightarrow R-H + HX + Pd^0$$

2. 反应影响因素及应用实例

(1) 脱卤氢解:卤代烃的氢解活性取决于两个方面的因素,即卤原子的活性及分子的化学结构。

卤原子活性顺序为 I>Br>Cl>>F;分子结构方面,酰卤、苄卤、烯丙基卤、芳环上电子云密度较低位置的卤原子和 α- 位有吸电基团(如酮、腈、硝基、羧基、酯基、磺酰基等)的活泼卤原子更易发生氢解反应。一般来说,卤代烷较难氢解。例如,抗糖尿病药西他列汀(Sitagliptin)的中间体中氟原子的活性极弱,以铂催化氢解仅使得碳 - 氯键被氢解。

以钯为脱卤氢解的首选催化剂,镍由于易受卤原子的毒化,一般需增大用量。氢解后的卤原子特别是氟,可使催化剂中毒,故一般不用于 C—F 键的氢解。反应中通常加入碱以中和生成的卤化氢,否则将使反应速率减慢甚至停止。

脱卤氢解在合成上的应用主要有两个方面:一是将羧酸经酰氯转化为醛;二是从化合物分子中除去卤素。

钯负载在硫酸钡(或碳酸钡)上催化的将酰氯转变为相应的醛的氢化反应,称为 Rosenmund 还原。以钯为催化剂,在碱性物质存在下,常加入喹啉 - 硫(Q-S)或硫脲等抑制剂进行氢解。以 2,6-二甲基吡啶(DMPy)为钯催化抑制剂,氢解条件温和,特别适用于敏感的酰氯的氢解。例如,8-氧代壬醛即是在 DMPy 的存在下,加入等摩尔氢气,以 Lindlar 催化剂于室温氢解 8-氧代壬酰氯制得的。

$$CH_3CO(CH_2)_6COCl \xrightarrow[\substack{THF, r.t \\ (85\%)}]{H_2/Pd\text{-}BaSO_4/DMPy} CH_3CO(CH_2)_6CHO$$

酰氯中带有卤素、硝基、酯基等基团均无影响,羟基则需要保护。该方法能够有效地实现从不饱和酰氯制备不饱和醛的转化,碳-碳双键虽不被还原,但有时会发生双键的位移。有些酰氯不用抑制剂,只要控制通入氢气量也可得到醛。例如,二氢叶酸还原酶抑制剂溴莫普林(Brodimoprim)的中间体的合成:

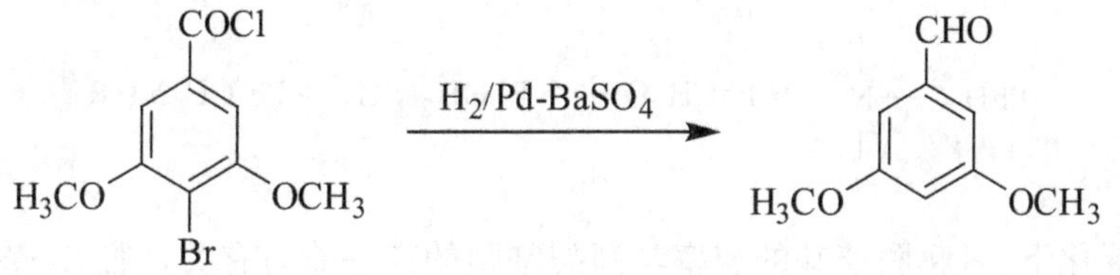

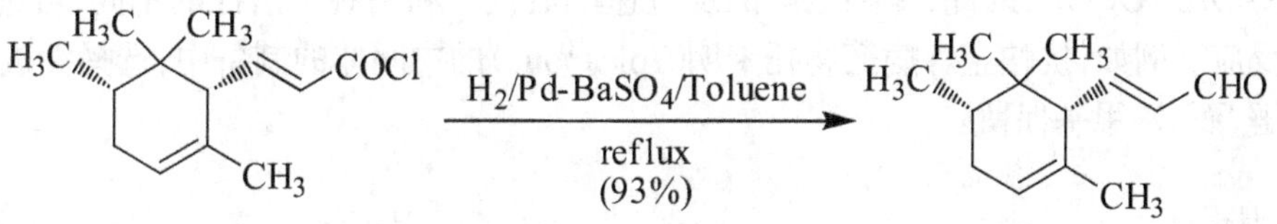

碳-卤键易氢解,从而提供了从分子中除去卤素的好办法。例如,β-内酰胺酶抑制剂舒巴坦(Sulbactam)的合成中,采用镍催化氢解将羰基 α-位溴原子脱除得烃基。抗失眠药雷美替胺(Ramelteon)的中间体的合成中,选用钯催化剂,在温和的条件下发生芳基卤的氢解,收率较高;磺胺甲嘧啶(Sulfamerazine)的中间体的制备同样为芳基卤的催化氢解。

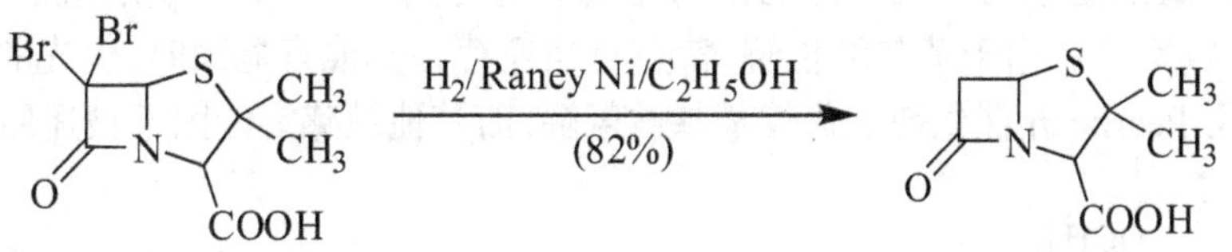

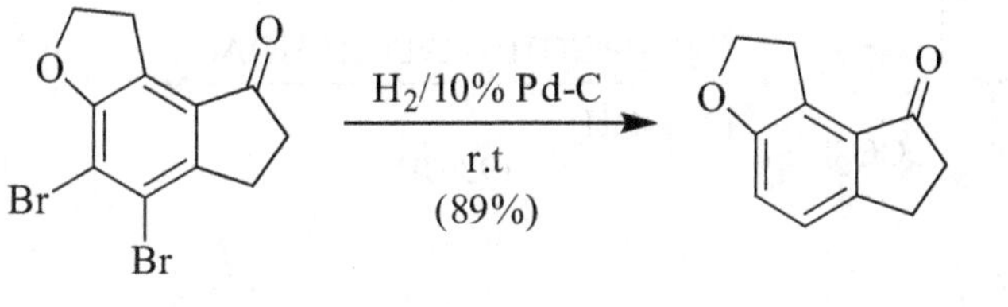

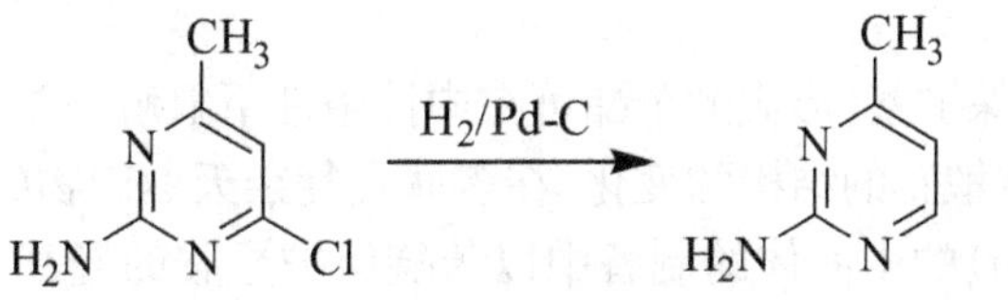

在不饱和杂环化合物中,相同卤原子的选择性氢解与其位置有关。例如,2-羟基-4,7-二氯喹啉分子中有两个氯原子,因为吡啶环上氮原子的吸电作用,使 4-位的电子云密度降低,其氢解活性较 7-位氯原子大,故能选择性地氢解 4-位的氯而生成 2-羟基-7-氯喹啉。

(2) 脱苄氢解:苄基或取代苄基与氧、氮或硫连接生成的醇、醚、酯、苄胺、硫醚等,均可通过氢解反应脱去苄基生成相应的烃、醇、酸、胺等化合物。底物的结构对氢解速率有较大的影响,当苄基与氧、氮相连时,脱苄活性按下列顺序递减,可据此进行选择性脱苄反应。

$$PhH_2C—\overset{\oplus}{\underset{|}{\overset{|}{N}}}— > PhCH_2O— > PhCH_2NRR^1 > Ph\ CH_2NHR$$

在钯碳催化下,氢解脱苄基的速率与断裂基团的离去能力有关。脱 O-苄基时,氢解速率为 OR<OAr<OCOR,因此,苄酯氢解的反应速率最快。利用脱苄活性的不同,可进行选择性脱苄反应。例如,抗帕金森病药物托卡明(Tolcapone)的中间体的制备中,选择性进行脱 O-苄基氢解,而 O-甲基保留。

如果结构中存在其他易被还原的基团,可以选择氢氧化钯碳(Pearlman 催化剂)作为氢解催化剂。该试剂能够用于某些钯催化剂无法实现的氢解反应,不会发生脱卤氢解及烯烃氢化,且反应收率高。用于苄胺的氢解,特点是当还存在其他官能团时,优先脱去 N-苄基。下面的例子用 Pearlman 催化剂催化仅苄基被氢解,而其他敏感官能团不被还原。

苄醇作为羧基的保护基,形成的苄酯可在中性条件下氢解脱苄基保护基,而避免引起肽键或其他对酸、碱水解敏感的结构的变化,在多肽及复杂天然产物的合成中有重要意义。例如,氨曲南(Aztreonam)的中间体的制备中以苄醚保护羟胺的羟基,在温和条件下脱苄氢解得到中间体,不影响分子中的酰胺键。

又如 β-内酰胺类抗生素羧苄西林(Carbenicillin)的合成即采用钯碳催化氢解羧苄西林单苄酯,而不导致 β-内酰胺环的破裂。

(3) 脱硫氢解:硫醇、硫醚、二硫化物、亚砜、砜以及某些含硫杂环可用在 Raney 镍或硼化镍催化下发生脱硫氢解,从分子中除去硫原子。二硫化物还原氢解为 2 分子硫醇,是制备硫醇的最常用的方法。如抗肿瘤药巯嘌呤的(Mercaptopurine)中间体的制备即为芳基硫酚脱硫氢解反应。

在硼化镍的催化下,硫代酯类化合物可氢解得到伯醇。

硫醚可发生催化氢解,用来合成烃类化合物,如抗生素多西环素(Doxycycline)及脑功能改善药左乙拉西坦(Levetiracetam)的制备,均通过硫醚氢解得到。

(Doxycycline)

(Levetiracetam)

硫杂环可在镍催化下氢解,脱硫开环。

　　硫代缩酮(醛)在 Raney 镍的作用下的氢解脱硫,是间接将羰基转变为次甲基的另一种选择性方法。特别是 α,β-不饱和酮及 α-杂原子取代酮的选择性还原,条件温和、收率较好。例如,下面的化合物与乙二硫醇反应生成硫代缩酮,在活性镍存在下,在乙醇中回流,氢解脱硫而得到烃。

　　(4) 开环氢解:部分碳环化合物能够发生开环氢解,根据环大小的不同,反应难易程度也不同。环丙烷不稳定,类似于双键,易催化氢解开环;环丁烷亦可催化氢解,但较三元环稳定;五元环以上的碳环化合物一般不能氢解开环。

　　含氮、氧原子的杂环亦可被氢解开环,分别生成伯胺及仲醇。Pearlman 催化剂可用于催化含氧杂环氢解,并具有高度的立体选择性。

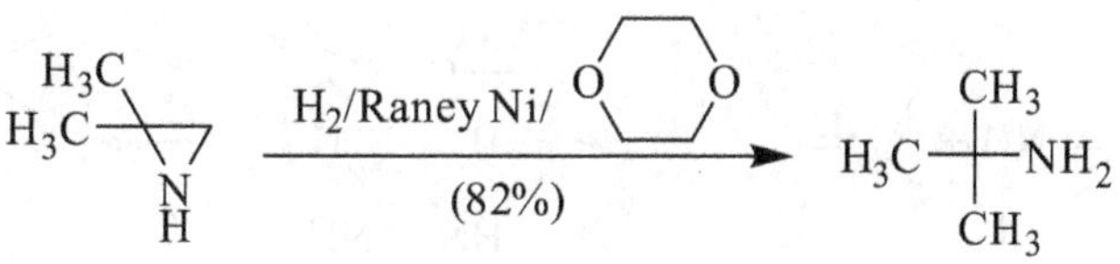

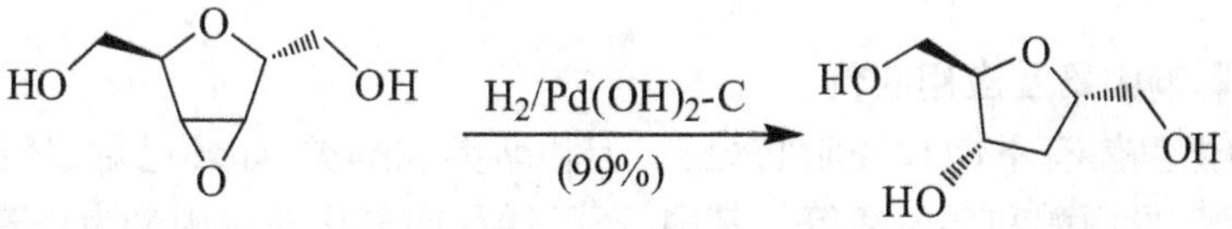

二、催化转移氢化

催化转移氢化（catalytic transfer hydrogenation, CTH）属于非均相催化氢化，是在金属催化剂的存在下，用某种化合物（主要是有机物）作为供氢体以代替气态氢为氢源而进行的氢化还原反应。

（一）反应通式及机制

以肉桂酸在钯碳催化下、环己烯为氢源的催化转移氢化反应为例，其反应机制如下：

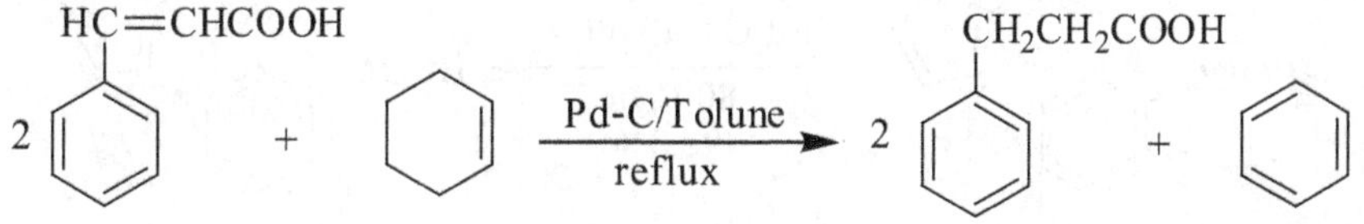

其中，环己烯为供氢体，反应物肉桂酸为受氢体，反应过程中通过催化剂的作用，氢由供氢体转移到受氢体而完成还原反应。

多相催化转移氢化反应的机制与多相氢化类似，首先是供氢体 H_2D 与催化剂的表面活性中心结合，随即反应物 A 与结合了供氢体的催化剂作用形成络合物，进而在催化剂表面发生氢的转移生成产物 H_2A。需要指出的是，第二个氢的加成是通过形成五元环或六元环的过渡态实现的。

$$H_2D + Pd \longrightarrow H-Pd-DH$$

$$H-Pd-DH+A \longrightarrow \underset{\underset{A}{=}}{H-Pd-DH} \longrightarrow AH-Pd-DH \longrightarrow H_2A + Pd + D$$

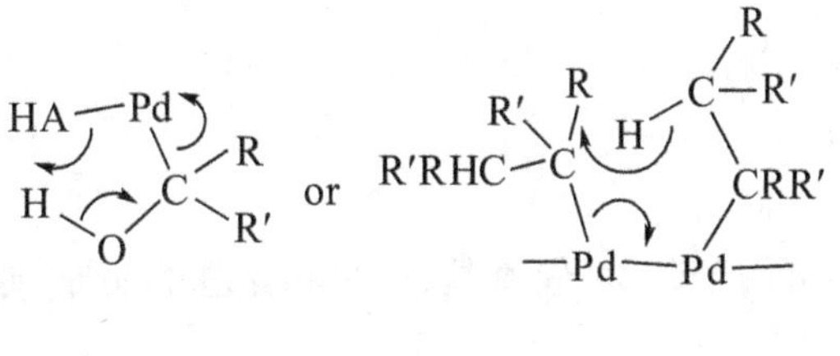

二氮烯的还原机制可能是不饱和键与二氮烯通过一个非极性环状过渡态，使氢转移至不饱和键并放出氮气而完成还原反应，因此，其加氢仍为同向加成。

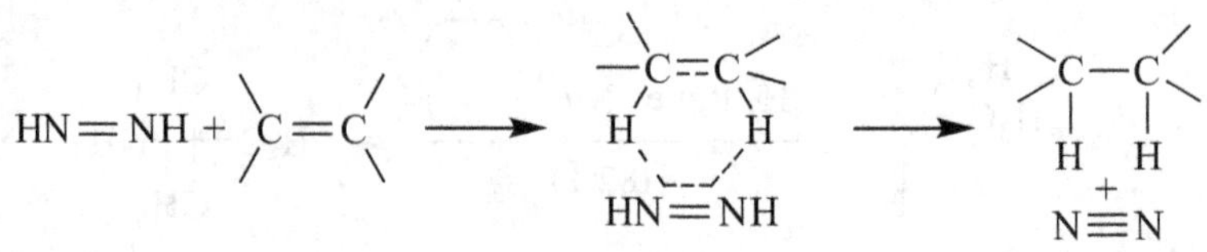

$$HN\!=\!NH + \ \ \ _{>}^{}C\!=\!C_{<}^{} \ \longrightarrow \ \ _{-}^{>}C\!\!-\!\!\!C_{-}^{<} \ \longrightarrow \ \ _{H}^{>}C\!\!-\!\!\!C_{H}^{<}$$

（二）反应影响因素及应用实例

1. 常用的供氢体有不饱和环脂肪烃、不饱和萜类和醇类,如环己烯、环己二烯、四氢化萘、2-蒎烯、乙醇、异丙醇和环己醇等。其中,环己烯和四氢化萘应用最为普遍。随着对催化转移氢化反应的不断研究,供氢体的种类不断拓展,目前,无水甲酸铵、水合肼、二氮烯甚至无机物次磷酸钠（NaH_2PO_2）都可作为供氢体,参与催化转移氢化反应。

2. 常用的有效催化剂是钯黑和钯碳,铂、铑等催化剂的活性较低。Raney 镍仅用于醇类的反应。由于供氢体可定量地加入,使催化转移氢化深度易于控制,因而选择性好。此外,具有不需加压设备、操作简单安全、反应条件温和及收率高等优点。

3. 催化转移氢化主要用于烯键、炔键等不饱和键的氢化。如镇痛药苯噻啶（Pizotifen）的中间体的合成:

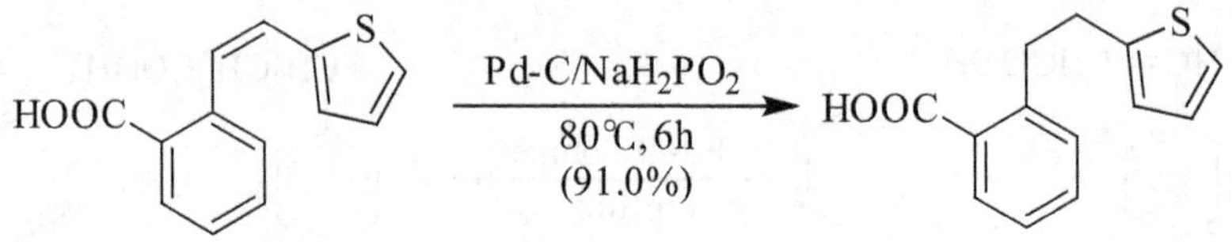

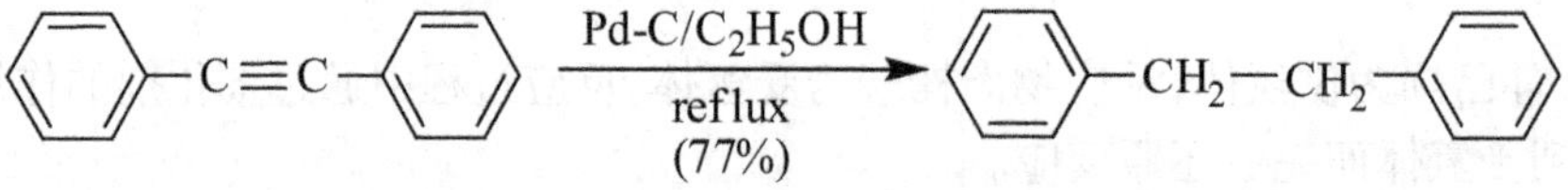

对炔类化合物的转移氢化如控制加氢的量,可得顺式烯烃。甾体化合物可以选择性地还原环外双键,而不影响分子中其他易还原基团。

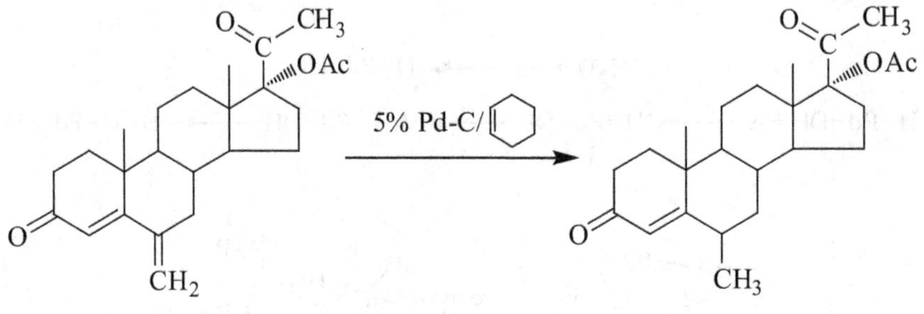

4. 催化转移氢化还可用于硝基、偶氮基、亚胺和氰基的还原,亦可用于碳-卤键、苄基、烯丙基的氢解。

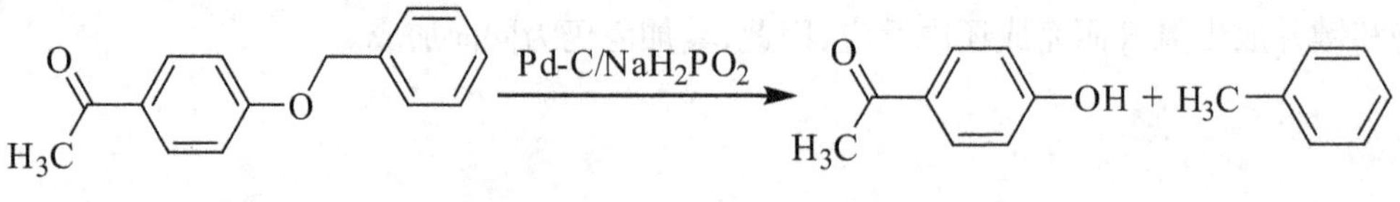

5. 以无水甲酸铵作为氢供体,钯碳催化下可选择性地还原硝基、叠氮化合物为相应的胺衍生物,还原羰基为醇,芳环上的氰基直接还原为甲基。例如,选择性 β_2-受体激动剂沙丁胺醇(Salbutamol)的制备中,醛、酮羰基均被还原为醇。

常温常压下还可使单或多卤芳烃脱卤,例如在 3,3′-二苯酮的制备中,芳基脱卤但羰基不受影响。

甲酸铵转移氢化可在近中性的条件下选择性地脱去苄氧羰基、O-苄基和 O-烯丙基,而不影响底物(如肽、氨基酸)中其他对酸、碱敏感的保护基(如叔丁氧羰基),因此在药物合成中获得了广泛的应用。例如,肉桂酸烯丙酯脱烯丙基而得到肉桂酸,双键不受影响。在 β-内酰胺抗生素的合成中,通常形成羧酸烯丙酯保护青霉素母核的 3-位羧基和头孢菌素母核的 4-位羧基。进行其侧链的改造,再以甲酸铵-钯催化下温和地脱去 O-烯丙基保护基,具有较好的应用价值。

6. 二氮烯(HN=NH)作为选择性还原剂,可有效地还原非极性不饱和键(如 C=C、C≡C、N=N),而分子中的极性不饱和键(如硝基、氰基、羰基、亚氨基等)不受影响。氢化还原烯键和炔键时,加氢为顺式同面加成反应。还原烯键时,随着双键上取代基增多、位阻增大,氢化速率和产率明显下降;对末端双键及反式双键的活性较高,可用于选择性还原。此外,二氮烯选择性地还原烯键时不会引起二硫键的氢解,因此适用于含有二硫键的分子的还原。

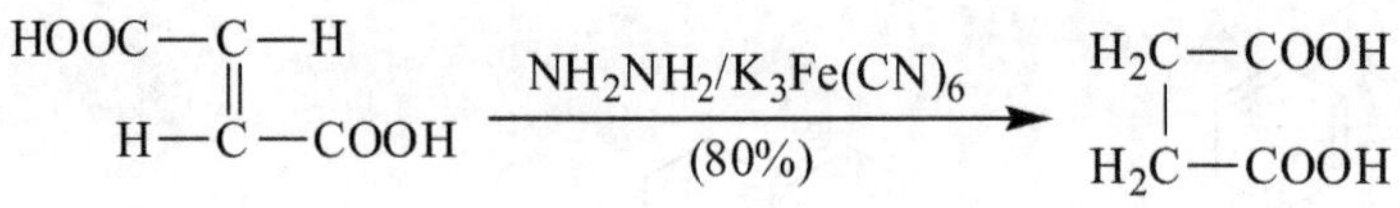

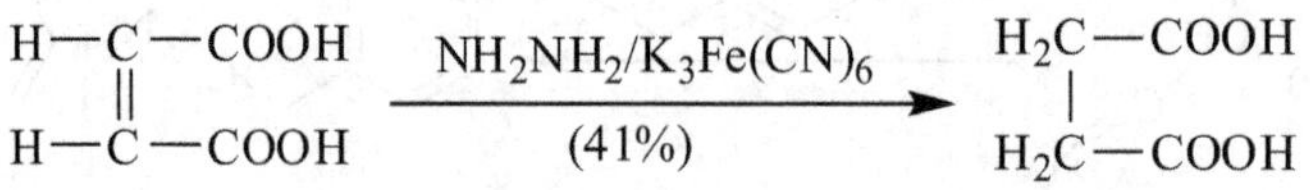

$$\begin{array}{c} HOOC-C-H \\ \parallel \\ H-C-COOH \end{array} \xrightarrow[(80\%)]{NH_2NH_2/K_3Fe(CN)_6} \begin{array}{c} H_2C-COOH \\ \mid \\ H_2C-COOH \end{array}$$

$$\begin{array}{c} H-C-COOH \\ \parallel \\ H-C-COOH \end{array} \xrightarrow[(41\%)]{NH_2NH_2/K_3Fe(CN)_6} \begin{array}{c} H_2C-COOH \\ \mid \\ H_2C-COOH \end{array}$$

7. 二氮烯不稳定,通常在反应中用肼类化合物为原料,临时加入适当的催化剂(如 Cu^{2+})和氧化剂(空气、过氧化氢、氧化汞等)制备,并不经分离直接参加反应。

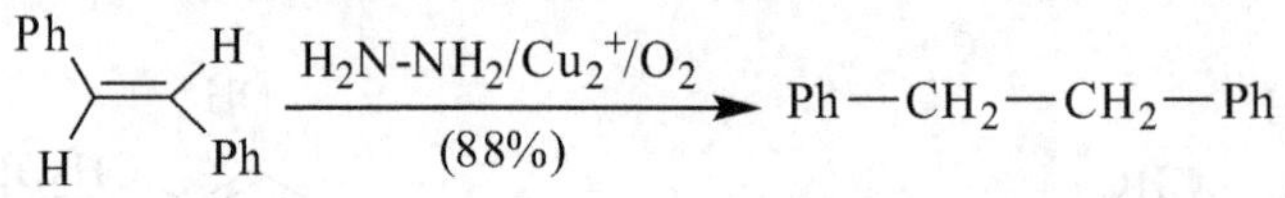

$$\underset{H}{\overset{Ph}{>}}C=C\underset{Ph}{\overset{H}{<}} \xrightarrow[(88\%)]{H_2N-NH_2/Cu_2^+/O_2} Ph-CH_2-CH_2-Ph$$

水合肼可直接作为供氢体,还原偶氮化合物为胺,且不易产生异构体,这提供了一个定位引入氨基至活泼芳香族化合物上的方法。还可还原硝基为相应的胺,如帕托珠利(Ponazuril)的中间体的制备。

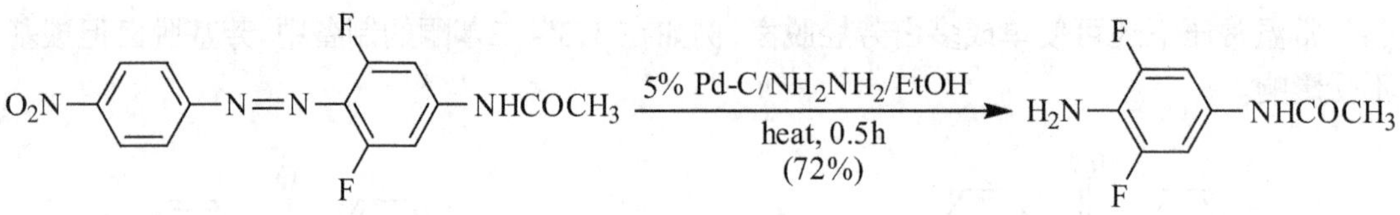

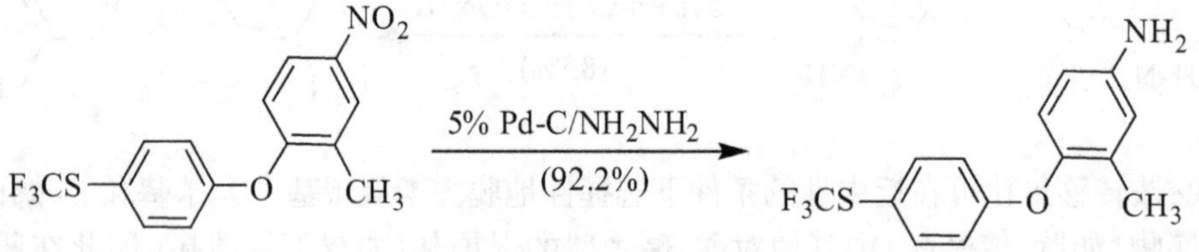

8. 甲酸是优秀的氢供体,在铜、镍或钯碳的存在下,可对共轭双键、三键、芳环和硝基化合物进行催化转移氢化。例如抗肿瘤药厄洛替尼(Erlotinib)的中间体的硝基的还原:

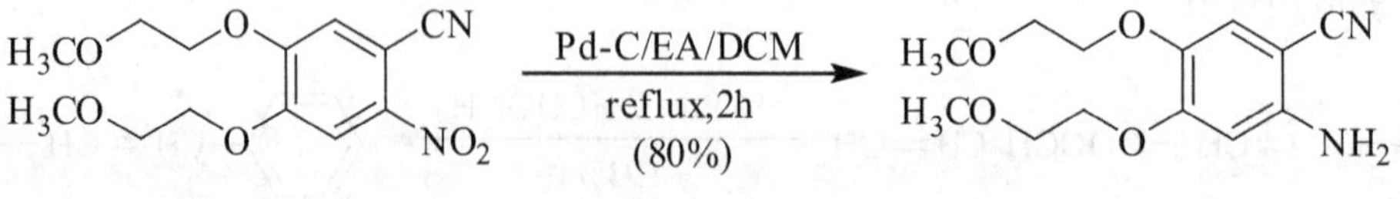

用镍铝合金与甲酸或活性镍与甲酸共热,也能将腈还原成醛,在反应中,烯键、羰基、酯基、酰氨基和羧基都不会受到影响。

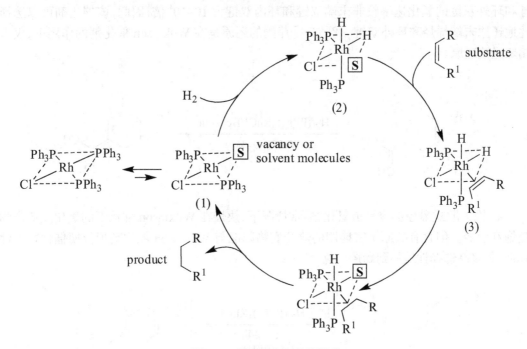

$$\text{[对甲苯磺酰胺腈] } \xrightarrow[\substack{\text{reflux} \\ (63\%\sim69\%)}]{\text{Ni-Al/HCOOH}} \text{[对甲苯磺酰胺苯甲醛]}$$

三、均相催化氢化

均相催化反应的主要特点是催化剂呈配合分子状态溶解于反应介质中,对被还原基团有较好的选择性,反应条件温和,速率快,副反应少。在药物合成中主要用于不饱和键的选择性还原,一般不伴随氢解反应和双键异构化。

(一) 反应通式及机制

涉及均相催化氢化反应通式:

$$R^1R^3C\!=\!CR^2R^4 \xrightarrow{\text{RhCl(Ph}_3\text{P)}_3} \underset{R^3}{\overset{R^1}{H\!-\!C}}\!-\!\underset{H}{\overset{R^2}{C}}\!-\!R^4 \qquad R^1, R^2, R^3, R^4 = \text{H or alkyl}$$

均相催化氢化涉及 4 个基本过程,即氢的活化、底物的活化、氢的转移和产物的生成。以 Wilkinson 催化剂 RhCl(Ph$_3$P)$_3$ 催化乙烯的加氢反应为例说明具体过程(图 8-1)。

图 8-1 均相催化氢化的原理

在均相催化氢化反应中,RhCl(Ph$_3$P)$_3$ 先在溶剂(S)中离解生成氯二(三苯膦)合铑与溶剂(S)生成复合物(1),然后活化氢与催化剂中的过渡金属生成活泼二氢络合物(2)。加氢时,底物中双键或三键等反应官能团置换溶剂分子以配价键与中心金属原子相结合形成活性中间配合物(3),然后氢进行分子内转移发生顺式加成,再经异裂或均裂氢解得到氢化产物。

离解的复合物(1)循环参加催化反应。

(二) 反应影响因素及应用实例

1. 均相催化剂多数为能溶于有机溶剂的过渡金属配合物,最常用的是铑、钌、铱。过渡金属具有未充满和不稳定的 d 电子轨道,极易与具有孤立电子对的元素、基团形成络合物。常见的配位基有 $Cl^{\ominus}$、$OH^{\ominus}$、$CN^{\ominus}$ 和 $H^{\ominus}$ 等离子,还有三苯基膦、NO、CO 和胺等带有孤对电子的极性分子。由三氯化铑和三苯基膦作用而得的氯化三苯基膦合铑[$(Ph_3P)_3RhCl$]称为 Wilkinson 催化剂,简称 TTC。其他常见的催化剂还有氯氢三苯基膦合钌[$(Ph_3P)_3RuClH$]、氯氢羰基三苯基膦合铱[$(Ph_3P)_2Ir(CO)ClH$]等。

2. 采用 Wilkinson 催化剂进行均相催化氢化反应,可有效地还原非共轭烯烃和炔烃,立体选择性地生成顺式加成产物,底物分子中的羰基、氰基、酯基、芳烃、硝基和氯取代基不被还原。该反应一般在常温、常压下即可进行,具有反应活性高、条件温和的优点。例如,采用该催化剂将 β- 硝基苯乙烯选择性地还原成 2- 苯基硝基乙烷。

3. Wilkinson 催化剂由于含有立体位阻很大的三苯基膦,在进行均相催化时,对末端双键和环外双键的氢化速率较非末端双键和环内双键大 $10 \sim 10^4$ 倍,因此,该催化剂可以选择性地还原末端烯烃和环外双键。例如,香芹酮的还原是在 Wilkinson 催化剂的作用下,仅末端烯烃被还原。

4. 因为顺式烯烃更容易被氢化,通常情况下,炔烃在 Wilkinson 催化下的氢化反应产物是饱和烷烃。但含有硫原子官能团的炔烃底物因能与 Wilkinson 催化剂配位使催化剂活性降低,最终高选择性地得到烯烃产物。

5. Wilkinson 催化剂还可催化不饱和化合物的多种反应,如氢硅烷化、氢甲酰化、硼氢化、异构化、环加成及羰基化反应等。

$$n\text{-Bu}\diagdown\!\!=\!\!CH_2 + Ph_2SiH_2 \xrightarrow[\substack{\text{r.t, 24h}\\(98\%)}]{(PPh_3)_3RhCl} n\text{-Bu}\diagdown\!\!\diagup\!\!SiHPh_2$$

$$Ph-\!\!\equiv\!\!CH + \boxed{}NH + CO \xrightarrow[\substack{120℃, 24h\\(83\%)}]{(PPh_3)_3RhCl}$$

第二节　负氢离子转移试剂还原

第三主族元素硼、铝的电负性均低于氢元素,因此,在它们的氢化物中,氢原子的电子云密度较高,易以氢负离子的形式与不饱和键加成得到配合物离子,进而与质子结合而完成加氢还原过程。常见的氢负离子转移还原剂主要有金属氢化物、硼烷和烷氧基铝3类。

金属氢化物还原剂主要是以钠、钾、锂离子和硼、铝等复氢负离子形成的复盐,主要有氢化铝锂(LiAlH₄)、硼氢化锂(LiBH₄)、硼氢化钠(钾)(NaBH₄、KBH₄)等,其中氢化铝锂的还原活性最强,硼氢化锂次之,硼氢化钠(钾)的活性较小,但是选择性最好。

金属氢化物能够还原的基团很多,表8-2列出了氢化铝锂、硼氢化锂、硼氢化钠(钾)还原的适用范围。

表8-2　主要金属络合物氢化物的还原性能

原料官能团	产物官能团	LiAlH₄	LiBH₄	NaBH₄	KBH₄
⟩＝O	⟩—OH	＋	＋	＋	＋
—CHO (|C=O H)	—CH₂OH	＋	＋	＋	＋
—COCl	—CH₂OH	＋	＋	＋	＋
环氧 (H-C-C- O)	H—C—C—OH (H)	＋	＋	＋	＋
—COOR(或内酯)	—CH₂OH + HOR	＋	＋	－	－
—COOH 或—COOLi	—CH₂OH	＋	－	－	－
—CONR₂	—CH₂NR₂ 或 —CN(OH) ⟶ —CHO + HN	＋	－	－	－
—CONHR	—CH₂NHR	＋	－	－	－
—C≡N	—CH₂NH₂ 或 —CH= ⟶ —CHO	＋	－	－	－
⟩＝N—OH	⟩CHNH₂	＋	＋	＋	＋

续表

原料官能团	产物官能团	LiAlH$_4$	LiBH$_4$	NaBH$_4$	KBH$_4$
—C—NO$_2$（脂肪族）	—C—NH$_2$	+	-	-	-
—COSO$_2$Ph 或—CH$_2$Br（RCO）$_2$O	—CH$_3$	+	-	-	-
S‖—C—NR$_2$	RCH$_2$OH	+	+	-	-
—N=C=S	—H$_2$C—NR$_2$	+	+	+	+
—PhNO$_2$	—NHCH$_3$	+	+	+	+
—N→O	PhN=NPh、＼N	+	+	+	+
RSSR 或 RSO$_2$Cl	RSH	+	+	+	+

一、氢化铝锂还原

氢化铝锂是有机合成中重要的还原剂,具有很强的氢转移能力,对酮、酸、酯、腈等含有极性不饱和键的化合物具有较高的还原活性,但对孤立的碳-碳双键和碳-碳三键一般不具有还原活性。其选择性较差,用醇或者氯化铝等处理氢化铝锂可以降低其还原活性,得到选择性更高的衍生化试剂,如二异丁基氢化铝(DIBAL-H)、三(叔丁氧基)氢化铝锂(LTBA)及氢化铝锂-氯化铝混合试剂等。

（一）反应通式及机制

以醛、酮为例进行说明：

$$\begin{matrix} A \\ \| \\ R^1-M-L \end{matrix} + LiAlH_4 \longrightarrow \begin{matrix} AH \\ | \\ R^1-M-L \\ | \\ H \end{matrix}$$

A=O, S, N; M=C, N, S; L=H, R, X, NR$_2$, NHR, OH, OR, OCOR, =O

氢化铝锂中的四氢铝离子具有亲核性,可对醛、酮的羰基碳原子进行亲核进攻,继而氢负离子转移至带正电荷的碳原子形成络合物,与质子结合而完成加氢还原过程。由于四氢铝离子有 4 个可供转移的负氢离子,还原反应可逐步进行,理论上 1mol 的氢化铝锂可还原4mol 的羰基化合物。

(二) 反应影响因素及应用实例

1. 氢化铝锂遇水、酸和含羟基或巯基化合物会放出氢气而形成相应的铝盐。因此反应需在无水条件下进行,且不能使用质子性溶剂,通常选用无水乙醚和四氢呋喃为溶剂。反应结束后,可加入乙醇、含水乙醚或 10% 氯化铵水溶液来分解未反应的氢化铝锂和还原物。用水分解时,水量应接近计算量,以便于分离。

2. 氢化铝锂对含有极性不饱和键的化合物具有较高的还原活性,能够将醛、酮、酯、羧酸、酸酐和环氧化物还原为醇,将酰胺、亚胺、腈、脂肪族硝基化合物转换为对应的胺。但对孤立的碳 - 碳双键和三键一般不具有还原活性,这是与催化氢化主要的不同之处。

3. 用氢化铝锂还原共轭的 α,β- 不饱和羰基化合物时,碳 - 碳双键常会与羰基一同被还原。通过降低反应温度、缩短反应时间或者使用活性较弱的二异丁基氢化铝(DIBAL-H),可保留双键,从而实现对 α,β- 不饱和羰基化合物的选择性还原。DIBAL-H 对 α,β- 不饱和羰基化合物的还原具有高度的 1,2- 选择性,仅羰基部分被还原得到相应的烯丙基醇产物。例如,对甲氧基苯丙烯酸在氢化铝锂的作用下双键和羧基均被还原;而在抗高血压药阿利吉仑(Aliskiren)的中间体的合成中,采用 DIBAL-H 还原,其 α,β- 不饱和羧酸酯中的酯基选择性地还原为醇,对双键无影响。

无水三氯化铝或计算量的无水乙醇可降低氢化铝锂的还原能力,提高还原的选择性。用氢化铝锂 - 氯化铝(3∶1)进行还原,是选择性将 α,β- 不饱和羰基化合物还原为不饱和醇(或胺)的好方法。如阿魏醇(Ferulenol)的中间体的合成:

4. 当采用 0.5mol 的氢化铝锂还原羧酸酯时,可得到伯醇;若仅用 0.25mol 的氢化铝锂并在低温下反应或者降低氢化铝锂的还原能力,可使反应停留在醛的阶段。还原剂

DIBAL-H 的反应特性之一是可以在低温条件下选择性地将羧酸酯或腈还原为相应的醛,对分子中存在的卤素、硝基、烯键等均无影响。该方法是将羧酸酯和腈直接转变为醛的最佳方法。例如马拉维若(Maraviroc)的中间体的合成:

5. 氢化铝锂还原脂环酮羰基成仲醇时,生成的羟基有直立键(a 键)和平伏键(e 键)两种,哪一种构型占优势与立体位阻和产物的稳定性有关。当立体因素与稳定性一致时,得高收率的单一产物;两者不一致则需考虑主导因素,一般得混合物。例如,用氢化铝锂还原 2,2-二甲基 -4- 叔丁基环己酮,由于 2- 位甲基的立体位阻使 $AlH_4^{\ominus}$ 从竖位进攻有利,从而生成平伏键羟基产物,立体因素和产物稳定性相一致,反应的收率可达 95%。

当以氢化铝锂还原樟脑时,$AlH_4^{\ominus}$ 可以从 a 或 b 面进攻碳原子,a 面进攻因受甲基位阻反应比较困难,但产物龙脑(1)是热力学稳定的;b 面进攻立体有利,但产物异龙脑(2)热力学不稳定。立体因素是该反应的起主导作用,所以产物中异龙脑占 90%。如果改用活性较小的试剂,提高反应温度,则龙脑的比例将上升。

6. 氢化铝锂是还原羧酸为伯醇最常用的试剂,反应温和,一般不会停止在醛的阶段,即使位阻较大的酸亦有较好的收率。如抗炎药双氯芬酸钠(Diclofenac sodium)的中间体的合成,以氢化铝锂还原取代苯甲酸羧基得到 2-(2,6- 二氯苯氨基)苄醇。

7. 氢化铝锂可在温和的条件下还原酰胺为胺,产物收率高、纯度好。随着反应条件的改变,可发生碳 - 氮键断裂生成醛的副反应。酰胺用 0.5mol 的氢化铝锂还原时生成胺,用 0.25mol 的氢化铝锂还原(经水解)得到相应的醛。例如,抗精神病药物阿塞那平(Asenapine) 的制备中,加入过量的氢化铝锂,还原酰胺得产物为胺。

8. 氢化铝锂可将腈还原为伯胺,为了使反应进行完全,通常加入过量的氢化铝锂。例如镇静催眠药溴西泮(Bromazepam)的中间体的合成:

9. 氢化铝锂还可用于硝基、亚硝基、羟胺、肟、希夫碱及偶氮化合物等含氮化合物的还原。它能将脂肪硝基化合物还原为对应的胺,将芳香族硝基化合物还原为偶氮化合物。若与三氯化铝合用,也可还原成胺。氢化铝锂还原肟时,双键不受影响。

10. 环氧化物可用四氢锂铝还原并用水处理得到醇。反应过程中,氢负离子作为亲核试剂进攻位阻最小即取代基最少的碳原子,产物中按马氏法则开环的醇居多;然而,在 Lewis 酸的存在下进行反应,开环方式与上述方式相反。如苯乙烯环氧化物的氢解开环反应。

11. 氢化铝锂可还原链状酸酐为两分子的醇,或还原环状酸酐为二醇。能将卤代烷烃还原为烷烃,可用于 C—F 键的氢解,其活性顺序为 I>Br>Cl>F。还可将二硫化物和磺酸衍生物还原成硫醇,将亚砜还原成硫醚。

12. 三(叔丁氧基)氢化铝锂(LTBA)是从氢化铝锂衍生而成的,其还原能力比氢化铝锂弱、比硼氢化钠强,可方便地将醛、酮还原为相应的醇。它突出的优点即为可进行选择性还原,当分子中同时存在醛、酮、内酯时,还原顺序为醛 > 酮 > 内酯,醛优先被还原。

LTBA 常将 α,β- 不饱和酮还原为 α,β- 不饱和醇,且具有很高的立体选择性;但当加入亚铜催化剂后,则双键优先被还原。许多可被氢化铝锂还原的基团,如硝基、氰基、酰胺、亚胺、羧酸酯、羧酸等不能被 LTBA 还原。

在 Lewis 酸的催化下可增强 LTBA 的还原能力。此外,加入乙硼烷或碘化亚铜催化,LTBA 可高效地还原醚和环氧化合物。

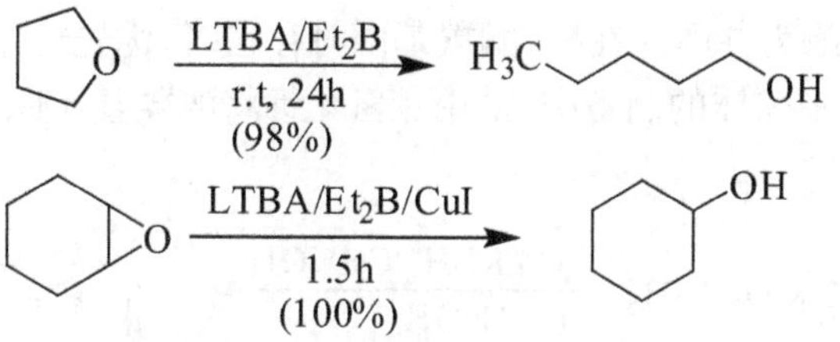

用氢化铝锂或二异丁基氢化铝锂还原酰氯时，可将其转化为伯醇。用位阻较大的三（叔丁氧基）氢化铝锂还原时则生成醛，并且对分子中的醛基、酯基均无影响。例如，米诺膦酸（Minodronic acid）的中间体的合成：

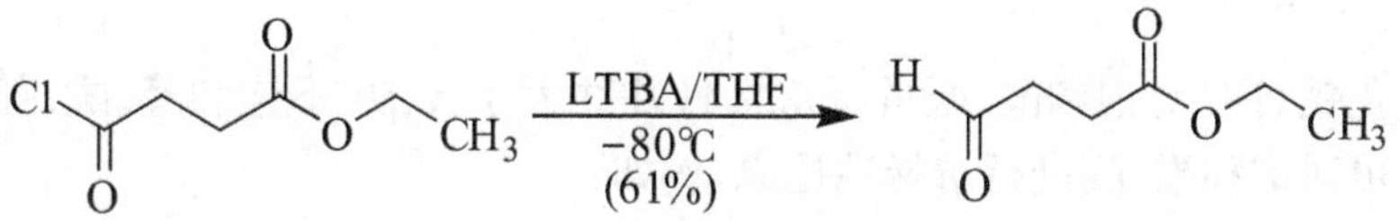

二、硼氢化钠（钾）还原

硼氢化钠（钾）（$NaBH_4$、KBH_4）是一个温和的还原剂，反应活性低于氢化铝锂，是还原醛、酮成醇的首选还原剂。控制条件和溶剂，可实现对官能团的选择性还原。

（一）反应通式及机制

硼氢化钠是一个亲核试剂，其机制是氢负离子对羰基的亲核加成反应。反应若在非质子溶剂中进行，生成硼配合物；若在质子溶剂中进行，则直接得到醇。

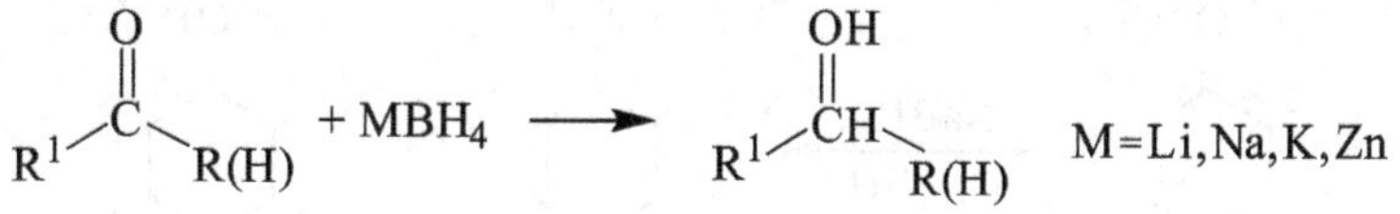

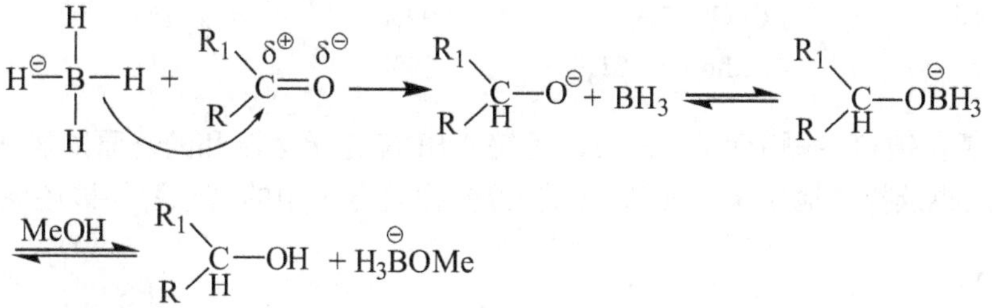

（二）反应影响因素及应用实例

1. 硼氢化钠由氢化钠和硼酸三甲酯在高温下反应制得。

$$4\,NaH \; + \; B(OCH_3)_3 \xrightarrow{225\sim270℃} NaBH_4 + 3\,CH_3ONa$$

硼氢化钠为白色粉末，容易吸水潮解，常温下可溶于水和低级醇，不溶于乙醚，微溶于四氢呋喃，通常选择甲醇、乙醇为溶剂。若反应需在较高温度下进行，可使用异丙醇或二甲氧基乙醚等为溶剂。少量的碱可以促进反应的进行。还原要在碱性或中性介质中，对于含有羧基的化合物还原，通常先中和成盐再反应。反应结束后，可以加入水和少量的酸将未反应的硼氢化钠和还原物分解为硼酸，便于分离。

2. 硼氢化钠对羰基有极强的还原性，能选择性地还原醛为伯醇，产率一般可达 90% 以上;在醇溶液中可还原酮为仲醇。在醛、酮羰基同时存在时,优先还原醛。例如,抗哮喘药塞曲司特(Seratrodast)的中间体的制备中,采用硼氢化钾将酮羰基还原为醇。

3. 硼氢化钠(钾)对饱和醛、酮的反应活性往往大于 α,β- 不饱和醛、酮,控制硼氢化钠(钾)的用量,可对饱和醛、酮进行选择性还原,例如:

4. 硼氢化钠(钾)还原 α,β- 不饱和醛、酮通常得到饱和醇和不饱和醇的混合物。但在镧系金属盐三氯化铈存在时,$NaBH_4$ 可以高选择性地将 α,β- 不饱和酮只进行 1,2- 还原而几乎没有 1,4- 还原发生,最终得到烯丙醇产物,这个反应即为 Luche 还原反应。

氰基硼氢化钠和9- 硼杂双环[3.3.1]-壬烷(9-BBN)是更为温和的还原试剂,可用于将 α,β- 不饱和醛、酮选择性地还原为 α,β- 不饱和醇,而且分子中的其他容易被还原的基团不受影响。

5. 单独使用硼氢化钠(钾)很难还原羧基、酯基、酰胺等官能团,但是在 Lewis 酸的催化下,其还原能力大大提高,可顺利地还原酯、酰胺甚至某些羧酸,常见的还原体系包括 $NaBH_4$-BF_3 和 $NaBH_4$-$AlCl_3$ 体系。

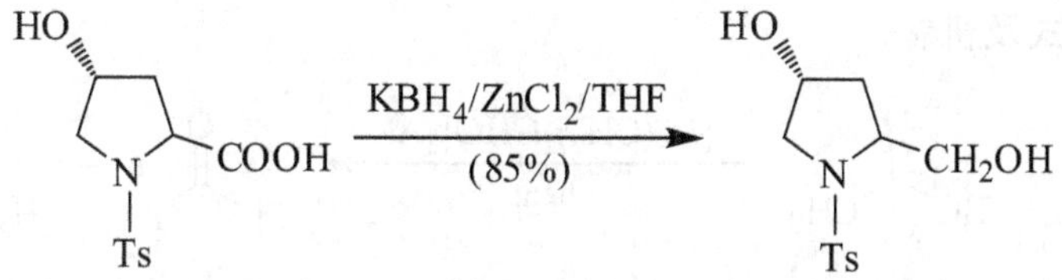

采用 NaBH$_4$-AlCl$_3$ 强还原体系可将酮羰基进一步还原为亚甲基,如降糖药达格列净(Dapagliflozin)的制备中,采用硼氢化钠 - 三氯化铝还原体系,酮还原得到烃。

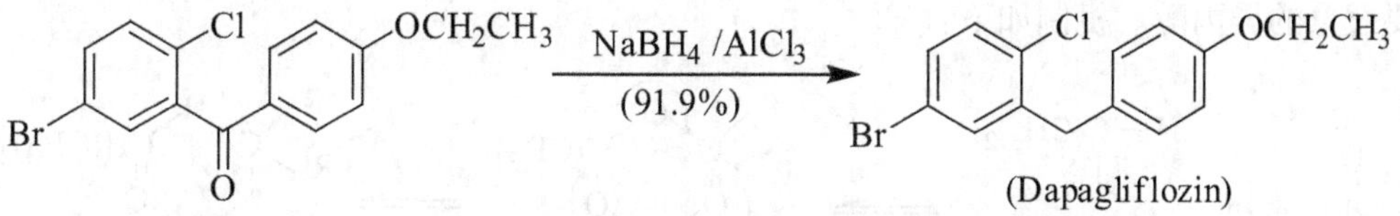

6. 硼氢化钠也可还原碳 - 氮双键或炔烃化合物。可还原碳 - 氮双键为胺、还原炔为烯烃,得到的烯烃不会被进一步还原。如抗心律失常药阿普林定(Aprindine)的中间体的合成:

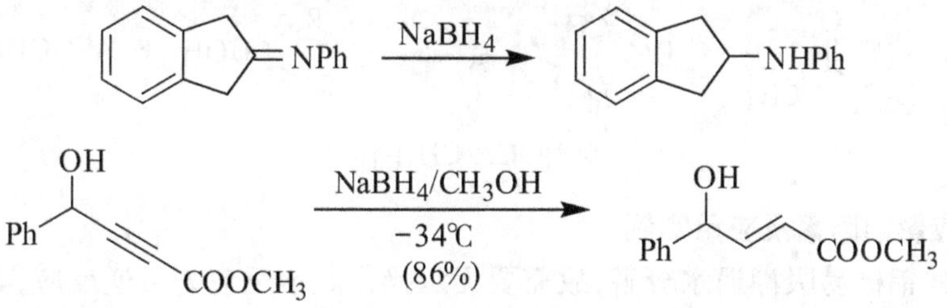

7. 硼氢化钠与醋酸反应形成的三乙酰氧基硼氢化钠可还原酰胺为胺,目前它作为氰基硼氢化钠的替代物,主要用于醛、酮的还原胺化反应。

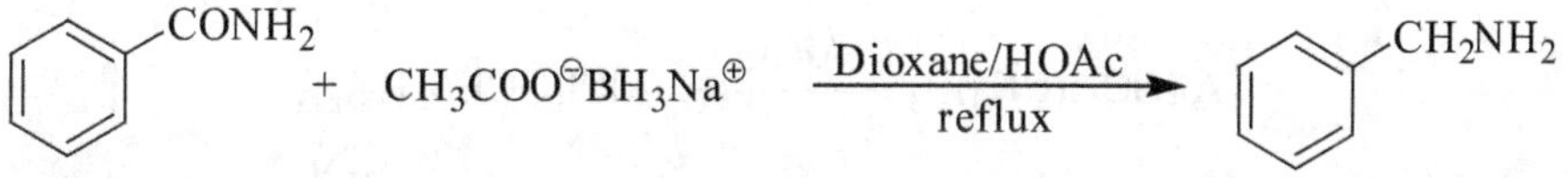

8. 腈和硝基化合物在活性镍、氯化钯、氯化钴等的催化下才能被硼氢化钠还原。如抗抑郁药文拉法辛(Venlafaxine)的中间体的合成:

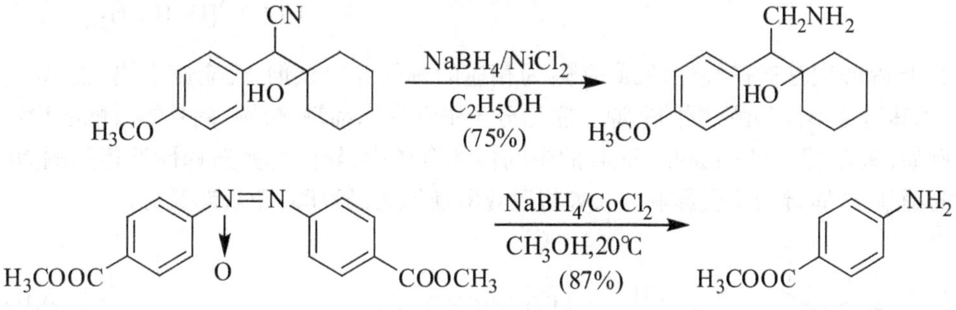

三、醇铝还原

醛、酮等羰基化合物与异丙醇铝在异丙醇中还原为醇的反应称为 Meerwein-Ponndorf-Verley 还原反应,是仲醇用酮氧化(Oppenauer 氧化)反应的逆反应。

(一) 反应通式及机制

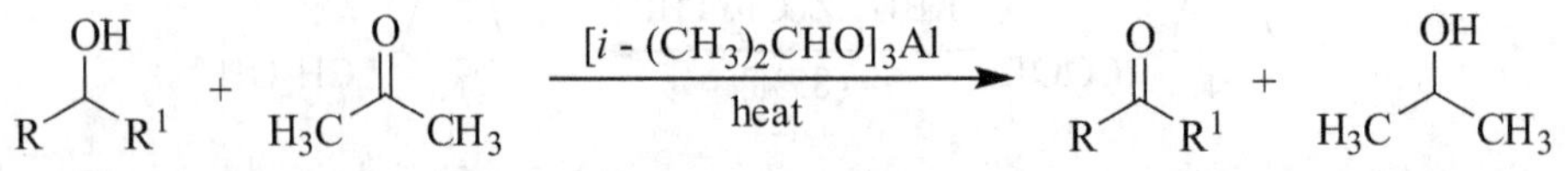

异丙醇铝还原羰基时,首先异丙醇铝的铝原子与羰基氧原子以配位键结合,形成六元环状过渡态,然后异丙基的氢原子以氢负离子的形式转移到羰基碳原子上,铝氧键断裂,生成新的烷氧基铝盐和丙酮。铝盐经醇解后得到还原产物,这一步是反应的限速步骤,所以反应需要过量的异丙醇。机制如下:

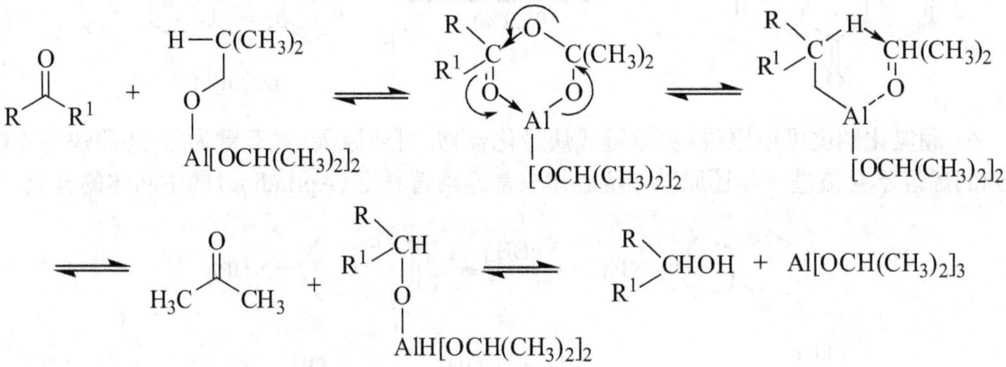

(二) 反应影响因素及应用实例

1. 异丙醇铝极易吸潮遇水分解,故需要无水操作。本反应为可逆反应,异丙醇和异丙醇铝需过量(酮类与醇铝的摩尔比应不少于 1∶3),并蒸出生成的丙酮,促使反应完全。在制备异丙醇铝时,在反应体系中加入少量 $AlCl_3$ 使之部分生成氯化异丙醇铝,其更容易形成六元环过渡态,促进负氢的转移,从而加速反应。

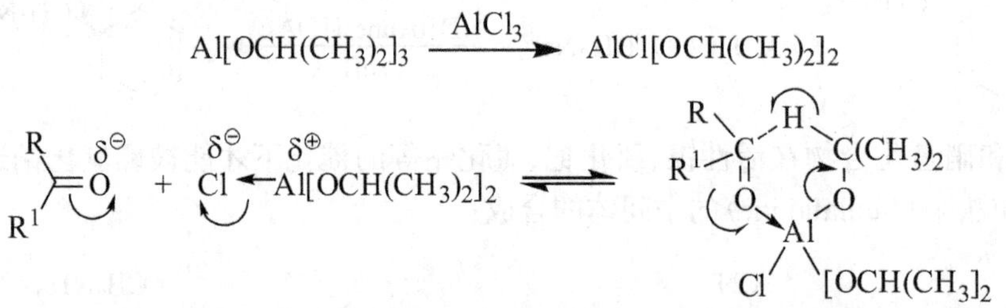

2. 异丙醇铝是选择性地还原醛、酮为相应的醇的专门试剂,反应速率快、收率高、副反应少,尤其适合不饱和醛、酮的还原。底物分子中含有的烯键、炔键、硝基等官能团均不受影响。例如,氯霉素(Chloramphenicol)的中间体的合成中,异丙醇铝选择性地还原酮为醇,底物中的硝基、酰胺键均不受影响。又如将巴豆醛还原为巴豆醇,而双键保留。

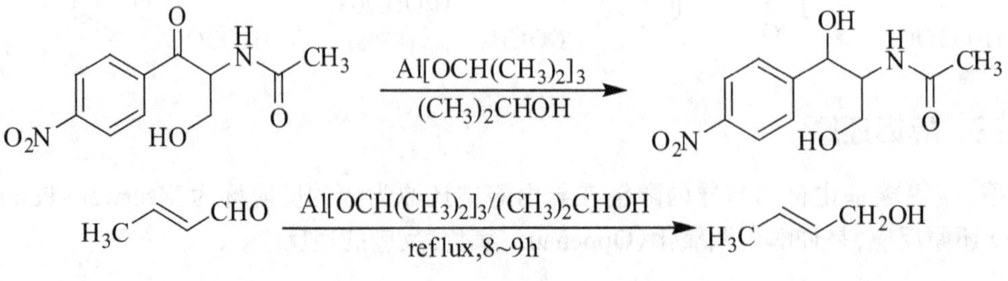

3. 含酚羟基、羧基等酸性基团或 β- 二酮、β- 酮酸酯等易烯醇化的羰基化合物,其羟基、羧基等基团易与异丙醇铝成铝盐,抑制还原反应,所以一般不用该法还原。含氨基的羰基化合物也易与异丙醇铝形成铝盐,影响反应进行,可改用异丙醇钠为还原剂。

四、硼烷还原

硼烷(BH_3,气态时以二聚体乙硼烷 B_2H_6 形式存在)是一种高效的还原剂,用于不饱和键和某些官能团的硼氢化和还原反应中。

(一) 反应通式及机制

$$R^1 = H, alkyl, OR, NR'R''; \ X= O, N, NOH, et al$$

硼烷是 Lewis 酸,为亲电性还原剂。首先,缺电子的硼原子与羰基氧原子上的未共用电子对结合,然后硼原子上的氢以负氢离子形式转到羰基碳原子上,经水解后得醇或胺。

(二) 反应影响因素及应用实例

1. 乙硼烷是有毒的气体,一般溶于醚类溶剂中使用,可离解成硼烷和醚络合物($R_2O \cdot BH_3$),可代替硼烷用于还原反应。乙硼烷能与水迅速反应且会自燃,应避免直接使用。一般将 $NaBH_4$ 和 BF_3 混合,即可生成乙硼烷而用于还原反应,具有很强的还原性。

$$3NaBH_4 + 4BF_3 \xrightarrow{THF} 2B_2H_6 + 3NaBF_4$$

2. 在温和的条件下硼烷可以迅速还原羧酸、醛、酮、环氧化物、酰胺、腈、烯胺、肟成相应的醇和胺。官能团的还原次序为羧酸 > 醛 > 酮 > 烯烃 $\gg$ 氰基 > 环氧化物 > 酯 > 氯代酸。

酸酐、酰胺、缩醛、肟、叠氮化物、烯胺和腙等也能被硼烷还原,可用于药物及有机中间体的合成。而酰氯、硝基、卤代物、砜、磺酸、二硫化物等则不易被还原。

3. 硼烷是选择性地还原羧酸的优良试剂,其还原羧基的速率较其他基团快,控制硼烷用量和反应温度(主要在低温)可选择性地还原羧基成醇,分子中其他易被还原的基团(如羰基、硝基、氰基、酯基、卤素等)均不受影响。硼烷还原羧酸的速率为脂肪酸大于芳香酸,位阻较小的酸大于位阻较大的酸,羧酸盐不能被还原。

硼烷还原羧酸的反应过程中首先生成三酰氧基硼烷,然后氧原子上的未共用电子对与缺电子的硼作用,使羰基变得活泼,进一步再被硼烷还原得到相应的醇。

4. 硼烷可较好地还原酰胺。还原的顺序为 $N,N-$ 双取代酰胺 $>N-$ 取代酰胺 $>$ 无取代酰胺;脂肪酰胺 $>$ 芳香酰胺。该反应不发生还原成醛的副反应,且不影响分子中的硝基、酯基等基团,但若有双键,则同时被还原。如抗高钙血症药甲状旁腺激素(Parathyroid hormone)的合成。

(Parathyroid hormone)

5. 硼烷可选择性地还原烯键或炔键,而对易被催化氢化的硝基等基团无影响。利用硼烷与烯烃加成生成烃基硼烷,在酸性条件下水解可得到饱和烷烃,称为烯烃的硼氢化 - 还原反应;有价值的是烃基硼烷在碱性条件下不经分离直接氧化,可得到相应的醇或酮,氧的位置与硼原子的位置一致,称为烯烃的硼氢化 - 氧化反应。

硼烷与不对称烯烃加成时,硼原子主要加成到取代基较少的碳原子上,若烯烃碳原子上的取代基的数目相等,硼原子主要加成到空间位阻较小的碳原子上。

$$n\text{-}C_8H_{17}CH=CH_2 \xrightarrow[25^\circ C]{2BH_3/DEG} (n\text{-}C_8H_{17}CH_2CH_2)_3B \xrightarrow[H_2O/EDG]{H_2O_2/NaOH} 3n\text{-}C_8H_{17}CH_2CH_2OH$$

6. 硼烷将环氧化物还原后并用水处理可得到醇,产物按反马氏规则开环,得取代较少的醇,与硼氢化钠等的开环方式相反。用少量硼氢化锂做催化剂,可提高反应收率。

第三节　金属还原剂

常见的金属还原剂主要包括碱金属(钠、钾、锂)、锌(锌汞齐、锌粉)、铁、锡(锡粉、氯化亚锡、四氯化锡)等。

一、钠还原剂

(一) 钠 - 醇还原

碱金属钠在醇溶液中将羧酸酯还原成醇的反应称为 Bouveault-Blanc 还原。钠提供电子,醇或水、酸作为供质子剂。该法可用于羧酸酯、醛、酮、腈、肟和杂环化合物的还原。

1. 反应通式及机制　Bouveault-Blanc 还原反应通式及机制如下:

$$RCOOR^1 + 2R^2OH + 4Na \longrightarrow RCH_2ONa + R^1ONa + 2R^2ONa$$

酯从金属钠获得 1 个电子还原为自由基负离子,然后从醇中夺取 1 个质子转变为自由基,再从钠得 1 个电子生成负离子,消除烷氧基得到醛,醛再经过多步骤还原成钠,再酸化得到相应的醇。

2. 反应影响因素及应用实例

(1) Bouveault-Blanc 反应主要用于脂肪羧酸酯的还原,对芳酸酯和甲酸酯的还原效果不好。反应要完全无水,且醇、钠均需过量。醇过量可降低体系中酯的浓度,减少酯自身缩合副反应的发生;钠过量可保证 H_2 量充足。此外,反应中可加入尿素或氯化铵,以分解生成的醇钠,从而消除酯缩合副反应的发生。

$$Ph_2CHCH_2COOC_2H_5 \xrightarrow[\substack{C_2H_5OH \\ (77.8\%)}]{Na} Ph_2CHCH_2CH_2OH$$

(2) 在非质子性溶剂(如乙醚或二甲苯)的存在下还原酯,得到双分子还原产物 2- 羟酮。

$$H_3CH_2CH_2C-C=O \quad \xrightarrow[\text{(2)}\ H_3O^{\oplus}]{\text{(1)}\ Na} \quad H_3CH_2CH_2C-C=O$$
$$H_3CH_2CH_2C-C=O \qquad\qquad\qquad H_3CH_2CH_2C-CH-OH$$

（3）钠-醇还原法可还原腈和肟生成胺，效果较好，如抗抑郁药美他帕明（Metapramine）的中间体的制备中肟的还原。

$$\xrightarrow[C_4H_9OH]{Na}$$

（4）钠-醇还原法可还原醛、酮为醇，但收率不高。易还原杂环化合物，使含杂原子的环完全被氢化，如吡啶可被钠-醇还原为六氢吡啶。该法不可还原硝基化合物和双键，但当羰基与双键共轭时，可采用该法还原，如肉桂酸中共轭双键的还原。

（二）钠-液氨还原

钠-液氨还原可用于羰基化合物（醛、酮和酯）、共轭双键、炔烃及芳香化合物。芳香族化合物在液氨-醇体系中，用碱金属钠（锂或钾）还原，生成非共轭二烯的反应称为 Birch 还原。

1. 反应通式及机制　Birch 还原历程也属于单电子转移，为自由基反应机制。

$$\xrightarrow[ROH]{Li(Na,\ K)\ /\ NH_3}\qquad\qquad or$$

$$\xrightarrow[]{+e}\quad R \xrightarrow[]{NH_3}\quad R \xrightarrow[]{+e}\quad R \xrightarrow[]{NH_3}\quad R$$

2. 反应影响因素及应用实例

（1）碱金属钠、锂、钾都可用于 Birch 反应，反应速率为 Li>Na>K。芳环上的取代基会影响还原反应的速率，吸电子基团取代有利于反应进行，给电子基团不利于反应进行。若芳环取代基为吸电子基时生成 1-取代 -2,5-环己二烯。例如，苯甲酸经 Birch 还原得 2,5-环己二烯 -1-甲酸。

$$\xrightarrow[\text{(2)}\ H_3O^{\oplus}]{\text{(1)}\ Na/NH_3/CH_3CH_2OH}$$

若为供电子基时，主要导致取代基在双键上的产物，生成 1-取代 -1,4-环己二烯。如罗美昔布（Lumiracoxib）的中间体的制备：

$$\xrightarrow[]{Na/NH_3/THF/C_2H_5OH}$$

苯甲醚和苯胺的 Birch 反应可用于合成环己烯酮衍生物。如过敏性鼻炎治疗药物雷马曲班（Ramatroban）的中间体的合成：

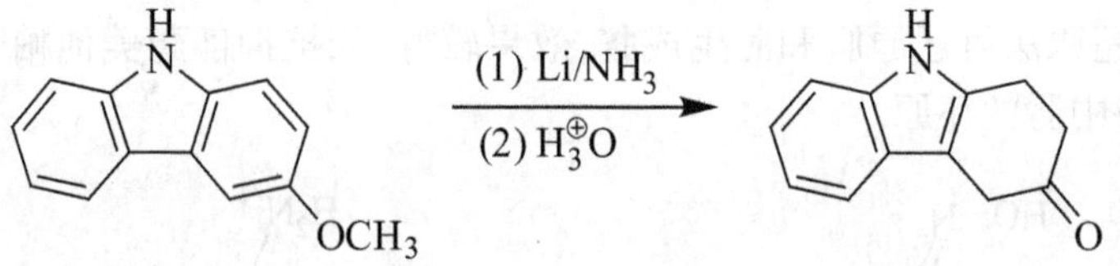

（2）钠-液氨还原法可根据反应溶剂的不同，还原 α,β-不饱和酮为饱和酮或醇，易得到较稳定的反式异构体。例如，香附酮（Cyperone）在锂-氨溶液中以乙醚为溶剂转化成酮，以乙醇为溶剂则还原为饱和醇。

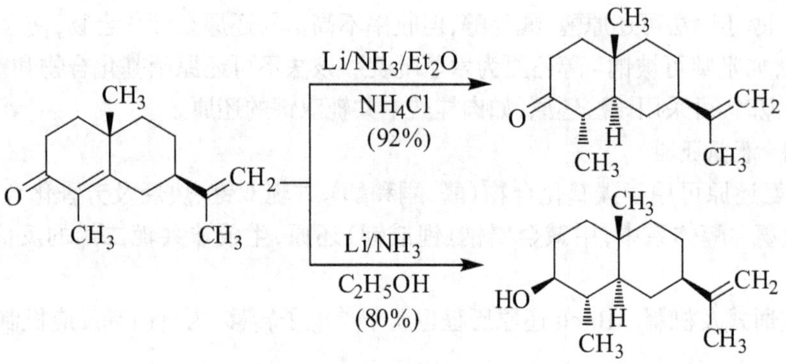

（3）钠-液氨还原法易于还原炔烃为反式烯烃，具有高度的反应选择性及立体选择性。

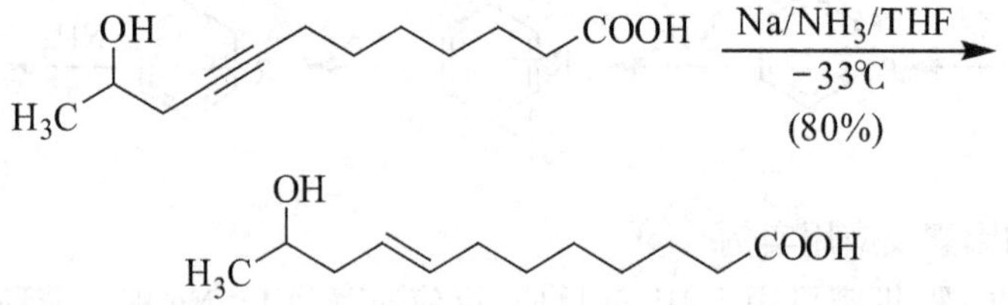

二、锌还原剂

（一）锌汞齐-盐酸还原

在酸（常用盐酸）性条件下，用锌汞齐还原羰基成烃基的反应称为 Clemmensen 还原反应。

1. 反应通式及机制

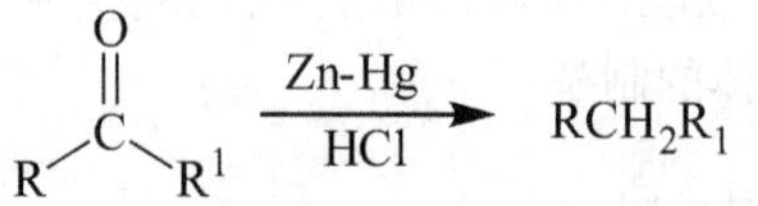

Clemmensen 反应历程常见有两种解释，第一种为碳离子中间体历程：

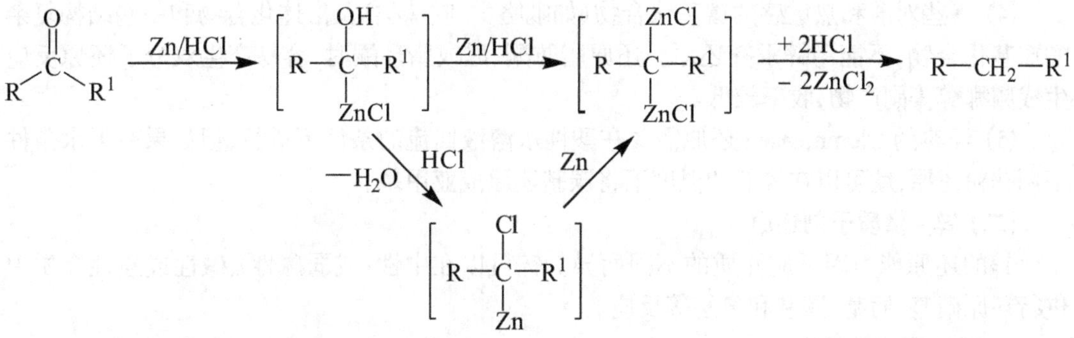

第二种为自由基中间体历程：

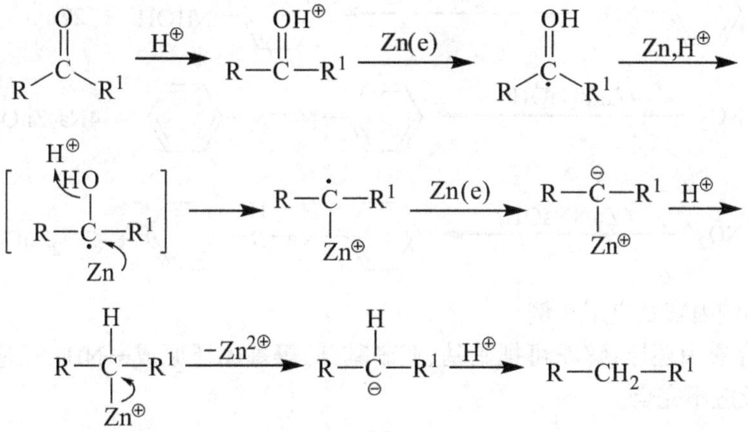

2. 反应影响因素及应用实例

(1) 锌汞齐是将锌粉或锌粒用 5%~10% 的二氯化汞水溶液处理后制得。该还原反应速率较慢、时间长，在反应进行一段时间后需补加盐酸以维持酸度。锌用量需过量 50%。

(2) Clemmensen 还原反应几乎可应用于所有芳香脂肪酮的还原，反应易于进行且收率较高，反应物分子中的羧酸、酯、酰胺等羰基不受影响。

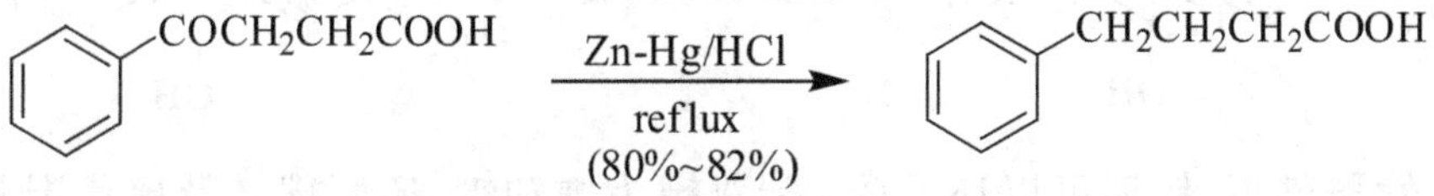

(3) 对 α-酮酸及其酯只能将酮基还原成烃基，而对 β-酮酸或 γ-酮酸及其酯类可还原为亚甲基。还原不饱和酮时，一般情况下分子中的孤立双键不受影响。与羰基共轭的双键，两者同时被还原；与酯羰基共轭的双键，仅双键被还原。

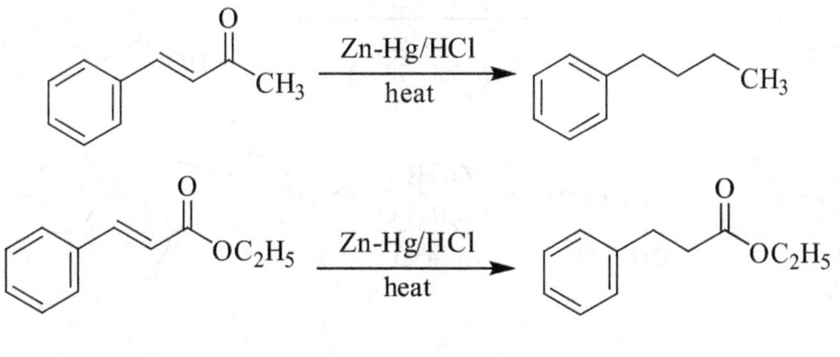

（4）一些对酸和热敏感的羰基化合物（如吡咯类、呋喃类）及甾体化合物和一些结构复杂的羰基化合物，不能用锌汞齐还原。还原脂肪酮、醛或脂环酮时，容易产生双分子还原反应生成频哪醇等副产物，收率较低。

（5）经典的 Clemmensen 还原需要在酸性水溶液回流的条件下进行，但如果在无水条件下用锌粉还原，就可以在较低的温度下将羰基还原成亚甲基。

（二）锌-供质子剂还原

锌的还原能力因反应介质的不同而异。锌可以在中性（或弱碱性）、碱性或酸性介质中进行还原硝基、肟基、羰基和氢解等反应。

1. 反应通式及机制

2. 反应影响因素及应用实例

（1）酸性介质中还原：锌粉可把硝基、亚硝基、肟等基团还原成—NH_2，反应中的酸一般需过量，否则反应不完全。

在酸性条件下，锌还可以还原碳-碳双键为饱和键、还原羰基及硫代羰基为亚甲基、还原氯磺酰基和二硫键为疏基、还原芳香重氮基为芳肼、还原醌为酚。例如，多巴胺（Dopamine）、吲哚布芬（Indobufen）及扑米酮（Primidone）的中间体的合成：

酮、腈、硝基、羧酸、酯、磺酸基和苄基等的 α- 位活泼卤原子、二硫键、亚砜等基团在该条件下均易发生氢解反应。例如,他唑巴坦酸(Tazobactam acid)的合成中酰胺羰基 α- 位溴原子的氢解及保肝药硫普罗宁(Tiopronin)的合成中二硫键的氢键。

某些 α- 位带有氨基、酰氧基和羟基等基团的酮类在酸性条件下还原,可发生消除反应,而羰基本身不被还原。例如如抗肿瘤药氨柔比星(Amrubicin)的中间体的合成:

(2) TiCl₄-Zn 体系中还原:TiCl₄-Zn 体系能使羰基化合物发生还原偶联反应生成烯烃,称为 McMurry 反应。反应产物可以是邻二醇或烯烃,与反应的溶剂和反应温度有关。

除醛和酮外,TiCl₄-Zn 体系也可用于酯和酰胺羰基与醛、酮的交叉脱氧偶联反应,为合成含氮和含氧杂环化合物提供了一种有效的方法。TiCl₄-Zn 与二溴(碘)甲烷组成的试剂是一个温和的酮类化合物的亚甲基化试剂,与 Witting 试剂相比,该反应不需要在强碱条件下进行,并且具有很好的官能团兼容性。因此,在有机合成方面有重要应用。

$$\xrightarrow[\substack{25℃,40h \\ (92\%)}]{TiCl_4/Zn/CH_2Br_2/THF}$$

(3) 中性介质中还原：锌在醇溶液或在氯化铵、氯化镁、氯化钙水溶液等中性介质中，可将硝基苯还原为苯基羟胺。锌粉几乎是理论用量，反应完成后，应立即将锌粉滤除，以免进一步还原为苯胺。此外还能将酰胺（配合氯化试剂）还原成相应的胺，收率很高。

$$\xrightarrow{2Zn/3H_2O} \quad + \quad 2Zn^{2\oplus} + 4OH^{\ominus}$$

$$\xrightarrow{POCl_3} \qquad \xrightarrow{Zn/C_2H_5OH}$$

(4) 碱性介质中还原：在碱性介质中，由于配比和反应条件的不同，硝基苯可被锌粉还原成几种双分子产物——偶氮苯、氧化偶氮苯、二苯肼。因此，应严格控制反应条件以得到单一产物。

$$\xrightarrow[C_2H_5OH]{Zn/NaOH}$$

在碱性条件下，锌粉可把酮还原成仲醇，对于不具有 α- 氢的酮类衍生物的还原效果较好。例如，抗组胺药苯海拉明（Diphenhydramine）的中间体的制备：

$$\xrightarrow[\substack{70℃ \\ (96\%)}]{Zn/NaOH/C_2H_5OH}$$

三、铁还原剂

（一）反应通式及机制

$$4\,ArNO_2 + 9\,Fe + 4\,H_2O \xrightarrow{FeCl_2\ or\ NH_4Cl} 4\,ArNH_2 + 3\,Fe_3O_4$$

反应的机制是在铁粉表面进行电子转移得失，电子从铁粉表面转移到被还原的化合物的分子上，形成阴离子自由基，然后获得质子得到产物，水是质子的供给者，铁则失去电子被氧化成二氧化铁和三氧化铁的混合物。

$$Ph-\overset{\oplus}{N}\underset{O^{\ominus}}{\overset{O}{<}} \xrightarrow{Fe(+e)} Ph-\overset{\oplus}{N}\underset{O^{\ominus}}{\overset{O^{\ominus}}{<}} \xrightarrow{H^{\oplus}} Ph-\overset{\oplus}{N}\underset{OH}{\overset{O^{\ominus}}{<}} \xrightarrow{Fe(+e)} Ph-\overset{}{N}\underset{O^{\ominus}}{\overset{OH}{<}}$$

$$\xrightarrow[-H_2O]{H^\oplus} Ph-\overset{\cdot\cdot}{N}=\overset{\cdot\cdot}{O} \xrightarrow{Fe(+e)} Ph-\overset{\cdot\cdot}{N}-\overset{\cdot\cdot}{O}^\ominus \xrightarrow{H^\oplus} Ph-\overset{\cdot\cdot}{N}-OH \xrightarrow{H^\oplus}$$

$$Ph-\overset{\cdot\cdot}{N}H-OH \xrightarrow[-H_2O]{Fe(+e)/H^\oplus} Ph-\overset{\cdot\cdot}{N}H \xrightarrow{Fe(+e)} Ph-\overset{\cdot\cdot}{N}H \xrightarrow{H^\oplus} Ph-\overset{\cdot\cdot}{N}H_2$$

（二）反应影响因素及应用实例

1. 反应一般以含硅、锰的铸铁粉较好。铁粉的硅含量应在 30% 以上，硅与碱生成硅酸钠，能溶于水，增大了铁粉的表面积，可使反应顺利进行。铁粉的细度越小反应越快，一般为 60~100 目，最好在使用前用稀盐酸处理活化以去除表面的氧化铁。电解质（氯化铵、氯化亚铁、硫酸铵）的加入，可促进还原反应的进行。

2. 铁粉在盐类电解质的水溶液中具有强还原能力，它可将芳香族硝基、脂肪族硝基或其他含氮氧功能基（如亚硝基、羟氨基等）还原成相应的氨基，一般对卤素、双键或羰基无影响。还原芳香硝基化合物时，芳环上有吸电基时，由于增强了硝基氮的亲电性，易于还原；反之亦然。例如，喹诺酮类抗菌药司帕沙星（Sparfloxacin）的中间体及咖啡因的中间体紫脲酸（Violuric acid）的还原，还原硝基的同时对羰基双键等均无影响。

3. 铁粉在酸性介质中还可还原醛、偶氮化合物、叠氮化合物、醌类化合物和磺酰氯。

四、锡还原剂

锡（或氯化亚锡）- 盐酸还原剂由于还原能力强、操作简便并具有特殊的还原作用，故在生产中有一定范围的应用。

（一）反应通式及机制

$$R-NO_2 \xrightarrow{Sn/HCl} R-NH_2$$

（二）反应影响因素及应用实例

1. 锡 - 盐酸还原剂主要用来将硝基还原为氨基。在还原多硝基化合物时，通过加入计量的锡可选择性地还原某一位置的硝基。氯化亚锡较锡更为常用，因为可溶于乙醇，氯化亚锡通常在醇溶液中进行还原反应。

$$\text{O}_2\text{N}-\underset{\text{CH}_3}{\underset{|}{\text{C}}}=\text{N}(\text{CH}_3)_2 \xrightarrow[\text{(65\%)}]{\text{Sn/HCl}} \text{H}_2\text{N}-\underset{\text{CH}_3}{\underset{|}{\text{C}}}=\text{N}(\text{CH}_3)_2$$

2. 羟基和羰基(三芳基甲醇除外)不被氯化亚锡还原,因此,可用它来制备氨基芳醛(酮)。氯化亚锡-盐酸还可还原芳胺重氮盐成肼。

3. 锡在酸性介质中还可用于双键、磺酰氯、偶氮化合物等的还原。

4. 将干燥的氯化氢通入腈和无水氯化亚锡的干乙醚(或三氯甲烷)溶液中,经加成、还原、水解得到相应的醛,称为 Stephen 法。采用该法,高级腈的收率高。

5. 有机锡化物如$(\text{C}_6\text{H}_5)_3\text{SnH}$、$(n\text{-}\text{C}_4\text{H}_9)_3\text{SnH}$ 等,可在较温和的条件下选择性地氢解卤素,而不影响分子中的其他易还原基团。

第四节 其他还原剂

除催化氢化、负氢转移试剂及金属-供质子剂等广泛使用的还原方法外,其他常用的还原剂还包括硫化物、硫氧化物、肼、甲酸及甲酸铵等还原剂。

一、含硫还原剂

(一) 硫化物还原

硫化物常用来还原硝基芳香化合物为对应的芳胺,常用的硫化物有硫化钠、硫氢化钠、多硫化钠,有时也用硫化铵、硫化锰、硫化铁。硫化物在反应中是电子供给体,水或醇是质子供给体,一般在碱性条件下反应。

1. 反应通式及机制

$$4ArNO_2 + 6Na_2S + 7H_2O \longrightarrow 4ArNH_2 + 3Na_2S_2O_3 + 6NaOH$$

$$4ArNO_2 + 6NaHS + H_2O \longrightarrow 4ArNH_2 + 3Na_2S_2O_3$$

$$ArNO_2 + Na_2S_2 + H_2O \longrightarrow ArNH_2 + Na_2S_2O_3$$

$$ArNO_2 + Na_2S_5 + H_2O \longrightarrow ArNH_2 + Na_2S_2O_3 + 3S$$

2. 反应影响因素及应用实例

(1) 硫化物还原具有反应温和、产物易于分离、还原剂价廉易得的优点。因为硫化钠还原后有氢氧化钠生成,使反应体系的碱性增加,因此容易产生双分子还原,且带入有色杂质。避免的方法是加入氯化铵或硫酸镁等中和生成的碱。工业上二硫化物应用较多。

(2) 硫化物还原能使多硝基化合物进行选择性的部分还原。一般二硝基苯只还原 1 个硝基。带有羟基、氨基等供电基时阻碍还原反应,邻位的硝基优先被还原;含有甲酰基等吸电基时加速还原反应,对位优先还原。硝基偶氮化合物只还原硝基而保留偶氮。

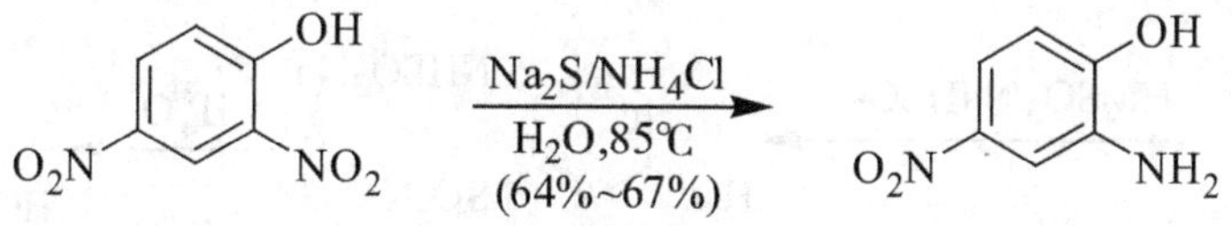

(3) 硫化物还原具有活泼甲基或次甲基化合物时,硝基被还原成氨基的同时,甲基或次甲基被氧化成醛或酮。如抗真菌药氟康唑的中间体 2- 硝基 -4- 氨基苯甲醛的合成:

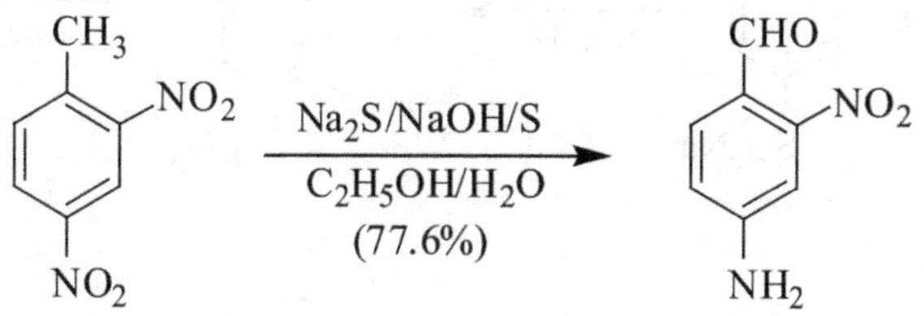

(二) 含氧硫化物还原

常用的含氧硫化物还原剂主要是连二亚硫酸钠($Na_2S_2O_4$,又名次亚硫酸钠,俗称保险粉)、亚硫酸盐(包括亚硫酸氢盐)。

1. 反应通式及机制

$$R-L \xrightarrow{Na_2S_2O_4} RNH_2 \text{ or } ROH \qquad L= NO_2, NO, N_3, NH=NH_2, C=O, \text{et al}$$

还原的机制是对不饱和键进行加成反应,加成还原产物多为 N- 磺酸氨基,经水解得到氨基化合物。

2. 反应影响因素及应用实例

(1) 保险粉还原性较强,受热或在酸性溶液中往往迅速分解,故需在碱性条件下临时配制。连二亚硫酸钠主要用于将硝基、亚硝基、偶氮和叠氮化合物还原成胺,也可还原羰基和醌类化合物。

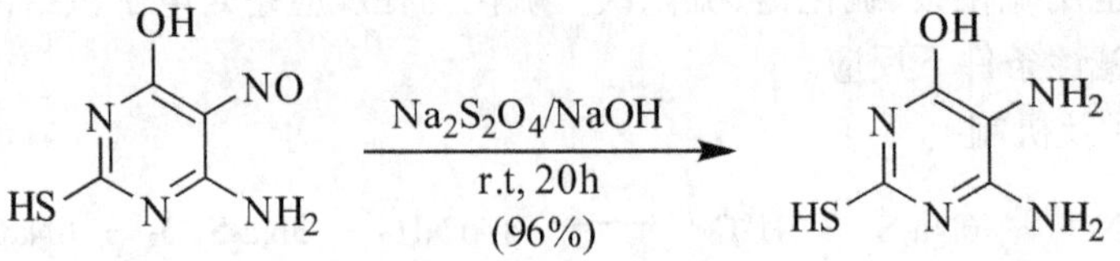

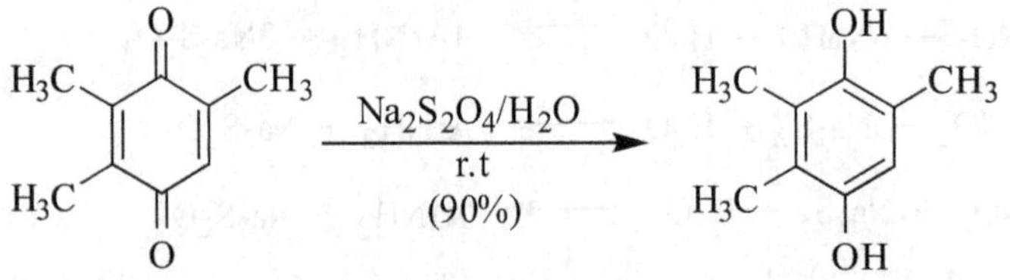

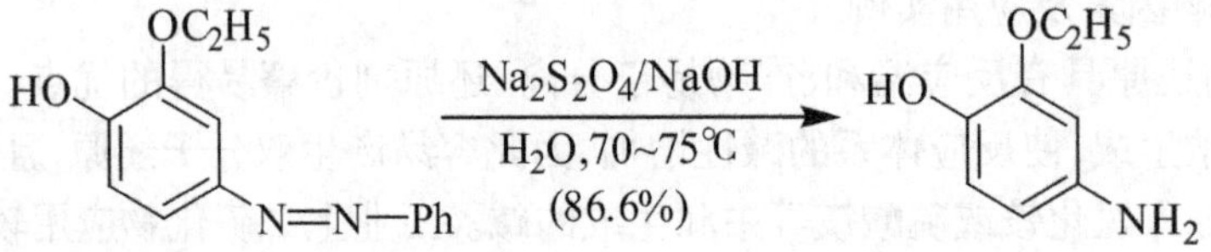

(2) 亚硫酸盐可将硝基、亚硝基、偶氮和叠氮化合物还原成胺。与芳香硝基(或亚硝基)化合物反应,硝基还原的同时进行环上的磺化,得到氨基磺酸化合物。还可将芳香重氮化合物还原成肼类。

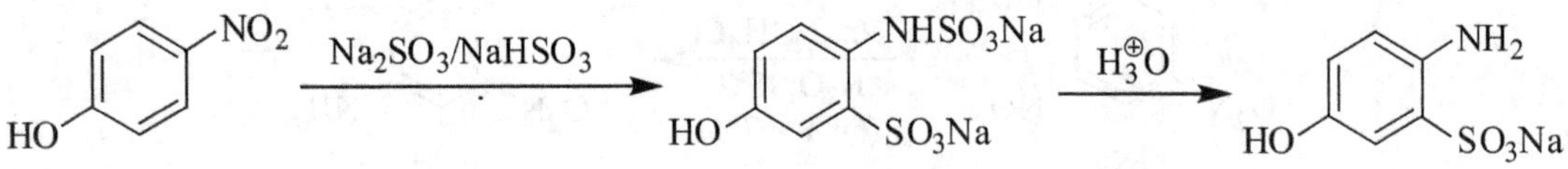

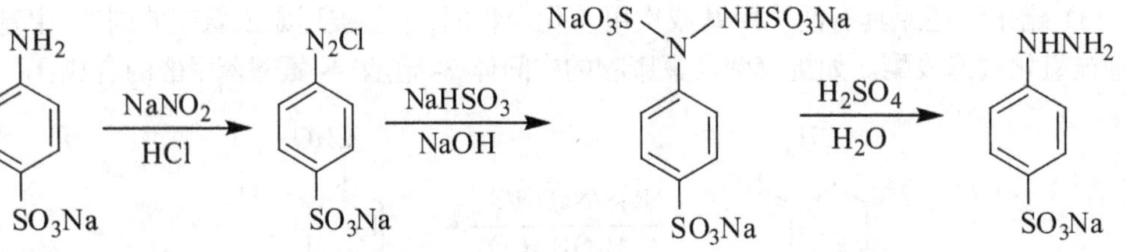

二、肼还原剂

肼(Hydrazine)又称为联氨,碱性比氨弱,可与酸成盐,具有强腐蚀性和强还原性。常以它的水合物(简称水合肼,Hydrazine hydrate)用作有机合成的还原剂。

(一) Wolff-Kishner- 黄鸣龙还原

水合肼在碱性条件下,还原醛或酮羰基成甲基或亚甲基的反应称为 Wolff-Kishner- 黄鸣龙反应。

1. 反应通式及机制

该反应的可能机制如下所示：首先肼与羰基生成腙，然后在碱的作用下腙解离质子生成氮负离子，进一步重排成碳负离子、该步骤为限速步骤。最后消除1个氮分子及碳负离子质子化得到产物。氮气离去一步在热力学上推动了反应进行。

2. 反应影响因素及应用实例

（1）该反应最初是将羰基转变为腙或缩氨基脲后与醇钠置封管中于200℃左右长时间加压反应，操作烦琐、收率低、缺少实用价值。1946年，我国化学家黄鸣龙对此进行改进，将醛、酮和85%水合肼及KOH混合，在DEG或TEG等高沸点溶剂中加热形成腙，蒸出过量的肼和生成的水，再升温至180~200℃，常压反应2~4小时，即得高收率的烃。改进后操作简便，收率提高，一般为60%~95%，具有应用价值。

（2）国内外学者对该反应进行了改进：采用极性非质子性溶剂DMSO可加速该反应的进行，而使用叔丁醇钾和DMSO时反应甚至可以在室温下进行；应用无水条件，在沸腾甲苯中用叔丁醇钾处理腙，亦可使反应在较低温度进行；在相转移催化剂PEG600的存在下，腙与固体氢氧化钾在甲苯中回流2~4小时，可得到高收率的产物。

condition	yield
t-BuOK/DMSO,25℃	90%
t-BuOK/C$_6$H$_5$CH$_3$,reflux	85%
PEG600/KOH/C$_6$H$_5$CH$_3$,reflux	93%~95%

（3）Wolff–Kishner-黄鸣龙反应应用范围广，作为还原羰基成亚甲基的方法，弥补了Clemmensen反应的不足。可用于脂肪族、芳香族及杂环羰基化合物的还原，适用于对酸敏

感的吡啶、四氢呋喃衍生物,对难溶于水、立体位阻大的甾体羰基化合物尤为适合。酮酯、酮腈、含活泼卤原子的羰基化合物不宜采用本法。抗心律失常药物胺碘酮(Amiodarone)的中间体 2- 丁基苯并呋喃的合成即采用该反应。

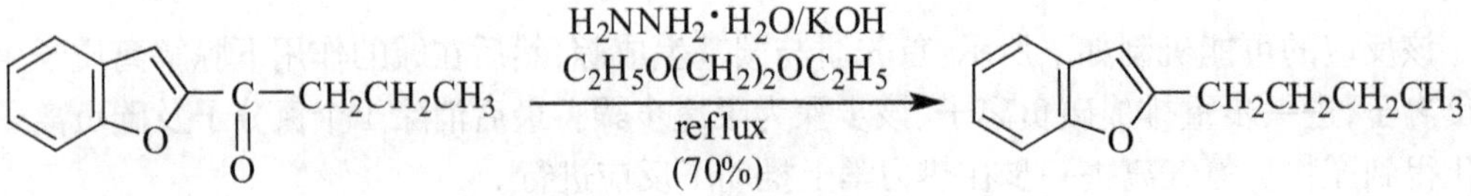

(4) 水合肼还原羰基时,底物中的酯、酰胺等羰基将发生水解;结构中的双键、羧基等官能团不受影响;立体位阻较大的酮羰基也能被还原;但还原共轭羰基时常伴随双键的位移。例如非甾体抗炎药罗美昔布(Lumiracoxib)即是在强碱性条件下用 85% 的水合肼还原后,发生酰基水解而得到的。

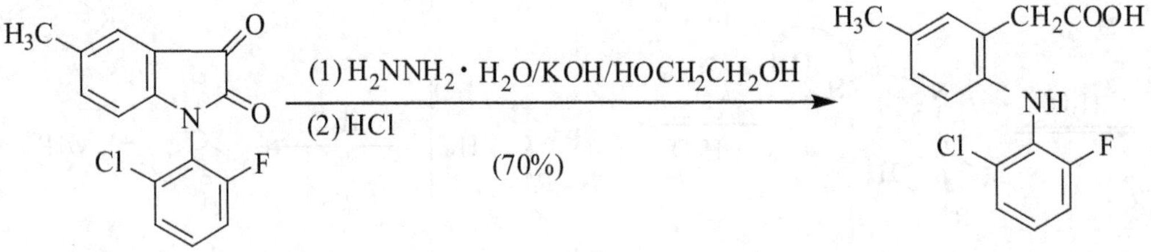

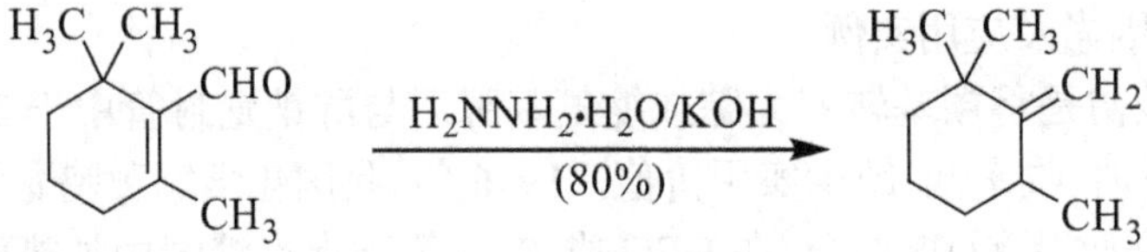

(二) 肼衍生物还原

1. 反应通式及机制

$$R-NO_2 \xrightarrow{H_2NNH_2 \cdot H_2O} R-NH_2 + N_2\uparrow$$

2. 反应影响因素及应用实例

(1) 水合肼能还原硝基、亚硝基化合物成相应的氨基化合物。该法操作简便,只需将硝基化合物和过量的水合肼溶于醇中加热,还原反应即可发生,并放出氮气。反应在常压下进行,硝基化合物中所含的羰基、氰基等非活化碳 - 碳双键均可不受影响,选择性较高是本法的特点。水合肼具有碱性,对某些宜在碱性条件下还原的硝基化合物可采用。

(2) 反应中若加入少量钯碳、活性镍或三氯化铁 / 活性炭等催化剂,则活性增加,反应快、温和且收率高。

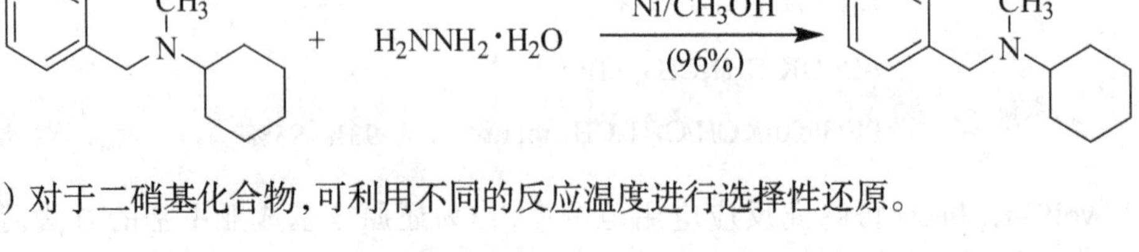

(3) 对于二硝基化合物,可利用不同的反应温度进行选择性还原。

（4）水合肼还可还原除硝基嘧啶以外的其他杂环硝基类化合物，如 6-硝基吲哚的还原。

三、甲酸还原剂

在过量的甲酸及其衍生物的存在下，羰基化合物与氨或胺的还原胺化反应称为 Leuckart 反应，是甲酸做还原剂的一个重要应用。在过量甲酸的作用下，甲醛与伯胺或仲胺反应，生成甲基化胺的反应被称为 Eschweiler-Clarke 反应，该反应是 Leuckart 反应的特例，可用于制备叔胺。

（一）反应通式及机制

Leuckart 反应的机制为羰基与氨或胺作用生成中间体 Schiff 碱（亚胺离子中间体），然后甲酸的氢负离子转移至亚胺碳上，得还原胺化产物。甲酸在反应中提供氢而起到还原剂的作用。

（二）反应影响因素及应用实例

1. 还原剂一般过量（每摩尔羰基化合物需要 2~4mol 甲酸衍生物）。该反应一般不用溶剂，但对于高级醛、酮，特别是酮，有水时产率明显下降，因此，酮的还原胺化反应常在 150~180℃的条件下进行，通过蒸馏将反应体系中的水除去。反应产物一般为伯胺或仲胺的甲酰化衍生物，需进一步水解游离出氨基。

2. Leuckart 反应具有较好的选择性,一些易还原的基团如硝基、亚硝基、碳 - 碳双键等都不受影响,并且引起氢化催化剂中毒的底物也可发生还原胺化反应。

3. Leuckart 反应中常用的还原剂为甲酸、甲酸胺或甲酰胺,可得高产率的伯胺。例如,肠易激综合征治疗药曲美布汀(Trimebutine)的中间体的制备:

$$\text{(HCHO)}n/\text{HCOOH} \quad \text{refulx},2\text{h} \quad (75\%)$$

$$\frac{\text{CH}_3\text{OH}}{70℃,7\text{h}} \quad (96.5\%)$$

若用 *N*- 烷基取代或 *N*,*N*- 二烷基取代的甲酰胺反应,则可得仲胺或叔胺。例如,抗哮喘药特罗地林(Terodiline)的合成:

$$\xrightarrow{\text{HCOOH}}$$

(Terodiline)

4. 甲酸单独或与胺类配合作为还原剂,还可还原共轭双键、还原吡啶成四氢或六氢吡啶、还原喹啉成四氢喹啉、还原烯胺成胺。

本 章 要 点

1. 还原反应是指有机物分子中碳的总氧化态降低的反应。化学还原反应按照还原剂的差异,反应机制主要有亲核性的氢负离子转移还原(金属复氢化物、醇铝、甲酸及肼)、亲电加成(硼烷)和自由基反应(碱金属、铁、锌、锡)。

2. 催化氢化还原包括氢化和氢解反应两类。常用钯、镍、铂为催化剂,以氢气或供氢体为氢源,可还原绝大多数的不饱和基团。大致的活性顺序为酰氯>硝基>炔烃>烯烃>醛>炔>酮>醚>腈>芳香环。均相催化氢化主要在 $(\text{Ph}_3\text{P})_3\text{RhCl}$ 等的催化下加氢还原,用于非共轭烯(炔)烃的顺式加成反应。氢解反应主要有脱卤、脱苄、脱硫、开环 4 种。

3. 氢化铝锂可选择性地还原除孤立的碳 - 碳双键和三键以外的含有极性不饱和键的化合物,主要得醇或胺;硼氢化钠活性低于氢化铝锂,是还原醛、酮成醇的首选还原剂;异丙醇铝可选择性地还原醛、酮为相应醇。硼烷是还原羧酸的优良试剂。

4. 以活泼金属(碱金属、锌、铁、锡等)为电子供应体,在供质子剂的参与下,通过电子转移完成对不饱和键的还原。主要有 Bouveault-Blanc 反应、Birch 还原、Clemmensen 还原、锌、铁、锡等在酸性条件下还原硝基等含氮基团的反应。

5. 其他常用的还原剂还包括硫(氧)化物、肼、甲酸(铵)等,分别主要用于硝基还原、羰基转变为亚甲基及还原胺化反应。

本章练习题

一、简要回答下列问题

1. 比较 $LiAlH_4$ 和 $NaBH_4$ 在应用范围、反应条件及产物后处理方面的异同。

2. 芳环上取代基的类型对 Birch 反应产物有何影响?

3. 根据你学的知识,列举 3 种可还原 α,β- 不饱和醛(A)为共轭的 α,β- 不饱和醇(B)的还原剂,并说明还原剂的还原特点及应用(A、B 的结构如下)。

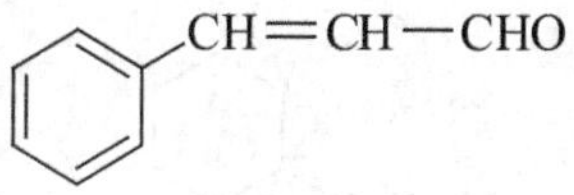
CH=CH—CHO
(A)

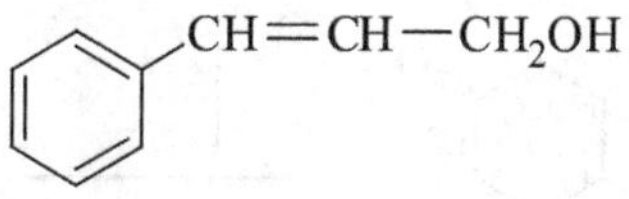
CH=CH—CH2OH
(B)

二、完成下列合成反应

1.

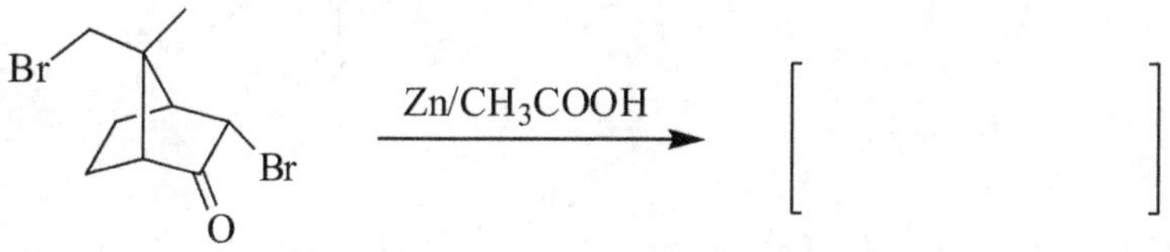
Br
Br
O
Zn/CH3COOH

2.

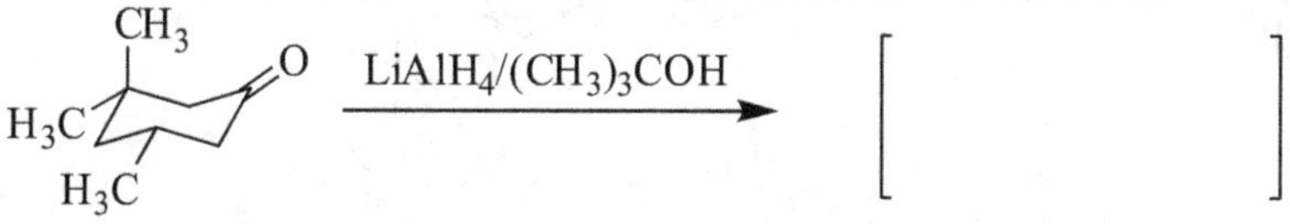
CH3
O
H3C
H3C
LiAlH4/(CH3)3COH

3.

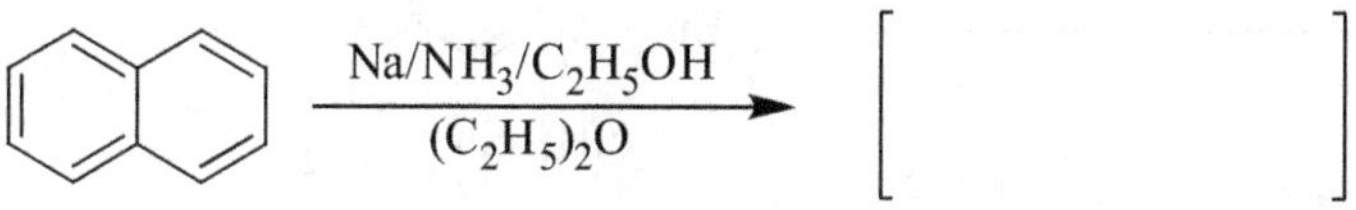
Na/NH3/C2H5OH
(C2H5)2O

4.

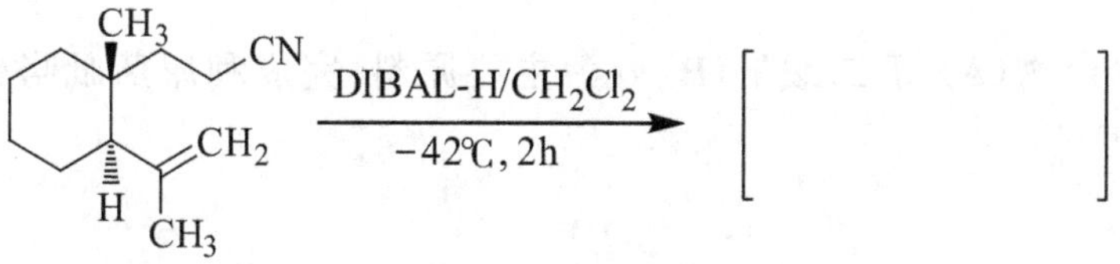
CH3
CN
CH2
H
CH3
DIBAL-H/CH2Cl2
-42℃, 2h

5.

$$\xrightarrow[\text{Toluene, reflux}]{H_2/5\% \text{ Pd-BaSO}_4} \quad [\qquad]$$

6.

7.

8.

9.

10.

三、药物合成路线设计

根据所学知识,以化合物(A)、丁二酸酐(B)等为主要原料,完成利尿药吡咯他尼(Piretanide)的合成路线设计。

(A)   (B)   (Piretanide)

（翟 鑫）

第九章 重 排 反 应

重排反应(rearrangement reaction)在药物及一般化学品的合成中具有十分重要的应用。通过重排反应,可以合成出按照常规合成路线难以得到的药物或中间体。例如要得到 γ, δ- 不饱和羰基化合物,按照一般的合成路线很难得到,但是烯丙基乙烯基醚经过 Claisen 重排却很容易得到;萘普生(Naproxen)或布洛芬(Ibuprofen)可以通过取代芳烃原料与丙酰氯或丙酸酐反应,生成的芳基酮经羰基保护、卤代、Favorskii 重排反应得到。重排反应按照过渡态中间体的特点,可以分为亲核重排、亲电重排、游离基重排和协同重排等;也可以按照参与重排的原子及键类型,分为碳烯重排、氮烯重排、游离基重排、叠氮基重排等。本教材按照重排反应中过渡态中间体的特性讨论各类重排反应的机制、影响重排反应的因素以及重排反应在药物或中间体合成中的具体应用。

第一节 亲 核 重 排

亲核重排反应主要涉及离去基团邻位的碳原子发生迁移,即所谓[1,2]迁移。虽然在绝大多数的例子中,涉及碳正离子的重排,但是不同的反应条件下,有时反应事实上是以游离基机制进行的。

一、Wagner-Meerwein 重排和 Demyanov 重排

醇在酸作用下生成碳正离子,然后邻位碳原子上的芳基、烷基甚至氢向该碳正离子迁移的反应称为 Wagner-Meerwein 重排反应。Demyanov 重排可看作是氨基化合物的 Wagner-Meerwein 重排,重排中碳正离子由氨基的重氮化反应产生,因而这两种重排反应均属于碳正离子的重排。

(一) 反应通式及机制

Wagner-Meerwein 重排:

Demyanov 重排：

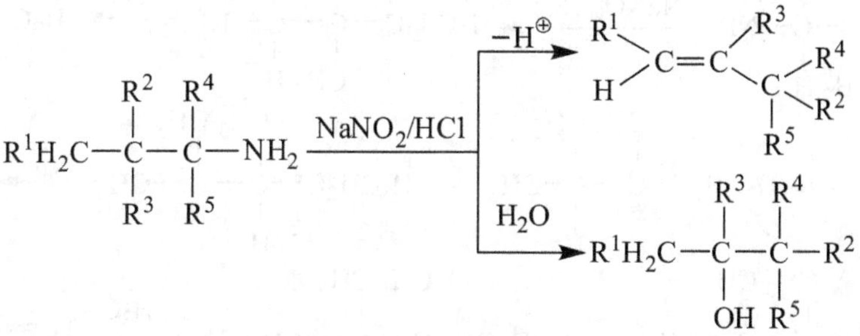

以 Wagner-Meerwein 重排反应为例，说明其反应机制：

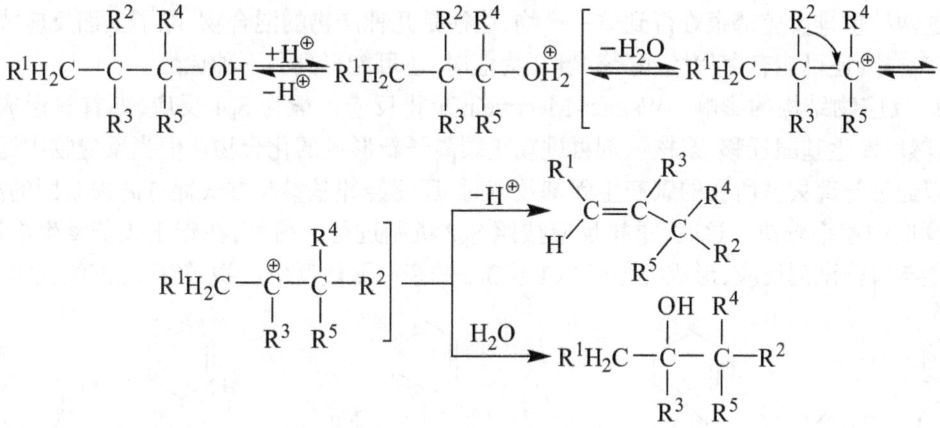

（二）反应影响因素及应用实例

1. 反应物的种类　能发生 Wagner-Meerwein 重排的化合物包括醇、卤代烃、烯烃和氨基化合物等。各种醇在酸性条件下，脱除 1 分子水产生碳正离子，继而发生一系列的重排反应；当为卤代烃时（X=Cl、Br 或 I），采用许多方法可使之生成碳正离子，如银离子与卤代烃反应、$AlCl_3$ 与氯代烃反应先生成 $R^\oplus AlCl_4^\ominus$ 离子对，解离出 $R^\oplus$；当卤素为 F 时，可以使用 SbF_5 使卤代烃生成 $R^\oplus SbF_6^\ominus$ 发生解离，释放出碳正离子。

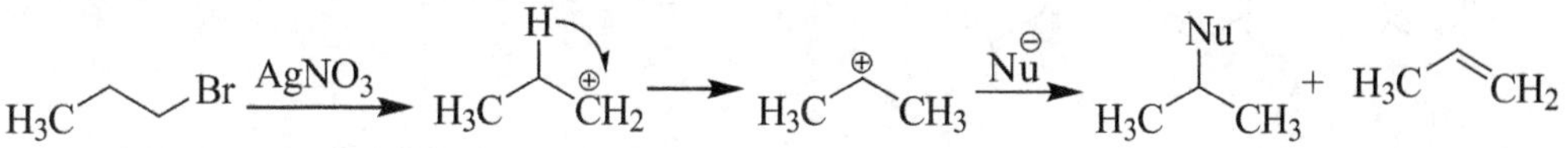

烯烃与质子酸先进行加成生成碳正离子，然后进行重排反应，如 α-茨烯、柠檬烯等与卤化氢反应进行的重排。

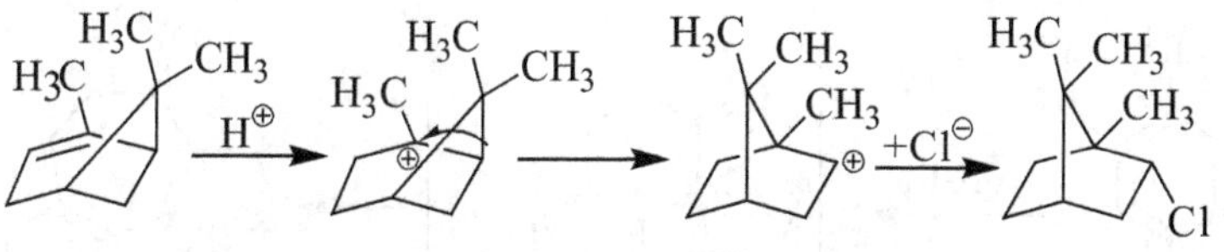

Demyanov 重排是由氨基经重氮化反应脱除氮气，生成碳正离子进行重排。

$$H_3CH_2C-\underset{\underset{CH_3}{|}}{\overset{\overset{CH_3}{|}}{C}}-\underset{\underset{H}{|}}{\overset{\overset{CH_3}{|}}{C}}-NH_2 \xrightarrow{NaNO_2/HCl} H_3CH_2C-\underset{\underset{CH_3}{|}}{\overset{\overset{CH_3}{|}}{C}}-\underset{\underset{H}{|}}{\overset{\overset{CH_3}{|}}{C}}-\overset{\oplus}{N_2} \xrightarrow{-N_2} H_3C-\underset{\underset{CH_2CH_3}{|}}{\overset{\overset{CH_3}{|}}{C}}\underset{or}{}\overset{\oplus}{\underset{}{C}}\overset{\overset{CH_3}{|}}{\underset{|}{C}}-H$$

$$\longrightarrow H_3CH_2C-\underset{}{\overset{\overset{CH_3}{|}}{\overset{\oplus}{C}}}-\underset{\underset{H}{|}}{\overset{\overset{CH_3}{|}}{C}}-CH_3 \;+\; H_3CH_2C-\underset{\underset{H}{|}}{\overset{\overset{CH_3}{|}}{C}}-\underset{}{\overset{\overset{CH_3}{|}}{\overset{\oplus}{C}}}-CH_3 \xrightarrow{Nu^{\ominus}}$$

$$H_3CH_2C-\underset{\underset{Nu}{|}}{\overset{\overset{CH_3}{|}}{C}}-\underset{\underset{H}{|}}{\overset{\overset{CH_3}{|}}{C}}-CH_3 \;+\; H_3CH_2C-\underset{\underset{H}{|}}{\overset{\overset{CH_3}{|}}{C}}-\underset{\underset{Nu}{|}}{\overset{\overset{CH_3}{|}}{C}}-CH_3 \;+\; \underset{H_3CH_2C}{\overset{H_3C}{\diagdown}}C=C\underset{\diagdown CH_3}{\diagup CH_3}$$

这两种重排反应都很难得到单一产物,往往是几种产物的混合物,除了上面反应式中的几种产物外,还可能有卤代烃、醇等;当 R 为氢时,还可能得到另一种烯烃。

2. 反应物结构的影响 Wagner-Meerwein 重排反应一般为 S_N1 反应,即首先形成碳正离子,然后发生基团迁移,亲核试剂再进攻正碳离子新形成的化合物。但当反应物中迁移基团可以通过与离去基所在的碳产生邻基效应时,还能经邻基参与方式促进离去基团的离去,重排反应的速率较快。这时,重排反应按照 S_N2 机制进行。另外,在碳正离子发生重排前,也可能与亲核试剂反应,形成类似于 S_N1 或 S_N2 的亲核取代反应产物,使反应产物变得复杂。

$$R-\underset{\underset{H}{|}}{\overset{\overset{Ph}{|}}{C}}-\underset{\underset{X}{|}}{\overset{\overset{H}{|}}{C}}-R' \xrightarrow{-X^{\ominus}} R-\underset{\underset{H}{|}}{\overset{\overset{\oplus Ph}{|}}{C}}-\underset{\underset{H}{|}}{\overset{\overset{H}{|}}{C}}-R' \longrightarrow R-\underset{\underset{H}{|}}{\overset{\overset{Ph}{|}}{\overset{\oplus}{C}}}-\underset{\underset{H}{|}}{\overset{\overset{H}{|}}{C}}-R' \xrightarrow{Nu^{\ominus}} R-\underset{\underset{Nu}{|}}{\overset{\overset{H}{|}}{C}}-\underset{\underset{H}{|}}{\overset{\overset{Ph}{|}}{C}}-R' \;+\; \underset{R}{\overset{H}{\diagdown}}C=C\underset{\diagdown R'}{\diagup H}$$

3. 迁移基的影响 Wagner-Meerwein 重排和 Demyanov 重排中,基团的迁移能力按照下列顺序排列:

（对甲氧基苯基）> 苯基 > （对氯苯基） $> R_3C- > R_2CH- > RCH_2- > CH_3- > H-$

就苯基而言,其对位取代基的供电子能力越强,则迁移能力也越强。如果重排基团为手性碳原子,则由于反应按 S_N1 机制进行,得到消旋体化的产物。

通过简单的 Wagner-Meerwein 重排反应可合成自然界广泛存在的有生物活性的化合物。

$(n=1,2,3)$

以松节油中的主要成分 α-蒎烯（α-Pinene）为原料，合成樟脑（Camphor）是本重排反应最成功的例子。

环戊二烯的 Diels-Alder 环加成反应，产物经 Raney Ni 催化氢化得到的单烯，在分子筛催化下进行重排，得到金刚烷（Adamantane）。

二、Pinacol 重排

邻二醇在酸的催化下生成碳正离子，继而发生芳基、烷基或氢的迁移，生成酮的反应称为 Pinacol 重排。α-氨基醇经重氮化反应，继而失去氮气，产生的碳正离子也发生 Pinacol 重排。

（一）反应通式及机制

（二）反应影响因素及应用实例

　1. 反应物结构的影响　反应物可以为 1,1,2- 三取代乙二醇或 1,1,2,2- 四取代的乙二醇,若为 1,2- 二取代的乙二醇,其 Pinacol 重排的产物为醛。

　当频哪醇中所连接的 4 个取代基完全相同时,经 Pinacol 重排反应后产物较单一,但生成的碳正离子仍可以与反应体系中的阴离子结合,使产物复杂化;而如果这些取代基不同时,不仅生成碳正离子的方向有差别,基团迁移能力也有差异,此时又可分为几种情况:一种是几个取代基具有相似的电性,则两个醇的碳均可形成碳正离子,此时若发生迁移时基团的选择性也差,则重排反应后产物非常复杂,在合成上没有应用价值;另一种情况是一个醇的碳原子上带有能使正离子离域的基团,特别是带有强给电子取代基的苯环,其连接的碳最容易形成碳正离子,那么重排产物的复杂程度取决于另一碳上连接基团的迁移能力差异,如果也存在一个迁移能力远大于另两个基团,则产物也比较单一,但是如果几个基团的迁移能力相差不大,则产物很复杂。

反应物的构型也影响基团的迁移。例如,在下面的重排反应中,当反应物为苏式(*threo isomer*)异构体时,主要是苯基迁移;而当其为赤式(*erythro* isomer)异构体时,则主要为对甲氧苯基迁移。

如果邻二醇中的 1 个羟基连接在脂环上,经过重排可以得到扩环产物。

如果邻二醇的两个羟基都分别与脂环相连,则得到螺环化合物:

顺、反 - 邻二醇在进行 Pinacol 重排时,顺式结构重排的速率比反式重排的速率快,这说明了在重排过程中,形成碳正离子与基团的迁移是通过正碳离子桥式过渡态,重排基团与离去基团处于反式共平面位置。例如,顺 -1,2- 二甲基 -1,2- 环己二醇在稀硫酸的作用下迅速重排,甲基迁移,得到环己酮;而反式二醇在相同的条件下重排为缩环的酮。

2. 迁移基的影响　在频哪醇重排中,基团的迁移能力与 Wagner-Meerwein 重排反应中基团迁移能力一致。但也有例外,例如下面的重排反应中,发生迁移的是 H,而不是苯环,因为苯基迁移后形成的三苯甲基具有较大的位阻,限制了其迁移。

以 4,4′- 二乙酰氧基苯频哪醇二甲醚为底物,在酸催化下发生频哪醇重排反应,脱掉甲醇得到相应的频哪酮产物。该产物经脱乙酰基保护后,酚羟基可与二酰卤进行反应,得到以苯频哪酮为主要骨架的聚合物,为高分子单体合成开辟了新途径。

以下是巴西苏木素(Brazilin)类似物的合成中涉及的类 Pinacol 重排(H- 迁移)。

三、Beckmann 重排

各种酮类和醛类化合物与羟胺形成的羟亚胺(称为"肟")在酸性条件下都可以发生重排生成酰胺,该反应称为 Beckmann 重排。酰胺可以进一步水解得到羧酸,这也是一种合成羧酸和胺的方法。

(一) 反应通式及机制

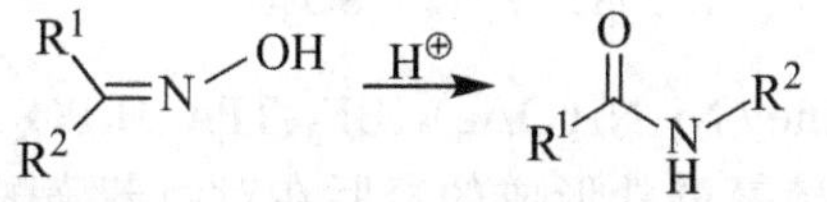

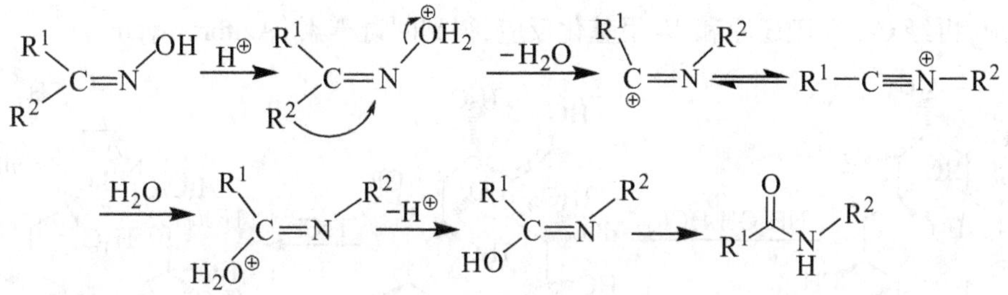

$$R^1 \quad \text{=N-OH} \xrightarrow{H^{\oplus}} \quad R^1\text{-C(=O)-N(H)-}R^2$$

发生迁移的是与肟羟基处于反位的基团。事实上,在形成肟时,绝大多数情况下肟的羟基都与酮的大基团处于反式,因此,主要发生体积大的基团迁移。有时,处于顺位的基团也会发生迁移,这可能与肟在质子酸催化下发生质子化,先进行了互变异构有关。

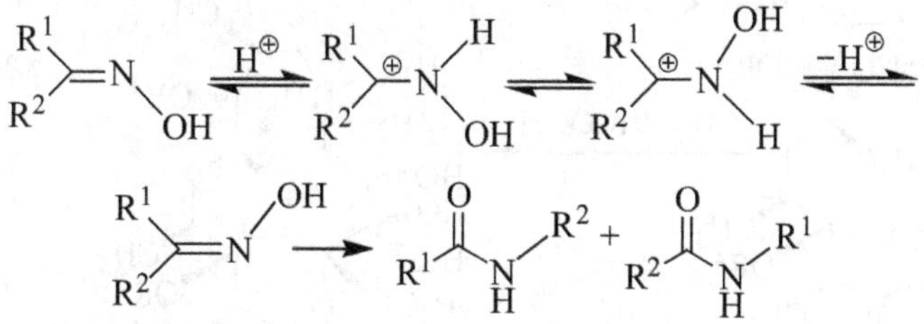

在迁移过程中,脱水和基团的迁移是同时发生的,如迁移基为手性时,迁移后其构型保持不变,这也说明了 Beckmann 重排属于分子内的反应。

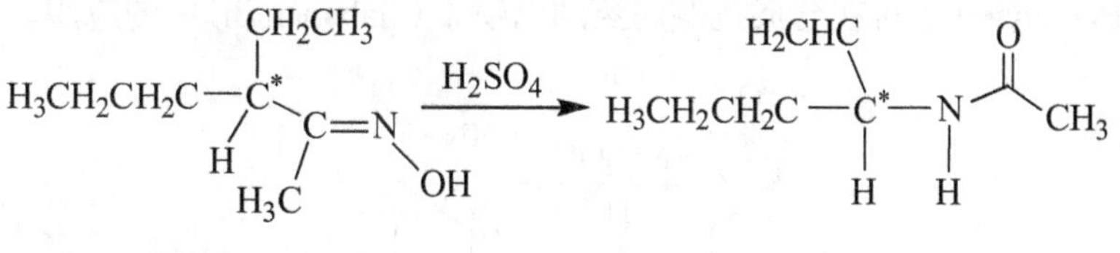

(二) 反应影响因素及应用实例

1. **醛、酮结构的影响** 在 Beckmann 重排反应中,反应物中 R^1、R^2 可以是烷基,也可以是芳基或氢。但是一般情况下,氢不发生迁移,因此,通常不能用醛来制备酰胺。在脂 - 芳酮肟的重排中,通常是芳基发生迁移,得到芳胺的酰胺。

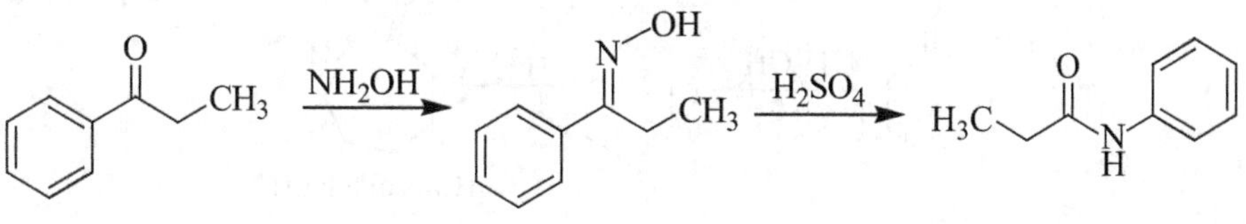

2. 催化剂的影响 常用的催化剂有浓硫酸、PCl_5、PPA、TFAA、含 HCl 的 $AcOH\text{-}Ac_2O$ 溶液等。通常情况下，使用 PPA 做催化剂时可得到很高的收率；如果产物为水溶性酰胺，则用 TFAA。另外，硅胶、HCOOH、$SOCl_2$、$P_2O_5\text{-}CH_3SO_3H$ 等也可以用作 Beckmann 重排的催化剂，还可以使用 $H_2NOSO_3H\text{-}HCOOH$ 与酮反应，一步反应得到 Beckmann 重排产物。

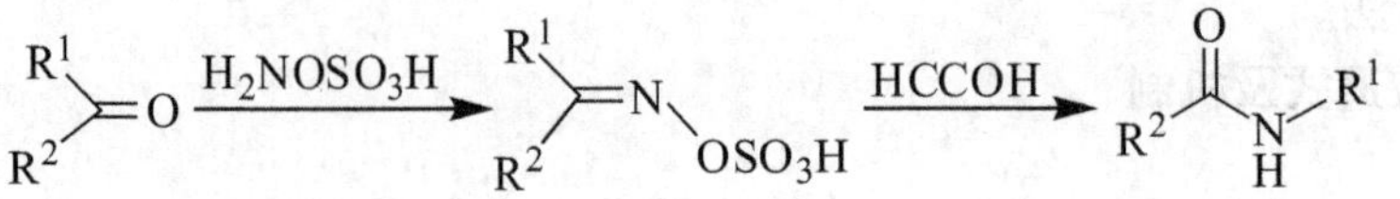

醛肟的重排常用 Cu、Raney Ni、$Ni(OAc)_2$、BF_3、TFA、H_3PO_4 等作为催化剂。

红霉素（Erythromycin）硫氰酸盐形成的羟肟在对甲苯磺酰氯的作用下通过 Beckmann 重排反应，再经 C═N 键还原和 *N*- 甲基化反应，得到阿奇霉素（Azithromycin）。

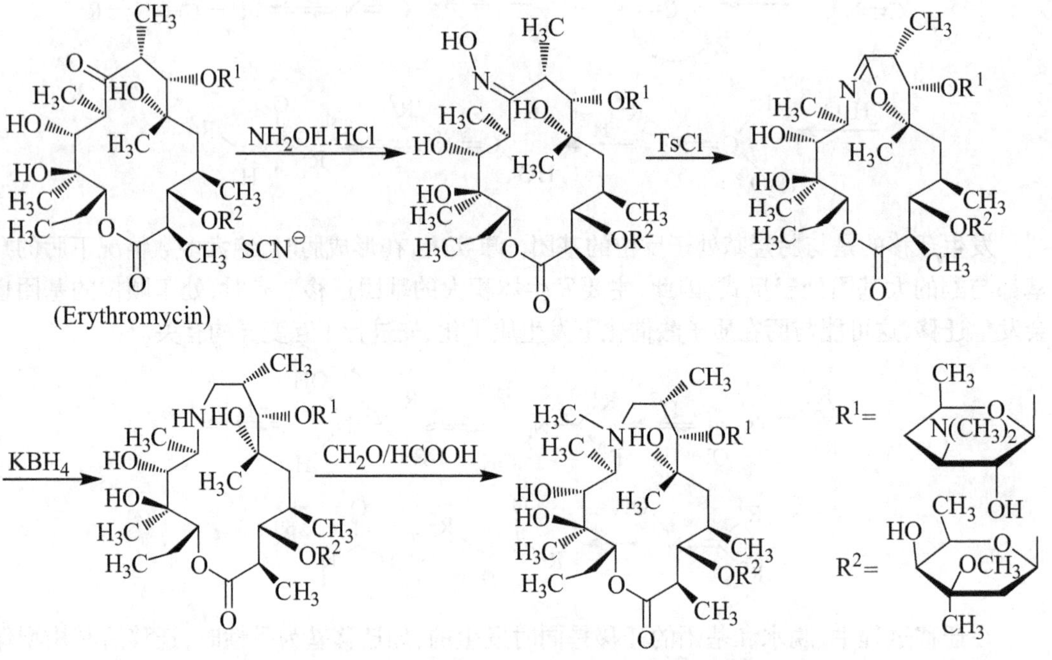

(Erythromycin) (Azithromycin)

以下是 Beckmann 重排在合成抗癫痫药加巴喷丁（Gabapentin）中的应用。

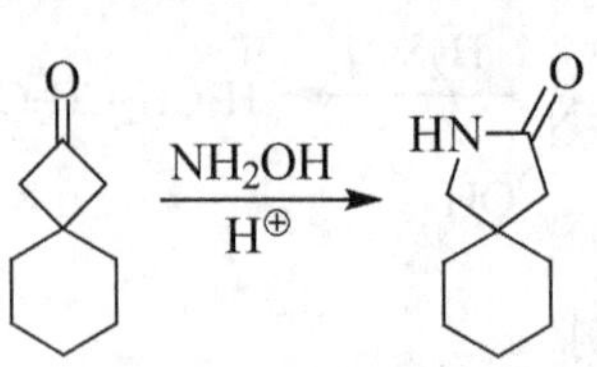

(Gabapentin)

利用环己酮羟肟的重排可以制备尼龙 -6（Nylon-6）的原料环己内酰胺（Caprolactam）。

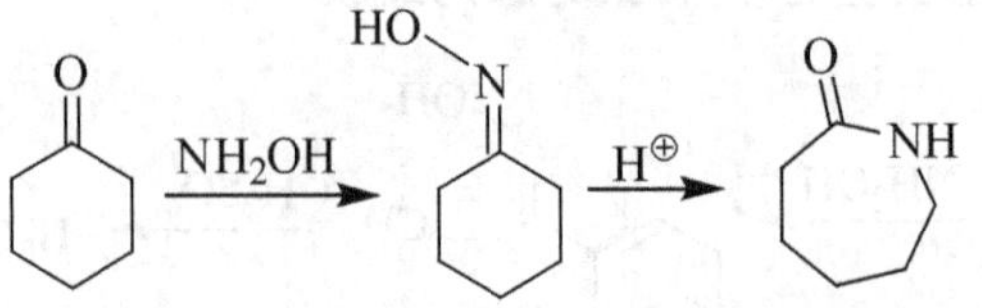

(Caprolactam)

四、Hofmann 重排

N 原子上无取代基的酰胺在次卤酸（HClO、HBrO）或 Br$_2$ 与碱（NaOH）的作用下，重排成比原来的酰胺少 1 个碳原子的胺的反应称为 Hofmann 重排或 Hofmann 降解反应。

（一）反应通式及机制

$$R-\underset{\underset{NH_2}{\|}}{\overset{\overset{O}{\|}}{C}} \xrightarrow[\text{or } X_2/NaOH]{NaOX} RNH_2 \quad (X= Cl, Br)$$

$$R-\underset{\underset{NH_2}{\|}}{\overset{\overset{O}{\|}}{C}} \xrightarrow{Br_2} R-\underset{\underset{N-Br}{\|}}{\overset{\overset{O}{\|}}{C}} \xrightarrow{NaOH} R-\underset{\underset{\overset{|}{N}-Br}{\ominus}}{\overset{\overset{O}{\|}}{C}} \xrightarrow{-Br^{\ominus}} \left[R-\underset{N:}{\overset{\overset{O}{\|}}{C}} \right]$$

$$\longrightarrow O=C=N-R \xrightarrow{H_2O} \underset{\underset{OH}{\|}}{HO-C=N-R} \longrightarrow HO-\underset{\underset{H}{\|}}{\overset{\overset{O}{\|}}{C}}-N-R \xrightarrow{-CO_2} RNH_2$$

（二）反应影响因素及应用实例

1. 反应物结构的影响　Hofmann 重排反应是制备各种伯胺的重要方法，反应物可以是脂肪酰胺、芳香酰胺，也可以是脂环酰胺、杂环酰胺，其中短链脂肪族酰胺的重排收率最高。

$$H_3C-\underset{\underset{NH_2}{\|}}{\overset{\overset{O}{\|}}{C}} \xrightarrow[(95\%)]{Br_2/NaOH} H_3C-CH_2-NH_2$$

$$C_6H_5-\underset{NH_2}{\overset{\overset{O}{\|}}{C}} \xrightarrow[(86\%)]{Br_2/NaOH} C_6H_5-NH_2$$

$$\text{环戊基}-\underset{NH_2}{\overset{\overset{O}{\|}}{C}} \xrightarrow[(90\%)]{Br_2/NaOH} \text{环戊基}-NH_2$$

$$\text{吡啶}-\underset{NH_2}{\overset{\overset{O}{\|}}{C}} \xrightarrow[(70\%)]{Br_2/NaOH} \text{吡啶}-NH_2$$

如果与酰胺相连的碳为手性的，经过 Hofmann 重排后，所得产物的构型保持不变。

$$\text{哌啶}-\underset{NH_2}{\overset{\overset{O}{\|}}{C}} \xrightarrow{NaOCl} \text{哌啶}-NH_2$$

2. 反应条件的影响　一般情况下是将酰胺溶解于 NaOX（X＝Cl、Br）的水溶液中，然后加热进行重排，生成的异氰酸酯中间体直接水解成胺。对于长链酰胺而言，由于其水溶性差，所以收率较低，采用醇钠代替 NaOH 可以增加收率。

$$C_{16}H_{33}CONH_2 \xrightarrow[(90\%)]{Br_2/NaOCH_3} C_{16}H_{33}NHCOOCH_3 \xrightarrow{OH^{\ominus}/H_2O} C_{16}H_{33}NH_2$$

3. 副反应　在重排过程中,产生的异氰酸酯的水解速率决定了产物与副产物的比例。当采用 Br_2 和 NaOH 进行重排时,异氰酸酯可与生成的胺、原料酰胺进行反应,生成脲或酰脲。因此,加快异氰酸酯分解的速率可提高胺的收率。

$$\underset{R}{\overset{O}{\parallel}}{C}{-}NH_2 \xrightarrow[or\ X_2/NaOH]{NaOX} R-N{=}C{=}O + RNH_2 + \underset{H}{\overset{O}{\underset{|}{\parallel}}}R{-}N{-}C{-}N{-}R$$

NaOBr 具有氧化性,可以将生成的胺氧化成腈。

此外,若酰胺羰基的 α- 位含有卤素、羟基时会有醛生成。

$$\underset{\underset{OH}{|}}{\overset{\overset{O}{\parallel}}{R{-}C{-}}}NH_2 \xrightarrow[or\ X_2/NaOH]{NaOX} \underset{\underset{H}{|}}{\overset{\overset{OH}{|}}{R{-}C{-}}}N{=}C{=}O \longrightarrow \underset{\underset{H}{|}}{\overset{\overset{OH}{|}}{R{-}C{-}}}NH_2 \longrightarrow RCHO$$

喹诺酮类抗菌药帕珠沙星(Pazufloxacin)可通过 Hofmann 降解反应进行合成。

(Pazufloxacin)

以下是大麻素受体(Cannabinoid receptor)CB_1 抑制剂的合成中 Hofmann 降解反应的应用。

五、Curtius 重排

酰氯经过酰基叠氮中间体在光照或加热条件下重排为较原来的酰氯少 1 个碳原子胺的反应称为 Curtius 重排。

(一) 反应通式及机制

$$\underset{R}{\overset{O}{\parallel}}{C}{-}Cl + NaN_3 \longrightarrow \underset{R}{\overset{O}{\parallel}}{C}{-}N_3 \xrightarrow{H_2O} RNH_2$$

(二) 反应影响因素及应用实例

1. 反应物结构的影响　各种脂肪酸、脂环酸、芳香酸、杂环酸和不饱和酸都可以进行 Curtius 重排。长碳链酸由于其酯生成酰肼的反应速率较慢，宜选择其酰氯与叠氮化钠反应制备酰基叠氮；不饱和酸由于双键可能与肼反应，产生副产物，也宜选择此方法。

$$CH_3CH_2COOH + CH_3CH_2OH \xrightarrow{H_2SO_4} CH_3CH_2COOCH_2CH_3 \xrightarrow{NH_2NH_2} CH_3CH_2CONHNH_2$$

$$\xrightarrow{HNO_2} CH_3CH_2CON_3 \xrightarrow{heat} H_3CH_2C-N=C=O \xrightarrow{H_2O} CH_2CH_3NH_2$$

如果羧基连接的碳为手性的，那么经过 Curtius 重排后，产物的构型保持不变。

2. 反应条件的影响　酰基叠氮化物在加热到 100℃ 时即可发生重排，但许多情况下都是在 Lewis 酸或质子酸的催化下进行的。重排反应可以在各种溶剂中进行，当使用苯、三氯甲烷等非质子溶剂中反应时，产物为异氰酸酯；如果在水、醇或胺中反应时，产物分别为胺、氨基甲酸酯或取代脲，这些化合物都可水解为胺。

坎地沙坦酯(Candesartan cilexetil)的中间体 2- 氨基 -3- 硝基苯甲酸乙酯的合成中就利用了 Curtius 重排反应。

$$\text{NO}_2\text{-苯-COOH,COOH} \xrightarrow[\substack{(2)\ SOCl_2}]{\substack{(1)\ CH_3CH_2OH/H_2SO_4 \\ (3)\ NaN_3,heat}} \text{NO}_2\text{-苯-NH}_2\text{,COOCH}_2CH_3$$

6- 氮杂嘌呤(6-Azapurine)衍生物的合成也可以采用 Curtius 重排反应。

$$\xrightarrow{NH_2NH_2} \xrightarrow{HNO_2} \xrightarrow{COCl_2}$$

六、Schmidt 重排

羧酸、醛和酮在酸性条件下和叠氮酸(HN₃)反应,经重排分别得到胺、腈和酰胺的反应,称为 Schmidt 重排。该方法与 Hofmann 重排和 Curtius 重排一样,都是由羧酸制备比原来的羧酸少 1 个碳原子的胺,这 3 种方法可以根据原料的不同进行选择。相比而言,Schmidt 重排反应的优点是只需一步反应即可,操作简便;缺点是反应条件较为强烈。

(一) 反应通式及机制

$$R\text{COOH} + HN_3 \xrightarrow{H^{\oplus}} RNH_2 + CO_2 + N_2$$

$$R\text{CHO} \xrightarrow{HN_3} RCN + N_2 + H_2O$$

$$R^1\text{CO}R^2 \xrightarrow{HN_3} R^1\text{CONH}R^2 + N_2$$

$$R\text{COOH} \xrightarrow{H^{\oplus}} R\text{-C}^{\oplus}(OH)(OH) \xrightarrow{HN_3} R\text{-C}(OH)(OH)\text{-N}_3 \xrightarrow{-H_2O} R\text{-C}(OH)=N\text{-}N^{\oplus}\equiv N$$

$$\xrightarrow[\text{heat}]{-N_2} R\text{-N}=C=O \xrightarrow[-CO_2]{H_2O} RNH_2$$

$$R\text{CO}R' \xrightarrow{H^{\oplus}} R\text{-C}^{\oplus}(OH)(R') \xrightarrow{HN_3} R\text{-C}(OH)(R')\text{-N}_3 \longrightarrow$$

$$R\text{-C}(OH)(R')\text{-N}(H)\text{-}N^{\oplus}=N \longrightarrow R\text{-C}(OH)\text{-N}(H)\text{-}R' \longrightarrow R\text{CONH}R'$$

醛的 Schmidt 重排中为氢迁移而不是烷基迁移,从而得到腈。

(二) 反应影响因素及应用实例

1. 反应物结构的影响 采用 Schmidt 重排合成脂肪族胺,特别是长链的脂肪族胺,收率一般都很高。芳胺的产率差异较大,具有立体位阻的酸产率较高。

$$C_{16}H_{33}COOH \xrightarrow{HN_3/H_2SO_4} C_{16}H_{33}NH_2$$

各种二烷基酮、芳香族酮、烷基芳酮和环酮都能与 HN_3 反应。不对称二烷基酮由于两个烷基都能进行迁移,生成的酰胺为混合物。但当一个烷基具有较大的体积时,其优先迁移。与 HN_3 反应的速率,以二烷基酮和脂环酮为最大,脂芳酮其次,二芳基酮最慢。二烷基酮和环酮的反应速率也比羧酸和羟基快,因此,这两类酮的分子中即使存在羧基和羟基,对形成酰胺也都无影响。

醛类进行 Schmidt 反应生成腈的应用较少。

除了使用叠氮化钠外,也可以使用烷基叠氮化物,此时可以直接得到 N- 取代的酰胺。

2. 迁移基的影响　在酮的 Schmidt 重排时哪个烷基优先发生迁移其实并不清楚,因此产物中哪种结构占主要也很难预测,这也是利用二烷基酮合成酰胺的缺陷。在脂 - 芳酮的反应中,除非脂肪烷基的体积很大,一般都是芳基优先迁移。

另外,在重排反应中存在亚胺过渡态,而亚胺具有顺、反异构体,但反式异构体更稳定,由于大基团与重氮基处于反式,因此在进行重排时,发生类似于 Beckmann 重排反应的反位迁移,即大的基团优先迁移。如果迁移的基团具有手性,经过重排后,其构型保持不变。

3. 催化剂的影响　Schmidt 重排反应是在酸催化下进行的,常用的酸为浓硫酸。但一些对酸敏感或易发生磺化的反应物则不宜使用。一种解决方法是将 NaN₃ 与浓硫酸在三氯甲烷或苯中反应,分离出有机相,再与反应物进行反应,或者使用 TFA 和 TFAA 的混合物代替硫酸。

例如,以 L-(+)- 天门冬氨酸(L-Aspartic acid)为原料,经 Schmidt 重排,得到 L-(+)-2,3-二氨基丙酸[L-(+)-2,3-Diaminopropionic acid],再经环化反应得到重要的单环 β- 内酰胺(β-lactam)原料。

(L-Aspartic acid)　　　　　　　　　　　　　　　　　　　(β-lactam)

新的吗啡生物碱(Morphine alkaloids)类似物也可以通过 Schmidt 反应制备。双环酮溶解在 TFA 之后,在室温下慢慢滴加饱和的叠氮酸钠(NaN₃)水溶液,30 分钟后反应液加热到 65℃,持续 4 小时,得到所需要的七元环的内酰胺(88%)。稍微过量的 HN₃ 形成少量的四氮唑副产物。

以分子内的 Schmidt 反应作为关键步合成了箭毒蛙碱(Dendrobatid alkaloid 251F)。

(Dendrobatid alkaloid 251F)

七、Baeyer-Villiger 重排

酮在酸的催化下与过氧酸反应生成酯称为 Baeyer-Villiger 氧化,在反应过程中酮的 1 个基团迁移到氧原子上,该反应也称为 Baeyer-Villiger 重排反应。

（一）反应通式及机制

（二）反应影响因素及应用实例

1. 反应物结构的影响　各种酮（链状酮和环状酮）包括 α- 二酮和醛都可以进行 Baeyer-Villiger 重排反应，但是能形成烯醇的 β- 二酮不宜进行 Baeyer-Villiger 重排。不对称酮在进行 Baeyer-Villiger 重排反应时，产物结构取决于羰基两端连接的基团的迁移能力，如果迁移的基团为手性的，则迁移后基团的构型不变。醛进行 Baeyer-Villiger 重排反应后的产物为羧酸而不是甲酸酯，即发生氢的迁移，相当于醛直接氧化为羧酸。

利用甲基酮 Baeyer-Villiger 重排反应，其产物醋酸酯经水解，可以得到所需的醇或酚，这也是一种制备酯、醇和酚的方法。

2. 迁移基的影响　在 Baeyer-Villiger 重排反应中，不对称酮的重排产物结构取决于基团的迁移能力。在重排中，基团的迁移能力顺序为叔烃基 > 仲烃基 > 苄基、苯基 > 伯烷基 > 环丙基 > 甲基。

就苯环而言，当对位带有取代基时，取代基对苯环迁移能力的影响顺序为 $CH_3O>$

$CH_3>H>Cl>NO_2$，与取代基的供电子能力一致。

上面的基团迁移顺序并非一成不变，如果两个基团的迁移能力相差不大，使用强氧化剂氧化有时得到两个基团都重排的混合产物，为了避免这种情况的发生，可以选择氧化能力弱的过氧化物，如过氧乙酸进行氧化。

3. 氧化剂的影响　在 Baeyer-Villiger 重排反应中，常用的氧化剂有过氧醋酸、过氧苯甲酸、过氧三氟醋酸、间氯过氧苯甲酸（m-CPBA），一般使用过氧三氟醋酸比较好，一方面它的氧化能力较强，另一方面产物的后处理比较简单。如果反应在磷酸氢二钠缓冲溶液中进行，可以避免过氧化三氟醋酸与产物进行酯交换，产率可以达到 80%~90%。但是使用有机过氧酸会对环境造成污染，因此，在工业化生产中几乎不用有机过氧酸。

一般 Baeyer-Villiger 重排反应都是在酸性条件下进行的，酸起催化剂作用。此外，也可以用 Lewis 酸类如 $SnCl_4$ 等，它们能够与酮羰基之间发生络合作用，进而活化酮羰基，使 H_2O_2 或 O_2 容易进攻酮羰基，促进重排反应的进行。

固体水滑石及类水滑石对 Baeyer-Villiger 重排反应具有比较高的催化活性，不仅反应的产率较高，而且催化剂在反应后可以很好地分离回收再利用。由于 Fe^{3+}、Cu^{2+} 等变价金属离子可以和水滑石类的碱性中心发生协同作用，所以 Fe^{3+}、Cu^{2+} 等变价金属离子的加入能明显提高 Baeyer-Villiger 重排反应的转化率和产率。同样，可以使用过渡金属络合物为催化剂，例如以手性铂做催化剂催化不对称的 Baeyer-Villiger 重排反应，或以 Co^{3+}（Salen）做催化剂催化手性的 3-取代的环丁酮生产相应的内酯，同样取得了较好的产率和较高的 e.e. 值。

例如降血脂药环丙贝特（Ciprofibrate）的合成中采用 Baeyer-Villiger 重排。

苯甲酸苯酯可以通过二苯甲酮用过酸氧化得到。

此外,酮用间氯过氧化苯甲酸(m-CPBA)氧化时可以引入两个氧原子,形成碳酸酯。

$$R-\underset{O}{C}-R \xrightarrow{m\text{-CPBA}} RO-\underset{O}{C}-OR$$

八、Bamberger 重排

N-芳基羟胺在强酸水溶液中重排为对氨基苯酚的反应称 Bamberger 重排。这是合成对氨基苯酚最重要的途径,因为 N-羟基芳胺可以由相应的硝基化合物还原制得。

(一)反应通式及机制

(二)反应影响因素及应用实例

1. 反应物结构的影响　Bamberger 重排的反应物可以是 N-羟基苯胺、含有取代基的 N-羟基苯胺,也可以是 α-硝基萘经部分还原得到的 N-羟基萘胺。当苯环对位有烷基取代基时,产物为相应的亚胺环己二烯醇,然后烷基可以进一步重排得到取代对氨基酚。

2. 副反应 由于 Bamberger 重排反应是分子间反应,而不是分子内的重排,其重排中间体为 4- 亚胺 -2,5- 环己二烯正离子。因此,如果反应在醇、醇的 HCl 溶液等具有亲核能力的溶剂中反应,就会产生对烷氧基苯胺、对氯苯胺等副产物。

环状酰胺的 N- 羟基也能发生 Bamberger 重排反应得到烷氧基取代的芳烃,如瓣月胺 (Eupolauramine) 的合成。

(Eupolauramine)

九、Fries 重排

酚酯或酚醚在 Lewis 酸催化下进行加热重排,生成邻、对 - 羟基芳酮或烷基酚的反应称为 Fries 重排。其中烯丙基苯酚醚的重排比较特殊,放在 Claisen 重排一节进行介绍。

$X=O, S, NH$; $R=alkyl, COR'$, —CH_2CH=CH_2

酚酯、酚醚、酰芳胺、N- 烷基苯胺、硫代酚酯、硫代酚醚等均可发生此类反应,但由于酚醚进行重排时产率往往较低,与苯酚的直接 Friedel-Crafts 烃基化反应没有可比性。此处仅讨论酚酯重排。

(一) 反应通式及机制

酚酯重排反应:

酚醚重排反应：

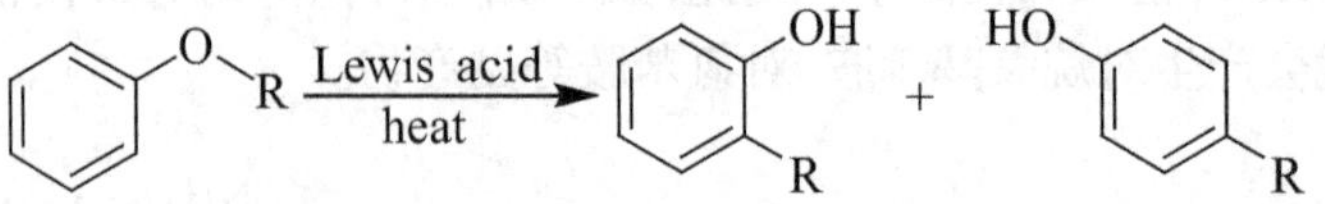

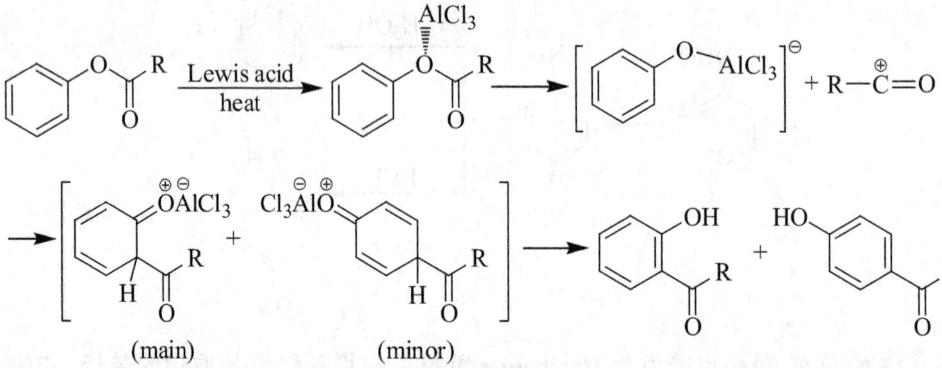

从以上反应过程可以看出，酚酯的重排应该是分子间的反应，即形成酰基正离子，在 AlCl₃ 等 Lewis 酸的催化下，进攻氧的邻、对位，而且混合酚酯在进行 Fries 重排时得到了交叉重排产物，也说明酚酯的重排属于分子间的反应。

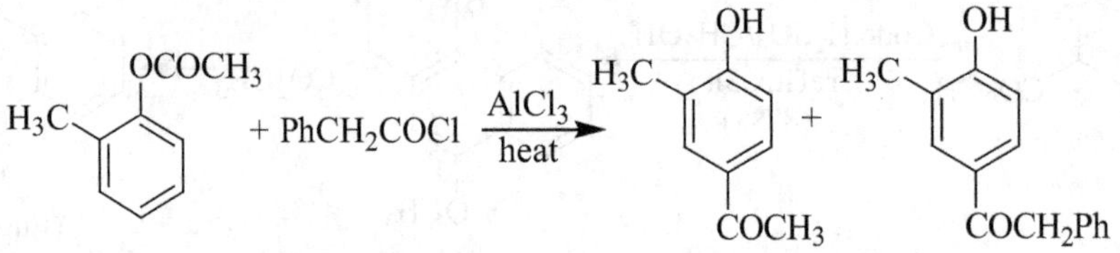

（二）反应影响因素及应用实例

1. 反应物结构的影响　Fries 重排反应对反应物有一定的要求，苯环上带有吸电子取代基的酚酯在加热条件下不能进行该反应。体积较大的酰基在进行重排时以邻位重排产物为主，当对位被占据时一般仅得邻位重排产物。另外，当酚酯的间位带有取代基时，产物以有利于满足空间要求为主。

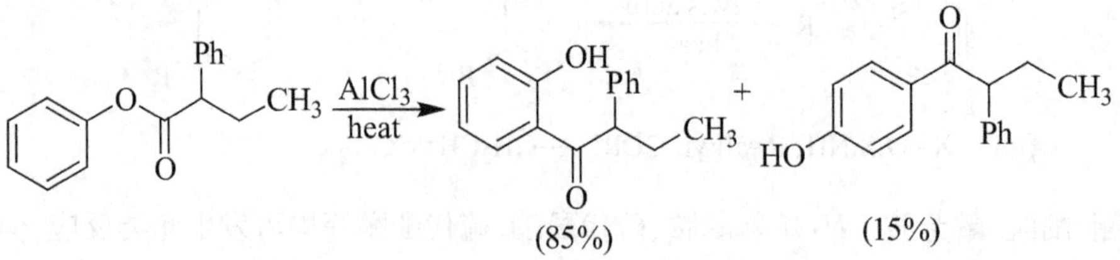

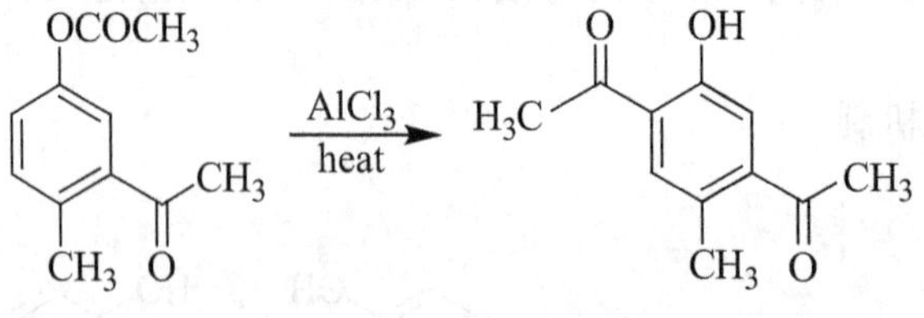

2. 催化剂的影响　Fries 重排反应需要使用与 Friedel-Crafts 反应相同的催化剂，如 AlCl₃、ZnCl₂ 等 Lewis 酸。也可以使用 PPA、TsOH、BF₃ 等为催化剂。从反应机制可知，催化剂的用量至少与酚酯等摩尔,而且催化剂的用量对邻、对位产物的比例也有影响。

酚酯:AlBr₃ 摩尔比	邻位产物(%)	对位产物(%)
1:1	31	31
1:2	25	42

3. 反应温度的影响　反应温度对产物的结构有较大的影响,低温有利于生成对位重排产物,而高温则有利于形成邻位产物,这与邻羟基苯酮能与过渡金属形成配合物而稳定有关。

4. 反应溶剂的影响　当使用 AlCl₃ 等 Lewis 酸时,不能使用质子型溶剂,此时常常采用 CHCl₃、CCl₄、氯苯、硝基苯等作为溶剂,也可以采用无溶剂条件。

氯乙酰儿茶酚(2-Chloro-3′,4′-Dihydroxyacetophenone)是肾上腺素药物的中间体,可以通过氯乙酰儿茶酚的 Fries 重排得到。

乙酰丁香酮(Acetosyringone)中间体的制备就是采用 Fries 重排方法。

第二节　亲 电 重 排

一、Favorskii 重排

α-卤代酮在碱性条件下,经重排生成羧酸或其衍生物的反应称为 Favorskii 重排。

（一）反应通式及机制

（二）反应影响因素及应用实例

1. 反应物结构的影响　Favorskii 重排的反应物可以是含有 α-氢的直链 α-卤代酮、α,α'-二卤代酮、α-卤代环酮,也可以是无 α'-氢的各种 α-卤代酮,此时,反应将按照另一种机制进行,称为半二苯乙醇酸的机制。

按照这种机制进行的重排称为拟 Favorskii 重排,两种重排反应的产物相同。

如果反应物是 α-卤代环酮,则发生缩环反应,生成环上少 1 个碳原子的环状羧酸或其衍生物,这在合成具有张力的环状羧酸类化合物中具有较大的应用价值。

如反应物为具有 α-氢的 α,α'-二卤代酮或者 α,α-二卤代酮,则进行重排时,重排产物会进一步失去卤化氢,生成 α,β-不饱和羧酸衍生物。

2. 迁移基的影响 在形成环丙酮中间体后,如果两端结构不相同,从哪一端断键决定了产物的结构。如果一端为苯环、苄基,那么断开生成苯丙酸型产物比较稳定;假如两种断裂方式的产物稳定性相差不大,那么将生成两种产物。

3. 催化剂的影响 在 Favorskii 重排反应中,可以使用醇钠、氨基钠、碱金属氢氧化物等,因此产物可以是酯、羧酸、酰胺等。

镇痛药哌替啶(Pethidine)的合成中利用了 Favorskii 重排。

非甾体抗炎药布洛芬(Ibuprofen)的合成即应用 Favorskii 重排反应。

二、Stevens 重排

α- 位带有吸电子基团的季铵盐在碱的催化下重排为叔胺的反应称为 Stevens 重排。

(一) 反应通式及机制

Z=Ph,-CH=CH$_2$,-COR,NO$_2$,et al

Z=Ph,-CH=CH$_2$,-COR,et al

(二) 反应影响因素及应用实例

1. 反应物结构的影响　各类含有 α- 吸电子基的季铵盐在碱的作用下都可以发生 Stevens 重排,生成叔胺,吸电子基团可以是酰基、酯基、芳基、乙烯基、炔基、硝基等;如果没有吸电子基团或吸电子基的吸电子能力较弱,也可以进行类似重排反应,但此时需要使用更强的碱。锍盐也可以进行 Stevens 重排,生成硫醚。

2. 催化剂的影响　在 Stevens 重排中,需根据吸电子基的吸电子强弱来选择碱的类型,一般可以使用醇钠、氢氧化钠、胺等。

3. 迁移基的影响　在 Stevens 重排中,发生迁移的主要为以下基团,其迁移能力的大小按照下列顺序:

烯丙基 > 苄基 > 二苯甲基 >3- 苯基丙炔基 > 苯甲酰甲基

带有乙烯基的季铵盐重排时,重排产物将不止 1 种,分别得到 1,2- 迁移和 1,4- 迁移产物,例如:

产物的比例与反应条件有关,增加溶剂极性和提高反应温度将有利于 1,4- 迁移。

Stevens 重排属于分子内的重排反应,如果迁移的基团为手性碳原子,迁移后其构型不发生变化,这也说明 Stevens 重排中基团发生同面 δ- 烷基迁移。

如季铵盐为环状的,在进行重排时可能发生环的扩大或缩小。

Stevens 发现含硫底物具有类似反应。

三、Sommelet-Hauser 重排

某些苄基季铵盐用氨基钠或其他碱金属氨基盐处理发生重排,1 个烃基迁移至芳环上的邻位,得到相应的 *N*- 二烃基苄基胺类,称为 Sommelet-Hauser 重排反应。

(一)反应通式及机制

(二)反应影响因素及应用实例

1. 反应物结构的影响 一般使用苄基三甲基季铵盐作为原料,苄基的芳环上可以有各种取代基。当氮上的甲基为其他基团时,常常产生竞争性迁移,产物较复杂。

三甲基苄基季铵盐经重排后,所得到的胺可经进一步季铵化,再次重排,可以得到多甲基苄胺,后经去氨基化制备多甲基苯。

当季铵盐的氮在环上时,可以形成扩环产物。

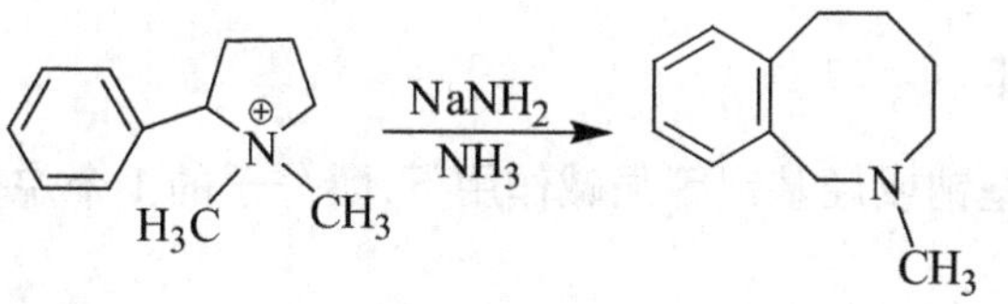

除了苄基季铵盐能进行 Sommelet-Hause 重排外,苄基锍盐也能进行类似的重排反应生成苄基硫醚。

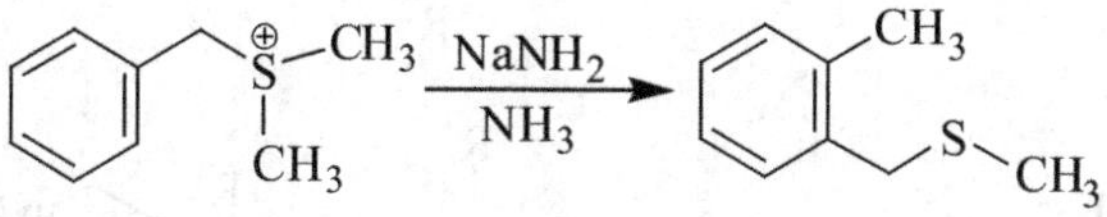

杂环的季铵盐也可以进行 Sommelet-Hause 重排。

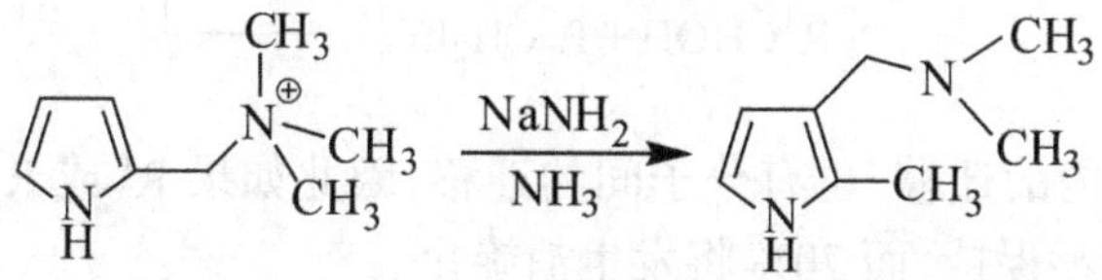

2. 催化剂的影响 在 Sommelet-Hause 重排中,一般采用 $NaNH_2$、KNH_2 作为碱,液氨为溶剂;也可以使用烷基锂(如 *n*-BuLi、异丁基锂),在惰性溶剂如己烷、四氢呋喃、1,4- 二氧六环等中进行反应。

3. 副反应 Sommelet-Hause 重排的副产物是 Stevens 重排,即两种重排为竞争性反应,高温有利于 Stevens 重排,而低温有利于 Sommelet-Hause 重排。

Stevens
(15%~20%)

Sommelet-Hause
(80%~85%)

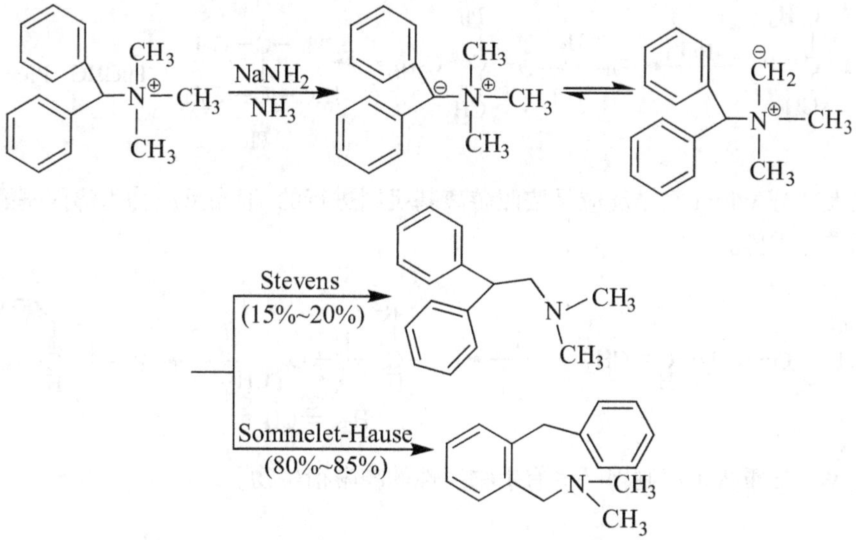

另外,如果 N 原子的 β- 位带有氢,产生烯烃产物,同时消除叔胺。

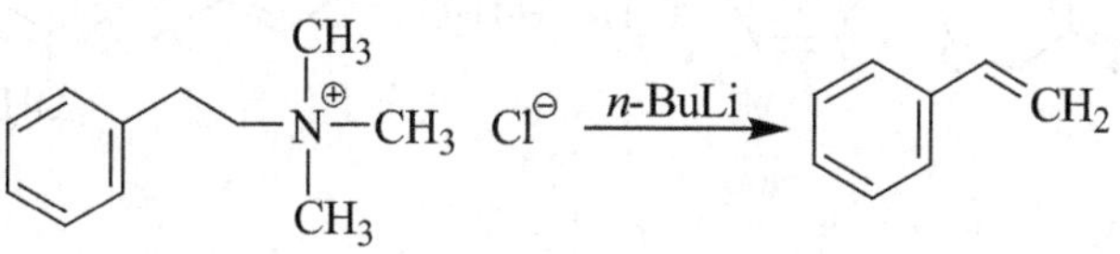

四、Wittig 重排

醚类化合物在氨基钠或烃基锂等强碱作用下,醚分子的 1 个烷基发生迁移生成醇的反应称为 Wittig 重排。

(一) 反应通式及机制

反应中既有分子内的迁移,也有分子间的迁移,因此如果 R^1 或 R^2 为手性基团时,进行重排后仅有 30% 的构型保持,而 70% 将发生消旋化。

(二) 反应影响因素及应用实例

基团的迁移顺序为烯丙基 > 苄基 > 乙基 > 甲基 > 对硝基苯基 > 苯基。

该顺序与游离基的稳定性大小一致,而与碳正离子的稳定性大小不一致,说明 Wittig 重排反应时按照游离基机制进行。下述反应的产物中有醛产生,说明该重排也可能按游离基历程进行。

虽然大部分 Wittig 重排反应是按照游离基机制进行的,但当反应物为烯丙基醚时,按照协同机制进行重排。

利用 Wittig 重排可以制得一些有生物活性的喹啉衍生物。

五、Benzil 重排(苯偶姻重排)

邻二酮在碱的作用下,重排生成 α- 羟基羧酸的反应称为 Benzil 重排或苯偶姻重排。

(一) 反应通式及机制

当使用乙醇钠、叔丁醇钾等有机碱时,产物为酯;另外,如果其中一个芳基带有吸电子,则带有吸电子基的芳基发生迁移,这与其亲核重排的机制和产生中间体氧负离子有关。

(二) 反应影响因素及应用实例

1. 反应物结构的影响　Benzil 重排的反应物一般为二苯基乙二酮,含有 α- 氢的脂肪族邻二酮在强碱作用下发生该重排与缩合反应的竞争,有时甚至只生成缩合产物。

环状邻二酮进行重排时,生成缩环的羟基酸。

2. 迁移基的影响   不对称二苯基乙二酮进行重排时,当苯环上取代基为吸电子的基团时,则含有取代基的苯环发生迁移;反之,如果取代基为给电子的,则无取代基苯环发生迁移。这可以用中间体二醇负离子的电荷被吸电子基团分散而稳定加以解释。

苯妥英钠(Phenytoin sodium)是利用 Benzil 重排得到二苯基羟基醋酸,然后与尿素环合得到的。

(Phenytoin sodium)

3. 催化剂的影响   除了使用无机碱 KOH 外,也可以使用醇钠,此时生成酯而不是羧酸的盐。醇钠的 RO—部分不能含有 α-氢,否则得不到重排产物,而是发生氧化还原反应,烷氧部分被氧化为酮或醛。

六、Neber 重排

酮用羟胺处理生成肟,肟经转化为对甲苯磺酸酯,再经碱(如乙醇钾或吡啶)处理发生重排得到 α-氨基酮,该反应称为 Neber 重排反应。

（一）反应通式及机制

（二）反应影响因素及应用实例

Neber 重排的反应物一般为脂肪酮、脂芳酮,但是醛肟的对甲苯磺酸酯一般不能进行重排反应。Neber 重排不是立体专一性反应,顺式和反式酮肟的对甲苯磺酸酯生成相同的产物。

如果酮羰基两侧均有 α-H,形成碳负离子的位置取决于其酸性,如果 α-H 的酸性相差不大,则得混合重排产物。

多巴胺-8 受体（Dopamine receptor-8）选择性激动剂 PD128907 的合成中采用 Neber 重排在羰基 α-位引入氨基。

（PD128907）

七、Wolff 重排（Arndt-Eistert 反应）

酰氯与重氮甲烷反应生成的 α-重氮甲基酮进而重排为乙烯酮,再与亲核试剂反应生成羧酸、酯、酰胺等。其中由 α-重氮甲基酮重排为乙烯酮的过程称为 Wolff 重排,以 Wolff 重排合成比原有羧酸多 1 个碳的羧酸或其衍生物的反应称为 Arndt-Eistert 反应。

（一）反应通式及机制

（二）反应影响因素及应用实例

1. 反应物结构的影响　Wolff 重排的反应物为各种脂肪酸、环烷酸、芳香酸等,只要其结构中不含能与重氮烷或乙烯酮反应的基团都适合用于 Wolff 重排反应。

Wolff 重排反应的结果是在原有酸的基础上增加 1 个碳原子。采用取代的重氮烷也可以进行 Wolff 重排,生成含有更多碳原子的羧酸。

2. 催化剂的影响 Wolff 重排反应可以在光、加热或过渡金属的催化下进行。反应介质可以是惰性非质子溶剂、水、胺(氨水)或醇,α- 重氮甲基酮首先重排为烯酮中间体,最终产物为羧酸、酯、酰胺或取代酰胺。

L-β- 高苯丙氨酸[(S)-3-Amino-4-phenylbutanoic acid]可以通过 Wolff 重排制得。

[(S)-3-Amino-4-phenylbutanoic acid]

Wolff 重排在螺[4,5]癸 -2,7- 二酮(Spiro [4,5]-deca-2,7-dione)的合成中也有应用。

第三节　σ- 键迁移重排

分子内 σ- 键迁移而发生的重排反应称为 σ- 键迁移重排,简称 σ- 迁移。最常见的是共轭双键体系中,与共轭双键相连的碳原子上的氢或其他基团随着 σ- 键的移位,迁移到另一端碳上,也称为[i,j]σ- 键迁移反应。包括 H [1,j]σ- 键迁移和 C [i,j]σ- 键迁移,如 Cope 重排和 Claisen 重排反应(均属于[3,3]σ- 键迁移)。

一、H [1,j]σ- 键迁移

在共轭双键中,与共轭碳相连的碳原子上的氢从 C-1 或 C-i 迁移到 C-j 上,同时与之相关的双键全部发生移位,称为 H[1,j]σ- 键迁移。碳骨架保持不变,只是双键位置发生变化。

(一)反应通式及机制

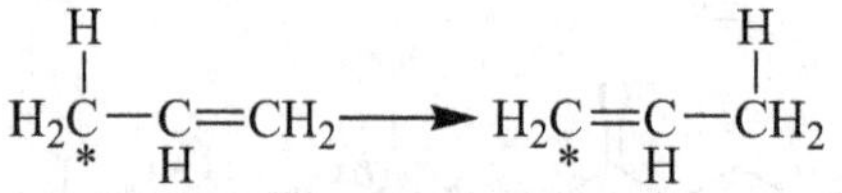

$$H_2\overset{*}{C}-\overset{\overset{\displaystyle H}{|}}{C}=CH_2 \longrightarrow H_2\overset{*}{C}=\overset{\overset{\displaystyle H}{|}}{C}-CH_2 \quad H[1,3]迁移$$

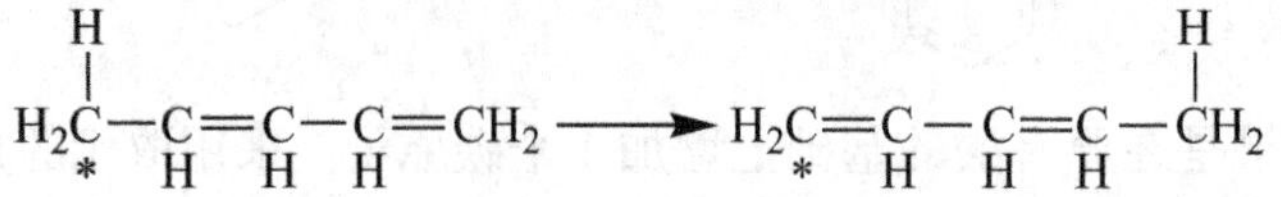

$$H_2\overset{*}{C}-\overset{\overset{\displaystyle H}{|}}{C}=\overset{|}{C}-\overset{|}{C}=CH_2 \longrightarrow H_2\overset{*}{C}=\overset{\overset{\displaystyle H}{|}}{C}-\overset{|}{C}=\overset{|}{C}-CH_2 \quad H[1,5]迁移$$

(二)反应影响因素及应用实例

根据 Hückel 分子轨道中的前线轨道理论,3 个碳原子组成共轭体系的分子轨道,烯丙基正离子、游离基和负离子相应含有 2、3 和 4 个电子,对于烯丙基正离子来说,ψ_1 是 HOMO;对后两者来说,基态时 ψ_2 是 HOMO;相应地,ψ_3 就是 LUMO 轨道。同样地,对于 5 个碳原子的共轭体系而言,ψ_2 是戊二烯正离子的 HOMO,ψ_3 是戊二烯游离基和负离子的 HOMO,它们的分子轨道图如下:

基态时烯丙基游离基的前线分子轨道图 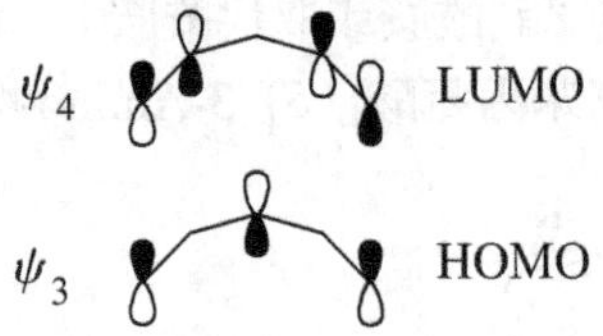　　　基态时戊二烯游离基的分子轨道图

由于氢原子轨道为球形对称,因此在加热条件下,H[1,3]σ- 键迁移为异面迁移;对于戊二烯而言,在加热条件下,H[1,5]σ- 键迁移为同面迁移。由于在激发态时,HOMO 轨道的波函数与基态时相反,因此迁移正好与对应的基态迁移方向相反。对于 H[1,j]σ- 键迁移选择规则,可以归纳为如表 9-1 所示的选律。

表 9-1　H[1,j]σ- 键迁移的选律

H[1,j]σ- 键迁移	加热(基态)	光照(激发态)	H[1,j]σ- 键迁移	加热(基态)	光照(激发态)
[1,3]	异面	同面	[1,7]	异面	同面
[1,5]	同面	异面	[1,9]	同面	异面

当然,H[i,j]σ- 键迁移反应在合成上的意义并不大,因为该重排反应可以不断进行下去,如果底物为共轭多烯的末端再连接 1 个甲基,产物是相同的;连接更长链的烷基时,如果反应时间足够长,会生成多种共轭烯烃的混合物。只有当两个双键中间间隔 1 个饱和碳时,进行重排得到共轭双键才有制备价值。

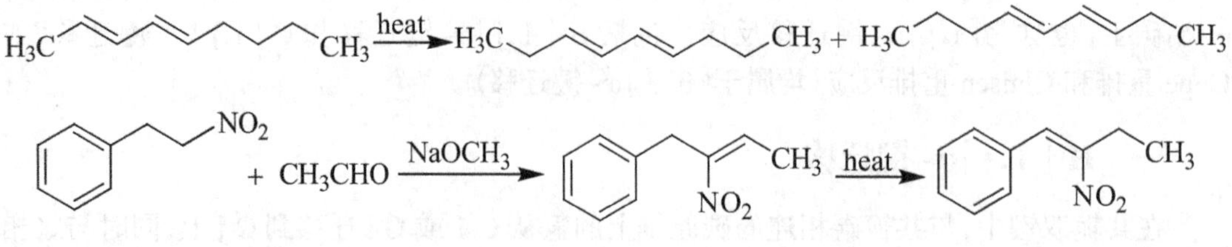

二、C [1,j]σ- 键迁移

与共轭双键相连的碳原子可发生 C [1,j]σ- 键迁移,随着 σ- 键的移位,碳原子迁移到另一端碳上,也称为 C [i,j]σ- 键迁移。C [i,j]σ- 键迁移在基态时,C [1,3]σ- 键迁移属于同面迁移,C [1,5]σ- 键迁移属于异面迁移。相对于 H [1,j]σ- 键迁移而言,C [1,j]σ- 键迁移要复杂得多。如果迁移的碳原子为手性的,那么加热时进行 C [1,3]σ- 键迁移时,碳的手性发生翻转。

C[1,3]迁移时,构型翻转　　　　　　　　C[1,5]迁移时,构型不变

(一) 反应通式及机制

(二) 反应影响因素及应用实例

几乎所有的烯烃都可以进行 C [1,3]σ- 键迁移,虽然按照选律 C [1,3]迁移为同面迁移中构型发生变化的反应,但下面的反应中构型并没有变化,说明在迁移过程中构型保持不变比构型翻转更为有利。

C [1,3]σ- 键迁移在光照条件下进行时,由于没有构型的翻转,比较容易进行。下面的例子中由于环的刚性,即使在加热条件下发生重排反应时也不会发生构型翻转。

同样,C [1,5]σ- 键迁移在加热条件下进行时也因没有构型的翻转,比较容易进行。

环状化合物带有环外双键时也可以进行重排扩环,特别是具有较大张力的环丙烷和环丁烷。重排过程中,环张力对反应的贡献较大。

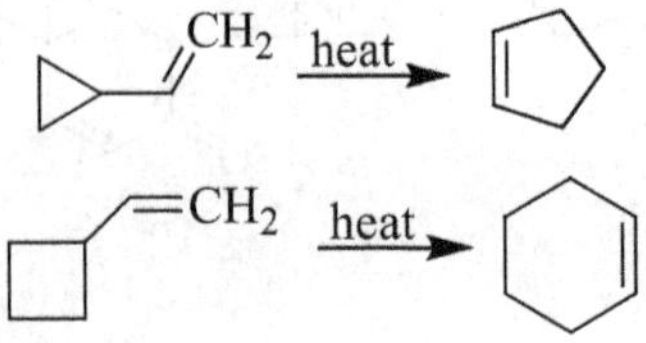

环丙基或双键上也可以带有各种取代基:

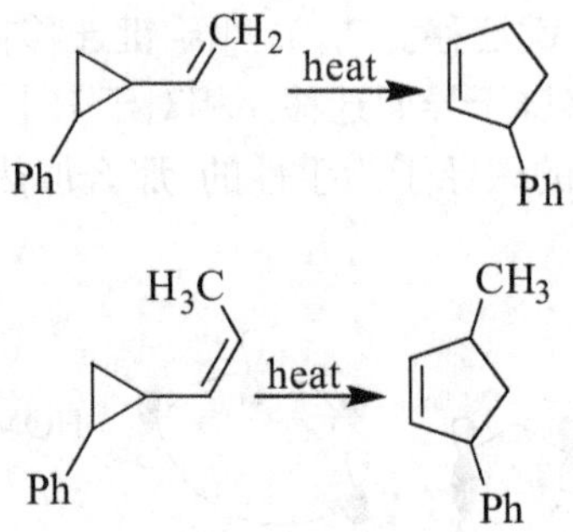

上述的 C[1,3]迁移一般在原理上都能进行,但是往往需要非常高的温度(400~600℃),因此在制备上无意义。但是,如果在环上有两个强吸电子基团,并在催化剂的作用下,重排温度可以大幅降低。

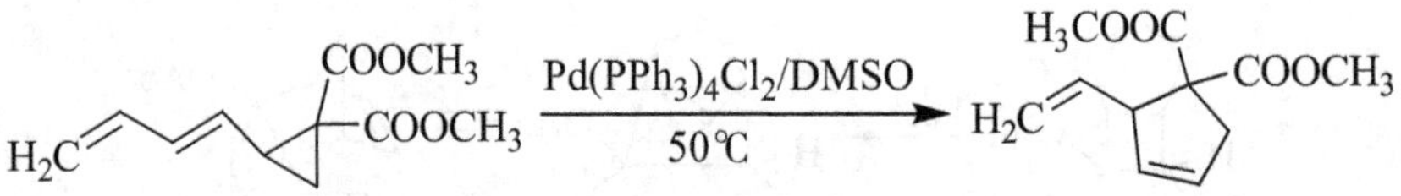

对于含有杂原子的双键也可以发生 C[1,j]迁移。

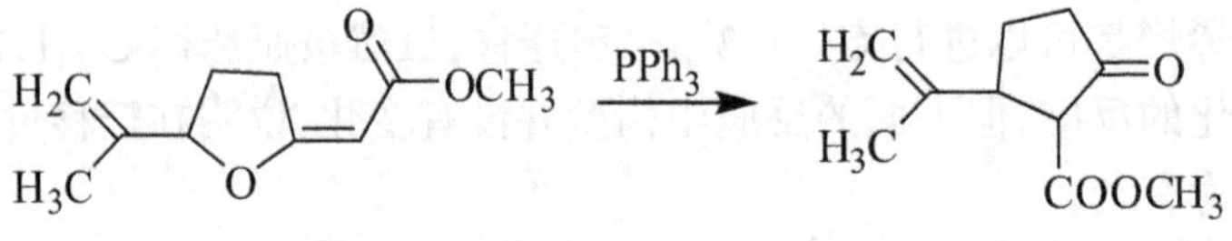

三、Cope 重排

C[1,3]迁移反应中,碳链上不含杂原子的1,5-二烯通过 C[3,3]δ-迁移发生异构化的反应称为 Cope 重排。重排过程属于协调机制。

(一) 反应通式及机制

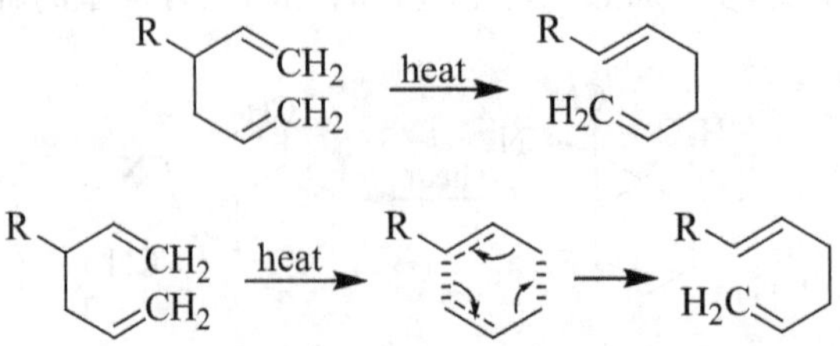

（二）反应影响因素及应用实例

1. 反应物结构的影响　链状或环状的 1,5- 二烯都可以进行 Cope 重排,当两个乙烯基连接在一个环的邻位时,进行 Cope 重排得到环扩大的产物,张力较大的环如 1,2- 二乙烯基环丙烷、1,2- 二乙烯基环丁烷进行重排时,由于产物更加稳定,所以收率也非常高;如果两个乙烯基处于顺式,则反应非常容易进行,所需温度较低,而两个乙烯基处于反式时,需较高的温度才能进行,因为需要在较高温度下实现顺反结构的转化。

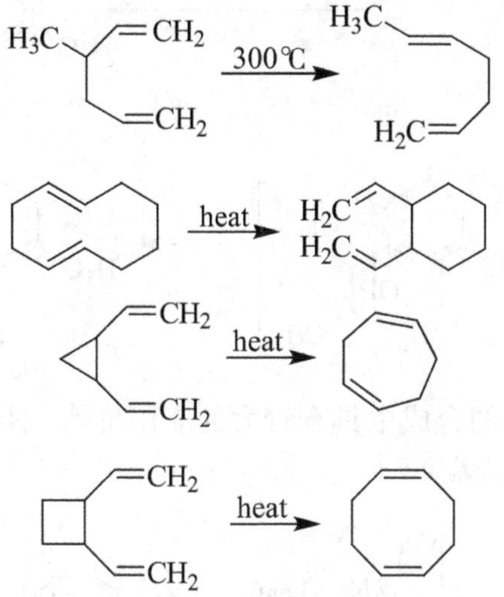

如果在 1,5- 二烯的 3- 位带有能与烯烃共轭的基团时,重排反应进行的温度可以大大降低,这可能与产物含有共轭双键更加稳定有关。同时,含有这些基团的反应物进行重排时,收率也非常高(90%~100%)。

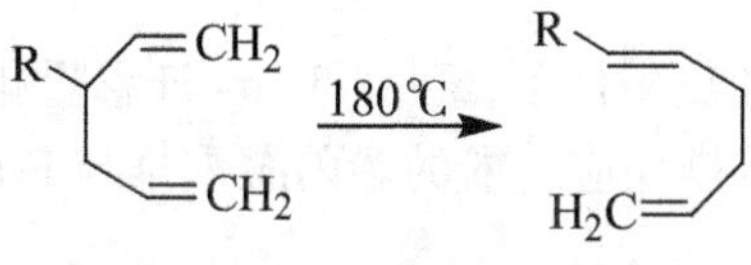

R=COOR′,COR′,CN,CH=CH₂,Ph

如果在 1,5- 二烯的 3- 位有羟基,由于产物为烯酮(醛),酮的稳定性远远大于烯醇,因而重排产物的收率也非常高。此时,在反应介质中加入碱(如 KH、NaH),能显著增加反应速率,重排生成的烯醇盐水解后变为醛或酮。

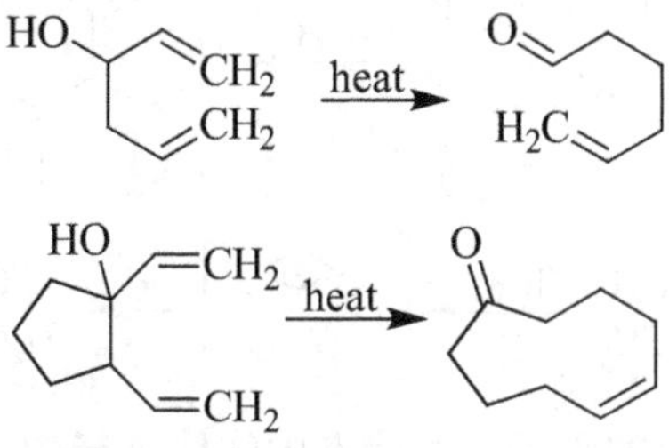

2. 反应条件的影响　Cope 重排一般在加热条件下进行,但是很多化合物需要非常高的温度才能进行重排,此时可以加入过渡金属化合物或强碱作为催化剂,可以显著降低重排温度,甚至在室温下即可进行。

由 3- 甲基 -2- 环己烯酮与 3- 甲基丁烯 -2- 锂进行 1,2- 加成,再经 Cope 重排得到倍半萜。

Cope 重排在天然产物的合成中具有较大的应用价值。β- 乙烯基取代的双环烯通过 Cope 重排得到扩环的顺式二烯烃。

四、Claisen 重排

烯醇或酚的烯丙基醚在加热条件下,经[3,3]σ- 迁移重排成 γ,δ- 不饱和醛、酮或邻烯丙基酚的反应,称为 Claisen 重排反应。酚的烯丙醚重排与 Fries 重排相同,也是在 Lewis 酸的催化下进行的。

(一)反应通式及机制

该重排反应是通过分子内的六元环过渡态中间体进行的,属于协同反应。

(二)反应影响因素及应用实例

1. 反应物结构的影响　对于酚的烯丙基醚而言,只要苯基的两个邻位和对位没有完全被取代基占据,这类酚的烯丙基醚都可以发生 Claisen 重排,该类反应可以看作 Fries 重排的

特例。如果两个邻位被占据，则生成对位烯丙基苯酚；如果苯基没有其他取代基，则生成的
2-烯丙基苯酚占优势，但也会生成少量的 4-烯丙基苯酚。

炔丙基的乙烯基醚在加热条件下也可以进行 Claisen 重排，得到丙二烯基醛或酮。

烯丙基苯基硫醚也可以进行 Claisen 重排，得到硫酚。

N-炔丙基-*α*-萘胺同样也可以进行 Claisen 重排，得到丙二烯基取代的 *α*-萘胺，继而
发生双键移位，最后进行 Diels-Alder 反应。

N-烯丙基季铵盐同样可以进行 Claisen 重排，得到叔胺。

酚的烯丙基醚重排到对位时，实际上经过两次［3,3］σ-迁移，如果以放射性核素标记的
烯丙基为例，重排到邻位时，烯丙基发生反转；而重排到对位时，烯丙基没有发生反转，实际

上是经过两次 Claisen 重排得到的,即首先重排到邻位,形成烯丙基反转的苯酚,进一步重排到对位上,烯丙基再一次反转。

2. 反应条件的影响　Claisen 重排反应通常可以在无溶剂和催化剂的条件下直接加热进行。但有时可在 N,N- 二甲基苯胺或 N,N- 二乙基苯胺中进行,当有 NH_4Cl 存在时有利于反应的进行。

杀虫剂菊酯的中间体环丙基羧酸可以通过 Claisen 重排得到。

香草醛(Vanillin)也可以通过 Claisen 重排得到。

第四节　其他重排反应

一、二苯联胺重排

N,N'- 二苯基联胺在酸催化下,重排为联苯二胺的反应称为二苯联胺重排。

(一) 反应通式及机制

在反应过程中首先两个氮被质子化,然后发生[5,5′]σ-迁移反应重排,得到的4,4′-二亚联苯胺再失去质子,得到产物。

反应也产生2,4′-和2,2′-二氨基联苯。

当对位有不易脱除的取代基如甲基时,则产生 *N*-(4-甲基苯基)邻苯二胺和 *N*-(4-甲基苯基)对苯二胺。

(二)反应影响因素及应用实例

重排反应的类型和速率受芳环上取代基的影响。在重排过程中,有些取代基(特别是吸电子取代基)可脱除,脱除顺序按—SO₃H、—COOH>RC(O)—、—Cl>—OR 递减。而 *N*-叔酰胺、RC(O)NR、仲胺基、NR₂ 与烷基不脱落。

重排反应可在惰性溶剂和80~130℃的无酸性条件下进行。溶剂极性越强,重排也越快。但热重排的区域选择性不如酸催化的重排。

芳环上一个对位被占据时,重排得对苯二胺;若两个对位都被占据,则得邻苯二胺。二苯联胺的重排反应属于分子内的重排,用不同的二芳基肼进行反应,不会形成交叉产物。

在相同条件下,硫酸催化的收率明显高于盐酸催化的重排。

此外,反应温度对重排产物的收率有很大影响,一般情况下,联胺重排反应都是在接近0℃的条件下进行的。

二、Michaelis-Arbuzov 重排(亚磷酸酯的重排)

亚磷酸三烷基酯与卤代烷作用,生成烷基膦酸二烷基酯和一个新的卤代烷的反应,称为Arbuzov 反应,亦称为 Michaelis-Arbuzov 重排。

(一)反应通式及机制

亚磷酸三烷基酯与卤代烷反应,首先生成不稳定的中间体鏻盐化合物,然后脱去 1 个卤代烷生成烷基膦酸二烷基酯。

(二) 反应影响因素及应用实例

当亚磷酸三酯中的 3 个烷基不同,在失去烷基形成卤代烷时,主要是碳正离子稳定性最大的基团发生重排而离去,形成卤代烷。

$$
\underset{\substack{|\\ OC_2H_5}}{\overset{\substack{OC_2H_5\\|}}{PhH_2CO-P}} + RX \longrightarrow \underset{\substack{|\\ OC_2H_5}}{\overset{\substack{OC_2H_5\\|}}{PhH_2CO-\overset{\oplus}{P}-R}} X^{\ominus} \longrightarrow \underset{\substack{|\\ OC_2H_5}}{\overset{\substack{OC_2H_5\\|}}{O=P-R}} + PhCH_2X
$$

乙烯利(Ethephon)是一种重要的植物生长调节剂,其一条重要的合成方法就是经 Michaelis-Arbuzov 重排反应制备,首先生成亚磷酸三(2-氯乙酯),反应液中存在的 1,2-二氯乙烷再进攻磷原子,继而发生重排。

$$
\triangle\!\!\!\overset{O}{} \xrightarrow{PCl_3} P(OCH_2CH_2Cl)_3 \xrightarrow{ClCH_2CH_2Cl} \underset{\substack{|\\ OCH_2CH_2Cl}}{\overset{\substack{O\\\|}}{ClH_2CH_2C-P-OCH_2CH_2Cl}} \xrightarrow{HCl} \underset{\substack{|\\ OH}}{\overset{\substack{O\\\|}}{ClH_2CH_2C-P-OH}}
$$

(Ethephon)

本 章 要 点

1. 重排反应为有机化合物分子结构发生变化的反应。按照重排过程中间体的状态,重排反应可以分为碳正离子重排、碳负离子重排、游离基重排、协同重排等;按照基团属于分子内还是分子间的迁移,可以分为分子内重排和分子间重排。

2. 离子型重排过程中,基团的迁移能力在不同类型的重排反应中,会有所不同,即使迁移能力大的基团也可能由于分子内的空间阻碍,而使基团的迁移顺序发生变化。同时反应物分子中所带有的基团不同,会影响离子的形成位置,越有利于离子稳定的取代基,越容易在其邻位形成离子,如给电子基团有利于碳正离子的稳定,而吸电子取代基有利于碳负氧离子的稳定,芳环由于产生离域作用,可以使碳正离子或碳负离子的电荷加以分散而稳定,从而对稳定离子更为有利。然而事实上,在碳正离子的重排中,如 Wagner-Meerwein 重排、Demyanov 重排和 Pinacol 重排中,基团的迁移能力顺序为:

$$
\overset{OCH_3}{\underset{}{\bigcirc\!\!\!\!\bigcirc}} > \bigcirc\!\!\!\!\bigcirc > \overset{Cl}{\underset{}{\bigcirc\!\!\!\!\bigcirc}} > R_3C- > R_2CH- > RCH_2- > CH_3- > H-
$$

在碳负离子的重排反应中,如 Stevens 重排反应,基团的迁移顺序为:

烯丙基 > 苄基 > 二苯甲基 > 3-苯基丙炔基 > 苯甲酰甲基

在 Wittig 重排反应中,基团的迁移顺序为:

烯丙基 > 苄基 > 乙基 > 甲基 >*p*-NO$_2$Ph>Ph

3. 发生重排的基团可以是从碳迁移到另一个碳上、从杂原子迁移到碳上或从碳迁移到杂原子上,就产物的稳定性而言,产物越稳定,重排越容易发生。

4. 不论何种重排反应,了解反应机制对于预测产物结构、产物比例都是非常重要的。此外,反应条件对于重排反应的发生以及按照何种机制进行也是十分重要的。例如,同样的 Wolff 重排(Arndt-Eistert 反应),在水、胺类、醇类溶剂中反应,产物分别为酸、酰胺和酯。

5. 对于手性碳的迁移,其构型是保持、翻转还是消旋化,也可以从重排类型和反应物的结构进行推测。按照分子轨道理论,C[1,3]σ- 键迁移在光照条件下没有构型的翻转,而在加热条件下会发生构型翻转;但对于刚性环,即使在加热条件下进行重排,也不会发生构型翻转。

本章练习题

一、简要回答下列问题

1. 由羰基化合物制备伯胺的反应有哪些? 其中,Schmidt 重排、Curtius 重排和 Hofmann 重排反应各在何种条件下使用?

2. 碳正离子重排和碳负离子重排中,基团的迁移能力或顺序有所不同,试以 Pinacol 重排和 Stevens 重排中取代芳基的迁移顺序加以说明。

3. 怎样利用重排反应得到多 1 个碳原子的羧酸及其衍生物? 请写出重排反应机制。

二、完成下列合成反应

1.

2.

3.

4.

$$\text{PhCOCH}_3 \xrightarrow[\text{Benzene}]{\text{Mg}} \xrightarrow{\text{H}_2\text{O}} \left[\quad \right] \xrightarrow{\text{H}^{\oplus}} \left[\quad \right]$$

5.

$$\text{PhOH} \xrightarrow[\text{KOH}]{(\text{CH}_3)_2\text{SO}_4} \left[\quad \right] \xrightarrow[\text{NH}_3(\text{l})]{\text{Na}} \left[\quad \right] \xrightarrow{\text{HCl/H}_2\text{O}} \left[\quad \right]$$

6.

$$\text{PhCOOH} \xrightarrow{\text{SOCl}_2} \left[\quad \right] \longrightarrow \text{Ph-CH(CH}_3)\text{-COOH}$$

7.

$$\text{PhOCOCH}_3 \xrightarrow[150\,℃]{\text{AlCl}_3} \left[\quad \right]$$

8.

$$\begin{array}{c}\text{H}_3\text{CH}_2\text{CO} \\ \text{H}_3\text{CH}_2\text{CO}-\text{P} \\ \text{PhH}_2\text{CO}\end{array} \xrightarrow{\text{H}_3\text{C-CH(CH}_3)\text{CH}_2\text{Br}} \left[\quad \right] \xrightarrow[(2)\ \text{HCl}]{(1)\ \text{KOH/H}_2\text{O/heat}} \left[\quad \right]$$

9.

$$\text{PhCH}_2\text{CH}_2\text{COCH}_3 \xrightarrow{\text{NH}_2\text{OH}} \xrightarrow{\text{TsCl}} \xrightarrow{\text{C}_2\text{H}_5\text{ONa}} \left[\quad \right]$$

$$\xrightarrow{(\text{Boc})_2\text{O}} \xrightarrow[(2)\ \text{HCl}]{(1)\ \text{Br}_2/\text{NaOH}} \left[\quad \right]$$

10.

$$\xrightarrow[\text{NH}_3(\text{l})]{\text{NaNH}_2} \left[\quad \right]$$

三、药物合成路线设计

根据所学知识,以 2-甲氧基萘、丙酸、NBS 等为主要原料,完成萘普生(Naproxen)的合成路线设计。

(李子成)

第十章　现代药物合成技术

现代药物合成技术（modern technology for drug synthesis）主要关注近年来发展起来的在药物合成领域应用的有机合成技术。近年来，随着化学合成技术的飞速发展，一些新概念、新反应、新方法不断被提出、被发现。现代药物合成发展趋势包括寻找高效高选择性的催化剂、简化反应步骤、开发和应用环境友好介质、减少污染，重点在于开发绿色合成路线及新的合成工艺。相转移催化合成、生物催化合成、绿色合成等技术相对于合成某一产物所用的传统技术，具有能提高反应效率、节约能源、提高反应的选择性、减少副反应、改善环境、实用性强等优点，是对经典的药物合成方法的补充和发展。本章就近年来发展迅速的几种新的合成技术及其在药物合成中的应用进行简要介绍。

第一节　相转移催化技术

一、概述

相转移催化（phase transfer catalyst，PTC）技术是指两种反应物分别处于不同的相中，彼此不能互相接触，反应就很难进行，甚至不能进行，加入少量所谓的"相转移催化剂"，使两种反应物转移到同一相中，使反应能顺利进行。

相转移催化是 20 世纪 70 年后代发展起来的一种新型催化技术，是有机合成中应用日趋广泛的一种新的合成技术。在药物合成中，经常遇到非均相反应，由于反应物之间接触面积小，所以反应速率慢，甚至不反应。传统解决方法是加入另外一种溶剂，使整个体系混溶，从而加快反应速率，但这种方法不仅增加成本，也可能引入新的杂质，不是一种理想的方法，而采用相转移催化技术就能很好地解决这一问题。相转移催化使许多用传统方法很难进行的反应或者不能发生的反应能顺利进行，而且具有选择性好、条件温和、操作简单和反应速率快等优点，具有很强的实用性。目前相转移催化技术已广泛应用于有机反应的绝大多数领域，如卡宾反应、取代反应、氧化反应、还原反应、重氮化反应、置换反应、烷基化反应、酰基化反应、聚合反应，甚至高聚物修饰等。

（一）相转移催化的原理

相转移催化作用是指一种催化剂能加速或者能使分别处于互不相溶的两种溶剂（液 - 液两相体系或固 - 液两相体系）中的物质发生反应。反应时，催化剂把一种实际参加反应的实体（如负离子）从一相转移到另一相中，以便使它与底物相遇而发生反应。相转移催化作用能使离子型化合物与不溶于水的有机物质在低极性溶剂中进行反应，或加速这些反应。以季铵盐型相转移催化剂为例，其机制如图 10-1 所示：

其中 $Q^{\oplus} X^{\ominus}$ 即为相转移催化剂（phase transfer catalyst），它的阳离子部分与试剂形成溶

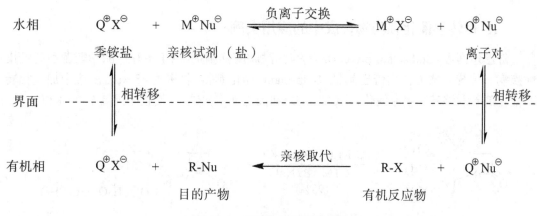

图10-1 相转移催化反应过程

于有机相的离子对,并将底物的离去部分带回水相,加快了相间传质速率,而本身不发生变化。此反应是只溶于水相的亲核试剂二元盐 $M^{\oplus}Nu^{\ominus}$ 与只溶于有机相的反应物 R—X 作用,由于两者在不同的相中而不能互相接近,反应难以进行;加入季铵盐 $Q^{\oplus}X^{\ominus}$ 相转移催化剂后,由于季铵盐既溶于水又溶于有机溶剂,在水相中 $M^{\oplus}Nu^{\ominus}$ 与 $Q^{\oplus}X^{\ominus}$ 接触时,可发生 $X^{\ominus}$ 与 $Nu^{\ominus}$ 的交换反应生成 $M^{\oplus}Nu^{\ominus}$ 离子对,这个离子对能够转移到有机相中,在有机相中 $Q^{\oplus}Nu^{\ominus}$ 与 R-X 发生亲核取代反应,生成目标产物 R-Nu,同时生成的 $Q^{\oplus}X^{\ominus}$ 转移到水相,完成了相转移催化循环。

(二)相转移催化剂

相转移催化剂是指把一种实际参加反应的化合物,从一相转移到另一相中,以便使它与底物相互接触而发生反应。常用的相转移催化剂主要有以下几类:

1. 季铵盐类 主要由中心原子、中心原子上的取代基和负离子三部分组成,它对阳离子选择性小、价廉、毒性小,应用广泛。常用的季铵盐相转移催化剂有十六烷基三甲基溴化铵(CTMAB)、苄基三乙基氯化铵(TEBA)、四丁基溴化铵(TBAB)、四丁基氯化铵(TBAC)、三辛基甲基氯化铵(TOMAC)、十二烷基三甲基氯化铵(DTAC)和十四烷基三甲基氯化铵(TTAC)等。

2. 冠醚类 又称非离子型相转移催化剂,冠醚的特殊结构使其有与电解质阳离子络合的能力,而将阴离子 OH⁻ 自离子对中分开而单独"暴露"出来,使电解质在有机溶剂中能够溶解,"暴露"出来的负离子具有更有效的亲核性。因其具有特殊的复合性能,对阳离子选择性大。常用的有 18 冠 6 聚醚(18-C-6)、15 冠 5 聚醚(15-C-5)和环糊精(CD)等。

$$1\text{-}C_8H_{17}Cl + KCN \xrightarrow{18\text{-}C\text{-}6} 1\text{-}C_8H_{17}CN + KCl$$
有机相　　　水相或固相　　　　　　有机相　　　水相或固相

3. 聚醚类 属于非离子型表面活性剂,是一种中性配体,具有价格低、稳定性好、合成方便等优点。聚乙二醇(PEG)是一种常用的聚醚类催化剂,它可用于杂环化学反应、过渡金属配合物催化的反应及其他许多催化反应中。根据 PEG 的平均分子量不同可分为 PEG-200、PEG-400、PEG-600、PEG-800 等。

二、相转移催化在药物合成中的应用实例

舒巴坦匹酯(Sulbactam pivoxil),为 β- 内酰胺酶抑制剂,用于治疗产酶耐药菌引起的染性疾病。传统合成方法由舒巴坦钠(Sulbactam)酯化制得,收率为 68%;若反应中加入相转移催化剂十六烷基三甲基溴化铵(CTMAB)和催化剂碘化钠,可使收率提高至 90% 以上。

(Sulbactam)　　　　　　　　　　　　　(Sulactam pivoxil)

乌拉地尔(Urapidil)是一种具有外周和中枢活性的新型的多靶点降压药物,其是采用以 6-(3- 氯丙基)氨基 -1,3- 二甲基尿嘧啶和 1-(2- 甲氧基苯基)哌嗪盐酸盐为原料,β-CD 为逆向相转移催化剂,水为溶剂的相转移催化反应制得的。

(Urapidil)

2-(2- 甲氧苯氧基甲基)环氧乙烷是制备抗心绞痛药物雷诺嗪(Ranolazine)的主要中间体,制备中采用 PEG-400 作为相转移催化剂。

N- 苄基 -N-(甲氧甲酰乙基)-3- 氨基丙酸甲酯是非甾体抗炎药的重要中间体,应用 TEBA 为相转移催化剂,在不影响收率的情况下,可将反应时间缩短至 3 小时。

酮康唑(Ketoconazole)是一种咪唑类广谱抗真菌药,其合成中应用相转移催化剂,可使合成反应的收率提高。

第二节 生物催化合成技术

一、概述

生物催化(biocatalysis)是指以酶或有机体(细胞、细胞器)作为催化剂来完成化学反应的过程,又称生物转化(biotransformation)。

有机化合物的生物合成和生物转化是一门以有机合成化学为主,与生物学密切联系的交叉学科,它是当今药物合成化学的研究热点和重要发展方向。酶及其他生物催化剂不仅在生物体内可以催化天然有机物质的生物转化,也能在体外促进天然的或人工合成的有机化合物的各种转化反应。酶催化具有反应条件温和、催化效率高和专一性强的优点,利用生物催化或生物转化等生物方法来合成药物的组分已成为当今生物技术研究的热点课题。

(一) 生物催化的原理

生物催化的本质是酶催化,酶是一种具有高度专一性和高催化效率的蛋白质。酶催化机制与一般化学催化剂基本相同,也是先与反应物(酶的底物)结合成络合物,通过降低反应的活化能来提高化学反应的速率。酶与其他催化剂一样,仅能加快反应的速率,但不影响反应的热力学平衡,酶催化的反应是可逆的。

Koshland 在 1958 年提出,酶的活性中心在结构上具柔性,当底物接近活性中心时,可诱导酶与底物契合而结合成中间产物,引起催化反应进行(图 10-2)。

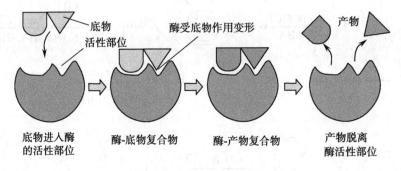

图 10-2　酶催化反应原理

(二) 生物催化剂

生物催化剂是指生物反应过程中起催化作用的游离或固定化的酶或活细胞的总称,包括从生物体主要是微生物细胞中提取出的游离酶或经固定化技术加工后的酶;也包括游离的、以整体微生物为主的活细胞及固定化活细胞。两者的实质都是酶,但前者酶保留在细胞中,后者酶则已从细胞中分离纯化。对于需要利用一种以上的酶和辅酶的复杂反应或酶不能游离使用的反应,通常采用全细胞的生物转化,否则为了简单起见则选择游离酶。两者在实际应用中各有千秋。酶催化剂具有反应步骤少、催化效率高、副产物少和产物易分离、纯化等优点,而整体细胞催化剂具有不需要辅酶的再生和制备简单等特点。生物催化剂具有高效性和高选择性,不仅有化学选择性和非对映异构体选择性,并且有严格的区域选择性、面选择性和对映异构体选择性。易于催化得到相对较纯的产品,反应条件温和,且可以完成很多传统过程所不能达到的立体专一性。

酶是生物催化剂,酶催化的反应速率比非酶催化的反应速率一般要快 106~1012 倍。而且酶催化剂用量少,一般化学催化剂的用量为催化底物的 0.1%~1%(摩尔分数),而酶催化反应中酶的用量仅为催化底物的 0.0001%~0.001%(摩尔分数)。据推测,自然界中约有 25 000 种酶,其中已被认定的有 300 多种。根据酶所催化的反应的性质不同,可将酶分成以下六大类:

1. 氧化还原酶类(oxidoreductases)　氧化还原酶是一类促进底物进行氧化或还原反应的酶类。被氧化的底物就是氢或电子供体,这类酶都需要辅助因子参与。据估计所有的生物转化过程涉及的生物催化剂有 25% 为氧化还原酶。根据受氢体的物质种类可将其分为 4 类:脱氢酶、氧化酶、过氧化物酶和加氧酶。

2. 转移酶类(transferases)　转移酶是指能促进不同物质分子间某种化学基团的交换或转移的酶类。能催化一种底物分子上的特定基团(例如酰基、糖基、氨基、磷酰基、甲基、醛基和羧基等)转移到另一种底物分子上,在很多场合供体是一种辅助因子(辅酶),它是被转移基团的携带者,所以大部分转移酶需有辅酶的参与。在转移酶中,转氨酶是应用较多的一类酶。

3. 水解酶类(hydrolases)　水解酶指在有水参加下,促进水解反应,把大分子物质底物水解为小分子物质的酶,大多不可逆,一般不需要辅助因子。此类酶发现和应用数量日增,是目前应用最广的一种酶,据估计,生物转化利用的酶约 2/3 为水解酶。水解酶中,使用最多的是脂肪酶,其他还包括酯酶、蛋白酶、酰胺酶、腈水解酶、磷脂酶和环氧化物水解酶。

4. 异构酶类(isomerases) 异构酶又称异构化酶,是指在生物体内催化底物分子内部基团重新排列,使各种同分异构化合物之间相互转化的一类酶。按催化反应分子异构化的类型,又分为消旋和差向异构、顺反异构、醛酮异构,以及使某些基团(如磷酸基、甲基、氨基等)在分子内改变位置的变位酶等几个亚类。

5. 合成酶类(ligases) 合成酶又称连接酶,是指促进两分子化合物互相结合,并伴随有 ATP 分子中的高能磷酸键断裂的一类酶。在酶反应中必须有 ATP(或 GTP 等)参与,此类反应多数不可逆。常见的合成酶如丙酮酸羧化酶(Pyruvate carboxylase)、谷氨酰胺合成酶(Glutamine synthetase)、谷胱甘肽合成酶(Glutathione synthetase)等。

6. 裂合酶类(lyases) 裂合酶是指催化从底物分子双键上加基团或脱基团反应,即促进一种化合物分裂为两种化合物,或由两种化合物合成一种化合物。裂合酶催化小分子在不饱和键(C＝C、C≡N 和 C＝O)上的加成或消除;裂合酶中的醛缩酶、转羟乙醛酶和氧腈酶 3 类酶在形成 C—C 时具有高度的立体选择性,因而日渐引起关注。

二、生物催化在药物合成中的应用实例

利巴韦林(Ribavirin)又名病毒唑,是一种广谱核苷类的抗病毒药物。可应用嘌呤核苷磷酸化酶(Purine nucleoside phosphorylase,PNPase)和嘧啶核苷磷酸化酶(Pyrimidine nucleoside phosphorylase,PyNPase)的两步酶法催化合成。

多巴胺(Dopamine)是中枢神经系统的神经传递质,也是激素降肾上腺素和肾上腺素的前体,其合成采用以 3,4- 二羟基 -L- 苯丙氨酸(L-DOPA)为底物、L-DOPA 脱羧酶(Decarboxylase)为催化剂制得。

抗病毒药阿昔洛韦(Aciclovir)主要用于单纯疱疹病毒所致的各种感染。黄嘌呤氧化酶(Xanthine oxidase)能催化各种含氮杂环化合物的区域选择氧化,利用这一性质,能有效地将

6- 脱氧阿昔洛韦氧化成阿昔洛韦。

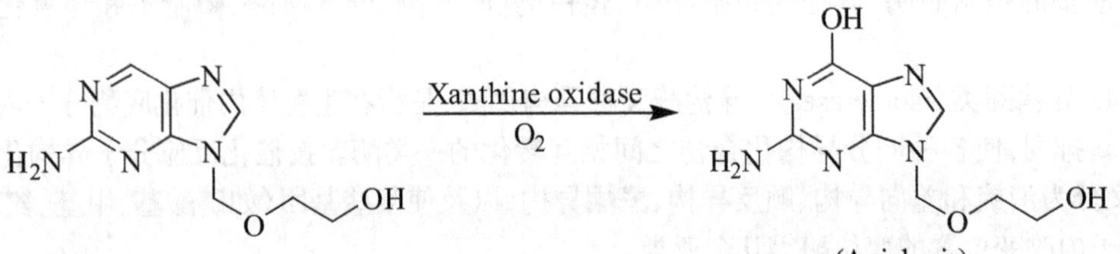

(Aciclovir)

L- 丝氨酸(L-Serine)是一个重要的药用氨基酸,采用丝氨酸羟甲基转移酶(SHMT)催化甲醛和甘氨酸,可逆地合成 L- 丝氨酸。因其具有原料价格低且来源方便、积累的产物浓度高、纯化步骤少、生产能力强等优点,是目前最有应用前景的 L- 丝氨酸生产方法。

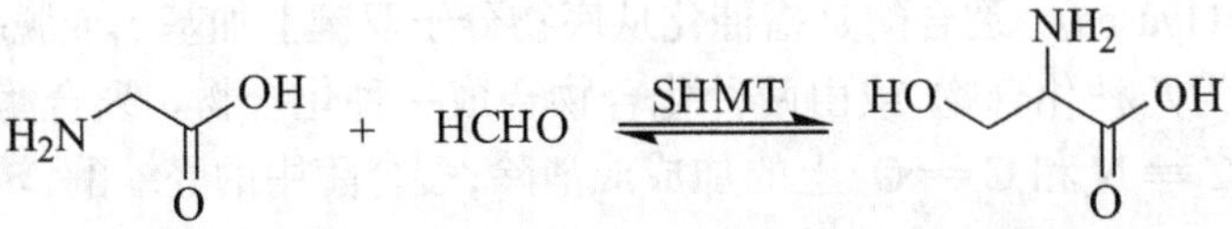

(L-Serine)

6- 氨基青霉烷酸(6-APA)是重要的半合成 β- 内酰胺类抗菌素药物的中间体之一,目前 6-APA 制备均采用青霉素酰化酶(Penicillin acylase)酶促裂解青霉素获得。

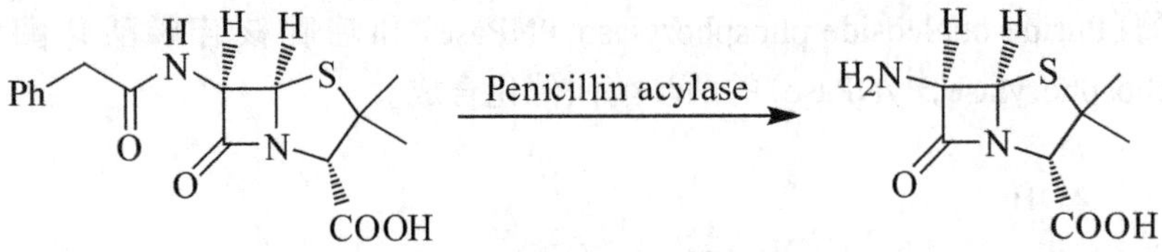

(6-APA)

奥帕拉特(Omapatrilate)是血管紧张素转化酶和肽链内切酶抑制剂,而 L-6- 羟基己氨酸是其合成的关键中间体,以氨基酸氧化酶和谷氨酸脱氢酶分两步将外消旋的 6- 羟基己氨酸转化成 L-6- 羟基己氨酸,反应转化率为 97%。

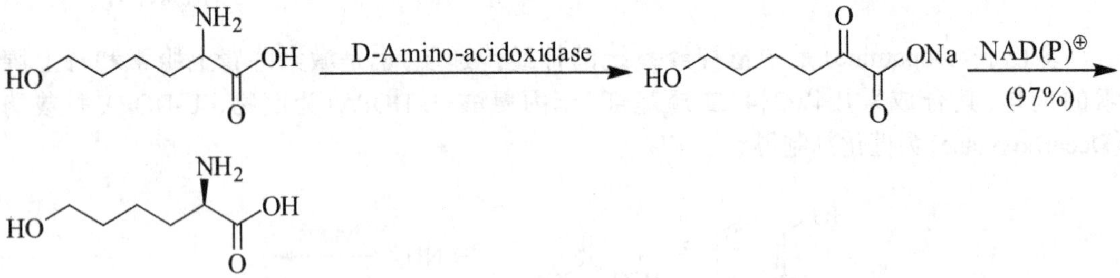

第三节   绿色合成技术

一、概述

绿色化学(green chemistry)又称环境无害化学、环境友好化学或清洁化学,是指设计和生产没有或者尽可能小的环境负作用并且在技术上和经济上可行的化学品和化学过程,是利用化学原理和方法来减少或消除对人类健康、社区安全、生态环境有害的反应原料、催化剂、溶剂和试剂、产物、副产物的使用和产生的新兴学科,是一门从源头上减少或消除污染的化学。

早在 1991 年,当时的捷克斯洛伐克学者 Drasar 和 Pavel 就已经提出了"绿色化学"的概念,呼吁研究和采用"对环境友好的化学"。1993 年,美国化学会正式提出了"绿色化学"的概念,其核心内涵是从源头上尽量减少、甚至消除在化学反应过程和化工生产中产生的污染。由于传统化学更关注如何通过化学的方法得到更多的目标产物,而此过程中对环境的影响则考虑较少,即使考虑也着眼于事后的治理而不是事前的预防。绿色化学是对传统化学和化学工业的革命,是以生态环境意识为指导,研究对环境没有(或尽可能小的)副作用、在技术上和经济上可行的化学和化工生产过程。但是,绿色化学又不同于环境治理,是通过科学研究发展从源头上不使用产生污染物的化学来解决经济可持续发展与环境保护这对原来不可协调的矛盾。它包括以下几个方面的内容:

1. 采用无毒、无害的原料和试剂。
2. 在无毒、无害的反应条件(溶剂、催化剂等)下进行。
3. 使化学反应具有极高选择性、极少的副产物,达到"原子经济性"的程度。
4. 产品应是对环境无害的。

从这几个方面可以看出绿色化学的"主旋律"即是合成化学,强调反应的原子经济性及选择性,在绿色合成化学方面的研究将推动化学学科本身的进一步发展,同时也将为化学工业带来一场革命。绿色合成化学的目标是要求任何有关化学的活动,包括使用的化学原料、化学和化工过程以及最终的产品,都不会对人类的健康和环境造成不良影响,这与药物研发的宗旨一致。因此,药物合中应贯彻"绿色化学"的思想与策略。

(一)绿色合成的原子经济性

原子经济性(atom economy)的概念是由美国化学家 Trost 首先提出的,即在获取新物质的转化过程中充分利用每个原料原子,实现"零排放",即原料中的原子得到 100% 的利用而没有任何副产物。

例如在下列类型的反应中:A+B → C+D　其中,C 为目标产物,D 为副产物。

对于理想的原子经济性反应,则 D=0,即 A+B → C。

由此可见,原子经济性即充分利用反应物中的各个原子,因而既能充分利用资源,又能防止综合化学实验污染。原子经济性可以用原子利用率(atom utilization)来衡量:

原子利用率 =(目标产物的相对分子质量 / 反应物质的相对原子质量之和)× 100%

原子经济性的反应有两个显著的优点:一是最大限度地利用了原料;二是最大限度地减少了废物的排放,减少了环境污染,适应了社会要求,是合成化学发展的趋势。

(二)绿色合成的途径

对一个有机合成,从原料到产品,要使之绿色化,首先是要有绿色的原料,要能设计出绿色的新产品替代原来的产品;其次要有更为合理、更加绿色的设计流程。从反应效率和速率方面考虑,还涉及催化剂、溶剂、反应方法和反应手段等诸多方面的绿色化。

1. 改变反应的原料　以芳香胺的合成为例,一般都是以氯代芳烃为原料,与胺进行亲核取代而合成的,而氯代芳烃是对环境累积性有害的,所以 Monsanto 公司用芳烃代替氯代芳烃为原料,即直接用氨或胺亲核取代芳烃的方法进行合成。

甲基丙烯酸甲酯（MMA）的传统合成法主要是以丙酮和氢氰酸为原料，经 3 步反应合成，原子利用率仅有 47%，并且第二步反应的副产物也是氢氰酸，因此是环境不友好的。

若采用金属钯催化剂体系，将丙炔在甲醇存在下羰基化，一步制得甲基丙烯酸甲酯。新合成路线避免使用氢氰酸和浓硫酸，且原子利用率达到 100%，是环境友好的。

2. 改变反应方式和试剂　硫酸二甲酯是一种常用的甲基化试剂，但有剧毒且具有致癌性。目前，在甲基化反应中，可用非毒性的碳酸二甲酯（DMC）代替硫酸二甲酯。

而碳酸二甲酯也曾是用剧毒的光气来合成，现在可以用甲醇的氧化羰基化反应来合成。

3. 改变反应条件　由于有机反应大部分以有机溶剂为介质，尤其是挥发性有机溶剂，这成了环境污染的主要原因之一。因而，用超临界的液体为溶剂或用含水的溶剂或以离子液体为溶剂代替有机溶剂作为反应介质，成为发展绿色合成的重要途径和有效方法。

（1）以水为反应介质：由于大多数有机化合物在水中的溶解度差，且许多试剂在水中会分解，因此一般避免用水作为反应介质。但水相反应的确有许多优点：水是与环境友好的绿色溶剂；水反应处理和分离容易；水不燃烧，安全可靠；水来源丰富、价格便宜。研究结果表明，用水做溶剂在某些反应中，比有机相中反应可得到更高的产率或立体选择性。如，

Grieco 发现在环加成反应中,以水为溶剂可提高反应速率和选择性。该反应以水为溶剂在高温剧烈搅拌,可获得理想的结果,与用苯做溶剂比较,水为溶剂使反应时间缩短且产率和选择性提高了。

有报道在近临界水(near-critical water,NCW)中,以苯甲醛和乙醛为原料,在无外加任何催化剂的条件下,可合成肉桂醛(Cinnamaldehyde)。近临界水通常是指温度在 200~350℃ 的压缩液态水。

(2) 以超临界流体为反应介质:超临界流体(supercritical fluid,SCF)的性质介于气、液之间,并易于随压力调节,有近似于气体的流动行为,黏度小、传质系数大,但其相对密度大,溶解度也比气相大得多,又表现出一定的液体行为。常用的超临界流体有 CO_2、H_2O、NH_3、CH_3OH、C_2H_6、C_3H_8 等,其中超临界 CO_2 因其临界温度较低(T_c=31.06)、临界压力适中(P_c=7.4MPa)等特点,应用最为广泛。如,以超临界 CO_2 流体($ScCO_2$)为溶剂可提高不对称氢化反应的对映选择性。

(3) 以离子液体为介质:离子液体是指全部由离子组成的液体,如高温下的 KCl 和 KOH 呈液体状态。它是一类独特的反应介质,可用于过渡金属催化的反应,利用其不挥发的优点,可方便地进行产物的蒸馏分离。因其具有物理性质可调节性的特点,可在许多场合减少溶剂用量和催化剂的使用,是一种绿色溶剂。DuPont 公司开发了在离子液体 1- 丁基 -3- 甲基咪唑四氟硼酸盐(1-Butyl-3-methylimidazolium tetrafluoroborate,[BMIM]BF₄)和异丙醇两相体系中不对称催化氢化合成手性萘普生的方法,产物的光学效率可达 80%,并且催化剂可循环使用。

二、绿色合成在药物合成中的应用实例

布洛芬(Ibuprofen)是一种非甾体抗炎药。传统的生产工艺由 6 步化学反应组成,原料消耗大、成本高,原子利用率为 40%。BHC 公司改进布洛芬的合成路线,该法合成路线短,只需 3 步,其中两步未使用任何溶剂,原子利用率为 77.4%,第一步反应中的醋酸酐还可以回收利用,符合绿色化学的思想。

苯乙酸的传统合成方法采用氰解苄氯来合成,而现在可用苄氯直接羰基化获得,这种方法避免使用剧毒的氰化物,使合成绿色化。

3,4-二甲氧基苯甲醛是合成抗过敏药曲尼司特、降压药哌唑嗪等多种医药产品的中间体,工业上是以邻苯二酚为原料,经醚化反应和 Vilsmeier 反应两步制得。有报道改变传统反应中的投料顺序,先制备好 Vilsmeier 试剂,再将反应底物滴入过量的 Vilsmeier 试剂中,可以使用较少的 Vilsmeier 试剂获得满意的收率。由于在合成中降低了氮元素和磷元素的浪费,因而提高了反应的产率,具环境友好性。

在喹啉衍生物的合成中,若是在离子液体[BMIM]$^{\oplus}$[BF$_4$]$^{\ominus}$介质中,以 FeCl$_3\cdot$6H$_2$O 为催化剂,可有效合成多种喹啉衍生物。

第四节　超声波促进合成技术

一、概述

超声波(ultrasonic waves,USW)是指振动频率大于 20kHz 以上,超出了人耳听觉的上限的声波。超声波和通常声波本质上是一致的,它们的共同点都是一种机械振动波,通常以纵波的方式在弹性介质内传播,是一种能量的传播形式;其不同点是超声频率高,波长短,在一定距离内沿直线传播具有良好的束射性和方向性。

声化学(sonochemistry)是 20 世纪 80 年代中后期发展起来的一门新兴交叉学科,它是利用超声空化效应形成局部热点,可在 4000~6000K 及压力 100MPa、急剧冷却速度达 109K/s 的极端微环境中诱发化学反应。超声波应用于化学反应能提高化学反应速率、缩短反应时间、提高反应选择性,而且能激发在没有超声波存在时不能发生的化学反应。由于超声化学具有独特的反应特性,目前受到广泛关注,是合成化学中极为重要且十分活跃的研究领域之一。

(一)超声促进反应的原理

超声波产生的特定频率的振荡能够加剧溶液中物质分子等微粒的运动,在一定条件下会增大其活化能,由于物理和化学作用的共同效应,结果导致温度变化更加剧烈,以至于在通常条件下不易发生的化学反应获得了较为有利的反应条件,从而促进反应物微粒的裂解和新的自由基的形成,最终使化学反应速率大大提高,并降低了实验或生产成本。在进行超声反应时,存在于液体中的微气核空化泡在超声波的作用下振动,当声压达到一定值时发生生长和崩溃的动力学过程,产生空化效应(cavitation)。大量的研究表明,空化效应可能是化学效应的关键,其原理在于当超声波在液体中传播时,由于液体微粒的剧烈振动,会在液体内部产生小空洞。这些小空洞迅速胀大和闭合,导致液体微粒之间发生猛烈的撞击作用,从而产生几千到上万个大气压的压强。微粒间这种剧烈的相互作用,会使液体的温度骤然升高,起到搅拌作用,从而使两种互不相溶的液体发生乳化,并且加速溶质溶解,加速化学反应。

(二)超声促进反应的特点

1. 超声催化对于许多有机反应尤其是非均相反应,具有显著的加速效应,并且可以提高反应产率,减少副产物。例如,在超声辐射下,用 KMnO$_4$ 氧化苯甲醇成苯甲醛,10 分钟产率可达 90%,而不用超声波时产率只有 29%。

2. 空化泡爆裂可以产生促进化学反应的高能环境(高温和高压),其强大的能量可导致原有基团键的破裂,并形成活动性强的新的自由基,溶剂结构的迅速变化促进了反应速率的加快。

3. 降低反应条件,减少生产成本。超声波产生的空化效应使溶液中出现微区和极短时间的高温、高压,但对于整个反应体系的温度和压强并没有造成明显的改变。可以提高有机合成的安全系数,同时可以降低生产设备成本及操作技术难度。

4. 可使反应在比较温和的条件下反应,减少甚至不用催化剂,简化实验操作。例如,α-氰基乙酸乙酯含有 α-H,在碱的催化下可与醛或酮发生缩合反应,传统的方法是用吡啶作催化剂加热回流,反应速率慢、产率低,利用超声波进行该反应,缩短了反应时间、大大提高了反应效率。又如,乙酸乙酯的水解实验研究,虽然在超声条件下反应的反应物的活化能也没有明显提高,然而在超声条件下的反应速率能提高 6.2 倍,在乙醇和水的混合溶剂溶液中,超声波条件下的乙酸乙酯的水解速率为无超声条件的 2.4 倍,并且水解产物的纯度较高。

5. 对于金属参与的反应,超声波可以及时去除金属表面形成的产物、中间产物及杂质,使反应面清洁,促进反应的进行。

二、超声波在药物合成中的应用实例

超声辐射在有机合成应用中的发展非常迅速,与传统的有机合成方法相比较,超声合成操作简单、反应条件温和、时间缩短、收率提高,甚至能引发某些在传统条件下不能进行的反应。超声合成涉及氧化反应、还原反应、加成反应、烃化反应、酰化反应、缩合反应、水解反应等,几乎遍及有机化学合成的各个领域。

姜酮(Zingerone)是抗炎药 6- 姜酚(Gingerol)的重要中间体,超声波辐射下,以香兰素(3- 甲氧基 -4- 羟基苯甲醛)为原料,在碱性条件下与丙酮反应 30 分钟可制得脱氢姜酮,脱氢姜酮在超声波辐射下,以 Pd/C 为催化剂,甲酸铵为氢源,甲醇为溶剂,常压下反应 10 分钟,即可获得产物姜酮。此法较未经超声处理的反应时间大大缩短,产率也提高,并且 Pd/C 催化剂可重复使用 6 次以上。

安息香(Benzoin)的主要成分为苯甲酸及松柏酸酯等,可用于配制止咳药和感冒药,还可制成局部用药。经典的安息香合成采用氰化钠或氰化钾作为催化剂,在氰酸根的作用下促使两分子苯甲醛缩合,虽然产率高,但氰化物毒性很大,既破坏环境,又影响健康。采用 VB$_1$ 代替氰酸根,在超声波条件下,以 VB$_1$ 做催化剂进行安息香的缩合,操作简便,缩合反应的时间短、温度低,收率是传统回流条件下的 2 倍以上。

β-萘乙醚是乙氧基萘青霉素的原料,以β-萘酚为原料,在超声催化下,以 DMF 为溶剂,与溴乙烷在 65℃作用 2 小时,较传统方法反应时间大大缩短,并且产物易分离。

呱西替柳(Guacetisal)是乙酰水杨酸的愈创木酚酯,具有消炎镇痛作用。在超声波作用下,该药的合成反应时间明显比传统方法缩短并且产率提高。

(Guacetisal)

第五节　微波促进合成技术

一、概述

微波(microware,MW)是指波长在 1mm~0.1m 范围内的电磁波,频率范围是 300MHz~3000GHz。微波促进合成技术指在微波条件下,利用其加热快速、均质与选择性等优点,应用于现代有机合成研究中的技术。

1986 年 Lauventian 大学的化学教授 Gedye 及其同事发现在微波中进行的 4-氰基酚盐与氯苄的反应比传统加热回流要快 240 倍,这一发现引起人们对微波加速有机反应这一问题的广泛注意。自 1986 年至今短短的 30 年里,微波促进有机反应中的研究已成为有机化学领域中的一个热点。大量的实验研究表明,借助微波技术进行有机反应,反应速率较传统的加热方法快数十倍甚至上千倍,且具有操作简便、产率高及产品易纯化、安全卫生等特点。目前实验规模的专业微波合成仪已有商品供应,但是由于现有技术的限制,目前的微波促进反应尚难以放大,工业化仍有待研发。

（一）微波促进反应的原理

直流电源提供微波发生器的磁控管所需的直流功率,微波发生器产生交变电场,该电场作用在处于微波场的物体上,由于电荷分布不平衡的小分子迅速吸收电磁波而使极性分子产生 25 亿次/秒以上的转动和碰撞,从而极性分子随外电场变化而摆动并产生热效应。又因为分子本身的热运动和相邻分子之间的相互作用,使分子随电场变化而摆动的规则受到了阻碍,这样就产生了类似于摩擦的效应,一部分能量转化为分子热能,造成分子运动的加剧,分子的高速旋转和振动使分子处于亚稳态,这有利于分子进一步电离或处于反应的准备状态,因此被加热物质的温度在很短的时间内得以迅速升高。

(二) 微波促进反应的特点

1. 加热速度快　由于微波能够深入物质的内部,而不是依靠物质本身的热传导,因此只需要常规方法 1/100~1/10 的时间就可完成整个加热过程。

2. 热能利用率高　节省能源,无公害,有利于改善反应条件。

3. 反应灵敏　常规的加热方法不论是电热、蒸气、热空气等,要达到一定的温度都需要一段时间,而利用微波加热,调整微波输出功率,物质加热情况立即无惰性地随着改变,这样便于自动化控制。

4. 产品质量高　微波加热温度均匀,表里一致,对于外形复杂的物体,其加热均匀性也比其他加热方法好。对于有的物质还可以产生一些有利的物理或化学作用。

二、微波合成在药物合成中的应用实例

目前,微波反应已应用于有机合成反应中,如环合反应、重排反应、酯化反应、缩合反应、烃化反应、脱保护反应及有机金属反应等。

红霉素环 11,12- 碳酸酯(Erythromycin cyclic 11,12-carbonate)为半合成十四元大环内酯类抗感染药物。在无相转移催化剂存在的条件下将红霉素、碳酸乙二醇内酯及碳酸钾于溶剂二氧六环中,经微波照射直接合成了红霉素环 11,12- 碳酸酯,与常规的合成方法相比,该法缩短了反应时间,避免了相转移催化剂的使用。

麻黄碱(Ephedrine)原是从植物麻黄中提取,其人工合成是以苯甲醛为起始原料,经生物转化生成(−)-1- 苯基 -1- 羟基丙酮,再与甲胺缩合生成 2- 甲基亚氨基 -1- 苯基 -1- 丙醇,最后用硼氢化钠还原获得。此反应若利用微波技术,可使缩合和还原反应时间分别缩短为 9 和 10 分钟,收率分别提高至 55% 和 64%。

尼群地平(Nitrendipine)为 1,4- 二氢吡啶类钙离子拮抗剂。利用微波反应器,间硝基苯甲醛、乙酰乙酸乙酯与 β- 氨基巴豆酸甲酯在对甲苯磺酸钠(NaPTSA)的水溶液中,经

Hantzsch 环合"一锅法"即可生成产物。与原有的合成工艺相比,环合反应时间由 8 小时缩至 30 分钟,收率由 63% 提高至 94%。此外,NaPTSA 可以回收,反应后处理简便。

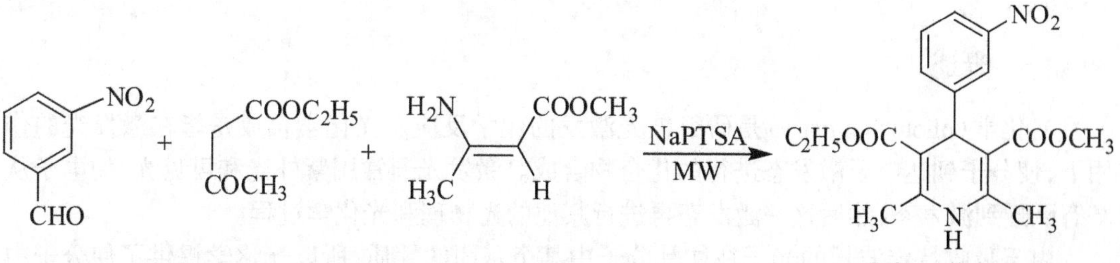

(Nitrendipine)

西地那非(Sildenafil)是美国 Pfizer 公司研发的磷酸二酯酶 5 型(PDE5)选择性抑制剂,其合成最后一步是由酰胺化合物环合生成产物,利用微波技术,在乙醇、乙醇钠体系中 120℃加热反应 10 分钟,可提高产率。

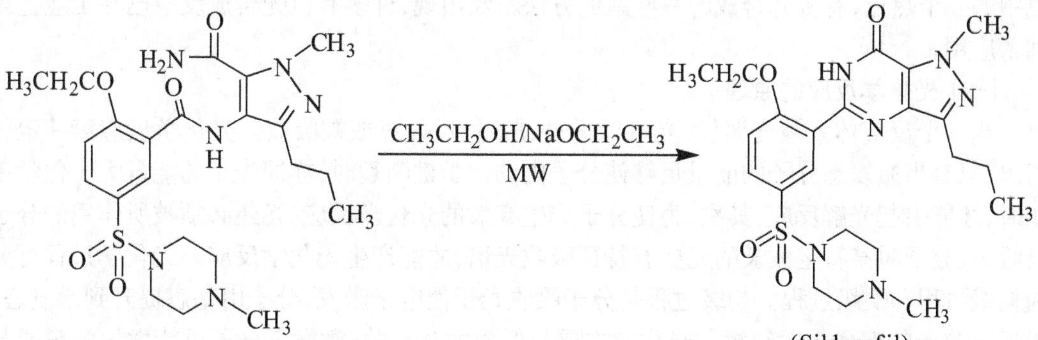

(Sildenafil)

奥沙普秦(Oxprozin)是美国 Wyeth 公司研发的非甾体抗炎药,具有消炎镇痛及解热作用。其合成过程采用 200W 微波辐射下,安息香与丁二酸酐反应的酯化物直接在醋酸、醋酸铵体系中以 300W 微波辐射环合生成产物。这种"一锅法"的反应时间由 5 小时缩短至 10 分钟,收率由 63% 提高至 72%。

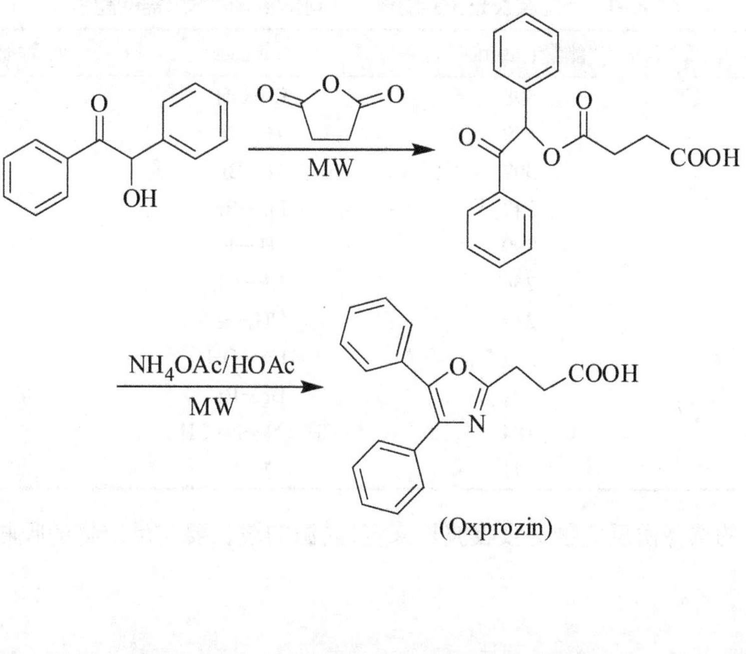

(Oxprozin)

第六节 光化学合成技术

一、概述

光化学（photochemistry）是研究被光激发的化学反应。光化学合成是指在激发光的作用下，使分子到达电子激发态进行的化合物合成。激发光通常用紫外光和可见光，使电子从基态跃迁到激发态，然后这一激发态再进行其他的光物理和光化学过程。

由于吸收特定波长的光子往往是分子中某个基团的性质，所以光化学提供了使分子中某特定位置发生反应的最佳手段，对于那些热化学反应缺乏选择性或反应物可能被破坏的体系，光化学反应更具优势。光化学反应已经广泛用于合成化学，但一般来说，有机光化学合成缺点有副产物比较多、纯度不高、分离比较困难、合成能耗大、需要特殊的专用反应器等。但它广阔的应用前景已受到化学家的关注，目前有机光化学反应的研究已成为有机合成中的一个热点，有机光合成的一些新的方法不断出现，许多有机光合成反应已在工业上得到了应用。

（一）光化学反应的原理

当一个反应体系被光照射，光可以透过、散过、反射过或被吸收。光化学反应第一定律指出，只有当激发态分子的能量足够使分子内的化学键断裂时，亦即光子的能量大于化学键能时，才能引起光解反应；其次，为使分子产生有效的光化学反应，光还必须被所作用的分子吸收，及分子对某特定波长的光要有特征吸收光谱，才能产生光化学反应。光化学过程可分为初级过程和次级过程。初级过程是分子吸收光子使电子激发，分子由基态提升到激发态，激发态分子的寿命一般较短。光化学主要与低激发态有关，激发态分子可能发生解离或与相邻的分子反应，也可能过渡到一个新的激发态上去，这些都属于初级过程，其后发生的任何过程均称为次级过程。绝大多数有机光化学反应是通过 $n \rightarrow \pi^*$ 和 $\pi \rightarrow \pi^*$ 跃迁进行的。有机物键能一般在 200~500kJ/mol 内，所以有机物分子吸收波长为 700~239nm 之间的光之后可使键断裂，发生化学反应（表 10-1）。

表 10-1 不同波长光子的能量与不同化学键断键所需的能量

波长	能量（kJ/mol）	单键	键能（kJ/mol）
200	598	H—OH	498
250	479	H—Cl	432
300	399	H—Br	366
350	342	Ph—Br	332
400	299	H—I	299
450	266	Cl—Cl	240
500	239	CH_3—I	235
550	217	HO—OH	213
600	199	Br—Br	193
650	184	$(CH_3)_2N$—$N(CH_3)_2$	180
700	171	I—I	151

光源波长的选择由反应物的吸收波长来定，光源的波长要与反应物的吸收波长相匹配。

常见有机化合物的吸收波长见表 10-2。

表 10-2 常见有机化合物的吸收波长

有机化合物	波长（nm）	有机化合物	波长（nm）
烯	190~200	苯乙烯	270~300
共轭脂环二烯	220~250	酮	270~280
共轭环状二烯	250~270	共轭芳香醛、酮	280~300
苯及芳香体系	250~280	α,β- 不饱和酮	310~330

（二）光化学反应的特点

1. 光是一种非常特殊的生态学上清洁的"试剂"。
2. 光化学反应条件一般比热化学温和。
3. 光化学反应能提供安全的工业生产环境，反应基本上在室温或低于室温下进行。
4. 有机化合物在进行光化学反应时，不需要进行基团保护。
5. 在常规合成中，可通过插入一步光化学反应大大缩短合成路线。

（三）光化学反应类型

1. 光氧化反应 光氧化反应是指分子氧对有机分子的光加成反应。光氧化过程有以下两种途径：

（1）Ⅰ型光敏氧化：指有机分子 M 的光激发态 M· 和氧分子的加成反应。通过激发三线态的敏化剂（sensitizer）从反应分子 M 中提取氢，使 M 生成自由基，自由基将 O_2 活化成激发态后，激发态氧分子与反应分子 M 反应。

$$M \xrightarrow[\text{sensitizer}]{hv} M \cdot \xrightarrow{O_2} MO_2$$

（2）Ⅱ型光敏氧化：指基态分子 M 与氧分子激发态 $O_2 \cdot$ 的加成反应。通过激发三线态的敏化剂将激发能转移给基态氧，使氧生成激发单线态 $^1O_2$，$^1O_2$ 与反应分子生成过氧化物，对于不稳定的过氧化物可进一步分解。

$$O_2 \xrightarrow[\text{sensitizer}]{hv} {}^1O_2 \xrightarrow{M} MO_2$$

常用的光氧化敏化剂主要是氧杂蒽酮染料，如玫瑰红、亚甲蓝和芳香酮等。

2. 光还原反应 光还原反应一般指光照条件下氢对某一分子的加成反应，此反应是通过羰基 $n \to \pi^*$ 激发的三线态进行的，产物相对较复杂，并且溶剂对量子产率的影响较大。例如，醌类光解还原时，激发态醌由溶剂中夺取氢生成半醌自由基，歧化后得到醌和二酚。

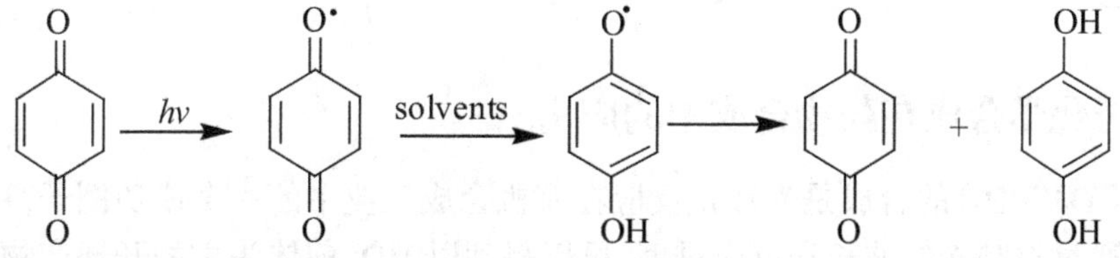

3. 光消除反应 光消除反应是指那些受激光激发引起的一种或多种碎片损失的光反

应。光消除反应可导致叠氮、偶氮化合物失去氮分子或氧化氮,羰基化合物失去一氧化碳,砜类化合物失去二氧化硫等的损失。例如:

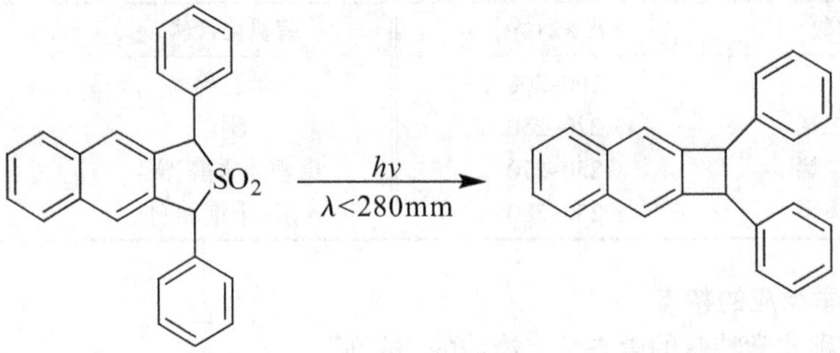

4. 光重排反应 光照下,芳香族化合物侧链可发生重排,产物与热反应重排相同,但反应历程不同。

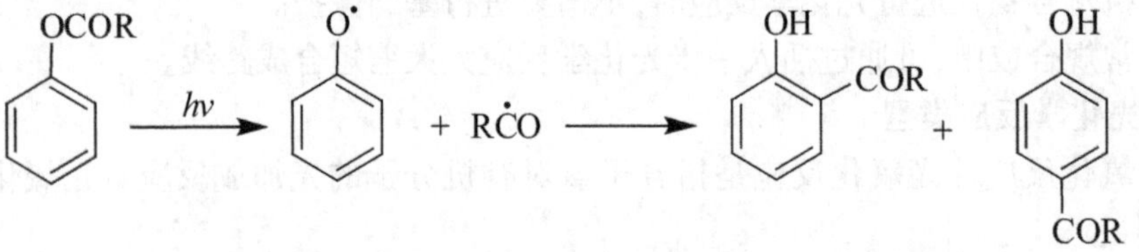

5. 光取代反应 芳环上光取代反应类型较多,类型较复杂,并非都有一定的普遍规律,如下面的亲核取代和亲电取代反应。

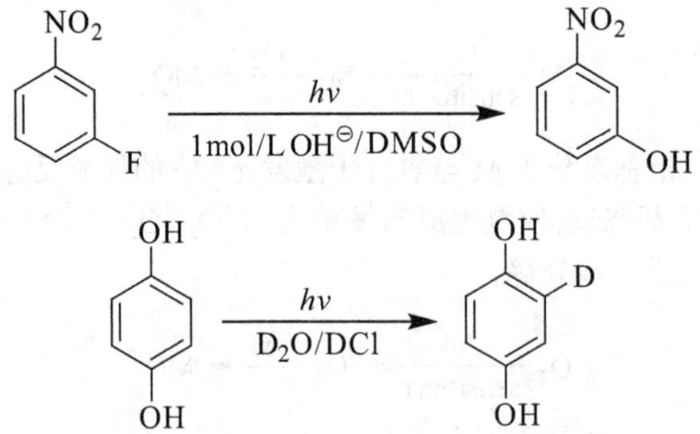

6. 光加成反应 苯在光照下产生的单线态中间体可与烯烃发生 1,2- 加成、1,3- 加成和 1,4- 加成反应。

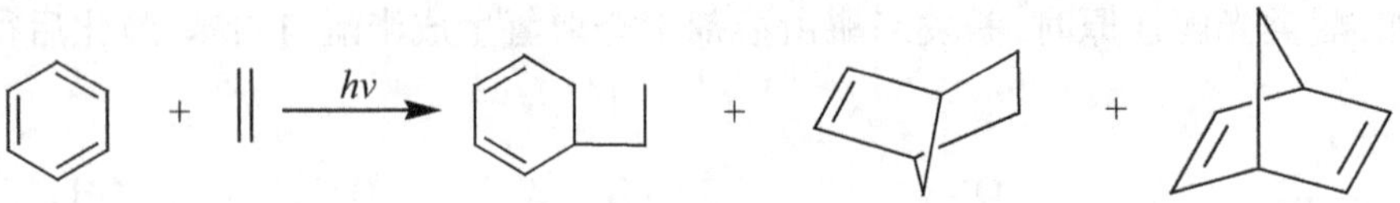

二、光化学合成在药物合成中的应用

维生素 D_3(VD_3)的合成是光环化反应在有机合成工业中的一个成功例子,首先利用光开环反应,通过控制光的波长和反应进度,可以得到以 VD_3 前体为主的开环产物,再进一步经过 σ- 迁移、H- 迁移而获得 VD_3。

性激素中的黄体酮(Progesterone)可由相应的烯胺与单线态氧($^1O_2$)发生Ⅱ型光敏氧化反应获得。

第七节 电化学合成技术

一、概述

电化学合成法(electrosynthesis)是一种以电子作为试剂,通过电子得失来实现化合物合成的一种技术。

1894年柯尔贝(H. Kolbe)研究了各种羧酸溶液的电解反应,通过电解戊酸溶液制备了正辛烷,后来发现一系列脂肪酸都可以通过电解脱羧法合成较长链的烃,此反应称为柯尔贝反应。通式如下:

$$2RCOO^{\ominus} + 2H_2O \longrightarrow R-R + 2CO_2 + 2OH^{\ominus} + H_2$$

柯尔贝反应一般以高浓度的羧酸钠盐做原料,在中性或弱酸性环境中进行电解。电极以铂制成,阳极产生烷烃和二氧化碳,阴极产生氢氧化钠和氢气。羧酸的碳数一般在10个左右。该方法一般被用作由短链脂肪酸合成长链烷烃,是最早实现工业化的有机电合成反应。

时至今日,电化学合成涉及了电镀、纳米材料合成以及电化学的其他众多领域,应用范围愈来愈广,有"古老的方法,崭新的技术"之称。由于电化学合成反应是通过反应物在电极上得失电子实现的,一般无需加其他试剂,因此可在常温常压下进行。

(一) 电化学反应的原理

在热化学中,两个分子紧密接触并通过电子运动形成一种活化络合物,再进一步转变成产物。在反应过程中,两个分子并不彼此接触,它们通过电解池的外界回流远距离交换电子。在热化学中,反应历程确定后,反应活化能不能改变;而电化学活化能可通过调节加在电极上的电压得到改变(图 10-3)。

热化学反应过程　　A　+　B　$\longrightarrow$　[AB]　$\longrightarrow$　C　+　D

电化学反应过程　阴极　A　+　e　$\rightleftharpoons$　$[Ae]^{\ominus}$　$\longrightarrow$　C

　　　　　　　　阳极　B　−　e　$\rightleftharpoons$　$[B]^{\oplus}$　$\longrightarrow$　D

总反应　　　　A　+　B　$\longrightarrow$　C　+　D

图 10-3　热化学与电化学反应过程

(二) 电化学反应的特点

1. 在电解中能提供高电子转移的功能。这种功能可以使之达到一般化学试剂所不具有的氧化、还原能力,如特种高氧化态和还原态的化合物可被电解合成出来。

2. 合成反应体系及其产物不会被还原剂(或氧化剂)及其相应的氧化产物(或还原产物)所污染。

3. 能方便地通过调节电极电势和电流密度等来精确控制反应程度和反应产物的种类、形貌及粒度等,且可有选择性地进行氧化或还原,从而制备出许多特定价态的化合物。对简化反应步骤、提高合成效率以及控制副反应的发生都有极大的益处。

4. 由于电氧化还原过程的特殊性,能制备出其他方法不能制备的许多物质和聚集态。

(三) 电化学反应的类型

1. 直接电合成法　许多合成有机化合物的化学反应中包含着电子的转移,将这些反应安排在特定的电解池中进行,使反应直接在电极上发生,获得目标产物即为直接电合成法。例如,以铝阳极电解相应的甲基芳基酮合成相应的乳酸。

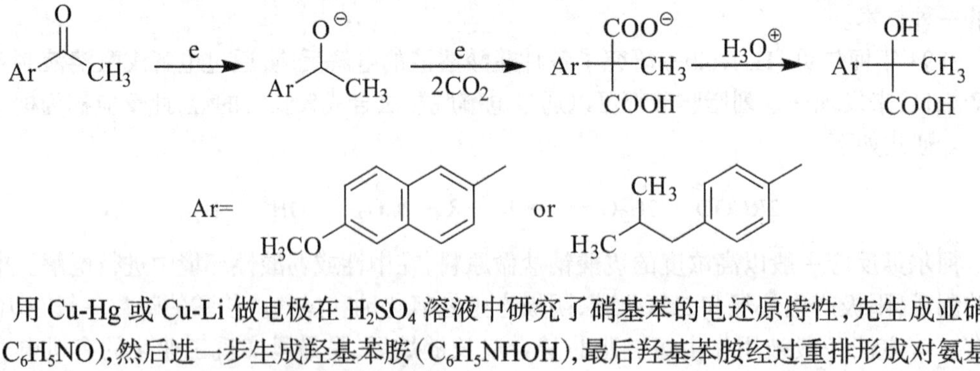

用 Cu-Hg 或 Cu-Li 做电极在 H_2SO_4 溶液中研究了硝基的电还原特性,先生成亚硝基苯(C_6H_5NO),然后进一步生成羟基苯胺(C_6H_5NHOH),最后羟基苯胺经过重排形成对氨基苯酚(酰胺类解热镇痛药对乙酰氨基酚的中间体)。

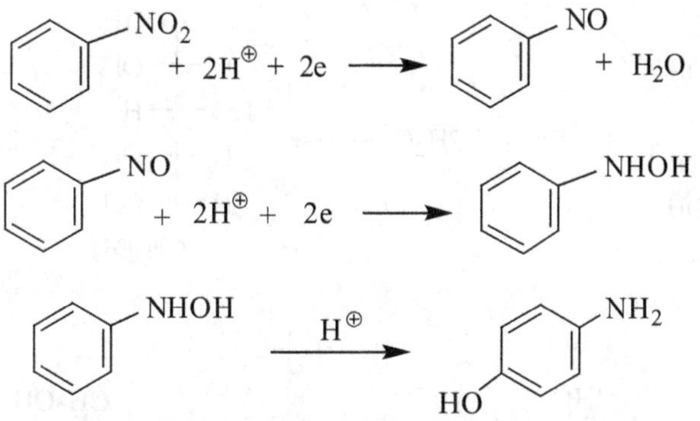

2. 间接电合成法 通过一种传递电子的媒质与有机化合物反应,生成目标产物。与此同时,媒质发生了价态的变化,变化后的媒质经电解再生,再生后的媒质又可重新与反应物反应,生成目标产物。如用 Pb 电极做阳极,在 H_2SO_4 介质中以 Mn^{2+} 作为电荷传递剂,利用电催化作用,将甲苯间接氧化合成苯甲醛(芳酸类药物的中间体)。

电解反应:

$$Pb^{2\oplus} \longrightarrow Pb^{4\oplus} + 2e$$

$$2Mn^{2\oplus} + Pb^{4\oplus} \longrightarrow 2Mn^{3\oplus} + Pb^{2\oplus}$$

合成反应:

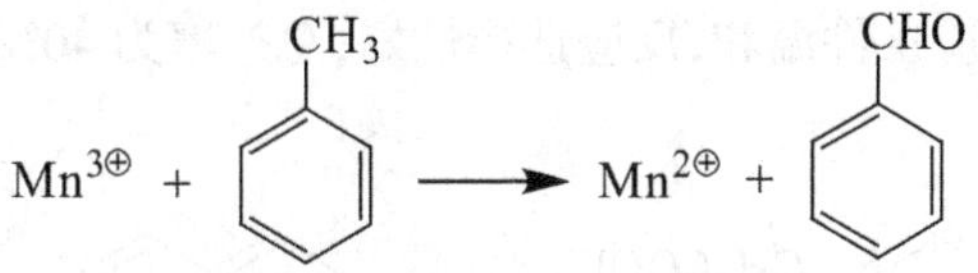

用 Pb 电极做阳极,铈的硫酸盐作为媒质,三氯甲烷做溶剂,在 20~40℃下 Ce^{4+} 电解液将对甲基苯甲醛氧化成茴香醛(芳酸类药物的中间体)。

电解反应:

$$Ce^{3\oplus} \longrightarrow Ce^{4\oplus} + e$$

合成反应:

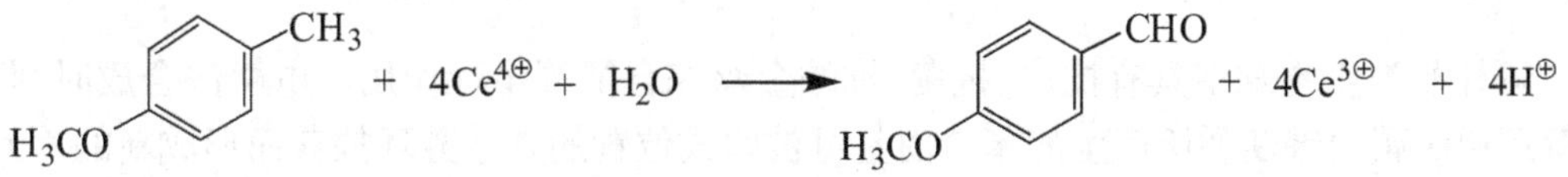

3. 成对电合成法 成对电合成是指在同一电解槽中,阴极和阳极同时得到各自的产物,或同时得到同一种产物的合成技术。具有如下优点:可提高电流效率,理论上可达到 200%;由于阴、阳极可同时出产品,大大提高了电合成的效率,可降低生产成本。例如,以 NaBr 为氧化媒质和支持电解质,在阳极间接将葡萄糖电氧化成葡萄糖酸,阴极则将葡萄糖直接还原为药物中间体山梨醇。

阳极反应:

$$2Br^{\ominus} \xrightarrow{-2e} Br_2$$

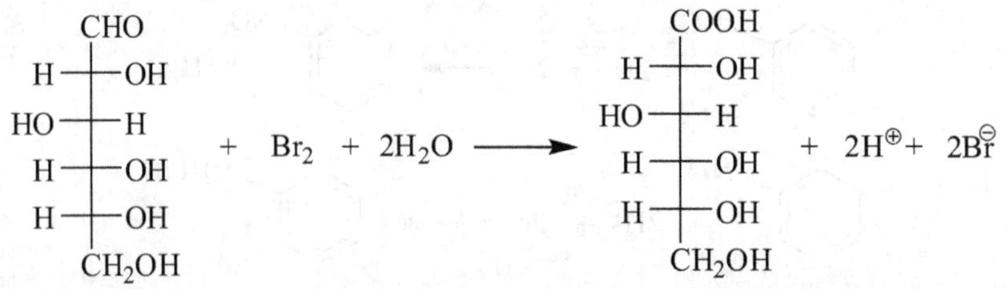

阴极反应：

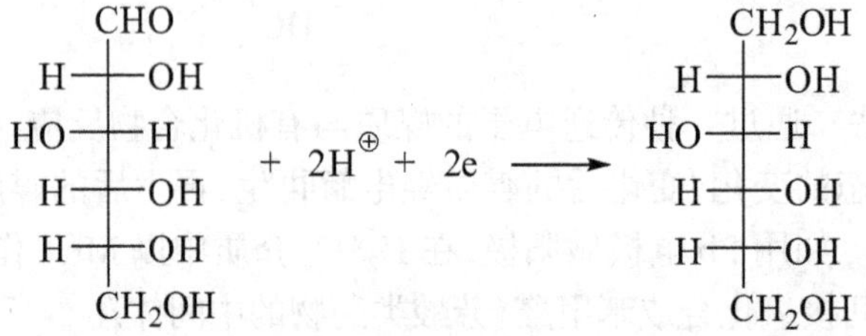

二、电化学合成在药物合成中的应用

非甾体抗炎药 *dl*- 萘普生(Naproxen)是以 β- 萘甲醚为原料，经酰化、电还原、催化氢化 3 步合成，反应过程中使用不锈钢或石墨做电解阴极，反应性金属镁或铝作为阳极，*N*,*N*- 二甲基甲酰胺做溶剂，在无隔膜电解槽中电解制得的，电解反应过程中持续通入二氧化碳气体。该法反应步骤少、反应条件温和，反应选择性好，总产率为 40%，较化学法高。

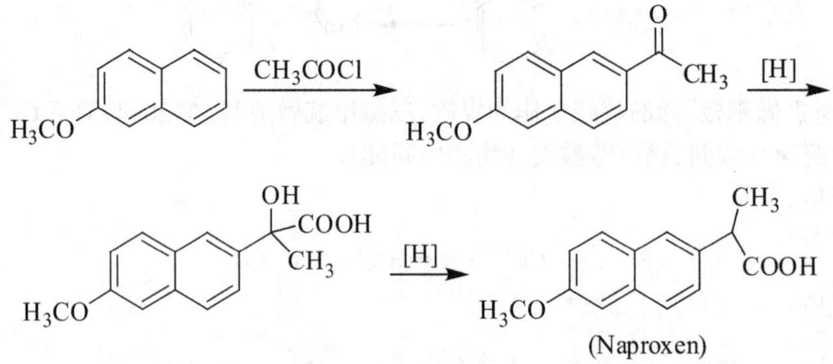

(Naproxen)

阿朴菲类生物碱多具有抗癌、抗菌、抗帕金森综合征等生理作用。电解法合成时，阴极电解还原时碳卤键断裂所产生的苯自由基可被顺式位置的其他芳环捕获而形成新的六元芳环。在 1,2- 位存在双键就可以在阴极还原时先经过一个电子过程使整个体系处于大 π 键而有利于下一步环合反应。

(X=Cl,Br,I)

第八节 组合化学

一、概述

组合化学（combinatorial chemistry）是一门将化学合成、组合理论、计算机辅助设计及机器人结合为一体的技术。它根据组合原理在短时间内将不同构建模块以共价键系统地、反复地进行连接，从而产生大批的分子多样性群体，形成化合物库（compound-library）。

组合化学是近 10 年发展起来的新兴化学前沿，在 1988 年由 Furk 等首先提出组合化学的概念，组合化学起源于药物合成，继而发展到有机小分子合成、分子构造分析、分子识别研究、受体和抗体的研究及材料科学等领域。它是一项新型化学技术，是集分子生物学、药物化学、有机化学、分析化学、组合数学和计算机辅助设计等学科交叉而形成的一门边缘前沿学科，在药学、有机合成化学、生命科学和材料科学中扮演着愈来愈重要的角色。

传统的药物合成中，科研工作者的目标是合成成千上万纯净的单一化合物，再从中筛选一个或几个具有生物活性的产物作为候选药物，进行药物的研发。这使得大量的时间被浪费在合成无用的化合物上，也必然使药物开发的成本提高，周期延长。组合化学的出现恰好弥补了传统合成的不足。由于组合化学能够快速地合成出成千上万具有结构多样性的化合物，因此组合化学能够加快发现新的先导化合物。另外，在对先导化合物进行优化时，组合化学在没有任何结合模型时通过平行地合成大量化合物来达到优化先导化合物活性的目的，即使药物化学家已经了解了先导化合物的作用方式，组合化学仍然有助于加速对构效关系的探讨。传统与平行的先导化合物类似物合成和筛选的比较见图 10-4：

（一）组合化学的特点

传统合成方法每次只合成一个化合物，一次只发生一个反应。例如，化合物 A 和化合物 B 反应得到化合物 AB，在随后的反应后处理中将通过重结晶蒸馏或其他方法进行分离纯化，而组合化学能够对化合物 A_1 到 A_i 与化合物 B_1 到 B_j 的每一种组合提供结合的可能。

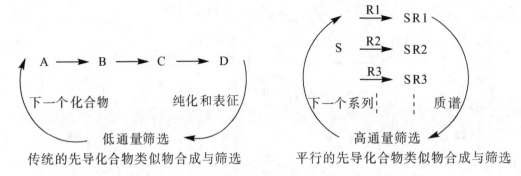

图 10-4   传统与平行的先导化合物类似物合成与筛选的比较

组合合成用一个构建模块的 n 个单元与另一个构建模块的 n 个单元同时进行一步反应,得到 $n \times n$ 个化合物;若进行 m 步反应,则得到 $(n \times n)m$ 个化合物(图 10-5)。所以,组合化学大幅提高了新化合物的合成和筛选效率,减少了时间和资金的消耗,成为化学合成研究的一个热点。

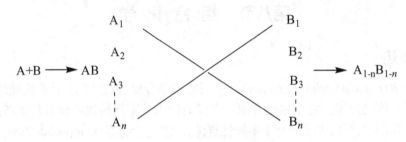

图 10-5   传统合成与组合合成

(二)组合化学的构成

组合化学主要由三部分组成:组合库的合成、库的筛选和库的分析表征。

化合物库的制备包括固相合成和液相合成两种技术,一般模块的制备以液相合成为主,而库的建立以固相合成为主,其特点如表 10-3 所示。

表 10-3   化合物库中固相技术与液相技术的优缺点

	固相技术	液相技术
优点	纯化简单,过滤即达纯化目的,反应物可过量,反应完全;合成方法可实现多设计;操作过程易实现自动化	反应条件成熟,不需调整;无多余步骤;适用范围宽
缺点	发展不完善;反应中连接和切链是多余步骤;载体与链接的范围有限	反应物不能过量;反应可能不完全;纯化困难;不易实现自动化

对库的筛选通常方法是将大量的不同物质(纯净物或混合物)送交给生物体系去筛选,则很容易就选出具有临床意义的最佳药物,称这种筛选为集群筛选(mass screening)。这种筛选要求混合物之间不存在相互作用,互相不影响生物活性。

对产物先进行活性筛选,再对活性产物的结构进行分析,可以是只对混合产物中生物活性最强的一个或几个产物运用常规的氨基酸组成分析、质谱、核磁共振谱等手段进行结构鉴定。有的组合库在活性筛选完成时其活性结构即被识别，无需再进行分析。

二、组合化学在药物合成中的应用

动态组合化学(dynamic combinatorial chemistry, DCC)融合了组合化学和分子自组装过程两个领域的特点，开辟了使用相对较小的库组装很多物质的途径，而不必单独合成每一个物质。其最具潜力的应用是基于靶标分子的新药开发，使用一个酶的活性位点作为靶标，就可能筛选出该酶的抑制剂。

（一）碳酸酐酶Ⅱ(carbonic anhydrase Ⅱ)抑制剂的筛选

对位取代的苯磺酰胺是碳酸酐酶Ⅱ(CA Ⅱ)的良好抑制剂。Lehn 等采用胺和与对位取代的苯磺酰胺结构相类似的醛类反应作为可逆过程，制备一个含有 3 个醛、4 个胺的库。采用羰基和胺在正常的生理条件下建立可逆反应，很快达到平衡。

Amines:

Aldehydes:

Amines + Aldehydes

该反应是在的 CA 酶的水相溶液(pH6)中进行的，平行进行两个反应，一个含有酶，一个未含酶。在有酶的反应中加入 NaBH$_3$CN 作为还原剂，亚胺在 NaBH$_3$CN 存在的条件下会被不可逆地还原，使平衡产物不可逆地转移出来。通过 HPLC 对照两个反应后的溶液可以判定对 CA 酶有抑制作用的分子。该分子的结构和 CA 酶抑制剂对苯磺酰胺苯甲酸苄酰胺(K_d=1.1nmol/L)的结构很相似。

（二）神经氨酸苷酶（neuraminidase）抑制剂的筛选

神经氨酸苷酶是针对流感病毒药物设计的主要靶标酶,它的作用是切除连接到糖酯类和糖蛋白的硅酸残基。Mol.3 是目前已经商品化的药剂。

(Mol.3)　　　　　(Mol.4)

研究表明,邻近神经氨酸苷酶的活性位点有一个憎水的空穴,化合物(Mol.3)的烃基链就占据了这一空穴。根据这一想法,采用了 Mol.4 作为母体结构,针对酶的憎水空穴采用不同的醛基和 Mol.4 反应组成动态组合化学库。加入靶标酶后由还原产物的色谱图表明,A8、A13 和 A22 是主要的产物,也就是说明 A8、A13 和 A22 对酶的抑制最强。

Mol.4 K_i=3.13mmol/L±4.5mmol/L

A8 K_i=2.16mmol/L±0.21mmol/L

A13 K_i=22.7mmol/L±3.5mmol/L

A22 K_i=1.64mmol/L±0.17mmol/L

在以上工作的基础上,单独合成了化合物 A8、A13 和 A22,测定了对酶的抑制数据 K_i,其结果和动态组合化学的结果一致。

第九节　机械化学合成

一、概述

机械化学(mechanochemical)亦称机械力化学或力化学,是机械加工和化学反应在分子水平的结合,是利用机械能诱发化学反应和诱导材料组织、结构和性能的变化,来制备新材料或对材料进行改性处理。机械力作用于固体物质时,不仅引发劈裂、折断、变形、体积细化等物理变化,而且随颗粒的尺寸逐渐变小,比表面积不断增大,产生能量转换,其内部结构、物理化学性质以及化学反应活性也会相应地产生变化。

20 世纪 90 年代初,澳大利亚的 Rowlands 等人首先将机械化学方法用于含卤有机物处理,开展了 DDT 与氧化钙混合球磨处理试验,结果发现球磨 12 小时后,其中有机氯化物全部转化为氯化钙和石墨,采用GC/MS在产物中检测不出有机物。机械力化学技术涵盖面广,是工业进程的一个重要反应,如集约化溶解和浸出工艺能更快地分解和合成,所制备的物质具有新特性和改进的燃烧性能,其中在药物合成中应用较多的是研磨技术。

(一)机械化学合成的原理

机械化学在化学反应水平中主要是通过剪切、摩擦、冲击或挤压等手段,对固体、液体等凝聚态物质施加机械能,诱导其结构及物理化学性质发生变化,并诱发化学反应。与普通热化学反应不同,机械化反应的动力是机械能而非热能,因而反应无需高温、高压等苛刻条件即可完成。机械力化学变化的原理相当复杂,在强的机械力作用下固体受到剧烈的冲击,在晶体结构发生破坏的同时,局部还会产生等离子体过程,伴随有受激电子辐射等现象,可以诱发物质之间的化学反应,降低反应的温度和活化能。因此机械力化学反应的机制、反应的热力学和动力学特征均与常规的化学反应有所区别,甚至使得从热力学认为不可能进行的反应也能够发生,因此很难采用某一种机制来描述机械力化学反应过程。

尽管目前对机械能的作用和耗散机制还不清楚,对众多的机械化学现象还不能定量和合理地解释,也无法明确界定其发生的临界条件,但对物料在研磨过程中的机械化学作用已达成如下较一致的看法:

1. 粉体表面结构变化　粉体在研磨过程所产生的剧烈碰撞、摩擦等机械力作用下,晶粒尺寸减小,比表面积增大,同时不断形成表面缺陷,导致表面电子受力被激发产生等离子,表面键断裂引起表面能量变化,表面结构趋于无定形化。

2. 粉体晶体结构变化　随着研磨的进一步进行,在机械力的强烈作用下,粉体颗粒表面无定形化层加厚,晶格产生位错、变形、畸变等体相缺陷,导致晶体结构发生整体改变,如晶粒非晶化和晶型转变等。

3. 粉体物理化学性质变化　由于机械力作用使粉体比表面积和晶体结构发生较大的变化,相应其物理、化学性质也发生明显的改变,包括密度减小、熔点降低、分解和烧结温度降低、溶解度和溶解速率升高、离子交换能力提高、表面能增加、表面吸附及反应活性增大和导电性能提高等。

4. 粉体机械力化学反应　粉体在机械力作用下诱发化学反应,即机械化学反应,从而导致其化学组成发生改变。已经被研究证实能够发生的化学反应有分解反应、氧化还原反应、合成反应、晶型转化、溶解反应、金属和有机化合物的聚合反应、固溶化和固相反应等。

(二)机械化学合成的特点

1. 提高反应效率　机械力作用可以诱发产生一些利用热能难于或无法进行的化学反应。机械化学反应条件下进行的合成反应体系的微环境不同于溶液,造成了反应部位的局部高浓度,提高了反应效率,可使产物的分离提纯过程变得较容易进行。有些反应完成后用少量水或有机溶剂将原料洗净即可,有的反应当加入计量比的反应物,且转化率达到100%时得到的是单一的纯净产物,不必进行分离提纯。

2. 控制分子构型　机械化学反应与热化学反应有不同的反应机制。在机械力作用下,反应物分子处于受限状态,分子构象相对固定,而且可利用形成包结物、混晶、分子晶体等手段控制反应物的分子构型,尤其是通过与光学活性的主体化合物形成包结物控制反应物分子构型,实现了对映选择性的固态不对称合成。

3. 低污染、低能耗、操作简单　机械化学反应可沿常规条件下热力学不可能发生的方向进行,通过摩擦、搅拌或研磨等机械操作,不需要对反应物质进行加热,节能方便;在机械化学合成中减少了溶剂的挥发和废液的排放,也就降低了污染。

4. 较高的选择性   与热化学相比机械化学受周围环境的影响较小。机械化学合成为反应提供了与传统溶液反应不同的新的分子环境,有可能使反应的选择性、转化率得到提高。

二、机械化学合成在药物合成中的应用

研磨反应是较为常见的一种机械化学合成反应,实际上是在无溶剂或极少量溶剂作用下的新颖化学环境下进行的反应,有时比溶液反应更为有效且有更好的选择性。研磨反应机制与溶液中的反应一样,反应的发生起源于两个反应物分子的扩散接触,接着发生反应,生成产物分子。此时生成的产物分子作为一种杂质和缺陷分散在母体反应物中,当产物分子聚集到一定大小,出现产物的晶核,从而完成成核过程,随着晶核的长大,出现产物的独立晶相。以下列举其在药物合成中的应用实例。

甘氨酸钙(Calcium glycinate)是由两个甘氨酸和 1 个钙离子结合的螯合型物质。以甘氨酸和氢氧化钙为原料,滴加少量 95% 乙醇作为润湿剂,机械研磨 3 小时,即可得产物。

5- 苯亚甲基巴比妥酸是合成安眠镇静类药物和杂环化合物的重要中间体,文献报道在无溶剂条件下,将巴比妥酸和芳香醛与无水 $ZnCl_2$ 机械研磨 5 分钟即可得产物。

5- 亚烃基丙二酸异丙酯是合成天然产物和杂环化合物的重要中间体,将芳香醛和丙二酸异丙酯研磨 20 分钟,放置 48 小时,即可提高产率得到产物。

硫脲类化合物具有抗真菌、抗病毒等多种不同的生物活性,以芳酰氯和硫氰酸铵为反应原料,PEG-400 为相转移催化剂,在机械力作用下可成功合成一系列的酰基硫脲类化合物。

本章要点

1. 常用的相转移催化剂有季铵盐类(如 CTMAB、TEBA、TBAB、TBAC、TOMAC、DTAC 及 TTAC 等)、冠醚类(18-C-6、15-C-5、CD 等)、聚醚类(PEG-200、PEG-400、PEG-600、PEG-800 等)。常用的生物催化剂类型有氧化还原酶类、转移酶类、水解酶类、异构酶类、合成酶类及裂合酶类等。

2. 超声波能促进均相液相、液-液多相及液-固多相的有机反应,尤其是非均相反应及金属有机反应。微波作用的有机合成反应速率比传统加热方法快数倍至上千倍,几乎所有的有机合成反应都可以利用微波法进行。

3. 光化学反应条件一般比热化学要温和,主要的反应类型有光还原反应、光消除反应、光重排反应、光取代反应及光加成反应等。电化学合成主要运用于具有明显电子转移现象的合成反应(氧化反应和还原反应等),其主要类型有直接电合成、间接合成及成对电合成等方法。

4. 绿色合成的主要特点是原子经济性,其核心是研究新反应体系,发展新型化学反应和工艺过程,设计和研制绿色产品。组合化学的主要特点是将不同结构的基础模块一次性或批量地获得数量巨大的化合物库,以供高通量筛选先导化合物。组合化学主要由组合库的合成、库的筛选、库的分析表征构成。

5. 机械化学反应中,由于机械力作用可以诱发产生一些利用热能难于进行的化学反应;机械化学反应与热反应可能有着不同的反应机制;机械化学受外围环境的影响较小;机械化学反应有较高的选择性和转化率。

本章练习题

一、简要回答下列问题

1. 试述相转移催化原理,举例常用的相转移催化剂。
2. 什么是生物催化? 什么是生物催化剂? 生物催化剂有哪些类型?
3. 解释原子经济性和原子利用率的异同点。
4. 试述微波加热的原理,其加热方式与传统加热方式有何不同?
5. 解释组合化学、库、集群筛选。

二、完成下列合成反应

1.

2.

$$\text{(PhCH=CHC(=O)Ph)} + CH_3NO_2 \xrightarrow[\text{KF/CH}_3\text{CN,81℃,1.5h}]{\text{18-C-6}} \left[\right]$$

3.

$$\text{(PhCH=CHNO}_2) + \underset{\underset{O}{\parallel}}{H_3C}\text{—C—CH}_2\text{—}\underset{\underset{O}{\parallel}}{C}\text{—CH}_3 \xrightarrow{\text{lipase}} \left[\right]$$

4.

$$\text{(cyclohexanone =N—OH)} \xrightarrow{\text{ScH}_2\text{O}} \left[\right]$$

5.

$$\text{(PhCH}_2\text{CN)} + H_3CO\text{—}\underset{\underset{O}{\parallel}}{C}\text{—OCH}_3 \xrightarrow{\text{PTC}} \left[\right]$$

6.

$$\text{(cyclohexanone =O)} + \text{(Ph—C≡CH)} \xrightarrow[\text{USW}]{\text{(CH}_3)_3\text{COK}} \left[\right]$$

7.

$$\text{(steroid with NHAc, CHO, AcO)} + NC\text{—CH}_2\text{—CN} \xrightarrow[\text{MW}]{\text{Al}_2\text{O}_3} \left[\right]$$

8.

$$\text{(methylcycloheptene CH}_3) + CH_3OH \xrightarrow{h\nu} \left[\right]$$

9.

$$\text{(Ph—X)} + H_2C=CH_2 \xrightarrow[\text{Ni(II)/P(C}_6\text{H}_5)_3]{e^{\ominus}} \left[\right]$$

10.

（余宇燕）

主要参考文献

1. 闻韧.药物合成反应.第3版.北京:化学工业出版社,2010

2. 尤启东.药物化学.第2版.北京:化学工业出版社,2008

3. Marth J. Advanced Organic Chemistry. 3rd ed. New York：John Wiley & Sons, 1985

4. (英)麦凯.有机合成指南.原3版.孟歌译.北京:化学工业出版社,2009

5. 鲁宾·瓦丹恩,维克托·赫鲁比.基本药物合成方法.徐正译.北京:科学出版社,2007

6. 荣国斌译.有机人名反应及机制.第2版.上海:华东理工大学出版社,2003

7. 吉卯祉.药物合成.北京:中国中医药出版社,2009

8. 唐培堃,冯亚青.精细有机合成化学与工艺学.天津:天津大学出版社,2002

9. 陈清奇.新药化学合成路线手册.北京:科学出版社,2008.10

10. 孙昌俊,曹晓冉,王秀菊.药物合成反应-理论与实践.北京:化学工业出版社,2007

11. 薛永强,张蓉.现代有机合成方法与技术.第2版.北京:化学工业出版社,2007

12. Caerruthers W, Coldham I. 当代有机合成方法.王国瑞,李志铭译.上海:华东理工大学出版社,2006

13. 高鸿宾.有机化学.北京:高等教育出版社,2007

14. Francis AC, Ricard JS. Advanced Organic Chemistry Part B：Reactions and Synthesis. 5th ed. Beijing：Science Press, 2009

15. 陈仲强,李泉.现代药物的制备与合成(第二卷).北京:化学工业出版社,2011

附录一　全书缩略语列表

6-APA	6-aminopenicillanic acid	6- 氨基青霉烷酸
9-BBN	9-borabicyclo[3.3.1]nonane	9- 硼双环(3,3,1)- 壬烷
Ac	acetyl	乙酰基
Ac₂O	acetic acid anhydride	醋酸酐
acac	acetylacetonate	乙酰丙酮基
Ac-TMH	3-acetyl-1,5,5-trimethylhydantoin	3- 乙酰 -1,5,5- 三甲基乙内酰脲
Ar	aryl	芳基
ATP	adenosine triphosphate	腺嘌呤核苷三磷酸
[BMIM]BF4	1-butyl-3-methylimidazolium tetrafluoroborate	1- 丁基 -3- 甲基咪唑四氟硼酸盐
Bn	benzyl	苄基
Boc	*t*-butoxycarbonyl	叔丁氧羰基
(Boc)₂O	di-tert-butyl pyrocarbonate	二碳酸二叔丁酯
BQ	benzoquinone	苯醌
Bu	butyl	丁基
Bz	benzoyl	苯甲酰基
CAN	ammonium ceric nitrate	硝酸铈铵
Cbz	benzoxycarbonyl	苄氧羰基
CD	cyclodextrin	环糊精
CDI	*N*,*N*′-carbonyldiimidazole	*N*,*N*′- 碳酰二咪唑
CMP	chemical mechanical polishing	化学机械抛光
Cp	cyclopentadienyl	环戊二烯基
CTMAB	cetyltrimethyl ammonium bromide	十六烷基三甲基溴化铵
dl	racemic mixture of dextro-and levorotatory from	(右旋体和左旋体)外消旋混合物
DBU	2,3,4,6,7,8,9,10-octahydropyrimido[1,2-a]azepine	8- 二氮杂二环[5.4.0]十一碳 -7- 烯
DCC	*N*,*N*′-dicyclohexylcarbodiimide	*N*,*N*′- 二环己基碳二亚胺
DCM	dichloromethane	二氯甲烷
DDQ	2,3-dicyano-5,6-dichlorobenzoquinone	2,3- 二氰 -5,6- 二氯苯醌
DEAD	diethyl azodicarboxylate	偶氮二羧酸二乙酯
DEG	diethylene glycol	二甘醇
DHQ	dihydroquinine	二氢奎宁
DIBAL-H	diisobutyl aluminium hydride	异丁基氢化铝
diox	dioxane	二噁烷 / 二氧六环
DIPEA	*N*,*N*′-diisopropylethylamine	*N*,*N*′- 二异丙基乙胺
DMA	*N*,*N*′-dimethylacetamide	*N*,*N*′- 二甲基乙酰胺

DMAP	4-dimethylaminopyridine	4- 二甲氨基吡啶
DMC	dimethyl carbonate	碳酸二甲酯
DME	1,2-dimethoxyethane = glyme	甘醇二甲醚
DMF	N,N'-dimethylformamide	N,N'- 二甲基甲酰胺
DMP	Dess-Martin periodinane	戴斯 - 马丁氧化剂
DMPy	2,6-dimethylpyridine	2,6- 二甲基吡啶
DMSO	dimethyl sulfoxide	二甲亚砜
DTAC	dodecyl trimethyl ammonium chloride	十二烷基三甲基氯化铵
e.e.	enantiomeric excess	对映体过量
EA	ethyl acetate	乙酸乙酯
EDC	1-ethyl-3-(3-dimethylaminopropyl)carbodiimide hydrochloride	1- 乙基 -3-(3- 二甲基氨基丙基)碳化二亚胺盐酸盐
EDG	electron- donating group	供电子基
equiv.	equivalent	当量
Et	ethyl	乙基
EWG	electron-withdrawing group	吸电子基
Fmoc	9-fluorenylmethoxycarbonyl	9- 芴甲氧羰基
GTP	guanosine triphosphate	三磷酸鸟苷
h	hour	小时
HBT	hexabutyldistannoxane	三丁基氧化锡
Hex	hexyl	己基
HMT	hexamethylenetetramine	六亚甲基四胺,乌洛托品
HMX	1,3,5,7-tetranitro-1,3,5,7-tetraazacyclooctane	1,3,5,7- 四硝基 -1,3,5,7- 四氮杂环辛烷
HOBt	1-hydroxybenzotriazole	1- 羟基苯并三唑
IBX	2-iodoxybenzoic acid	2- 碘酰基苯甲酸
IPA	isopropenyl acetate	醋酸异丙烯醇酯
i-Pr	isopropyl	异丙基
LDA	lithium diisopropylamide	二异丙基氨基锂
LTBA	lithium tritertbutoxyaluminum hydride	三(叔丁氧基)氢化铝锂
m-CPBA	meta-chloroperoxybenzoic acid	间氯过氧苯甲酸
Me	methyl	甲基
min	minute	分
MMA	methyl methacrylate	甲基丙烯酸甲酯
Ms	methanesulfonyl	甲基磺酰基
MW	microwave	微波
NAD(P)	glutamate dehydrogenase	谷氨酸脱氢酶
NaPTSA	sodium p-toluenesulfonate	对甲苯磺酸钠
NBS	N-bromosuccinimide	N- 溴代琥珀酰亚胺
n-Bu	n-butyl	正丁基
n-BuLi	n-butyl lithium	正丁基锂
NCS	N-chlorosuccinimide	N- 氯代琥珀酰亚胺
NCW	near-critical water	近临界水
NHPI	N-hydroxyphthalimide	N– 羟基邻苯二甲酰亚胺

NMM	*N*-methylmorpholine	*N*- 甲基吗啉
NMO	4-methylmorpholine-*N*-oxide	4- 甲基吗啉 -*N*- 氧化物
Nu	nucleophilic reagent	亲核试剂
Oxone	potassium monopersulfate triple salt	过一硫酸氢钾复合盐
PCC	pyridinium chlorochromate	氯铬酸吡啶盐
PDC	pyridinium dichromate	重铬酸吡啶盐
PEG	polyethylene glycol	聚乙二醇
PEG600	polyethylene glycol 600	聚乙二醇 600
Ph	phenyl	苯基
PIDA	iodobenzene diacetate	二乙酰氧基碘苯
PNPase	purine nucleoside phosphorylase	嘌呤核苷磷酸化酶
PPA	polyphosphoric acid	多聚磷酸
PPY	4-pyrrolidinopyridine	4- 吡咯烷基吡啶
Pr	propyl	丙基
PTC	phase transfer catalyst	相转移催化剂
Py	pyridine	吡啶
PyN	pase pyrimidine nucleoside phosphorylase	嘧啶核苷磷酸化酶
R	alkyl, et al	烷基等
r.t	room temperature	室温
SCF	supercritical fluid	超临界流体
S_N1	nucleophilic substituted reaction	单分子亲核取代反应
S_N2	nucleophilic substituted reaction	双分子亲核取代反应
TAT	1,3,5,7-tetraacetyl-1,3,5,7-tetraazacyclooctane	1,3,5,7- 四乙酰基 -1,3,5,7- 四氮杂环辛烷
TBAB	tetrabutyl ammonium bromide	四丁基溴化铵
TBAC	tetrabutylammonium chloride	四丁基氯化铵
TBDMS	tert-butyldimethylsilyl	叔丁基二甲基硅烷基
TBHP	tert-Butyl hydroperoxide	叔丁基过氧化氢
TBS	*t*-butyldimethylsilyl	叔丁基二甲基硅烷基
t-Bu	tert-butyl	叔丁基
t-BuOK	potassium tert-butoxide	叔丁醇钾
TEA	triethylamine	三乙胺
TEBA	benzyltriethylammonium chloride	苄基三乙基氯化铵
TEBAC	triethylbenzylammonium chloride	氯代三乙基苄基铵
TEG	diethylene glycol	三甘醇
TEMPO	2,2,6,6-Tetramethyl-1-piperidinyloxy	2,2,6,6- 四甲基哌啶 - 氮 - 氧化物
Tf	trifluoromethanesulfonyl=triflyl	三氟甲磺酰基
TFA	trifluoroacetic acid	三氟醋酸
TFAA	trifluoroacetic acid anhydride	三氟醋酸酐
THF	tetrahydrofuran	四氢呋喃
TMAOH	tetramethylammonium hydroxide	四甲基氢氧化铵
TMS	trimethylsilyl	三甲硅烷基
TMSCl	trimethylchlorosilane	三甲基氯硅烷
Tol	toluene	甲苯

TOMAC	trioctylmethylammonium chloride	三辛基甲基氯化铵
TPAP	tetrapropylammonium perruthenate	四丙基过钌酸铵
Ts	*p*-toluenesulfonyl	对甲苯磺酰基
TsCl	*p*-toluenesulfonyl chloride	对甲苯磺酰氯
TsOH	4-methylbenzenesulfonic acid	对甲基苯磺酸
TTAC	trimethyltetradecylammonium chloride	十四烷基三甲基氯化铵
USW	ultrasonic waves	超声波

附录二　习题参考答案

第　二　章

一、简要回答下列问题

1. 参考本章第一节引言相关内容以及第二节碳 - 硝化反应内容。

2. 参考本章第二节硝化反应相关内容。

3. 参考本章第三节重氮化反应相关内容。

二、完成下列合成反应

1. 河南师范大学学报（自然科学版），1998，26（2）：42-49

2. 二硝基重氮酚的制造技术 . China Academic Journal Electronic Publishing House，1994-2008：50

3. Organic Syntheses，Coll. Vol. 2，p.295（1943）；Vol. 13，p.46（1933）

4. Organic Syntheses，Coll. Vol. 2，p.464（1943）；Vol. 13，p.84（1933）

5. Huaxue Tuijinji Yu Gaofenzi Cailiao，2011，9（6）：76-78

6. Youji Huaxue，2010，30（12）：1904-1910

7. Acta Crystallographica，Section E：Structure Reports Online，2011，67（12）：3408

8. Oriental Journal of Chemistry，2010，26（3）：1163-1166

9. 火炸药学报，2010，1：24-26

10. Pathan RU，Borul SB. Synthesis and antimicrobial activity of Azo compounds containing drug moiety. Oriental Journal of Chemistry，2008，24（3）：1147-1148

三、药物合成路线设计

高鸿宾等 . 有机化学 . 北京：高等教育出版社，2007：528-529

第　三　章

一、简要回答下列问题

1. 参考本章第一节中三的内容、第三节中二的内容、第六节中二的内容。

2. 参考本章第一节到第六节的内容。

3. 参考本章第一节中二的内容、第二节中一的内容、第六节中一的内容。

二、完成下列合成反应

1. Tetrahedron Letters,1994,35(9):1405-1408
2. Bioorg Med Chem,2010,18(9):3231-3237
3. Bioorg Med Chem Lett,2010,20(14):4004-4011
4. Bioorg Med Chem,2011,19(13):3906-3918
5. J Med Chem,2010,53(5):2136-2145
6. Bioorg Med Chem,2007,15(8):3026-3031
7. J Med Chem,2009,52:6790-6802
8. Bioorg Med Chem Lett,2009,19:5461-5463
9. J Med Chem,2003,46:2376-2396
10. Angew Chem,2004,116:4424-4427

三、完成下列化合物的合成路线设计

1. J Org Chem,1954,19:882-888
2. Angewandte Chemie International Edition,2003,42:5623-5625

第 四 章

一、简要回答下列问题

1. 参考本章第一节中碳原子上的烃化反应相关内容。
2. 参考本章第三节中醇类烃化剂相关内容。
3. 参考本章第一节中醇羟基和氨基的保护的相关内容。
4. 参考本章第二节中磺酸酯类烃化剂相关内容。

二、完成下列合成反应

1. US 7872132 B2,2011-1-18
2. US5071857(A),1991-12-10
3. 陈芬儿.有机药物合成法.北京:中国医药科技出版社,1998:108-111
4. US4305944(A),1981-12-15
5. JP7241915(A),1995-09-19
6. J Expert Opin Inv Drug,2005,14(4):521-533
7. WO 9921830
8. EP 0397031
9. Drug Future,1997,22(7):725
10. EP0338054,1990-11-19

三、药物合成路线设计

1. J Am Med Assoc,2004,291:309-316

2. Am J Cardiol, 1999, 84:46-50

3. J Am Coll Cardiol, 2006, 48:566-575.

第　五　章

一、简要回答下列问题

1. 参考本章第一节中醇(酚)羟基的 *O*- 酰化反应相关内容。

2. 参考本章第一节中醇(酚)羟基的 *O*- 酰化反应相关内容。

3. 参考本章第七节中间接的酰化反应相关内容。

二、完成下列合成反应

1. Organic Syntheses, Vol. 79, p.130(2002)

2. Tetrahedron, 2012, 68:9842-9852

3. Bioorg Med Chem, 2012, 20:5568-5582

4. Bioorg Med Chem, 2012, 20:4443-4450

5. Bioorg Med Chem Lett, 2012, 22:7499-7503

6. Bioorg Med Chem Lett, 2012, 22:6947-6951

7. Organic Syntheses, Vol. 86, p.81(2009)

8. Bioorg Med Chem Lett, 2012, 12:3718-3722

9. Bioorg Med Chem Lett, 2013, 23:2166-2171

10. Organic Syntheses, Vol. 68, p.210(1990)

三、药物合成路线设计

1. J Med Chem. 1996, 39(18):3547-3555

2. J Chem Soc, 1961, 83:3989-3994

第　六　章

一、简要回答下列问题

1. 答:安息香缩合与羟醛缩合的不同之处在于前者利用氧负离子作为亲核试剂,后者利用碳负离子作为亲核试剂,所以羟醛缩合需要 α- 氢。在安息香缩合的过程中,其中的一个羰基被还原成羟基,另一个羰基保留,不像一般歧化反应那样出现同种元素价态明显升高和降低,严格来说不属于歧化反应。

2. 参考本章人名反应相关内容。

3. 芳醛的结构对反应的收率有重要影响。芳醛的苯环上连有吸电子基时使芳醛的活性增加,连接的吸电子愈多,活性越强,反应越易进行,并可获得较高收率;如果芳醛的苯环连有给电子基时,则反应活性降低,反应速率减慢,收率降低,有的甚至不反应;除芳醛外,芳基丙烯醛(ArCH=CHCHO)也能进行反应,脂肪醛则不能反应。

酸酐一般为具有两个或两个以上 α- 氢原子的低级单酐。若酸酐具有两个以上的 α- 氢原子时,其产物均是 α,β- 不饱和羧酸。若用 β- 二取代酸酐 [$(R_2CHCO)_2O$] 反应时,可获得 β- 羟基羧酸。高级酸酐的制备困难、来源少,可采用该羧酸和其他酸酐代替,使其首先形成混合酸酐,再进行缩合。

反应的催化常使用与羧酸酐相应的羧酸钠盐或钾盐来完成。钾盐的效果比钠盐好,反应速率快,收率也较高。由于羧酸酐是活性较低的亚甲基化合物,而催化剂羧酸盐又是弱碱,反应的温度一般要求较高,一般要求控制在 150~200℃。但是反应温度太高又可能发生脱羧和消除副反应,生成烯烃。

二、完成下列合成反应

1. J Am Chem Soc,1963,85:207
2. J Org React,1950,4:269
3. J Org Chem,1991,56:3192
4. Tetrahedron Lett,2001,42:6049
5. J Org Chem,2007,72:5244
6. J Org Chem,1981,46:4323
7. J Org Synth,1941,Coll.,Vol.1:78
8. Org Synth,1963,Coll.,4:93
9. 周和平等.中国医药工业杂志,2008,39:406-408
10. J Am Chem Soc,1983,105:1667

三、药物合成路线设计

Shiozawa A,et al. Eur J Med Chem,1995,30:85-94

第 七 章

一、简要回答下列问题

1. 参考本章第二节的相关内容。
2. 参考本章第二节的相关内容。
3. Org Synth Coll Vol,1993,8:367-372

二、完成下列合成反应

1. Org Chem,1986,51(16):3140-3143
2. Chem Eur J,2008,14(8):2679-2686
3. J Am Chem Soc,2004,126(16):5074-5075
4. Org Lett,2009,11(4):843-845
5. J Org Chem,1991,56(25):7022-7026
6. Tetrahedron,2000,56(39):7797-7803
7. J Am Chem Soc,1984,106(22):6735-6740

8. J Org Chem,1972,37(18):2877-2881

9. J Org Chem,1982,47(9):1647-1652

10. J Am Chem Soc,1941,63(3):654-656

三、药物合成路线设计

Chin J Appl Chem,2009,26(2):178-181

第 八 章

一、简要回答下列问题

1. 参考本章第二节中氢化铝锂还原法及硼氢化钠还原法相关内容。

2. 参考本章第三节中碱金属还原法相关内容。

3. 参考本章第二节中氢化铝锂还原法及醇铝还原法相关内容。

二、完成下列合成反应

1. Tetrahedron,1968,24:1655

2. J Am Chem Soc,1962,84:4527

3. Org Syn,1971,54:11

4. J Am Chem Soc,1984,35:3539

5. Helv Chim Acta,1989,72:1400

6. J Am Chem Soc,1974,96:3686

7. J Am Chem Soc,1971,93:1793

8. J Am Chem Soc,1955,77:4816

9. Synthesis,1992,24:648

10. J Am Chem Soc,2008,125:9801

三、药物合成路线设计

Eur J Med Chem,1976,11:399

第 九 章

一、简要回答下列问题

1. 参考本章第一节四、五、六内容,并回忆以前学过的制备伯胺的方法。

2. 参考本章第一节中二和第二节中二的相关内容。

3. 参考本章第二节中 Wolff 重排反应内容。

二、完成下列合成反应

1. Tetrahedron Letters,2011,67:9148-9163

2. 化学世界,2008,49:604-607

3. Organic Reactions,1994:25

4. Journal of the Chemical Society,1981,11:2912-2919

5. Singh Arkivoc,2002:146-150

6. Organic Syntheses,1972,52:53-58

7. 有机化学,2002,22:275-278

8. Biochemistry,2007,46:12628-12638

9. J Am Chem Soc,1995,117(12):3651-3652

10. Organic Syntheses,1954,34:61

三、药物合成路线设计

1. 中国医药工业杂志,2000,31(10):436-437

2. 中国医药工业杂志,1992,23(9):388-390

第 十 章

一、简要回答下列问题

1. 参考本章第一节相转移催化技术相关内容。

2. 参考本章第二节生物催化合成技术相关内容。

3. 参考本章第三节绿色合成反应相关内容。

4. 参考本章第五节微波促进合成反应相关内容。

5. 参考本章第八节组合化学相关内容。

二、完成下列合成反应

1. Org Synth,1976,55:91-95

2. Sythesis,1976,10:168-172

3. Terahedron,2011,67:2681-2688

4. J Am Chem Soc,2000,122(9):1908-1918

5. Perkin Trans I. Chem Soc,1989:1070

6. Ultrason. Sonochem,2005,12:161-163

7. Tetrahedron Lett,2000,41(18):3493-3495

8. J Organic Photochemistry,1979,4:142

9. Synthetic Organic Electrochemistry. 2nd ed. New York:John Wiley & Sons,1989

10. Perkin Trans I. J Chem Soc,1990:3207-3209